U0545578

深智數位
股份有限公司

深智數位
股份有限公司

前言

大語言模型（Large Language Model，LLM，也稱為大模型）以卓越的自然語言處理能力，正引領著人工智慧（Artificial Intelligence，AI）技術變革的新浪潮。作為大模型應用的重要分支與形態，檢索增強生成（Retrieval-Augmented Generation，RAG）在智慧搜尋、智慧問答、智慧客服、資料分析及 AI 智慧體等多個領域展現出了巨大的應用前景。

RAG 可以很簡單。RAG 的基礎技術原理可以用幾句話簡單進行描述。你可以使用低程式開發平臺或成熟的大模型應用程式開發框架在幾分鐘之內開發出一個可以演示的原型應用。RAG 也可以很複雜。當把一個 RAG 應用真正投入生產，特別是在企業級應用環境中業務需求與資料複雜性都有了數量級的提升，面臨著更高的準確性與可用性等工程化要求時，你可能會發現原型應用與生產應用之間有巨大的鴻溝，會面臨諸如資料形態多樣、檢索不夠準確、模型輸出時好時壞、使用者提問千奇百怪、點對點回應性能不足等各種在原型應用演示中不會出現的問題。

所以，對於廣大開發者而言，如何高效率地設計、開發、部署並最佳化「生產就緒」的企業級 RAG 應用仍然充滿挑戰。因此，我衷心地希望本書為有志於探索大模型應用世界並充滿熱情的開發者拋磚引玉，提供一份較為詳盡的開發 RAG 應用的指南，助力他們在這次技術變革中乘風破浪。

本書的內容基於 AI 開發的首選語言 Python，並選擇偏重於 RAG 領域的主流開發框架 LlamaIndex 作為基礎框架。兩者豐富的工具資源和強大的社區支援，為 RAG 應用程式開發提供了得天獨厚的條件，大大減少了「重複造輪子」的時間。需要說明的是，儘管我們的開發技術與案例是基於 Python 與 LlamaIndex 框架介紹的，但書中絕大部分關於 RAG 的思想、原理、架構與最佳化方法都是通用的，你完全可以使用其他語言與框架實現相同的功能。

當然，隨著技術的不斷進步和應用的深入拓展，新理論、新方法、新技術層出不窮。我衷心希望本書能夠作為一個起點，激發你對大模型應用程式開發技術的興趣與探索欲，也期待未來能夠有更多的學者、專家從事這一領域的研究，共同推動大模型應用的發展與進化，為人工智慧的未來貢獻更多的智慧與力量。

嚴燦平

繁體中文版出版說明

本書原作者為中國大陸人士，書中許多服務，網站，使用中國大陸之服務，為保持全書完整性，本書部分範例圖片維持簡體中文介面，特此說明。

目錄

預備篇

▶ 第 1 章 了解大模型與 RAG

▶ 第 2 章 RAG 應用程式開發環境架設

基礎篇

▶ 第 3 章 初識 RAG 應用程式開發

▶ 第 4 章 模型與 Prompt

▶ 第 5 章 資料載入與分割

▶ 第 6 章 資料嵌入與索引

▶ 第 7 章 檢索、回應生成與 RAG 引擎

高級篇

▶ 第 8 章 RAG 引擎高級開發

▶ 第 9 章 開發 Data Agent

▶ 第 10 章 評估 RAG 應用

▶ 第 11 章 企業級 RAG 應用的常見最佳化策略

▶ 第 12 章 建構點對點的企業級 RAG 應用

▶ 第 13 章 新型 RAG 範式原理與實現

預備篇

1

了解大模型與 RAG

毋庸置疑，大模型與生成式 AI（Generative AI，Gen-AI）是自 2023 年以來在全球科技界最受矚目的電腦技術。RAG 隨之成了一個被反覆提及與研究的大模型應用典範與架構，也是當前在生成式 AI 領域最成熟的一類應用層解決方案。

在深入學習如何開發與最佳化 RAG 應用之前，本章先簡單介紹一下 RAG 的前世今生。將會有助你深入理解與建構 RAG 應用。

▶ 1.1 初識大模型

1.1.1 大模型時代：生成式 AI 應用的爆發

要說近兩年最熱門的現象級資訊科技應用，自然非從天而降的來自美國 OpenAI 公司的 ChatGPT 莫屬，其不僅創造了最短時間內達到上億個使用者的世界紀錄，還引發了整個科技界的「百模大戰」，甚至「千模大戰」，引領了 AI 大步邁入 2.0 時代，也向我們描繪了更加強大的通用人工智慧（Artificial General Intelligence，AGI）的未來。

為什麼大模型會忽然熱門？縱觀之前的電腦技術發展史，曾有過不少革命性的技術忽然湧現，比如區塊鏈、元宇宙都曾經是很多創業者與科技觀察者的寵兒，但它們掀起的研究熱潮遠不如這次大模型掀起的研究熱潮，而且這次熱潮還遠遠沒有結束。這其中的可能原因來自應用層，它帶來了能夠真正提供價值與生產力的應用，帶來了能夠貼近普通人且使用門檻極低的應用（見圖 1-1）。儘管大模型原理技術來自複雜的深度學習與神經網路模型，但其在應用層以極度簡潔的形式呈現在普通人的面前。

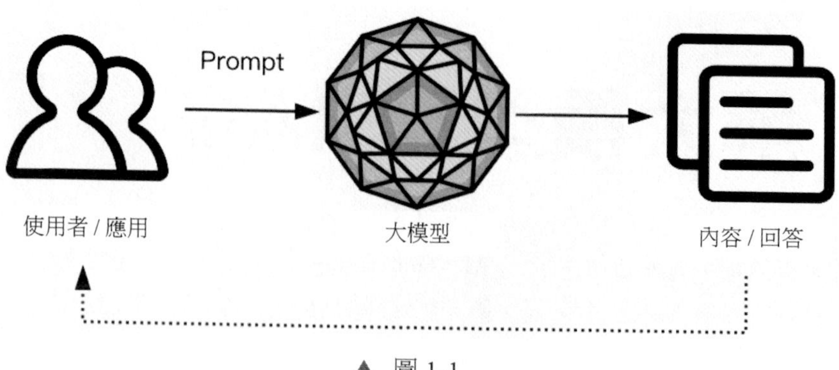

▲ 圖 1-1

我們現在提到的大模型，無論是輸出文字的模型，還是文生圖或文生視訊的擴散模型，與之前專注於發現隱藏模式或學習人類視覺語言處理能力的決策式 AI 相比，都更擅長推理與創造，因此基於大模型生成能力開發的應用也被稱為生成式 AI 應用。這一類應用借助大模型生成的內容，無論是文字、圖片還是影音視訊，無論是無固定格式的自然語言文字，還是具備指定格式的結構化資訊，都可以被稱為人工智慧生成內容（AI Generated Content，AIGC）。

1.1.2 大模型應用的持續進化

無論技術原理與底層演算法多麼先進，大模型的價值都必須在真正的應用場景中才能表現。大模型不僅要在個人應用領域表現價值，還要在對專案化能力要求更高的企業級應用領域實現規模化的應用，並實現良性迴圈。

大模型最原始也是最為人所知的應用形式就是類似於 ChatGPT 最初版本的自然語言對話機器人。經過飛躍式發展，生成式 AI 應用無論是在數量、形式、創意上還是在賦能的領域都已經遠遠超越了最初的應用。

個人應用領域（To C）：人們可以借助大模型實現許多場景中的應用，如對話機器人（見圖 1-2）、精確搜尋、文字翻譯、文件寫作、文件輔助閱讀、虛擬角色扮演、多媒體內容創作、設計助理、程式輔助生成（見圖 1-3）等。這些應用有的以獨立工具的形式出現，有的以嵌入式的 AI 輔助幫手（AI Copilot）的形式整合到各類通用軟體中。

介紹沙丘這部小說

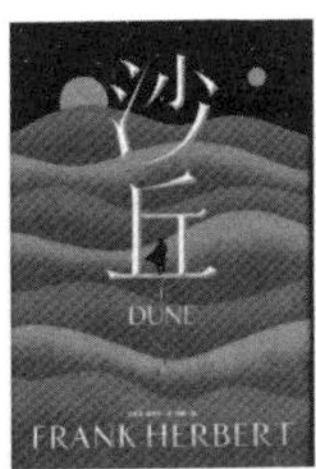

《沙丘》（Dune）是美國作家法蘭克·赫伯特（Frank Herbert）於1965年出版的經典科幻小說，也是「沙丘系列」六部小說中的第一部。本書融合了政治鬥爭、宗教信仰、生態環境與人性探索等多重主題，被譽為史上最偉大的科幻小說之一，榮獲1966年雨果獎和首屆星雲獎最佳長篇小說獎。

▲ 圖 1-2

▲ 圖 1-3

企業級應用領域（To B）：雖然受限於企業級應用場景中更嚴苛的業務環境與專案化能力要求，很多應用仍然處於原型與驗證階段，但我們能看到在智慧客服、線上諮詢、智慧行銷、互動式資料分析、智慧企業搜尋、機器人流程自動化（Robotic Process Automation，RPA）增強等領域有著越來越多的實驗性的應用。

基於大模型的 AI 能力輸出的形式可以有多種，比如我們可以簡單地借助大模型的應用程式介面（Application Program Interface，API）將 AI 能力植入現有軟體功能與流程中實現 AI 賦能。當然，能表現大模型價值的更多的形式仍然是獨立的 AI 原生應用與工具。需要注意的是，現有的基於大模型的很多 AI 應用已經遠遠超越了以最初版本的 ChatGPT 為代表的簡單對話機器人（見圖 1-4），更多的是具備了自我規劃與記憶、使用外部工具或外掛程式，甚至自我反省與校正能力的 AI 智慧體（通常稱為 AI Agent 或 AI Assistant，見圖 1-5）。我們將要深入學習的 RAG 既可以是一種獨立的應用形態，也可以是在開發更複雜的 AI 智慧體時所依賴的一種常見的設計範式或架構。

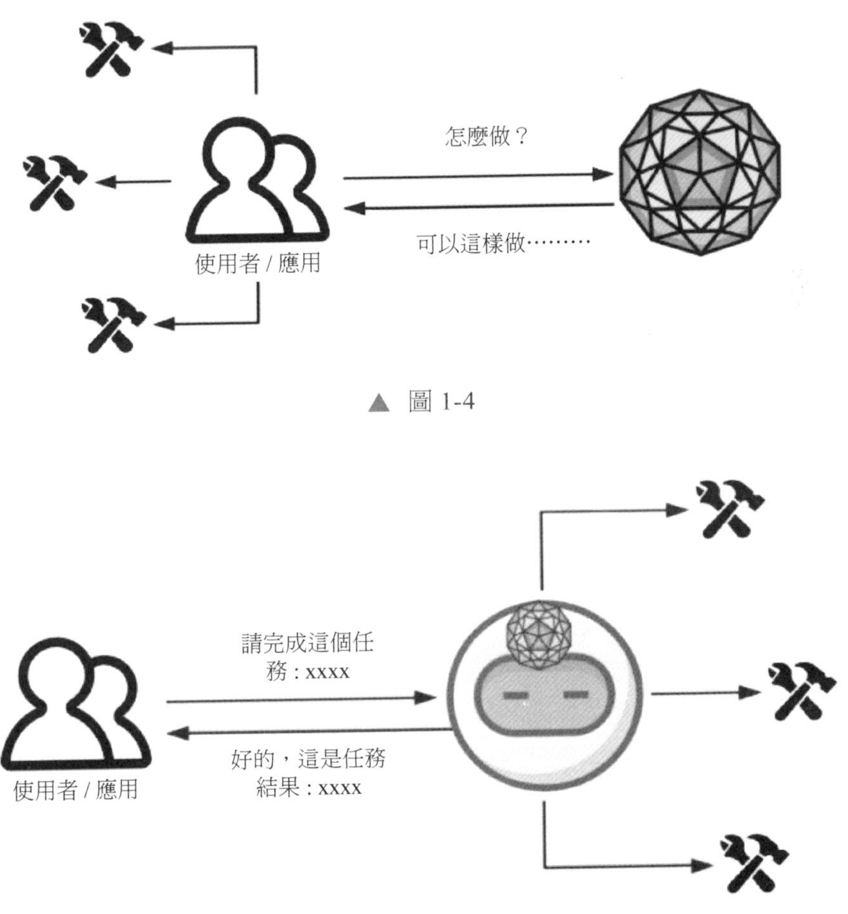

▲ 圖 1-4

▲ 圖 1-5

1.1.3 大模型是無所不能的嗎

既然大模型已經如此強大，能夠極佳地理解人類的語言甚至人類所看到的世界，也具備了強大的推理與輸出能力，是否就表示我們可以跑步進入 AGI 時代了呢？答案顯然是否定的。大模型的技術原理決定了其在自然語言理解與處理能力上帶來了革命性提升，但也帶來了一些天然存在，甚至「很難根治的疾病」。

1．知識的時效性問題

大模型是一個具有巨量參數（通常從幾百萬個到幾千億個不等）、學習巨量人類知識的神經網路模型。一個具有如此多的參數的模型在預訓練與微調過程中需要耗費極大的財力、物力與時間成本，所以大模型的迭代週期通常短則幾天，多則幾個月。商業的通用大模型還需要進行各種安全測試與風險評估。所以，大模型存在一定的知識落後（時效性）問題，即大模型掌握的知識很可能是過時的，它無法回答超出其訓練知識時間點之後的問題（見圖 1-6）。

好的，這裡用我訓練時內部知識來回答（截至 2024 年 6 月，並**不包含任何未來的官方資訊**，僅根據蘋果產品的歷史趨勢和產業預測整理）：

iPhone 17 可能的功能與變化（推測）：

1. 設計方面

- **更輕薄機身**：蘋果每一代都有追求機身更薄、更輕，材質可能繼續優化（如鈦合金、陶瓷等）。
- **螢幕升級**：可能進一步縮小邊框、螢幕更亮、更新率有望達到 120Hz 甚至更高，或用上新的顯示技術（如 microLED）。

2. 處理器與效能

- **A19 或更高階晶片**：採用台積電更先進製程（可能 2nm），帶來更高效能與更低功耗。
- **AI 加速**：強化神經網路引擎（NPU），強調本地 AI 處理、影像運算、即時語音辨識等。

▲ 圖 1-6

2．輸出難以解釋的「黑盒子」問題

大模型簡單好用的重要原因來自其「黑盒」執行的模式。除了大模型的輸入提示詞（通常簡稱為 Prompt），你無須關心，也無法觀察到其內部的推理、決策與輸出過程。這降低了使用者的使用門檻，但在一些深層的應用場景中會給使用者帶來困惑，或給應用程式開發者帶來偵錯上的麻煩。比如，在一些關鍵的應用場景中，當需要對大模型輸出進行精確的偵錯與控制時，你可能會發現除了修改 Prompt 和幾個簡單的推理參數，在大部分時候需要靠點「運氣」，或說，有很大的隨機性。

2023 年，Anthropic 公司（大模型 Claude 的開發公司）的研究團隊發佈了一篇研究報告「Towards Monosemanticity: Decomposing Language Models With Dictionary Learning」。該報告展示了在神經網路「模型黑箱」可解釋性上的一些可喜的進展，但也揭示了要在更大規模的語言模型上實現可解釋性，還面臨著在技術、方法與工具上的極大挑戰。

3．輸出的不確定性問題

如果你使用過基於大模型的 AI 對話機器人，那麼應該對此深有體會：大模型的輸出有很大的隨機性與不確定性。當然，這並非總是壞事。正如前文所說，大模型的強大之處就在於其區別於之前 AI 模型的推理與生成，能夠根據你的 Prompt 輸出多樣而富有創造性的內容。這在一些場景中恰恰是必需的，比如創意生成或自媒體內容創作（見圖 1-7），但是在一些需要更確定與可預測結果的場景中（比如智慧家居應用需要精確地理解使用者的意圖，或在開發時需要一致地輸出以便更進一步地偵錯與排除故障）就會面臨挑戰（見圖 1-8）。

給最新的macbook air m4設計一個生動的文案

沒問題！這裡是一份為最新 MacBook Air M4 所設計的生動文案範例，強調速度、輕薄、續航和創新（可根據你的需求微調語氣或加入更本土元素）：

輕盈新定義，強大由芯開始 —— 全新 MacBook Air M4

超越想像的速度，隨身而行的自由！

全新 MacBook Air M4，搭載突破性的 M4 晶片，效能全面升級，速度比上一代更快、更流暢。無論是剪片、繪圖、寫作還是玩遊戲，全部一機搞定，讓創意隨時起飛！

極致輕薄，無限電力

薄如羽翼，輕巧如影，厚度僅有幾毫米，重量不到一公斤，帶去哪都輕鬆自在。超長續航，一天一充無壓力，陪你走過每個靈感閃現的瞬間。

▲ 圖 1-7

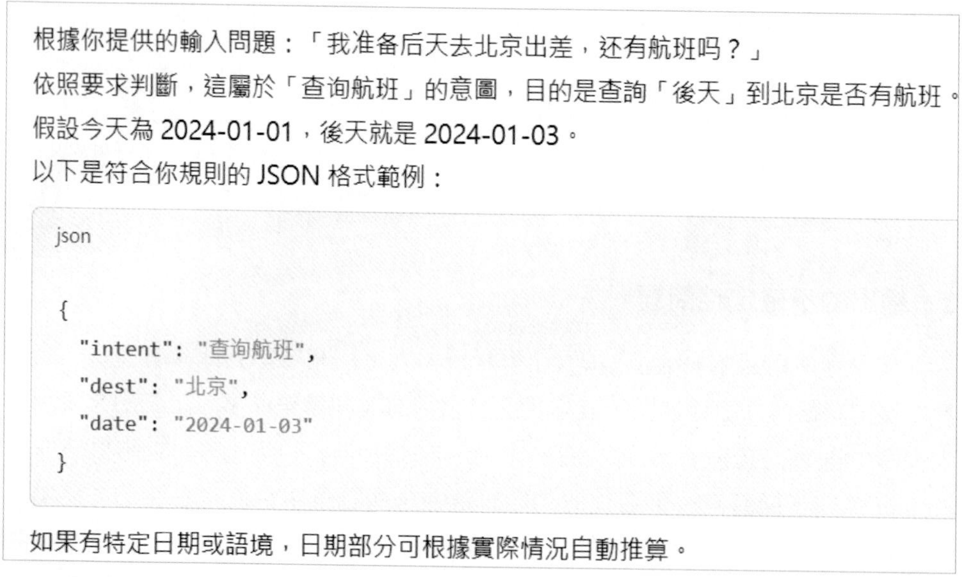

根據你提供的輸入問題：「我准备后天去北京出差，还有航班吗？」
依照要求判斷，這屬於「查询航班」的意圖，目的是查詢「後天」到北京是否有航班。
假設今天為 2024-01-01，後天就是 2024-01-03。
以下是符合你規則的 JSON 格式範例：

```json
{
  "intent": "查询航班",
  "dest": "北京",
  "date": "2024-01-03"
}
```

如果有特定日期或語境，日期部分可根據實際情況自動推算。

▲ 圖 1-8

大模型輸出不確定性的根本原因來自其本質上是一種基於所學知識統計規律的機率輸出模型，是一種非線性模型。這表示即使對於相同的上下文，也可能在不同的時間選擇不同的下一個詞（token）輸出。因為大模型學習到的是一種基於機率分佈的多個可能輸出，而非「如果上個 token 是 X 那麼下個 token 就是 Y」的明確規則。儘管大模型會提供「temperature」這樣的參數來在一定程度上控制隨機性，但該參數無法完全消除隨機性。OpenAI 在後來的大模型更新中，還引入了 seed 參數，用於在相同輸入的前提下儘量產生可重現的輸出結果。

4．著名的「幻覺」問題

這是一個耳熟能詳的大模型的經典問題，指的是大模型在試圖生成內容或回答問題時，輸出的結果不完全正確甚至錯誤，即通常所說的「一本正經地胡說八道」。這被稱為大模型的「幻覺」問題。這種「幻覺」可以表現為對事實的錯誤陳述與編造、錯誤的複雜推理或在複雜語境下處理能力不足等。大模型產生「幻覺」的主要原因如下。

（1）訓練知識存在偏差。在訓練大模型時輸入的巨量知識可能包含錯誤、過時，甚至帶有偏見的資訊。這些資訊在被大模型學習後，就可能在未來的輸出中被重現。

（2）過度泛化地推理。大模型嘗試透過大量的語料來學習人類語言的普遍規律與模式，這可能導致「過度泛化」，即把普通的模式推理用到某些特定場景，就會產生不準確的輸出。

（3）理解存在局限性。大模型並沒有真正「理解」訓練知識的深層含義，也不具備人類普遍的常識與經驗，因此可能會在一些需要深入理解與複雜推理的任務中出錯。

（4）缺乏特定行業與垂直領域的知識。通用大模型就像一個掌握了大量人類通用知識且具備超強記憶與推理能力的優秀學生，但可能不是某個垂直領域的專家（比如，可能不是一個醫學專家或法律專家）。當面臨一些知識複雜度較高的領域性問題，甚至與企業私有知識相關的問題時（比如，介紹企業的某個新產品），它就可能會編造資訊並將其輸出。

「幻覺」問題或許是大模型在企業領域得以大規模應用的最大攔路虎。這是因為企業級應用中對大模型輸出的準確性與可靠性的要求相對更高。比如，你可以接受大模型每次給你創作不一樣的文案，甚至為它的創造力而歡呼，也能接受大模型的回答偶爾不夠全面甚至存在瑕疵，但是企業可能無法接受大模型在替客戶介紹產品時胡編亂造，也無法接受大模型把錯誤的財務分析結果呈現給決策層，更無法接受大模型錯誤地理解客戶意圖，這可能會產生差之毫釐，失之千里的災難性後果。

所以，大模型的強大並不能掩蓋其當前仍然存在的各種缺陷。當然，也正是這些不足進一步促進了人工智慧不斷發展與繁榮，比如研發更先進的模型架構、訓練技術與訓練演算法，使用更高效的清洗與前置處理方法提高訓練資料品質，研發模型的解釋技術與架構以提高模型輸出透明度，制定一系列準則確保模型使用的安全性與合乎倫理。

本書的主題——RAG，正是為了盡可能地解決大模型在實際應用中面臨的一些問題，特別是「幻覺」問題而誕生的，是該領域最重要的一種最佳化方案。

▶ 1.2 了解 RAG

1.2.1 為什麼需要 RAG

為了改善大模型輸出在時效性、可靠性與準確性方面的不足（特別是「幻覺」問題），以便讓其在更廣泛的空間大展拳腳，特別是為了給有較高專案化能力要求的企業級應用做 AI 賦能，各種針對大模型應用的最佳化方法應運而生。RAG 就是其中一種被廣泛研究與應用的最佳化架構。截至目前，RAG 在大量的場景中展示了強大的適應性與生命力。

RAG 的基本思想可以簡單表述如下：將傳統的生成式大模型與即時資訊檢索技術相結合，為大模型補充來自外部的相關資料與上下文，以幫助大模型生成更豐富、更準確、更可靠的內容。這允許大模型在生成內容時可以依賴即時與個性化的資料和知識，而不只是依賴訓練知識（見圖 1-9）。

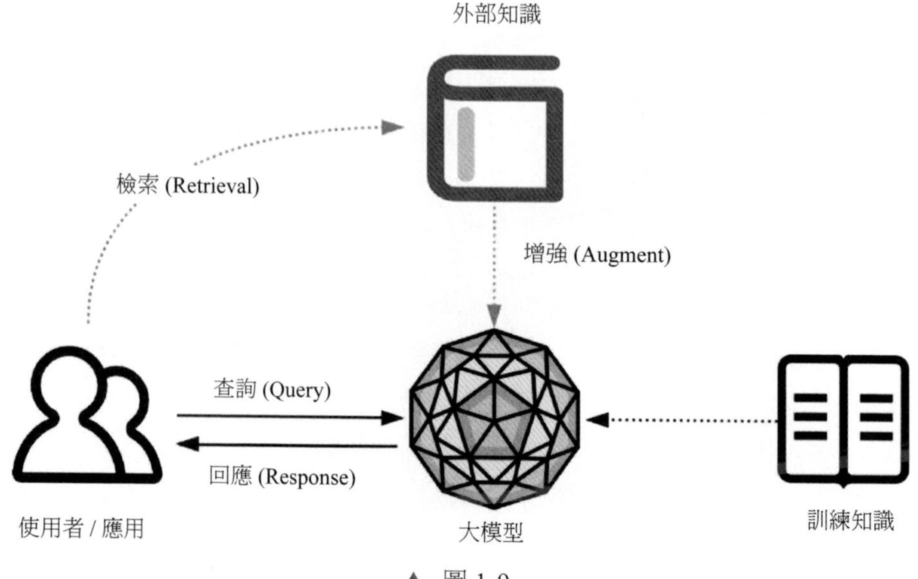

▲ 圖 1-9

下面結合 RAG 的基本思想再次認識 RAG 的誕生動機與預期效果。

（1）儘管大模型在自然語言處理（Natural Language Processing，NLP）任務中表現出色，但在處理特定領域的複雜任務時會受限於訓練知識的覆蓋度。因此，借助額外的資訊檢索，大模型可以在生成時利用更廣泛與更深入的知識。

（2）靜態的語言模型不能反映出最新的資訊。因此，結合即時的檢索機制，利用 RAG 的大模型能夠存取到最新的資料與知識，提供即時與更準確的內容。

（3）直接擴大模型的參數規模通常表示更高的訓練成本與更長的訓練時間，而透過檢索機制引入相關資訊可以更高效率地利用運算資源，在短期內達到提升大模型輸出能力的目標。

如果把大模型比喻成一個經過大量知識與技能訓練的優秀學生，把大模型回應的過程比喻成考試，那麼這個優秀學生在考試時仍然可能會遇到沒有掌握的知識，從而編造答案（幻覺）。RAG 就是在這個學生考試時臨時給他的一本參考書。我們可以要求他在考試時儘量參考這本書作答，那麼在遇到與這本書中的知識相關的問題時，他的得分是不是就高多了呢？

1.2.2 一個簡單的 RAG 場景

下面用一個非常淺顯易懂的業務場景來幫助你理解 RAG 的基本思想。

假如你需要開發一個線上的自助產品諮詢工具，允許客戶使用自然語言進行互動式的產品問答，比如「請介紹一下您公司這款產品與 ×× 產品的不同之處」。為了讓客戶有更好的體驗，你決定使用大模型來建構這樣的諮詢功能並將其嵌入公司的官方網站。

如果你直接使用通用大模型，那麼結果很可能如圖 1-10 所示。

不是iPhone是大頭牌

收到！你說的「大頭牌」是指 **大陸品牌「大頭牌」手機**，不是 iPhone。這個牌子其實在中國網路流行梗裡，常拿來代表「山寨機」或特定搞笑品牌，但有時也真的有商家用「大頭牌」這名字來賣手機（外型奇特、功能誇張）。所以我用既有知識來說明：

大頭牌手機簡介

「大頭牌」其實不是國際主流品牌，而是中國網路、電商、地攤等場所經常出現的**山寨手機品牌**，特徵就是外型浮誇、規格誇張、價錢低廉，功能常常主打「你想得到的都有」，比如什麼超長待機、雙卡

▲ 圖 1-10

不出意外，大模型顯然不具備貴公司的最新手機產品知識，因此無法回答客戶的問題（有時候可能會嘗試編造答案）。現在，如果你使用 RAG 的思想，那麼可以先從企業私有的知識庫中檢索出如圖 1-11 所示的一段相關的補充知識。

小麦Pro手机参数简览：

- 系统：安卓最新版本
- 处理器：高性能八核处理器
- 显示屏：6.7英寸AMOLED全面屏，2K分辨率
- 后置摄像头：主摄像头6400万像素，四摄系统
- 前置摄像头：3200万像素，AI美颜、HDR功能
- 内存与存储：最高可选12GB运行内存，最高512GB存储空间
- 电池：5000mAh大容量电池，支持快速充电
- 网络：支持5G网络，Wi-Fi 6，蓝牙5.2
- 其他特性：IP68防水防尘，面部识别和指纹识别解锁

小麦Pro以其强大的性能、清晰的显示效果、出色的摄像能力以及长久续航等特点，为用户提供优质的手机体验。

下面是小麥手機的資料，介紹一下這款手機

這張圖是小麥Pro手機的參數表，下面幫你用簡單易懂的方式介紹一下這款「小麥Pro」手機：

小麥Pro手機簡介

小麥Pro 是一款主打高性價比的智慧型手機，主要特色如下：

1. 處理器

- 搭載高通驍龍8系列旗艦處理器，效能很強勁，應付日常使用、遊戲都沒問題。

▲ 圖 1-11

你把檢索出的補充知識組裝到 Prompt 中，將其輸入大模型，並要求大模型基於提供的知識來回答你的問題（見圖 1-12）。

小麥Pro手機簡介

小麥Pro 是一款主打高性價比的智慧型手機，主要特色如下：

1. 處理器

- 搭載高通驍龍8系列旗艦處理器，效能很強勁，應付日常使用、遊戲都沒問題。

2. 螢幕

- 6.73吋AMOLED全面屏，支援2K解析度，畫質細膩，顏色鮮豔，螢幕體驗非常出色，追劇、玩遊戲都很爽。

3. 主相機

- 後置主攝高達6400萬像素，配有四攝系統，可以支援AI場景、HDR等進階功能，拍照清晰多變，日常拍人、拍景都沒問題。

▲ 圖 1-12

可以看到，大模型很聰明地「吸收」了補充的外部知識，並結合自己已經掌握的知識，成功推理並舉出了答案。

如果你是一個首次接觸 RAG 的開發者，可能會覺得「這不就是簡單的提示工程嗎」或「這就是給大模型增加知識外掛而已」。是的，RAG 本質上就是一種借助「外掛」的提示工程，但絕不僅限於此。因為在這裡簡化了很多細節，只是為了展示 RAG 最核心的思想：給大模型補充外部知識以提高生成品質。但在實際應用中，RAG 應用會涉及許多的技術細節與挑戰。比如，自然語言表達的輸入問題可能千變萬化，你從哪裡檢索對應的外部知識？你需要用怎樣的索引來查詢外部知識？你怎樣確保補充的外部知識是回答這個問題最需要的呢？就像上面例子中的學生，如果考試的基礎知識是一元二次方程，你卻給他一本《微積分》，那顯然是於事無補的。

▶ 1.3 RAG 應用的技術架構

1.3.1 RAG 應用的經典架構與流程

在了解了 RAG 的一些基本概念與簡單的應用場景後，我們從技術層來看一個最基礎、最常見的 RAG 應用的邏輯架構與流程（見圖 1-13）。注意：在這張圖中僅展示了一個最小粒度的 RAG 應用的基礎原理，而在當今的實際 RAG 應用中，對於不同的應用場景、客觀條件、專案要求，會有更多的模組、架構與流程的最佳化設計，在後面的內容中將進一步闡述。

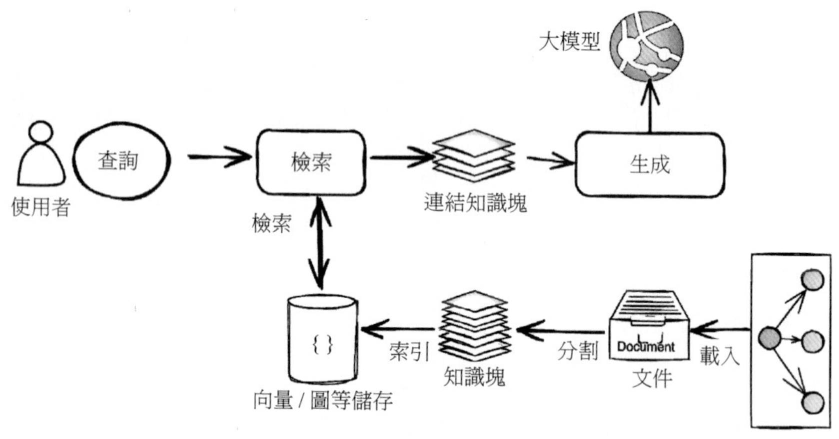

▲ 圖 1-13

在通常情況下，可以把開發一個簡單的 RAG 應用從整體上分為資料索引（Indexing）與資料查詢（Query）兩個大的階段，在每個階段都包含不同的處理階段。這些主要的階段用圖 1-14 來表示。

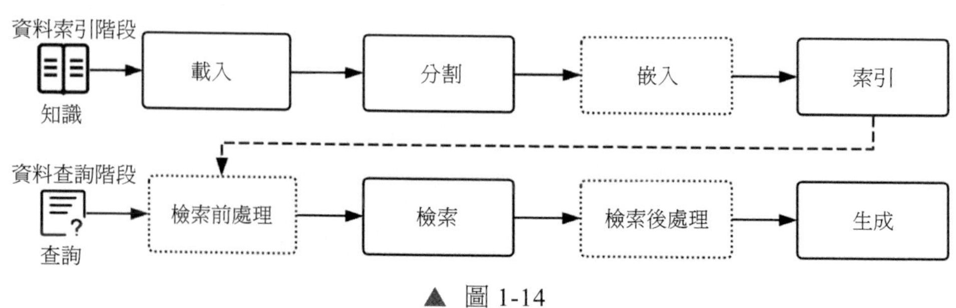

▲ 圖 1-14

1．資料索引階段

既然 RAG 的核心之一是透過「檢索」來增強生成，那麼首先需要準備可以檢索的內容。在傳統的電腦檢索技術中，最常用的是基於關鍵字的檢索，比如傳統的搜尋引擎或關聯式資料庫，透過關鍵字的匹配程度來對知識庫中的資訊進行精確或模糊的檢索，計算相關性，按照相關性的排序輸出，但是在大模型的 RAG 應用中，最常見的檢索方式是借助基於向量的語義檢索來獲得相關的資料區塊，並根據其相似度排序，最後輸出最相關的前 *K* 個資料區塊（簡稱 top_K）。因此，向量儲存索引就成了 RAG 應用中最常見的索引形式。

> 向量是一種數學表示方法，它將文字、影像、音訊等複雜資訊轉為高維空間中的點，每個維度都代表一種特徵或屬性。這種轉換使得電腦可以理解和處理這些資訊，因為它們都是連續的多個數值。向量保留了詞彙之間的語義關係。舉例來說，相似的詞在向量空間中距離較近，這樣就可以進行語義相似度計算或進行聚類分析。
>
> 自然語言處理中用於把各種形式的資訊轉換成向量表示的模型叫嵌入模型。
>
> 基於向量的語義檢索就是透過計算查詢詞與已有資訊向量的相似度（如餘弦相似度），找出與查詢詞在語義上最接近的資訊。

資料索引階段通常包含以下幾個關鍵階段。

（1）載入（Loading）：RAG 應用需要的知識可能以不同的形式與模態存在，可以是結構化的、半結構化的、非結構化的、存在於網際網路上或企業內部的、普通文件或問答對。因此，對這些知識，需要能夠連接與讀取內容。

（2）分割（Splitting）：為了更進一步地進行檢索，需要把較大的知識內容（一個 Word/PDF 文件、一個 Excel 文件、一個網頁或資料庫中的資料表等）進行分割，然後對這些分割的知識塊（通常稱為 Chunk）進行索引。當然，這就會涉及一系列的分割規則，比如知識塊分割成多大最合適？在文件中用什麼標記一個段落的結尾？

（3）嵌入（Embedding）：如果你需要開發 RAG 應用中最常見的向量儲存索引，那麼需要對分割後的知識塊做嵌入。簡單地說，就是把分割後的知識塊轉為一個高維（比如 1024 維等）的向量。嵌入的過程需要借助商業或開放原始碼的嵌入模型（Embedding Model）來完成，比如 OpenAI 的 text-embedding-3-small 模型。

（4）索引（Indexing）：對向量儲存索引來說，需要將嵌入階段生成的向量儲存到記憶體或磁碟中做持久化儲存。在實際應用中，通常建議使用功能全面的向量資料庫（簡稱向量庫）進行儲存與索引。向量庫會提供強大的向量檢索演算法與管理介面，這樣可以很方便地對輸入問題進行語義檢索。注意：在高級的 RAG 應用中，索引形式往往並不只有向量儲存索引這一種。因此，在這個階段，很多應用會根據自身的需要來建構其他形式的索引，比如知識圖譜索引、關鍵字表索引等。

2．資料查詢階段

在資料索引準備完成後，RAG 應用在資料查詢階段的兩大核心階段是檢索與生成（也稱為合成）。

（1）檢索（Retrieval）：檢索的作用是借助資料索引（比如向量儲存索引），從儲存庫（比如向量庫）中檢索出相關知識塊，並按照相關性進行排序，經過排序後的知識塊將作為參考上下文用於後面的生成。

（2）生成（Generation）：生成的核心是大模型，可以是本地部署的大模型，也可以是基於 API 存取的遠端大模型。生成器根據檢索階段輸出的相關知識塊與使用者原始的查詢問題，借助精心設計的 Prompt，生成內容並輸出結果。

以上是一個經典 RAG 應用所包含的主要階段。隨著 RAG 範式與架構的不斷演進與最佳化，有一些新的處理階段被納入流程，其中典型的兩個階段為檢索前處理與檢索後處理。

（1）檢索前處理（Pre-Retrieval）：顧名思義，這是檢索之前的步驟。在一些最佳化的 RAG 應用流程中，檢索前處理通常用於完成諸如查詢轉換、查詢擴充、檢索路由等處理工作，其目的是為後面的檢索與檢索後處理做必要準備，以提高檢索階段召回知識的精確度與最終生成的品質。

（2）檢索後處理（Post-Retrieval）：與檢索前處理相對應，這是在完成檢索後對檢索出的相關知識塊做必要補充處理的階段。比如，對檢索的結果借助更專業的排序模型與演算法進行重排序或過濾掉一些不符合條件的知識塊等，使得最需要、最符合規範的知識塊處於上下文的最前端，這有助提高大模型的輸出品質。

1.3.2 RAG 應用面臨的挑戰

儘管 RAG 用一種非常簡潔且易於理解的方法，在很大程度上提高了大模型在專業領域任務上的適應性，極大地增強了大模型在大量應用（特別是企業級應用）上的輸出準確性，但是日益豐富的應用場景給 RAG 應用帶來了更多的挑戰。當然，這些挑戰也是促進 RAG 應用不斷出現新的架構與最佳化方法的動力。目前，傳統的 RAG 應用面臨的挑戰如下。

1．檢索召回的精確度

RAG 思想是借助臨時的語義檢索來給大模型補充知識「營養」，以便讓大模型能夠更進一步地生成高品質結果。檢索出的外部知識塊足夠精確與全面就是後面生成階段的重要保障。自然語言具有天然的複雜性，檢索技術具有模糊性，檢索出的知識塊如果帶有大量的無用、雜訊資料甚至矛盾的資訊，就會影響大模型的生成品質。

2．大模型自身對抗干擾的能力

對於檢索出的上下文中攜帶的相關的外部知識塊的干擾資訊、多餘資訊、矛盾資訊等，大模型需要能夠儘量推理、辨識與區分，並能夠極佳地按照 Prompt 進行輸出，因此大模型本身的能力是影響最終生成品質的重要因素。

3．上下文視窗的限制

大模型存在輸入和輸出上下文視窗的限制（最大 token 數量）。簡單地說，你與大模型一次階段的資料量是存在大小限制的。如果你需要在一個大規模的外部知識庫中檢索出更多的相關知識塊並將其交給大模型，就可能會打破這種視窗限制從而導致失敗。如何在視窗限制內盡可能多地攜帶更多的知識塊是 RAG 應用程式開發時需要注意的常見問題之一。

4．RAG 與微調的選擇

模型微調（Fine-tuning）是一種讓大模型更進一步地適應領域與行業環境的常見方法。與 RAG 相比，微調把垂直領域的知識變成大模型的訓練語料，把生成最佳化的時間提前到大模型使用前，簡化了應用架構。那麼對於 RAG 與微調，應該如何選擇、配合、協調以便最大限度地提高大模型的輸出能力呢？這也是很多人經常糾結的問題之一。

5．回應性能問題

與大模型直接輸出相比，RAG 應用無疑增加了更多的處理步驟，且隨著人們對 RAG 範式的研究深入，更複雜的 RAG 範式會帶來更多的處理階段（比如需要多次借助大模型完成迭代最佳化）。這樣最佳化的 RAG 範式雖然會帶來更優質的輸出結果，但同時與點對點的回應性能下降是矛盾的。那麼在一些對延遲時間較敏感的企業級應用場景中，如何兼顧最終輸出的品質與較短的回應延遲時間就成了開發者的一大挑戰。

1.3.3 RAG 應用架構的演進

正因為在實際應用中面臨著諸多挑戰，所以與很多 IT 技術一樣，RAG 是一種可以快速上手，但是很難真正用好的大模型應用架構（如果你在很多學術網站中搜尋 RAG，那麼會發現大量關於 RAG 範式設計與最佳化的研究報告和論文）。下面簡單了解一下 RAG 範式的最新發展與相關的研究成果。其中很多模組及其實現方法將在後面開發的章節詳細論述。

（1）RAG 的概念與思想最早是在 2020 年由 Meta 公司（原 Facebook）的技術團隊在文章「Retrieval-Augmented Generation for Knowledge-Intensive NLP Tasks」中正式提出的，用於給當時已經開始出現的大型預訓練語言模型提供來自外部的「非參數化」（模型訓練知識以外）資訊與記憶，以改善語言生成任務。

（2）在 2022 年 OpenAI 的 ChatGPT 出現之前，RAG 並沒有獲得過多的關注，部分研究集中在提高外部知識的檢索與效率上。隨著 ChatGPT 的出現，大模型獲得了空前的關注，對 RAG 的研究迎來反趨點。大量的研究開始關注如何利用 RAG 來提升快速發展中的大模型的可控性並解決大模型在特定領域任務中的「幻覺」問題，最佳化大模型的推理與生成。

（3）隨著 GPT-4、Gemini Pro 等更先進的語言模型出現，RAG 在更多的任務場景中得以應用。當然，隨之而來的是傳統的 RAG 範式在實際應用中的問題不斷凸顯。因此，更多的 RAG 範式最佳化理論與實踐不斷湧現。比如，將 RAG 與模型微調更進一步地結合以便最佳化檢索與生成，將傳統順序型的 RAG 流程引入迭代以便實現自我反省，以及設計針對不同的 RAG 階段與模組的深度最佳化演算法等。

同濟大學智慧自主系統上海研究所等團隊在 2024 年年初發表的一篇公開研究報告「Retrieval-Augmented Generation for Large Language Models: A Survey」中，將 RAG 範式與架構的演進分成了 3 個階段。從這 3 個階段中，可以很清晰地看出 RAG 範式與架構的進化路線和最新狀態。

1．Naive RAG（樸素 RAG 或經典 RAG）階段

這代表了最早的經典 RAG 思想。這個階段的 RAG 遵循傳統的基礎順序流程，包含 3 個主要的模組與階段：索引、檢索與生成。Naive RAG 的特點是只保留最簡單的過程 Node（節點）且順序式執行。

2．Advanced RAG（高級 RAG）階段

Advanced RAG 在 Naive RAG 的基礎上對索引、檢索與生成這 3 個主要階段進行了增強，特別是在檢索階段，增加了檢索前處理與檢索後處理。

3．Modular RAG（模組化 RAG）階段

Native RAG 與 Advanced RAG 都是鏈式的、順序式的 RAG 範式，而 Modular RAG 超越了這兩種傳統的 RAG 範式，展示了一種更靈活、更自由、具備高度擴充性的 RAG 範式。Modular RAG 的基本思想如下：

將 RAG 應用中的各個階段細分成了多個模組類（代表 RAG 應用中的核心流程，比如預檢索）、模組（代表一個核心流程中的功能模組，比如預檢索中的查詢轉換）與演算法（代表模組的一種實現方法，比如查詢轉換可以有普通重寫、後退式重寫、HyDE 重寫等）。這些模組與演算法之間不再有固定的選擇與順序流程，而是由使用者根據應用場景靈活組合，建構更適合自己的 RAG 工作流。

Modular RAG 的好處是具備了極強的擴充性與靈活性。一方面，隨著研究的深入和更多最佳化理論的出現，可以出現更多的模組與演算法；另一方面，使用者可以根據自身的需要靈活地組合不同的模組和演算法，建構更靈活的 RAG 工作流。

第 13 章將介紹一些新的 RAG 範式如何透過靈活地組合這些模組與演算法來實現更複雜的 RAG 工作流，從而實現特定的最佳化目標。

▶ 1.4 關於 RAG 的兩個話題

對 RAG 與微調的選擇，以及 2024 年開始出現的 RAG 與一些具有理解超長上下文能力的大模型之間的關係，是經常被討論甚至爭論的話題，下面簡單地介紹。

1.4.1 RAG 與微調的選擇

要想提高大模型在特定行業與場景中輸出的適應性與準確性，除了使用 RAG，還可以使用自己的資料對大模型進行微調。那麼這兩種方案的區別及選擇的標準是什麼呢？

我們首先簡單了解一下大模型微調。以 OpenAI 公司的 GPT 大模型為例，一個 GPT 架構的大模型的訓練通常需要經過以下幾個階段。

1．預訓練階段

這是整個過程中最複雜的階段，像 GPT-4 這樣的模型在預訓練階段通常需要成千上萬個 GPU，在巨量的無標記的資料上訓練數月。這個階段其實佔用了全部階段的大部分時間。預訓練階段的輸出模型一般叫基座模型，有的基座模型會被發佈（比如開放原始碼的 Llama），而有的基座模型不會被發佈（比如 GPT-4）。

基座模型本身是可以直接使用的，但通常不是一個「回答問題」的模型，而是一個「補全文件」的模型。如果你想讓基座模型來回答問題，就必須假裝輸出一個文件，然後讓它來「補全」。比如，你必須提示「下面是一首讚美家鄉的詩歌：」，然後讓模型來補全，而不能直接要求它「寫一首讚美鄉家的詩歌」。如何讓基座模型變成一個互動式的 AI 幫手呢？那就需要進入後面的階段：微調。

2．微調階段

在巨觀上可以把後面的階段都歸到微調，即受監督微調、獎勵模型 + 基於人類回饋的強化學習（Reinforcement Learning from Human Feedback，RLHF）階段。簡單地說，這個階段就是對基座模型在少量（相對預訓練的資料量來說）的、已標注的資料上進行再次訓練與強化學習，以使得模型更進一步地適應特定的場景與下游任務。比如：

（1）強化某個方面的應用能力（比如利用大模型進行情感檢測）。

（2）適應特定的使用場景（比如針對人類對話，輸出無害、安全的內容）。

（3）適應特定的知識領域（比如醫療或法律行業的特定術語或語義）。

（4）適應某些可標注資料相對缺乏的任務。

（5）適應特定的語言輸出要求（比如適應某個場景的語言風格）。

與預訓練相比，微調對算力的要求與成本都大大降低，這使得微調對很多企業來說，在成本與技術上是相對可行的（當然，與 RAG 範式相比，成本仍然較高）。

大模型微調是一個相對專業的技術任務，涉及較多底層的深度學習的架構、參數及演算法知識，以及多種技術（比如全量微調、Prompt Tuning，Prefix Tuning，P-tuning 等）。不同的方法對資源與成本、指令資料等有不同的要求，當然達到的效果也不一樣。另外，為了簡化微調工作，也有一系列用於微調的工具、框架甚至平臺可以使用，比如 OpenAI 針對 GPT 模型提供的線上微調 API、重量級的大模型並行訓練框架 DeepSpeed 等。

實施微調除了需要算力與演算法、成熟的平臺與工具，還需要生成與標注具有一定規模的高品質資料集，這通常由大量的指令與輸出的樣本來組成。對於一些行業特徵特別突出的垂直領域，資料集的準備是最大的挑戰。這些挑戰如下。

（1）資料從哪裡擷取，如何確保專業性與有效性。

（2）對多形態的資料如何清洗與歸一。

（3）怎麼標注資料的提示、輸入、輸出等。

（4）處理老化資料，即知識過期後如何回饋到大模型。

繼續以前面的例子來說明微調和 RAG 的區別。如果大模型是一個優秀學生，正在參加一門考試，那麼 RAG 和微調的區別如下。

RAG：在考試時給他提供某個領域的參考書，要求他現學現用，並舉出答案。

微調：在考試前一天對他進行輔導，使他成為某個領域的專家，然後讓他參加考試。

如何在 RAG 與微調之間選擇適合自己的增強生成方案呢？在實際應用中，需要根據自身的環境（應用場景、行業特徵、性能要求等）、條件（資料能力、技術能力、預計成本等）、測試結果（指令理解、輸出準確性、輸出穩定性等）等來選擇（見圖 1-15）。

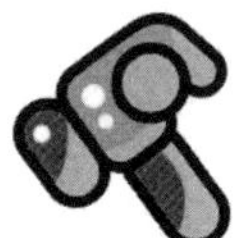

▲ 圖 1-15

與大部分的 IT 技術一樣，無論是微調還是 RAG，都有優點，也都有缺點。下面簡單地做一下對比供參考（見表 1-1，隨著兩種技術的發展，總結的一些優點和缺點可能會發生變化）。

▼ 表 1-1

	RAG	微調
優點	1. 使用更靈活，可根據需要隨時調整 Prompt 以獲得期望輸出。 2. 技術上更簡單。 3. 可以輸入知識增強的 Prompt 讓大模型立即適應領域知識。 4. 無額外的訓練成本	1. 大模型自身擁有特定知識的輸出能力，或適應特定的輸出格式。 2. 對下游應用更友善，在特定的任務中使用更簡單。 3. 可以節約推理階段使用的 token，推理成本更低
缺點	1. 容易受限於上下文視窗的大小。 2. 輸入本地知識增強的 Prompt 在實現上下文連續對話時較困難。 3. 大模型輸出的不確定性在高準確性的場景中會增加失敗機率。 4. 輸入帶有上下文的、較長的 Prompt 會帶來較高的推理成本。 5. 隨著模型的迭代，可能需要重新調整 Prompt	1. 非開箱即用。 2. 需要額外的資料準備、標注、清洗成本，以及必要的算力與訓練成本。 3. 需要足夠的技術專家，特別是機器學習（Machine Learning，ML）專家、資料專家。 4. 微調無法阻止出現「幻覺」問題，過度微調甚至可能導致某些能力下降。 5. 模型迭代週期長，對即時性要求高的知識並不適用

無法確切地說在什麼場景中必須使用 RAG、在什麼場景中必須使用微調。結合當前的一些研究及普遍的測試結果，可以認為在以下場景中更適合考慮微調的方案（在不考慮成本的前提下）。

（1）需要注入較巨量資料量且相對穩定、迭代週期較長的領域知識；需要形成一個相對通用的領域大模型用於對外服務或營運。

（2）執行需要極高準確率的部分關鍵任務，且其他手段無法滿足要求，此時需要透過高效微調甚至全量微調來提高對這些任務的輸出精度，比如醫療診斷。

（3）在採用提示工程、RAG 等技術後，無法達到需要的指令理解準確、輸出穩定或其他業務目標。

在除此之外的很多場景中，可以優先考慮使用 RAG 來增強大模型生成。當然，在實際條件允許的前提下，兩者的融合應用或許是未來更佳的選擇。

1.4.2 RAG 與具有理解超長上下文能力的大模型

大模型的上下文視窗（Context Window）正在以不可思議的速度增大。與早期大模型的上下文視窗大小普遍在 4K ～ 8K[①]相比，如今超過 128K 甚至支援更大上下文視窗的大模型比比皆是。從 Claude 2 開始的 200K，到 Claude 3 與 Gemini 1.5 號稱的 1M 上下文，似乎上下文視窗的大小已經不再成為我們使用大模型的顧慮，特別是在Gemini 1.5發佈的技術報告中，關於其具備的「大海撈針」（在超長的上下文中精確檢索出特定位置的某個事實性知識）能力的實驗結果，帶來了一個爭議話題：如果在未來能夠把幾百個文件一股腦地塞入大模型的對話視窗，並且大模型能夠在其中檢索出事實性知識，那麼我們還有必要做外部索引與檢索，給大模型提供知識外掛（RAG 範式）嗎？

儘管大模型廠商試圖用各種測試結果來告訴我們大模型將搞定一切，技術狂熱者也希望找到一顆簡單優雅且能一勞永逸地解決問題的「銀彈」，但至少

① 在大模型的上下文視窗中，K 表示 1000，M 表示 1000000。它們是 token（大模型的處理單位）的數量。

在目前的條件下，很難想像當每次需要一根「針」時都要把整個「大海」交給大模型用於推理，無論是從效用、性能角度來看還是從成本角度來看都存在很多需要思考的問題，比如：

（1）1M 的上下文視窗是否真的已經足夠？如果還不夠呢？

（2）反覆輸入如此長的上下文，時間、網路與推理的成本上升值得嗎？

（3）如何把企業級應用中大量即時變化、形式多樣的知識每次都輸入大模型？

（4）大模型的「大海撈針」能力可靠嗎？與「針」的數量和位置有關係嗎？

（5）知識密集型任務並不僅是簡單的事實問答，大模型能否應對？

（6）過長的上下文是否會讓大模型應用的追蹤、偵錯與評估等變得更困難？

（7）相對於 RAG 在應用層精確控制，把知識都輸入大模型如何確保知識的安全性？

RAG 應用的核心能力之一是檢索：結合各種方法精確檢索出事實所在的知識塊，然後將其交給大模型推理。所以，這讓大模型流派認為，既然大模型已經可以在超長的上下文中精確檢索，那麼複雜的 RAG 應用自然就可以被替代。

事實上，有大量的測試表明，受限於主流大模型所依賴的底層 Transformer 架構的基礎原理，當前大模型理解超長上下文的能力並不像宣傳的那麼出色。我們使用 LLMTest_NeedleInAHaystack 這個開放原始碼的測試工具對一些大模型進行測試後發現（見圖 1-16），當前的大模型並不一定能在超長的上下文中準確地檢索出某個事實性知識並完成推理，至少依賴以下內容。

（1）輸入的上下文長度。輸入 2K 與 128K 上下文時精確檢索的能力並不一樣。

（2）相關知識塊在上下文中所處的位置。知識塊在文件中所處的位置會影響檢索的結果。

（3）完成任務所依賴的相關知識塊數量。檢索 1 個知識塊與檢索 10 個知識塊的準確率是不一樣的。

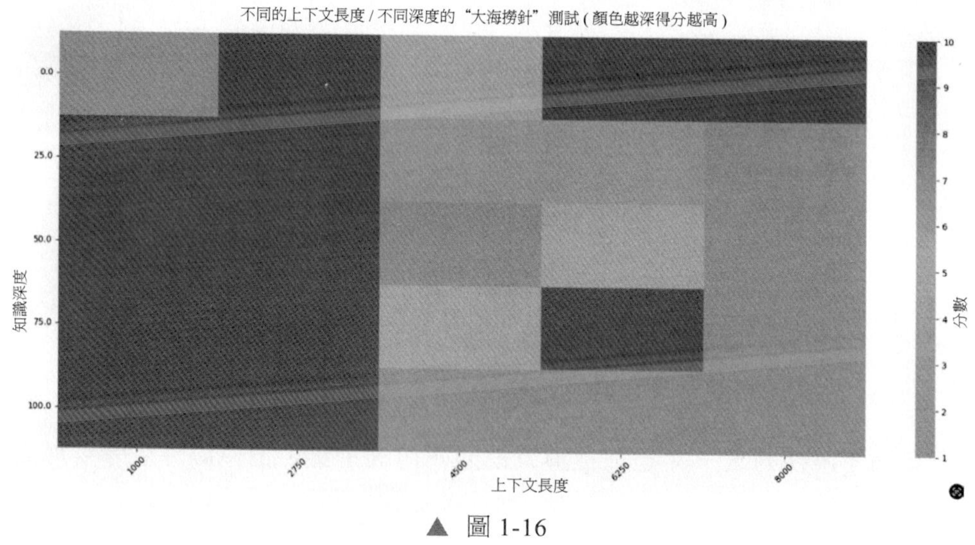

▲ 圖 1-16

即使完全不考慮成本與回應速度問題，試圖依賴具有理解超長上下文能力的大模型來準確檢索與推理以完成知識密集型的任務，也是不太現實的。

所以，RAG 與具有理解超長上下文能力的大模型要相互結合、取長補短，大模型為 RAG 應用提供最佳化基礎（比如，未來可以考慮以較大的文件為單位而非以較小的知識塊為單位作為檢索與召回的基礎），而 RAG 提供大模型所不具備的靈活性。兩者在簡潔性與靈活性之間取得平衡，或許是當下最合適的方案（見圖 1-17）。

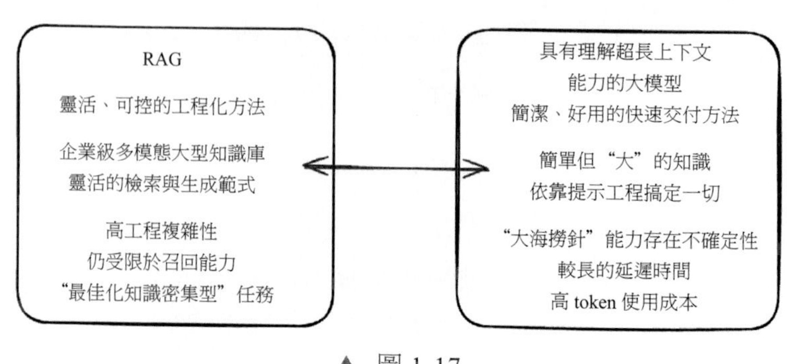

RAG
靈活、可控的工程化方法
企業級多模態大型知識庫
靈活的檢索與生成範式
高工程複雜性
仍受限於召回能力
"最佳化知識密集型"任務
具有理解超長上下文
能力的大模型
簡潔、好用的快速交付方法
簡單但"大"的知識
依靠提示工程搞定一切
"大海撈針"能力存在不確定性
較長的延遲時間
高 token 使用成本

▲ 圖 1-17

2

RAG 應用程式開發環境架設

工欲善其事，必先利其器。在開發 RAG 應用之前，我們需要先了解 RAG 應用程式開發的常見方式，以及可能需要借助的工具與平臺，並在此基礎上安裝適合自己的開發工具，架設適合自己的開發環境。

由於技術選擇的多樣性，我們不會事無巨細地介紹如何架設所有可能的開發環境。假設你具備了電腦軟體開發與大模型的基礎知識，這裡只基於部分主流的技術，簡單地介紹必要的環境準備工作。

後面的開發將在本章架設的開發環境中進行。

▶ 2.1 開發 RAG 應用的兩種方式

當前有兩種主要的開發 RAG 應用的方式：一種是使用低程式開發平臺，另一種是使用主流的大模型應用程式開發框架。

2.1.1 使用低程式開發平臺

這類開發平臺的代表是一些主流的商業大模型公司的開發平臺，比如百度的 AppBuilder、阿里雲的百煉大模型服務平臺、字節跳動的 Coze 開發平臺等，還有一些獨立的大模型應用程式開發平臺，比如開放原始碼的 FastGPT、Dify 等。這些平臺的主要特點如下。

（1）使用簡單、便捷。借助視覺化的應用定義與配置，可以快速開發屬於自己的 RAG 應用。

（2）通常包含完整的開發工具堆疊。比如，資料集與知識庫的管理工具、應用測試工具、Web UI 應用或 API 發佈工具。

（3）部分平臺會支援 RAG 應用工作流設計。透過視覺化拖曳與少量編碼的方式，可以提供一定程度的應用流程編排，實現低程式開發。

（4）部分平臺支援靈活地選擇模型，包括嵌入模型與大模型。可以根據模型的特點與需求靈活搭配多種模型，從而實現更優的輸出效果。

當然，軟體開發的便捷性與靈活性往往是一對矛盾體。使用低程式開發平臺快速開發 RAG 應用會存在以下問題。

（1）低程式開發平臺一般需要線上開發與部署。由於 RAG 應用通常為知識密集型的應用，因此一些比較敏感的領域與企業可能會面臨安全符合規範方面的挑戰。

（2）低程式開發平臺通常更通用導向的需求與場景而設計，比如簡單的私有知識對話與搜尋，但在面臨一些企業級應用中更個性化的需求時會捉襟見肘，無能為力。

（3）在企業級應用領域，有更高的專案要求與更多樣的個性化業務需求，在一些關鍵場景中有更靈活的 RAG 範式與流程設計。這時，通用的低程式開發平臺可能會無能為力。

（4）使用低程式開發平臺開發的 RAG 應用的主要形式是知識查詢與對話類應用，但這並不是 RAG 應用的全部形式。比如，RAG 還可以與其他 AI 智慧體結合在一起，最佳化智慧體的輸出，如開放原始碼的 Vanna 框架使用 RAG 思想向 Prompt 中注入檢索出的資料結構描述資訊，以便最佳化 Text-to-SQL（將文字轉為關聯式資料庫的 SQL 敘述）輸出的準確性。在這些場景中可能無法直接使用低程式開發平臺開發 RAG 應用。

（5）對開發人員來說，使用低程式開發平臺有助降低工作量，但它遮罩了很多技術細節，讓開發人員無法了解更多的底層原理，這給後期的應用最佳化與提高開發人員的技術能力增加了難度。

總的來說，使用低程式開發平臺開發 RAG 應用快速、簡單且部署方便，基本不存在後期維護問題，但缺乏足夠的靈活性與個性化，同時在安全性上會面臨挑戰，可能更適合開發個人與小微企業導向的知識型應用或 AI 智慧體，而開發 B 端導向的主流 RAG 應用或許需要更靈活的技術。

2.1.2 使用大模型應用程式開發框架

除了使用低程式開發平臺開發常規的 RAG 應用，另一種開發 RAG 應用的方式是使用當下主流的開放原始碼框架。當前主流的大模型應用程式開發框架有 LangChain 公司的 LangChain 系列框架、LlamaIndex 公司的 LlamaIndex 框架及微軟公司的 AutoGen 框架，基本上都採用了開放原始碼結合少量商業服務的提供方式。這些框架的特點如下。

（1）具有好用的元件化與模組化設計、強大的功能、完整的開發文件。這些成熟的大模型應用程式開發框架經過了較長時間的發展與版本迭代，以及大量開發人員的使用與回饋，具備了較高的市場成熟度，在功能、性能、擴充性、第三方支援、使用文件、開發社區等方面都非常完善。

（2）遮罩了底層的技術細節，幫助開發人員更專注於上層應用的邏輯與最佳化。成熟的大模型應用程式開發框架通常對基礎設施的存取細節進行了遮罩，提供了更好用的上層介面。比如，大模型的通訊、各種格式文件的處理，以及一些複雜的底層演算法等。

（3）大模型應用程式開發框架預置了大量的、可重用的封裝元件，極大地提高了軟體開發效率。應用程式開發無須重新「造輪子」，而是進化成使用搭積木式的組裝模式。此外，常見的開發框架通常會內建對一些先進的範式與演算法的支援，具體到 RAG 應用，開發框架通常會內建大量的模組化 RAG 應用中常用的運算子與演算法，甚至支援 RAG 工作流的靈活編排與開發。比如，LangChain 框架的 LangGraph、LlamaIndex 框架的 Query Pipeline 就採用圖（Graph）的思想來幫助建構更靈活與更複雜的工作流程。

（4）大模型應用程式開發框架通常具備極好的靈活性與擴充性設計。一方面，在使用時可以根據自身的需要來衍生大量的開發元件並訂製其在特定場景中的行為；另一方面，獨立的大模型應用程式開發框架內建了對第三方的支援，包括不同的大模型、資料來源、嵌入模型、向量庫、第三方 API 工具等，極大地提升了應用擴充能力。

（5）目前的大模型應用程式開發框架不僅提供了開發階段的各種開箱即用的元件，還提供了幫助把應用更快地投入生產使用的、覆蓋軟體全生命週期的專案化平臺或工具。比如，LlamaIndex 框架內建了評估組件。在企業級應用場景中，這些元件、專案化平臺和工具有助原型應用快速地過渡到生產應用。

1．了解 LangChain 框架

LangChain 是一個著名的大模型應用程式開發框架。LangChain 框架提供了一系列非常強大的元件與工具庫，涵蓋了應用的開發、測試、評估與部署的全生命週期。其中基礎的 LangChain 開發函數庫是完全開放原始碼免費的，可以用於從呼叫簡單的大模型到開發複雜的 RAG 應用或 Agent 等各類應用。

LangChain 框架的結構如圖 2-1 所示。

▲ 圖 2-1

LangChain 框架由以下開發函數庫組成。

（1）LangChain-Core：基礎抽象和 LangChain 表達語言（LCEL）。

（2）LangChain-Community：元件及內建的大量第三方技術整合模組，一般被封裝為合作夥伴模組（例如 LangChain-openai）。

（3）LangChain：組成應用架構的上層核心組件，包括 Chains、Agents 等。

（4）Templates：官方提供的一些常見的應用範本。

（5）LangServe：將 LangChain 鏈部署為 REST API 的平臺。

（6）LangSmith：幫助開發者追蹤偵錯、測試、評估和監控大模型應用的線上平臺。

此外，還有後期推出的用於建構更靈活、更複雜的 RAG/Agent 工作流的 LangGraph 元件等。總的來說，LangChain 開發函數庫功能強大，幾乎能夠涵蓋所有與大模型可能相關的應用類型，能夠對接幾乎所有第三方的大模型技術或服務，提供了強大的表達語言（LCEL）及 Chain 等各種簡單而強大的元件。同時，LangChain 框架的技術學習門檻相對較高，元件結構龐大而複雜，而且由於版本快速迭代升級，某些部分存在過度封裝或容錯設計之嫌。

截至本書完稿時，LangChain 框架的最新版本為 0.2.x。

2．了解 LlamaIndex 框架

LlamaIndex 是 LlamaIndex 公司出品的用於連接客戶資料與大模型，開發大模型應用的開放原始碼免費框架，具有簡單、靈活與強大的特點。其整體的結構如圖 2-2 所示。

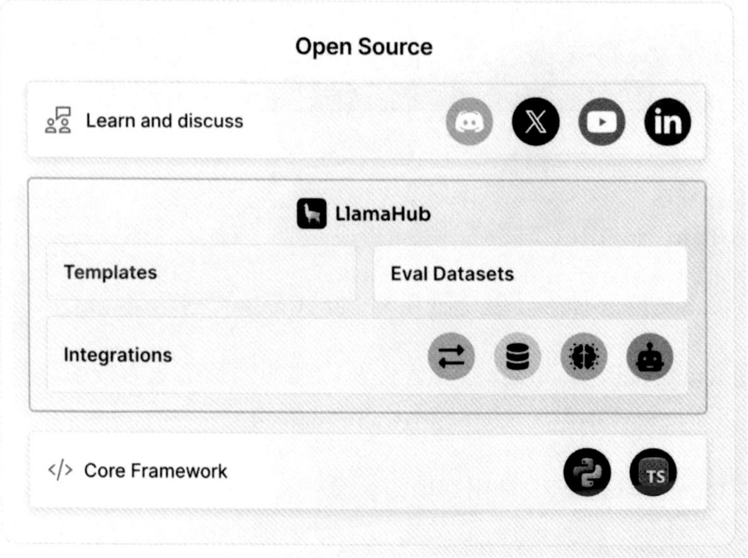

▲ 圖 2-2

（1）Core Framework：這是 LlamaIndex 的核心框架，實現了 LlamaIndex 框架中大量可擴充的基礎元件與工具元件。

（2）Integrations：這是在 Core Framework 基礎上由官方或第三方提供的大量擴充元件。這些元件大大擴充了 LlamaIndex 框架的相容能力與應用場景，包括各種類型的資料載入器、大語言模型與嵌入模型、向量庫、Agent 工具等。

（3）Templates：這是官方或第三方提供的更上層的應用範本。開發者可以基於這些範本來修改和開發自己的應用。

（4）Eval Datasets：評估資料集。這是一些用於測試評估的現成資料集。一個資料集通常包含兩個部分：一部分是用於開發 RAG 應用的原始知識資料集；另一部分是用於評估 RAG 應用的測試資料集。

在 LlamaIndex 框架中，核心框架以外的各類擴充元件、應用範本與資料集通常會放在 LlamaHub 網路平臺上。這是 LlamaIndex 官方維護的儲存庫，用於發佈、共用與使用開發大模型應用的各種元件與工具套件。

LlamaIndex 是一個開發生產級應用的大模型應用程式開發框架，具備以下特點。

（1）生產級與企業級導向的應用。其基於成熟的 RAG 範式提供了大量好用、可靠與堅固的整合元件，用於資料載入、向量庫存取、索引建構、模型存取等。

（2）靈活、可擴充、可訂製化。儘管 LlamaIndex 框架提供了大量開箱即用的元件，但是開發者仍可以在其基礎上衍生與擴充，實現訂製化組件。

（3）最適合開發 RAG 應用。相對 LangChain 框架來說，LlamaIndex 框架最初主要面向 RAG 應用環境，因此內建了大量模組化 RAG 範式中的最佳化元件與演算法，且在使用上比 LangChain 框架更簡單。

（4）內建了強大的 Data Agent 開發功能。與 RAG 應用以資料查詢為主相比，LlamaIndex 框架允許在此基礎上開發更強大的資料智慧體，能夠智慧規劃與使用外部工具進行一定的資料操控。此外，最新版本的 LlamaIndex 框架推出了查詢管道（Query Pipeline）這樣基於圖結構編排 RAG 工作流的開發元件。

與 LangChain 框架相比，LlamaIndex 框架的學習與使用門檻更低，更偏重於 RAG 應用程式開發，因此我們使用 LlamaIndex 框架作為本書的基礎框架。

截至本書完稿時，LlamaIndex 的最新版本為 0.10.x。這也是我們在後面開發中使用的版本。

▶ 2.2 RAG 應用程式開發環境準備

本節介紹常見的開發 RAG 應用的基礎環境與需要準備的工具，並架設一個可完全當地語系化執行與使用的開發環境。

2.2.1 硬體環境建議

如果你希望在開發階段所有的工作都能夠在一台電腦上完成（一個完整的 RAG 應用可能需要執行主程式、向量庫、本地大模型，甚至關聯式資料庫、前端 Web 應用等），那麼建議準備一台性能強大的筆記型電腦或桌上型電腦，建議的配置要求如下。

（1）MacOS（推薦）或 Windows 10 或 Linux 作業系統。

（2）記憶體不低於 16GB，如果需要執行本地大模型，則根據模型大小，記憶體需要 32GB 甚至更大。

（3）如果需要 GPU 做本地大模型推理，那麼需要根據模型大小配置獨立顯示卡。

（4）配備最新的 Intel CPU 或 Apple M 系列晶片，以及足夠的高速磁碟空間。

（5）高速乙太網路，用於下載大模型或存取大模型 API。

2.2.2 基礎大模型

基礎大模型是 RAG 應用的核心，也是 RAG 應用的智慧大腦。因此，我們需要準備好大模型的呼叫服務。通常可以根據條件的不同或需求，選擇兩種不同的方法使用大模型：透過 API 存取雲端商業大模型或部署本地開放原始碼大模型。

1．透過 API 存取雲端商業大模型

所有的商業大模型服務商都提供了開放 API 的存取 (通常為軟體開發套件（Software Development Kit，SDK）與 HTTP API 存取兩種形式 ），並且有詳細的使用文件說明。不同大模型的 API 協定大同小異，使用起來非常簡單（使用大部分線上模型只需要一個 API Key）。你可以根據自身需要靈活選擇。

下面以阿里雲的通義千問大模型的 API 申請為例簡單說明申請 API 的過程，其他廠商的大模型的 API 申請過程與此類似。可根據官方說明與引導自行完成（因為商業大模型服務商不斷更新與調整申請 API 的過程，所以以下過程僅供參考，請以官方最新的操作說明為準）。

（1）登入阿里雲官方的百煉大模型服務平臺。

（2）點擊頁面中的「登入」按鈕（請先自行註冊），建議透過手機號碼與驗證碼登入。

（3）成功登入後點擊左邊導覽列中的「模型廣場」選項（見圖 2-3）。

（4）點擊「去開通」按鈕，同意相關協定後，點擊「確認開通」按鈕即可成功開通大模型呼叫服務。首次開通的新使用者可能會獲得一定的免費福利，即獲得部分大模型在一定時間範圍內的體驗額度。

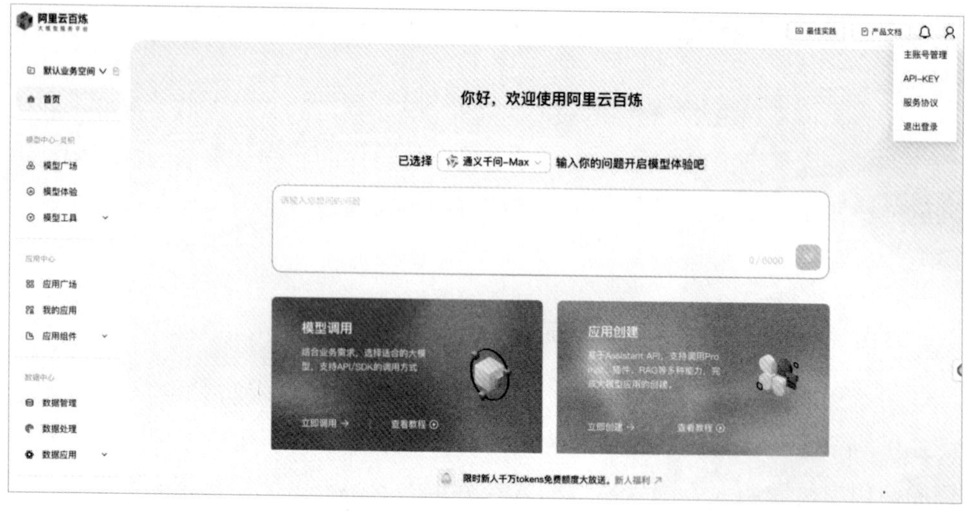

▲ 圖 2-3

（5）為了能夠透過 API 呼叫大模型，點擊頁面右上方的帳號管理圖示，選擇「API-KEY」選項，再點擊「建立新的 API-KEY」按鈕，即可獲得新的 API Key[①]（見圖 2-4）。

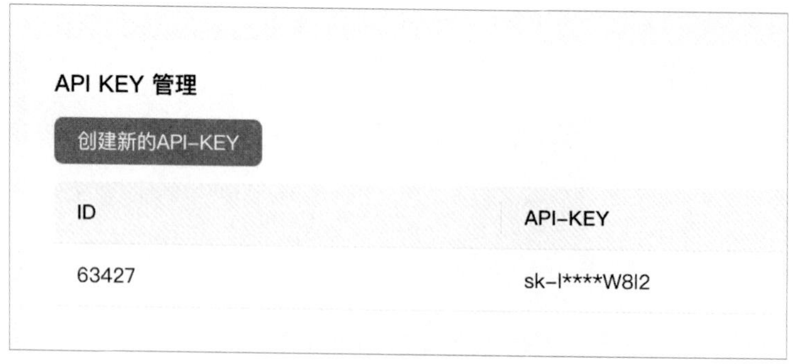

▲ 圖 2-4

① 本書圖中 API Key 有多種形式，如 API KEY、API-KEY 等，正文中統一使用 API Key。

（6）點擊頁面右上方的「產品文件」選項，可以查看你可能關心的大多數資訊，包括模型介紹、速率限制、API 文件、資費方式等。

在獲得基礎大模型的 API 許可權後，請記得儲存你的 API Key，如果免費體驗額度已經用完，那麼確保你的帳號有足夠的使用餘額。

此外，由於在後面的內容中會用到 OpenAI 的 GPT 系列模型 API，因此建議透過微軟 Azure 雲端服務平臺開通 OpenAI 大模型的 API 服務，透過審核後即可付費使用，具體方法請自行登入 Azure 平臺查看。

由於商業大模型非常多，各個廠商的 API 協定與提供的 SDK 並不統一與通用，即使同一個廠商的 API，也可能在升級過程中出現版本不相容的情況。如果我們需要上層應用在不同的商業大模型中進行切換，就會面臨較多的調配與偵錯工作。一個有用的技巧是，建構一個對上層應用的統一 API 平臺，透過簡單的配置，即可自動調配多個不同的商業大模型的 API 協定。這種方式的好處顯而易見，前端需要呼叫不同的大模型，通常只需要修改大模型的名稱，而無須改動其他程式。此外，還可以實現多個大模型通道的流量與負載平衡，提高可用性。

這裡推薦一個可以實現統一大模型 API 的開放原始碼專案：ONE-API。該專案把後端配置的不同大模型的 API 全部「OpenAI」化，即統一成 OpenAI 的 API 協定，極大地方便了前端應用對不同大模型的靈活呼叫與切換。

2．基於 Ollama 部署本地開放原始碼大模型

如果需要部署本地開放原始碼大模型並將其用於提供推理服務，那麼推薦使用 Ollama 這款工具來作為大模型執行與推理的管理工具。其好處是使用簡單，且可以利用普通 CPU 進行推理（也支援 GPU 推理）。安裝步驟非常簡單。

1）安裝 Ollama

（1）進入 Ollama 的官方網站，選擇對應的作業系統，如圖 2-5 所示。

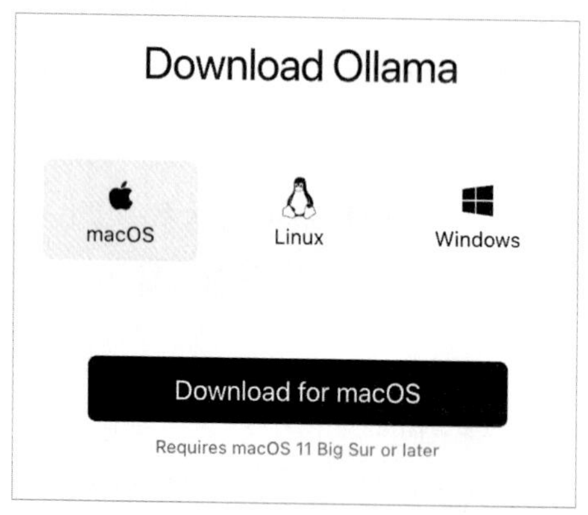

▲ 圖 2-5

（2）選擇你的作業系統後點擊下方按鈕，下載安裝套件。下載完成後，在本機找到安裝套件。按兩下安裝套件後，按照引導完成安裝。Ollama 會在本機安裝一個命令列工具（見圖 2-6），用於後面的下載與啟動大模型服務。

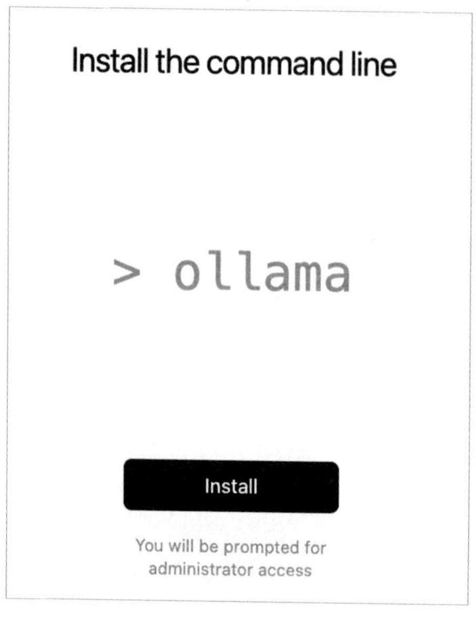

▲ 圖 2-6

（3）完成安裝後，進入終端進行測試，輸入以下命令查看版本編號（見圖 2-7）。

```
> ollama --version
```

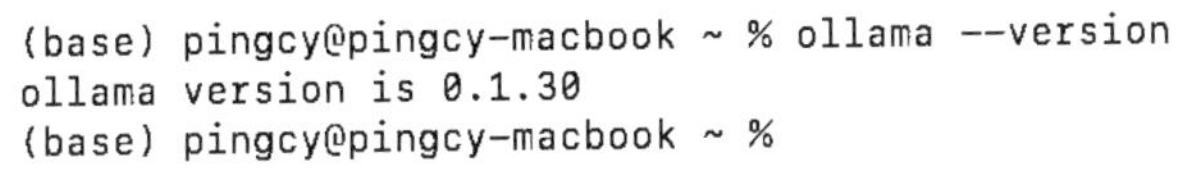

```
(base) pingcy@pingcy-macbook ~ % ollama --version
ollama version is 0.1.30
(base) pingcy@pingcy-macbook ~ %
```

▲ 圖 2-7

2）拉取與執行大模型

Ollama 安裝完成後就可以在本地拉取與執行大模型。你通常可以按照以下步驟操作。

（1）登入 Ollama 的官方網站，查看當前支援的全部大模型（見圖 2-8）。

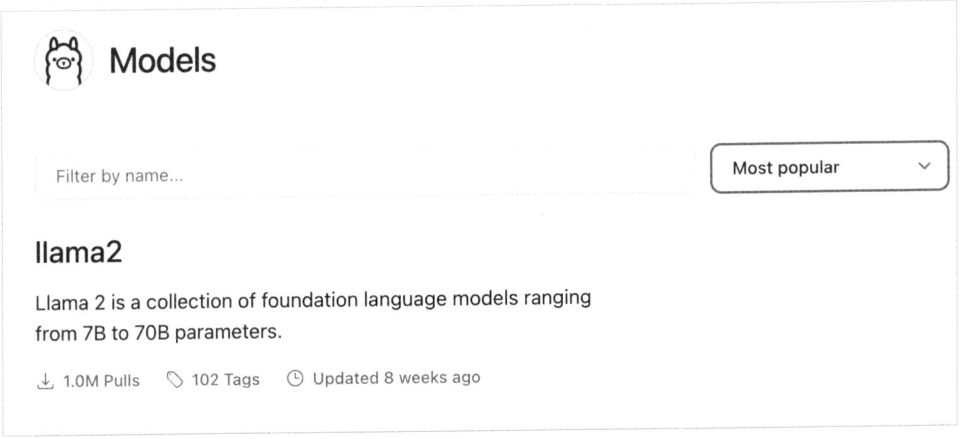

▲ 圖 2-8

（2）選擇一個大模型，比如選擇阿里巴巴的通義千問開放原始碼大模型。點擊清單中的 qwen 或 qwen2 系列模型，可以看到各個參數的大模型介紹與執行命令，請根據自己的硬體環境選擇合適參數的大模型。比如，選擇「14b」這個參數（見圖 2-9）。

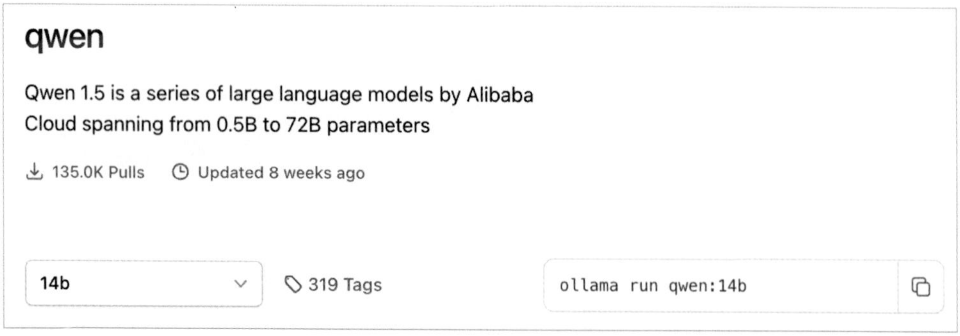

qwen

Qwen 1.5 is a series of large language models by Alibaba Cloud spanning from 0.5B to 72B parameters

135.0K Pulls　Updated 8 weeks ago

14b　319 Tags　`ollama run qwen:14b`

▲ 圖 2-9

（3）拷貝後面的執行命令，啟動本機的命令列終端，並貼上拷貝的命令。此時可以看到 Ollama 開始自動拉取大模型到本地執行，並有進度提示（見圖 2-10）。

```
(base) pingcy@pingcy-macbook ~ %
(base) pingcy@pingcy-macbook ~ % ollama run qwen:14b
pulling manifest
pulling de0334402b97...  19% ███                | 1.5 GB/8.2 GB  107 MB/s   1m1s
```

▲ 圖 2-10

大模型拉取完成後會在本機自動啟動大模型的推理服務（見圖 2-11）。

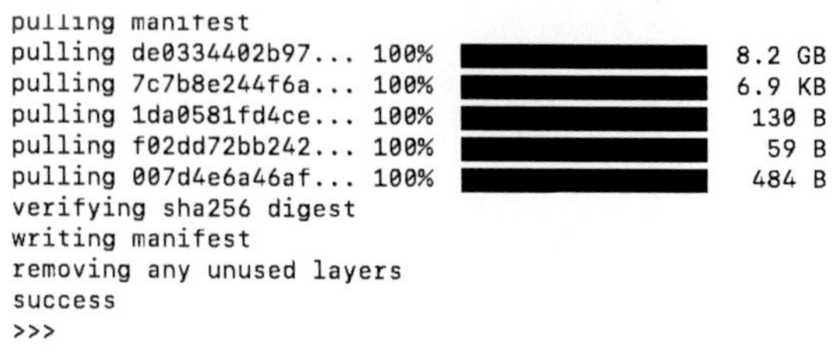

```
pulling manifest
pulling de0334402b97... 100% ████████████ 8.2 GB
pulling 7c7b8e244f6a... 100% ████████████ 6.9 KB
pulling 1da0581fd4ce... 100% ████████████ 130 B
pulling f02dd72bb242... 100% ████████████  59 B
pulling 007d4e6a46af... 100% ████████████ 484 B
verifying sha256 digest
writing manifest
removing any unused layers
success
>>>
```

▲ 圖 2-11

此時，你可以在命令提示符號下與大模型進行互動式對話（見圖 2-12）。

```
>>>
>>> 你好
你好！很高兴为你提供帮助。有什么问题可以问我吗？
```

▲ 圖 2-12

至此可以說明你的 Ollama 安裝與驗證完成，輸入「/bye」命令可退出 Ollama 命令列。

（4）如果你想重新開機與大模型的對話測試，那麼可以再次執行執行命令（見圖 2-13）。

```
(base) pingcy@pingcy-macbook ~ % ollama list
NAME            ID              SIZE    MODIFIED
qwen:14b        80362ced6553    8.2 GB  7 minutes ago
(base) pingcy@pingcy-macbook ~ % ollama run qwen:14b
>>>
>>>
>>>
>>> 创作一首清明的诗句
清明时节雨纷飞，
草色遥看近却无。
祭扫先人怀故土，
纸灰飞扬诉衷肠。
清风明月寄哀思，
春意盎然慰英魂。
```

▲ 圖 2-13

3）使用 API 服務模式

對應用程式開發來說，我們並不需要使用互動式命令列來對話（通常用於測試），而是需要使用 API 的形式呼叫大模型的服務介面。透過以下方式可以讓 Ollama 管理的大模型以 API 服務模式工作。

（1）如果你還沒有啟動過 Ollama，那麼可以使用以下命令直接進入服務模式。在該模式下，Ollama 啟動本地 API 伺服器對外提供服務（在 MacOS 系統上使用 ollama run 命令啟動大模型會自動進入服務模式）。

```
> ollama serve
```

（2）Ollama 預設的服務通訊埠是 11434。你可以透過設置環境變數更改預設的服務通訊埠（比如在與其他服務通訊埠發生衝突時）。

```
> OLLAMA_HOST=:11435 ollama serve
```

（3）驗證 Ollama 的 API 伺服器能否正常執行。因為 Ollama 提供多種 API 存取形式，所以這裡採用 Ollama 提供的相容 OpenAI API 協定的介面做測試，執行以下的 curl 命令即可。

```
curl http://localhost:11434/v1/chat/completions \
    -H «Content-Type: application/json» \
    -d ‹{
        «model»: «qwen:14b»,
        «messages»: [
            {
                «role»: «system»,
                «content»: «You are a helpful assistant.»
            },
            {
                «role»: «user»,
                «content»: « 你好呀！"
            }
        ]
    }›
```

如果能夠正常回應，那麼說明 Ollama 的 API 服務執行正常。

現在，我們有了通義千問與 OpenAI 線上大模型的 API 服務，也有了部署在本地的 Ollama 系列開放原始碼大模型的 API 服務（可隨時下載新的大模型做切換）。這些基礎的 API 服務將在後面的開發中頻繁使用。

2.2.3 嵌入模型

在 RAG 應用中，通常需要使用嵌入模型（Embedding Model）來實現對知識塊的向量化從而實現基於語義相似度的檢索能力，且嵌入模型的向量生成品質對後面檢索的準確性有著重要的影響。嵌入模型包括基於商業大模型基座的向量模型（比如 OpenAI 的 Embedding 系列模型）與開放原始碼的向量模型（比如智源研究院的開放原始碼向量模型 BGE Embeddding）。

1．透過 API 存取雲端嵌入模型

對提供基礎大模型服務的商業平臺來說，其嵌入模型的介面一般無須單獨申請，直接使用基礎大模型服務的 API Key 即可。由於我們已經開通了通義千問與 OpenAI 大模型的 API 服務，因此可以直接使用通義千問與 OpenAI 的嵌入模型。表 2-1 為通義千問官方公佈的可以使用的嵌入模型。

▼ 表 2-1

模型中文名	模型英文名	向量維度	單次請求文字最大行數	單行最大輸入字元長度	支援語種
通用文字向量	text-embedding-v1	1536	25	2048	中文、英文、西班牙語、法語、葡萄牙語、印尼語
	text-embedding-async-v1	1536	100 000	2048	中文、英文、西班牙語、法語、葡萄牙語、印尼語
	text-embedding-v2	1536	25	2048	中文、英文、西班牙語、法語、葡萄牙語、印尼語、日語、韓語、德語、俄羅斯語
	text-embedding-async-v2	1536	100 000	2048	中文、英文、西班牙語、法語、葡萄牙語、印尼語、日語、韓語、德語、俄羅斯語

嵌入模型的具體使用方法可以參考官方的 API 說明。

2．基於 Ollama 部署本地嵌入模型

之前借助 Ollama 部署了本地開放原始碼大模型提供推理服務。同樣，Ollama 也可以基於部署的開放原始碼嵌入模型提供向量生成服務，比如我們可以拉取中文向量模型 milkey/dmeta-embedding-zh:f16 提供嵌入服務。

```
> ollama pull milkey/dmeta-embedding-zh:f16
> ollama serve
```

啟動服務後，可以執行以下命令測試能否正確生成文字向量。

```
> curl http://localhost:11434/api/embeddings -d '{
  «model»: «all-minilm»,
  «prompt»: «Here is an article about llamas...»
}'
```

3．基於 TEI 部署本地嵌入模型

如果你覺得基於 Ollama 部署的本地嵌入模型無法滿足需要，那麼可以借助一種更強大的嵌入模型部署工具，即 Hugging Face 推出的 Text Embeddings Inference（TEI）。該工具主要用於部署嵌入模型（注意 TEI 本身不是模型，而是類似於 Ollama 的模型部署工具），也支援部署 Rerank 排序模型（排序模型也是 RAG 應用中可能需要的模型）。下面簡單演示如何借助 TEI 以本地的方式部署與啟動開放原始碼嵌入模型 bge-large-cn-1.5 的向量服務 API。

基本安裝過程以下（以 MacOS 系統為例）：

```
# 安裝 rust，注意此處如果出現錯誤，需要修改 .bash_profile 的許可權
> curl --proto '=https' --tlsv1.2 -sSf https://sh.ru**up.rs | sh

# 從 GitHub 網站上下載 TEI 程式，專案名稱為 text-embeddings-inference
> git clone xxxx.git

# 進入程式目錄，安裝 metal（如果是 Intel 晶片，則修改 metal 為 mkl）
> cd text-embeddings-inference
> cargo install --path router -F metal

# 啟動向量服務（對 Linux 系統來說，可能需安裝 gcc/openssl：
```

```
#sudo apt-get install libssl-dev gcc -y)
# 拉取餘型，並啟動推理服務
> model=BAAI/bge-large-zh-v1.5
> text-embeddings-inference % text-embeddings-router --model-id
$model --port 8080
```

接下來，驗證這個本地嵌入模型是否執行正常。由於模型服務使用 FastAPI 暴露 API，因此可以直接在瀏覽器中造訪 http://localhost:8080/docs/ 以查看當前 TEI 的模型服務 API（見圖 2-14）。

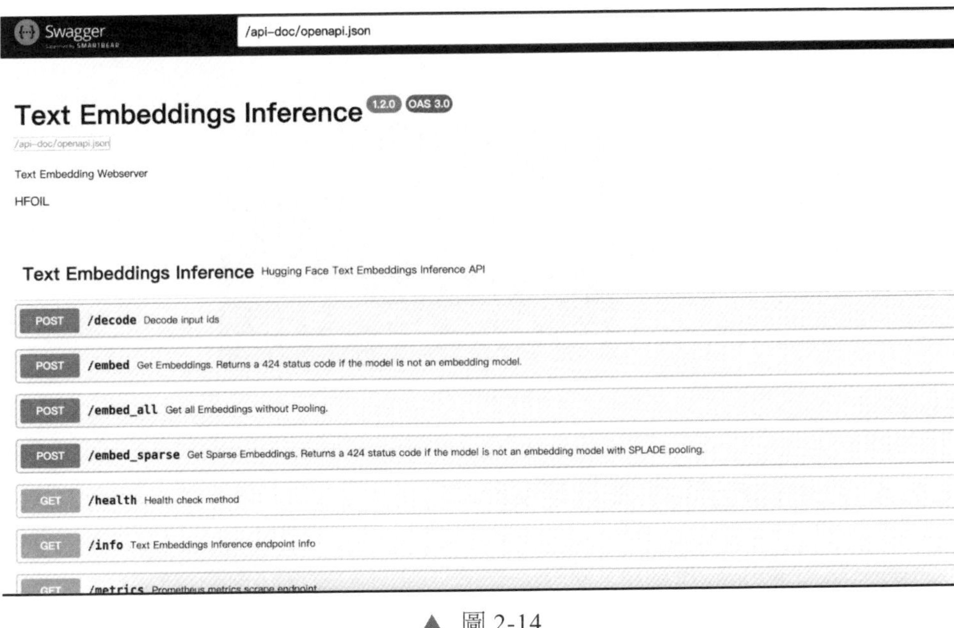

▲ 圖 2-14

可以對其中的 embed 這個生成文字向量的 API 做簡單測試，點擊該 API，並在開啟的頁面中點擊「Try it out」按鈕，修改「Request Body」部分的測試參數，然後點擊「Execute」按鈕，觀察輸出結果。如果一切正常，就應該看到大量的向量生成（見圖 2-15）。

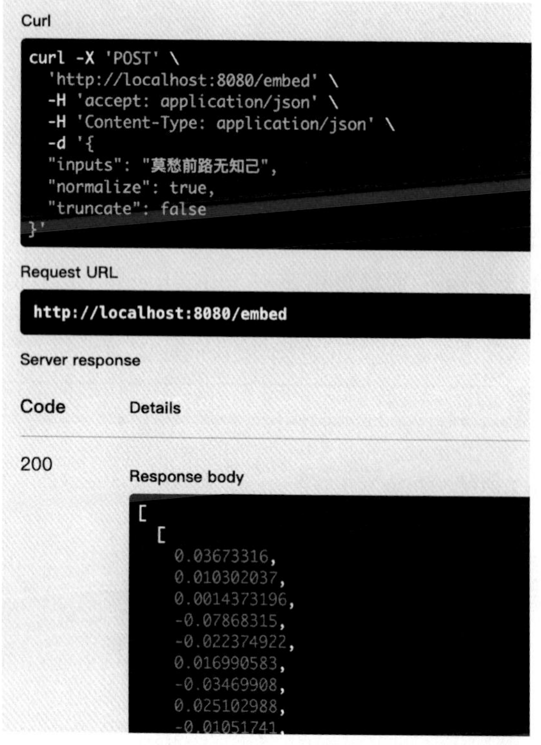

▲ 圖 2-15

2.2.4 Python 虛擬執行環境

我們使用 Python 作為核心的開發語言，其具有簡單好用的特點及無比強大的開發函數庫。建議安裝 Miniconda 這款小巧好用的 Python 虛擬執行環境工具，方便後面管理虛擬執行環境。下面以 MacOS 系統為例，簡單介紹 Python 虛擬執行環境的準備過程（其他作業系統類似，具體請參考官方文件）。

1．安裝 Miniconda

Miniconda 的安裝步驟如下。

（1）搜尋並造訪 Miniconda 的官方網站，進入下載中心。

（2）根據自身的硬體環境與作業系統選擇並下載對應的安裝程式，比如對於 MacOS 系統，需要選擇「64-bit」，且根據 CPU 型號選擇 Intel x86 或 Apple M 系列晶片版本。

（3）下載 .pkg 安裝套件或 .sh 安裝指令稿。

① 如果下載的是 .pkg 安裝套件，那麼按兩下 .pkg 安裝套件並根據螢幕引導完成安裝。

② 如果下載的是 .sh 安裝指令稿，那麼進入指令稿下載的目錄，執行對應的 .sh 安裝指令稿，按照提示完成安裝即可。

2．驗證安裝

安裝完成後，開啟命令列終端（如果你使用的是 .sh 安裝指令稿，那麼可能需要關閉終端後重新開啟，以便確保相關環境變數生效），執行以下命令：

```
> conda --version
> python --version
```

如果安裝正常，那麼應該可以看到 Miniconda 與 Python 的版本編號。

3．架設虛擬執行環境

使用 Miniconda 的好處是可以為不同的專案架設不同版本的 Python 虛擬執行環境，從而達到環境隔離的目的，減少專案間 Python 函數庫潛在的版本衝突問題。我們架設一個名為 rag 的虛擬執行環境，並且隨後啟動它。

```
# 架設名為 rag 的虛擬執行環境，採用預設的 Python 版本
> conda create -n rag python=3.12.1

# 啟動名為 rag 的虛擬執行環境
> conda activate rag
```

建議在此虛擬執行環境中安裝 Python 第三方函數庫，且優先使用 conda install 命令安裝。

2.2.5 Python IDE 與開發外掛程式

有了 Python 虛擬執行環境，還需要一個稱手好用的 Python IDE（Integrated Development Environment，整合式開發環境）來提高開發效率。我們採用具有強大擴充能力的 Visual Studio Code（VS Code）作為開發環境，並以 MacOS 系統為例簡單介紹 VS Code 的安裝配置（其他作業系統類似）。

1．安裝 VS Code

（1）搜尋並進入微軟 VS Code 官方網站，根據自身的作業系統下載對應的版本，建議下載 Stable 版本。

（2）進入下載目錄，找到下載成功的應用程式壓縮檔。

（3）解壓縮應用程式壓縮檔，提取出應用程式，並將其滑動至 MacOS 系統的應用程式目錄。

（4）按兩下應用程式圖示，即可啟動 VS Code。

2．安裝 Python 開發外掛程式

VS Code 的強大之處在於其有豐富的外掛程式庫，可以根據開發需要靈活安裝不同的外掛程式來增強 VS Code 的功能以提高開發效率。同樣，對廣大的 Python 開發者來說，VS Code 提供了大量的外掛程式用於簡化開發過程中的編碼、提示、偵錯等過程。為了後面的開發需要，我們推薦至少安裝以下幾類外掛程式。

（1）Chinese（Simplified）（簡體中文）Language Pack for Visual Studio Code：這是開發環境的中文化中文套件。

（2）Python：這是 Python 開發的擴充外掛程式，用於 Python 程式的反白顯示、提示、檢查、重構與偵錯等。

（3）Jupyter：這是用於支援在 VS Code 中做互動式編碼與偵錯的 jupyter notebook 擴充外掛程式。

（4）GitHub Copilot：這是基於 ChatGPT 的強大的 AI 編碼幫手，可以根據即時上下文和註釋資訊等給自動撰寫程式提供建議、解釋程式、修復程式等。

外掛程式的基本安裝過程如下。

（1）點擊 VS Code 主頁面左邊導覽列的「擴充」選項，開啟「擴充」面板。

（2）在「擴充」面板上方的搜尋框中輸入前面介紹的外掛程式名稱，進行搜尋。

（3）在「擴充」面板下方的搜尋結果清單中找到需要安裝的外掛程式，點擊「安裝」按鈕，稍做等待後完成安裝。

（4）對於已經安裝的外掛程式，不會出現「安裝」按鈕，但會出現「禁用」與「卸載」按鈕。

2.2.6 向量庫

通常需要持久化儲存並使用嵌入模型生成的文字向量。這在 RAG 應用中建議透過向量庫來完成。向量庫提供了快速的、基於相似度的語義檢索功能，因此是檢索階段的重要基礎設施。在開發一個 RAG 應用時，首先需要考慮向量庫的技術選擇與環境安裝。向量庫通常有以下幾種類型。

（1）基於記憶體的嵌入式向量庫：一般僅用於測試或原型應用，比如 FAISS。

（2）本地管理的向量庫：部署在本地，由自己管理的向量庫。這類向量庫有 Chroma、Milvus 和 PostgreSQL（帶有 pgvector 外掛程式）等。這類向量庫還可以細分為支援嵌入式使用的向量庫與支援 Client/Server 模式使用的向量庫。

（3）雲端管理的向量庫：這類向量庫與資料託管在雲端服務商。可以透過提供的主控台與 API 存取雲端向量資料，比如騰訊的 Tencent Cloud VectorDB、Pinecone 等。

我們選擇兩款開放原始碼的向量庫 Chroma 和 PostgreSQL（帶有 pgvector 外掛程式），簡單介紹安裝與測試過程。

1．安裝 Chroma

Chroma 是一款強大的、高性能的開放原始碼嵌入式向量庫，提供了方便的介面用於儲存與檢索向量和相關的中繼資料。Chroma 提供了 Python 與 JavaScript 的 SDK，可以直接用 pip 或 npm 命令安裝 Chroma 套件。由於我們採用 Python 作為虛擬執行環境，因此在終端執行以下命令進行安裝：

```
> pip install chromadb
```

接下來驗證安裝的 Chroma 是否可以正常使用。Chroma 提供了兩種使用方式：一種是嵌入式的使用方式，直接使用 SDK 存取即可；另一種是 Client/Server 模式的使用方式，需要啟動 Chroma 的 Server。

1）嵌入式的使用方式

直接執行以下簡單的 Python 測試程式：

```
# 測試 Chroma
import chromadb
client = chromadb.PersistentClient(path="./chroma_db")
client.heartbeat()
```

如果傳回正常（一串毫微秒數字），那麼說明 Chroma 工作正常。

2）Client/Server 模式的使用方式

首先啟動 Server：

```
> chroma run --path ./chroma_db
```

如果出現以下提示，那麼說明啟動正常，且服務通訊埠為本機的 8000 通訊埠。

```
Running Chroma
Saving data to: ./chroma_db
Connect to chroma at: http://localhost:8000
```

此時，用以下使用者端程式進行測試：

```
# 測試 Chroma，Client/Server 模式
import chromadb
chroma_client = chromadb.HttpClient(host='localhost', port=8000)
chroma_client.heartbeat()
```

如果傳回正常，那麼說明 Chroma 工作正常。

2．安裝 PostgreSQL 與 pgvector

PostgreSQL 是一款強大的開放原始碼關聯式資料庫，而 pgvector 是基於 PostgreSQL 資料庫儲存與檢索向量的擴充外掛程式，因此需要先安裝 PostgreSQL 資料庫。安裝 PostgreSQL 資料庫可以有多種方式。下面以 MacOS 系統為例，對於其他作業系統，可參考官方文件自行安裝。

1）圖形頁面安裝

（1）搜尋並進入 PostgreSQL 資料庫的官方網站，下載對應的 installer 安裝媒體。

（2）進入本機的下載目錄，找到安裝媒體並執行，根據提示完成安裝。在安裝過程中，你需要選擇資料目錄，設置預設的使用者密碼和通訊埠等，可根據情況自行設置。在確認安裝前，你需要確認 PostgreSQL 資訊（見圖 2-16）。

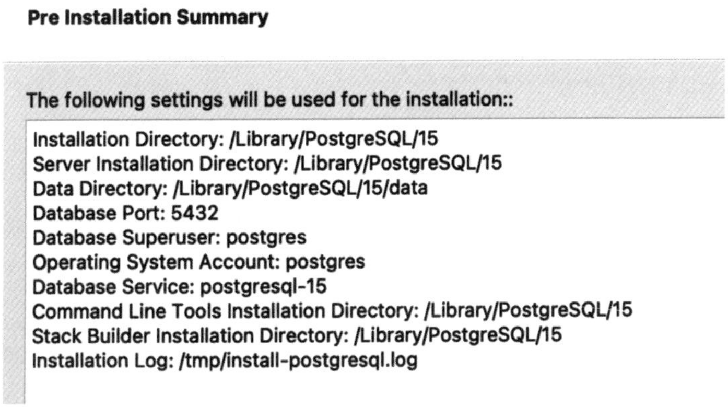

Pre Installation Summary

The following settings will be used for the installation::

Installation Directory: /Library/PostgreSQL/15
Server Installation Directory: /Library/PostgreSQL/15
Data Directory: /Library/PostgreSQL/15/data
Database Port: 5432
Database Superuser: postgres
Operating System Account: postgres
Database Service: postgresql-15
Command Line Tools Installation Directory: /Library/PostgreSQL/15
Stack Builder Installation Directory: /Library/PostgreSQL/15
Installation Log: /tmp/install-postgresql.log

▲ 圖 2-16

（3）安裝完成後將自動啟動 PostgreSQL 資料庫。

（4）設置環境變數，將 PostgreSQL 資料庫的可執行檔加入系統路徑。

```
> echo'export PATH="/Library/PostgreSQL/15/bin:$PATH"' >> ~/.zshrc
> source ~/.zshrc
```

（5）使用 psql -U postgres 命令登入資料庫，輸入安裝過程中設置的密碼，如果登入正常，那麼說明資料庫安裝與執行正常。

2）brew 工具安裝

在 MacOS 系統上還可以透過 brew 工具安裝 PostgreSQL 資料庫，其安裝過程如下：

```
# 安裝 brew 工具，如果已經安裝，那麼忽略，否則請自行安裝 brew 工具

# 查看 PostgreSQL 資料庫的最新可安裝版本，並安裝，此處選擇 15
> brew search postgresql
> brew install postgresql@15

# 設置環境變數
> echo 'export PATH="/opt/homebrew/opt/postgresql@15/bin:$PATH"' >> ~/.zshrc
> source ~/.zshrc

# 啟動資料庫服務
> brew services start postgresql@15
```

安裝完成後使用 psql -d postgres 命令登入資料庫，檢查是否登入正常。

3）安裝 pgvector

為了讓 PostgreSQL 資料庫能夠儲存與檢索向量，我們最後需要安裝 pgvector 這個擴充外掛程式，過程以下（以 MacOS 系統為例）。

（1）確保 MacOS 系統已經安裝了 Xcode 的 Command Line Tools，如沒有安裝，那麼請使用 xcode-select --install 命令進行安裝。

（2）依次在終端執行以下命令，安裝 pgvector。

```
> cd /tmp
> git clone --branch v0.6.2 https://git***.com/pgvector/pgvector.git
> cd pgvector
> make
> sudo make install # may need sudo
```

（3）登入 PostgreSQL 資料庫，如使用命令：psql -U postgres。

（4）輸入密碼後登入成功，執行以下命令啟用 pgvector 擴充外掛程式：

```
psql> create extension vector;
```

（5）如果沒有錯誤訊息，那麼代表啟用擴充外掛程式成功。我們簡單建構一個帶有向量的資料表，執行以下命令，其中 embedding 欄位為 vector：

```
psql> create table mystore(id bigserial PRIMARY KEY, embedding vector(3));
```

（6）在其中的向量欄位 embedding 中插入一個簡單的向量，執行以下 insert 敘述：

```
psql> insert into mystore(embedding) VALUES ('[1.1,0.2,3.8]');
```

（7）如果一切正常，就可以執行以下 select 敘述來查看是否插入成功：

```
psql> select * from mystore
```

如果沒有異常，就代表大功告成！

2.2.7 LlamaIndex 框架

因為我們將使用 LlamaIndex 作為主要的開發框架，所以使用以下命令快速安裝 LlamaIndex 框架的基礎套件（可能還會根據需要安裝其他的獨立開發套件）：

```
> pip install llama-index
```

▶ 2.3 關於本書開發環境的約定

至此，架設了 RAG 應用程式開發環境，包括基礎大模型、嵌入模型、Python 虛擬執行環境、Python IDE 與開發外掛程式、向量庫、LlamaIndex 框架等。此外，在開發過程中需要借助的其他 Python 函數庫會在使用時透過 conda install 或 pip install 命令隨選安裝，不在此一一詳述。

表 2-2 為本書的開發環境。當然，你完全可以根據自己的實際條件或需要做部分調整，比如選擇自己的大模型、更改向量庫等。

▼ 表 2-2

類別	環境配置	備用環境
硬體	蘋果 Macbook Pro（M3 處理器 +36GB 記憶體）	—
作業系統	MacOS Sonoma 14.3	—
基礎大模型	Ollama 部署的本地模型（Llama3、Qwen1.5、Qwen2 等）	OpenAI 的大模型 阿里雲通義千問
嵌入模型	Ollama 部署的本地模型（dmeta-embedding-zh 等）	OpenAI 的大模型 TEI 的 bge-large-zh
Python 執行環境	Python 版本：3.12.2 Miniconda 版本：24.1.2	—
IDE	VS Code 版本：1.88.0	—
向量庫	本地部署的 Chroma 向量庫，存取資訊： 伺服器：localhost 通訊埠：8000	PostgreSQL+ pgvector
開發框架	LlamaIndex 0.10.x	—

▶【預備篇小結】

在預備篇中，我們先簡單回顧了大模型的發展與現狀，並對基於大模型的 RAG 應用的誕生動機、原理與技術架構做了較詳細的介紹與分析，也對一些前端的熱門話題做了簡單介紹，旨在介紹 RAG 應用的基本概念，建立對 RAG 應用的巨觀印象。

然後，我們架設了需要的開發環境，並決定採用 LlamaIndex 這個主流的大模型應用程式開發框架開發 RAG 應用。

現在，讓我們一起進入 RAG 應用程式開發的世界吧！

MEMO

基礎篇

3

初識 RAG 應用程式開發

我們已經了解了 RAG 應用的需求場景，也看到了隨著更多應用在實際生產中面臨挑戰，逐漸演化出更複雜的模組化架構與先進的 RAG 工作流思想。那麼如何把這些架構與思想轉為可以執行與生產的軟體呢？

從現在開始，我將介紹如何利用現有的平臺、工具與框架來開發真正的 RAG 應用，這裡的應用不僅是一個簡單的符合 RAG 經典範式的原型應用，而且是最終能夠滿足企業級業務需求與專案化要求的「生產就緒」的應用。這樣的應用不僅要能夠滿足複雜多變的功能需求，還需要在投入生產前進行完整的測試與評估，也要借助一些模組、演算法等不斷地最佳化，最終具備生產條件。

本章將從開發、追蹤與偵錯 RAG 應用開始介紹，從技術層建立對 RAG 應用程式開發的初步認識。

▶ 3.1 開發一個最簡單的 RAG 應用

為了幫助你更深入地理解 RAG 應用的原理，我們將使用 3 種不同的方法來開發一個簡單的 RAG 應用。

（1）使用原生程式開發。

（2）使用 LlamaIndex 框架開發。

（3）使用 LangChain 框架開發。

首先，為 RAG 應用設計一個簡單的技術場景：從本地目錄中載入若干 TXT 文件（模擬用於增強生成的知識），將其分割、嵌入後儲存到向量庫 Chroma 中，然後借助大模型進行增強生成。程式文件的目錄結構如圖 3-1 所示。

▲ 圖 3-1

（1）chroma_db：向量庫 Chroma 的儲存目錄。

（2）data：儲存代表本地知識的 TXT 文件（關於文心一言的簡單介紹）。

（3）src：RAG 應用的 Python 程式目錄。

3.1.1 使用原生程式開發

如果不借助任何第三方的開發框架，就需要自行實現 RAG 應用中必須具備的幾個模組功能，包括載入與讀取文件、分割文件、嵌入、向量儲存與索引、檢索與生成，並實現簡單地模擬最終使用者使用的查詢或對話功能。

1．載入與讀取文件

定義一個簡單地讀取 TXT 文件的載入器，其唯一的功能就是根據輸入的路徑做必要的檢查，讀取文件內容後輸出。這裡實現兩個函數：

```
# 載入與讀取文件
import mimetypes
import os,configparser

def loadtext(path):
  path = path.rstrip()
  path = path.replace(' \n', '')

  # 轉換絕對路徑
  filename = os.path.abspath(path)

  # 判斷文件存在，並獲得文件類型
  filetype = ''
  if os.path.isfile(filename):
    filetype = mimetypes.guess_type(filename)[0]
  else:
    print(f"File {filename} not found")
    return None

  # 讀取文件內容
  text = ""
  if filetype != 'text/plain':
    return None
  else:
    with open(filename, 'rb') as f:
      text = f.read().decode('utf-8')
```

```
    return text

# 這裡配置了一個簡單的配置器，用於讀取餘型名稱的配置，後面要用
def getconfig():
    config = configparser.ConfigParser()
    config.read('config.ini')
    return dict(config.items("main"))
```

2．分割文件

為了更精確地實現基於向量的語義檢索，我們不能簡單地嵌入文件的內容，而是需要分割：將其分割成最合適大小的多個知識塊（Chunk）後做向量化。當然，這裡的分割不是用固定大小的規則來分割，那樣很容易造成語義中斷。這裡簡單地把文字在換行與句子結束的地方做分割，然後在一個知識塊中放若干個句子。

```
# 把文件分割成知識塊
import jieba,re

def split_text_by_sentences(source_text: str,
                            sentences_per_chunk: int,
                            overlap: int) -> List[str]:
    """
    簡單地把文件分割為多個知識塊，每個知識塊都包含指定數量的句子
    """
    if sentences_per_chunk < 2:
        raise ValueError(" 一個句子至少要有 2 個 chunk ！ ")
    if overlap < 0 or overlap >= sentences_per_chunk - 1:
        raise ValueError("overlap 參數必須大於等於 0，且小於 sentences_per_chunk")

    # 簡單化處理，用正規表示法分割句子
    sentences = re.split('(?<=[。！？])\s+', source_text)
    sentences = [sentence.strip() for sentence in sentences if sentence.strip() != '']

    if not sentences:
        print("Nothing to chunk")
        return []
```

```
    # 處理 overlap 參數
    chunks = []
    i = 0
    while i < len(sentences):

        end = min(i + sentences_per_chunk, len(sentences))
        chunk = ' '.join(sentences[i:end])

        if overlap > 0 and i > 1:
            overlap_start = max(0, i - overlap)
            overlap_end = i
            overlap_chunk = '
'.join(sentences[overlap_start:overlap_end])
            chunk = overlap_chunk + ' ' + chunk

        chunks.append(chunk.strip())
        i += sentences_per_chunk

    return chunks
```

注意：這裡有一個 overlap 參數。顧名思義，在把文件分割成多個知識塊時，這個參數可以允許不同的知識塊之間有重疊的部分（程式中透過重疊句子的數量來實現），這是為了能夠更進一步地實現語義覆蓋。

分割文件是 RAG 應用中非常重要的階段，知識塊的大小、分割的方式等都會在很大程度上影響檢索與生成的品質，後面還會對此進行更多探討。

3．嵌入、向量儲存與索引

這是索引準備的最後階段，即把分割的知識塊用嵌入模型生成向量，並儲存到向量庫中建立索引。這裡使用上面實現的載入與分割函數進行完整的索引準備。

```
import ollama, chromadb

# 引入自訂模組
from load import loadtext, getconfig
from splitter import split_text_by_sentences
```

```
# 向量模型
embedmodel = getconfig()["embedmodel"]

# 向量庫
chroma = chromadb.HttpClient(host="localhost", port=8000)
chroma.delete_collection(name="ragdb")
collection = chroma.get_or_create_collection(name="ragdb")

# 讀取文件列表，依次處理
with open('docs.txt') as f:

  lines = f.readlines()
  for filename in lines:

    # 載入文件內容
    text = loadtext(filename)

    # 把文件分割成知識塊
    chunks = split_text_by_sentences(source_text=text,
                                     sentences_per_chunk=8,
                                     overlap=0)

    # 對知識塊依次處理
    for index, chunk in enumerate(chunks):

      # 借助基於 Ollama 部署的本地嵌入模型生成向量
      embed = ollama.embeddings(model=embedmodel,
prompt=chunk)['embedding']

      # 儲存到向量庫 Chroma 中，注意這裡的參數
      collection.add([filename+str(index)],[embed],documents=[chunk],me
tadatas={"source": filename})
```

我們把所有需要載入的 TXT 文件清單放到一個獨立的 docs.txt 文件中，然後依次處理（之所以不直接讀取 data 目錄中的文件，是為了方便增加不同的、更多的資料來源。比如，可以在 docs.txt 文件中配置一個網路的 URL 用於從網路中載入對應的 HTML 網頁內容）。

在實現前端查詢與對話之前，要確認到目前為止工作是否正常。我們可以用一段簡單的程式來測試向量庫能否進行語義檢索。

首先，配置好 config.ini 文件中的模型：

```
[main]
embedmodel=milkey/dmeta-embedding-zh:f16
mainmodel=qwen:32b
```

然後，直接在前面的索引準備程式的下面增加測試程式：

```
if __name__ == "__main__":
    while True:
        query = input("Enter your query: ")
        if query.lower() == 'quit':
            break
        else:
            # 從向量庫 Chroma 中查詢與向量相似的知識塊
            results = \
collection.query(query_embeddings=[ollama.embeddings(model=embedmodel,
prompt=query)['embedding']], n_results=3)

            # 列印文件內容（Chunk）
            for result in results["documents"][0]:
                print("---------------------------------------------------")
                print(result)
```

在終端執行前面撰寫的索引準備程式（注意切換到虛擬執行環境），比如：

```
> python index.py
```

稍做等待後，將出現互動式的提示，輸入一個與 TXT 文件內容（關於文心一言的簡單介紹）相關的問題，檢查是否有相關的知識出現，如圖 3-2 所示。①

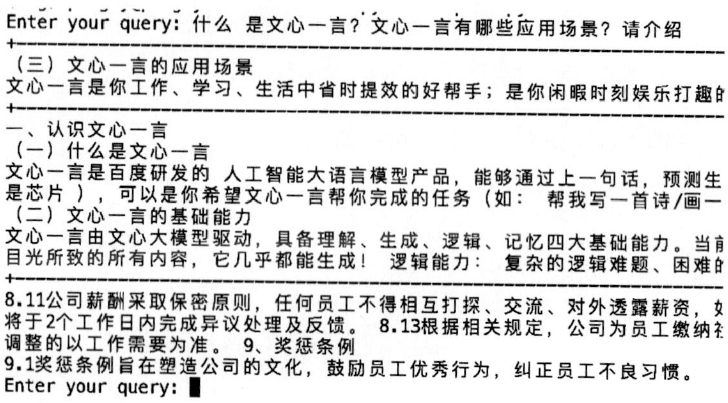

```
Enter your query: 什么 是文心一言? 文心一言有哪些应用场景? 请介绍
+--------------------------------------------------------------------
（三）文心一言的应用场景
文心一言是你工作、学习、生活中省时提效的好帮手；是你闲暇时刻娱乐打趣的
+--------------------------------------------------------------------
一、认识文心一言
（一）什么是文心一言
文心一言是百度研发的 人工智能大语言模型产品，能够通过上一句话，预测生
是芯片 ），可以是你希望文心一言帮你完成的任务（如： 帮我写一首诗/画一
（二）文心一言的基础能力
文心一言由文心大模型驱动，具备理解、生成、逻辑、记忆四大基础能力。当前
目光所致的所有内容，它几乎都能生成！ 逻辑能力： 复杂的逻辑难题、困难的
+--------------------------------------------------------------------
8.11公司薪酬采取保密原则，任何员工不得相互打探、交流、对外透露薪资，如
将于2个工作日内完成异议处理及反馈。 8.13根据相关规定，公司为员工缴纳社
调整的以工作需要为准。 9、奖惩条例
9.1奖惩条例旨在塑造公司的文化，鼓励员工优秀行为，纠正员工不良习惯。
Enter your query:
```

▲ 圖 3-2

不錯，目前看起來一切正常！

4．檢索與生成

下面實現一個簡單的互動式查詢程式：根據輸入問題從已經匯入的向量化私有知識庫中進行語義檢索，將相關的知識塊作為上下文交給大模型生成答案：

```
import ollama, sys, chromadb
from load import getconfig

# 嵌入模型與大模型
embedmodel = getconfig()["embedmodel"]
llmmodel = getconfig()["llmmodel"]

# 向量庫
chroma = chromadb.HttpClient(host="localhost", port=8000)
collection = chroma.get_or_create_collection("ragdb")

while True:
  query = input("Enter your query: ")
  if query.lower() == 'quit':
    break
  else:
```

① 有的程式的輸出結果過多，不能完全截圖展示，只截取重要部分。

```
    # 生成查詢向量
    queryembed = ollama.embeddings(model=embedmodel,
                                    prompt=query)['embedding']

    # 用查詢向量檢索上下文
    relevantdocs = collection.query(query_embeddings=[queryembed],
                                    n_results=5)["documents"][0]
    docs = "\n\n".join(relevantdocs)

    # 生成 Prompt
    modelquery = f"""
    請基於以下的上下文回答問題，如果上下文中不包含足夠的回答問題的資訊，請回答 '
我暫時無法回答該問題 '，不要編造。

    上下文：
    ====
    {docs}
    ====

    我的問題是：{query}
    """

    # 交給大模型進行生成
    stream = ollama.generate(model=llmmodel, prompt=modelquery,
stream=True)

    # 流式輸出生成的結果
    for chunk in stream:
        if chunk["response"]:
            print(chunk['response'], end='', flush=True)
```

檢索與生成階段的處理邏輯如下。

（1）獲得輸入問題後，借助向量模型生成查詢向量。此處借助 ollama.embeddings 方法呼叫本地嵌入模型獲得輸入問題。

（2）用生成的查詢向量做語義檢索，獲得與輸入問題相關的知識塊。這也是向量庫的能力。這裡使用向量庫 Chroma 的 query 方法進行檢索，通常需要攜帶的參數包括需要檢索的向量、傳回結果的數量、近似演算法等。

（3）在檢索到相關的知識塊（這裡儲存到 docs 變數中）後，將其與原始問題（query）一起組裝到 Prompt 中。

（4）呼叫大模型的生成介面獲得生成的結果。此處呼叫 ollama.generate 方法獲得生成的結果。大模型的生成介面參數通常包括模型名稱、提示詞、是否流式輸出、temperature 等。具體可參考各個大模型的說明文檔。

至此，我們沒有借助第三方的大模型應用程式開發框架，用完全原生的 Python 程式開發了一個「樸素」的 RAG 應用，演示了 RAG 應用的基本工作模組與流程，包括載入與讀取文件、分割文件、嵌入、向量儲存與索引、檢索與生成等。

在終端執行這個簡單的互動式查詢程式，如：

```
> python chat.py
```

輸入你的查詢問題：

```
Enter your query: 百度文心一言的主要應用場景有哪些呢？
```

如果一切順利，那麼應該可以看到類似於圖 3-3 所示的輸出內容。

```
文心一言 (Wenxin Yiyan) 主要应用于以下几个场景:
1. **在线写作与编辑**: 提供丰富的词汇和句子结构, 帮助用户快速、精准地表达思想。
2. **学术研究与论文撰写**: 支持专业领域的术语和概念, 适用于学术论文的准备阶段。
3. **新闻稿与媒体内容创作**: 为新闻工作者或媒体创作者提供快速生成新闻报道或专题稿件的功能。
4. **教育辅助工具**: 可用于课堂教学中的即时反馈、学生讨论组等场景, 提高教学效率。
5. **跨语言沟通**: 对于需要翻译或者理解不同语言文字的用户, 文心一言可以提供便利的服务。

Enter your query: █
```

▲ 圖 3-3

這裡開發的只是一個簡單的基於終端互動的演示 RAG 原型應用，與實際的生產級應用，特別是企業級應用還有相當大的距離。你可以考慮以下問題。

（1）知識索引的準備與使用往往是分離、非同步的過程，而非順序的過程。這如何實現？

（2）知識的獲取、載入與索引是否需要用視覺化的、功能完整的管理工具？

（3）原始文件與分割後的知識塊如何對應？後面的知識維護和更新如何實現同步？

（4）在檢索與生成的過程中可能需要透過 API 與外部系統實現整合與對接。這如何實現？

（5）所有的管理與使用都需要支援併發多個使用者而非單一使用者。這如何實現？

（6）使用者基於 UI 頁面而非命令行使用與互動。如何儲存互動的歷史記錄？

（7）如何從生成的結果溯源到其參考的知識塊或知識文件？

對於這些在真實的生產中面臨的問題，有的將在本書後面的內容中解決，有的由於與 RAG 核心技術並無特別連結，因此需要根據自身需要在實際開發中解決。

前面沒有使用大模型應用程式開發框架開發最簡單的 RAG 應用，目的是從底層更清楚地看到並了解 RAG 應用的基本原理，這有助更進一步地理解與使用專業的大模型應用程式開發框架，以及更高階的 RAG 範式與最佳化技巧。很顯然，這裡開發的應用的堅固性、可擴充性、可維護性等各方面都比較初級，雖然作為一個演示原型應用沒有問題，但無法作為真實的應用投入使用。

這也是我們需要借助主流的大模型應用程式開發框架來開發 RAG 應用的原因之一。

3.1.2 使用 LlamaIndex 框架開發

在 LlamaIndex 官方文件中，有一個經典的 5 行程式的 RAG 入門應用。我們從這個簡單的應用開始介紹。

```
# 經典的 5 行程式的 RAG 應用

# 載入文件
documents = SimpleDirectoryReader("../data").load_data()

# 建構向量儲存索引
index = VectorStoreIndex.from_documents(documents)

# 建構查詢引擎
query_engine = index.as_query_engine()

# 對查詢引擎提問
response = query_engine.query(' 這裡放入 data 目錄中知識相關的問題 ')

# 輸出答案
print(response)
```

你可以執行這段程式，只需要在對應的 data 目錄中放入一個或幾個測試知識文件（比如 TXT 或 PDF 文件），就可以對文件中的知識進行提問。

雖然這只是一個極簡的演示應用，但是的確展示了成熟的大模型應用程式開發框架的魅力：可以借助其強大的預置元件及整合框架快速開發 RAG 應用。

分析這個簡單的應用，可以看到它利用了很多封裝的元件，從而遮罩了大量技術細節，簡化了開發過程。

（1）使用 SimpleDirectoryReader 元件從某個目錄 (../data) 中載入與讀取知識。

（2）使用 VectorStoreIndex 元件對從目錄中載入的知識做嵌入與索引。

（3）基於向量儲存建構了一個查詢引擎 query_engine，用於檢索與生成查詢輸出。

（4）使用了預設的大模型（OpenAI 的 GPT-3.5-Turbo）、向量庫（記憶體）、嵌入模型（OpenAI 的 text-embedding-3-small）配置。

> LlamaIndex 框架在沒有任何顯式配置的情況下預設使用 OpenAI 的系列模型，因此執行以上程式需要配置 OPENAI_API_KEY 環境資訊。如果你使用 ONE-API 這樣的統一介面分發平臺，那麼要將 OPENAI_API_BASE 環境指向介面分發的服務地址，並將 OPENAI_API_KEY 設置為介面平臺提供的 API Key。

現在，我們使用 LlamaIndex 框架來開發 3.1.1 節的最簡單的 RAG 應用。你可以感受到這兩種開發方式的不同之處。下面先直接舉出程式：

```
import chromadb

from llama_index.core import VectorStoreIndex,StorageContext,
from llama_index.core import SimpleDirectoryReader,Settings
from llama_index.core.node_parser import SentenceSplitter
from llama_index.vector_stores.chroma import ChromaVectorStore
from llama_index.llms.ollama import Ollama
from llama_index.embeddings.ollama import OllamaEmbedding

#設置模型
Settings.llm = Ollama(model="qwen:14b")
Settings.embed_model = \
OllamaEmbedding(model_name="milkey/dmeta-embedding-zh:f16")
```

```
# 載入與讀取文件
reader =
SimpleDirectoryReader(input_files=["../../data/yiyan.txt","../../
data/HR.txt"])
documents = reader.load_data()

# 分割文件
node_parser = SentenceSplitter(chunk_size=500, chunk_overlap=20)
nodes = node_parser.get_nodes_from_documents(documents,
show_progress=False)

# 準備向量儲存
chroma = chromadb.HttpClient(host="localhost", port=8000)
chroma.delete_collection(name="ragdb")
collection = chroma.get_or_create_collection(name="ragdb",
metadata={"hnsw:space": "cosine"})
vector_store = ChromaVectorStore(chroma_collection=collection)

# 準備向量儲存索引
storage_context =
StorageContext.from_defaults(vector_store=vector_store)
index = VectorStoreIndex(nodes,storage_context=storage_context)

# 建構查詢引擎
query_engine = index.as_query_engine()

while True:
    user_input = input("問題：")
    if user_input.lower() == "exit":
        break

    response = query_engine.query(user_input)
    print("AI 幫手：", response.response)
```

下面對程式做簡單說明（更多的開發細節將在後面介紹）。

（1）設置模型：在這個部分透過 LlamaIndex 框架的 Settings 元件（LlamaIndex 框架中全域的設置元件）設置全域使用大模型與嵌入模型（如果不設置，

那麼 LlamaIndex 框架預設使用 OpenAI 的模型），這裡使用基於 Ollama 部署的兩個本地模型：qwen:14b（大模型）與 dmeta-embedding-zh:f16（中文嵌入模型）。

（2）載入與讀取文件：使用 LlamaIndex 框架的目錄文件載入器載入兩個 TXT 文件，讀取 Document 物件（Document 是 LlamaIndex 框架中代表知識文件的物件類型）。

（3）分割文件：借助 LlamaIndex 框架的 SentenceSplitter 物件，無須自行實現文字內容分割的邏輯，直接將文件分割成 Node 物件（Node 是 LlamaIndex 框架中代表知識塊的物件類型）。

（4）準備向量儲存：由於這裡採用向量儲存索引，因此需要先建構向量庫。與 3.1.1 節的應用類似，我們採用本地部署的向量庫 Chroma，建構一個 collection（類似於關聯式資料庫中的函數庫），然後用 collection 建構一個 ChromaVectorStore 物件。

（5）準備向量儲存索引：使用分割後的 Node 和 ChromaVectorStore 物件建構一個索引。在這個過程中，LlamaIndex 框架會自動對 Node 物件透過嵌入模型做嵌入，並將其儲存到向量庫 Chroma 中。這一切無須額外編碼。

（6）建構查詢引擎：只需使用 query_engine=index.as_query_engine() 這一行程式就可以建構一個查詢引擎，用於自動完成檢索與生成階段的一系列工作。

這裡的程式量大概只有原生程式的 20% 左右，而實現的功能完全一樣。在實際應用中，其意義要遠超過節省約 80% 的程式量。因為借助成熟的框架開發還帶來了極大的靈活性、可擴充性與可維護性。比如，你可以增加載入文件的格式、變更使用的大模型與向量儲存、變更不同的文件分割方式與參數等，而不會因為頻繁變更導致出現難以維護的「空心粉」式程式。

3.1.3 使用 LangChain 框架開發

雖然本書主要使用 LlamaIndex 框架開發 RAG 應用，但作為主流的大模型應用程式開發框架之一的 LangChain 也是非常強大的工具。所以，不妨借助本章的樣例來了解與對比一下在 LangChain 框架中的程式實現，以便更進一步地了解開發框架的功能。

同樣，先舉出具體的 LangChain 程式：

```
import chromadb
from langchain_community.llms import Ollama
from langchain_community.embeddings import OllamaEmbeddings
from langchain import hub
from langchain_community.vectorstores import Chroma
from langchain_core.output_parsers import StrOutputParser
from langchain_core.runnables import RunnablePassthrough
from langchain_text_splitters import RecursiveCharacterTextSplitter
from langchain_community.document_loaders import DirectoryLoader
from langchain_community.document_loaders import TextLoader

# 模型
llm = Ollama(model="qwen:14b")
embed_model =
OllamaEmbeddings(model="milkey/dmeta-embedding-zh:f16")

# 載入與讀取文件
loader = DirectoryLoader('../../data/',
glob="*.txt",exclude="*tips*.txt",loader_cls=TextLoader)
documents = loader.load()

# 分割文件
text_splitter = RecursiveCharacterTextSplitter(chunk_size=500,
chunk_overlap=20)
splits = text_splitter.split_documents(documents)

# 準備向量儲存
chroma = chromadb.HttpClient(host="localhost", port=8000)
chroma.delete_collection(name="ragdb")
collection = chroma.get_or_create_collection(name="ragdb",
metadata={"hnsw:space": "cosine"})
db =\
Chroma(client=chroma,collection_name="ragdb",embedding_function=
embed_model)
```

```
# 儲存到向量庫中，建構索引
db.add_documents(splits)

# 使用檢索器
retriever = db.as_retriever()

# 建構一個 RAG「鏈」（使用 LangChain 框架特有的元件與表達語言）
prompt = hub.pull("rlm/rag-prompt")
rag_chain = (
    {"context": retriever | (lambda docs:
"\n\n".join(doc.page_content for doc in docs)), "question":
RunnablePassthrough()}
    | prompt
    | llm
    | StrOutputParser()
)

while True:
    user_input = input(" 問題：")
    if user_input.lower() == "exit":
        break

    response = rag_chain.invoke(user_input)
    print("AI 幫手：", response)
```

有趣的是，我們可以看到，LangChain 框架與 LlamaIndex 框架在設計與使用上有很多異曲同工之處，但也有一些細節上的差異。LangChain 框架與 LlamaIndex 框架在載入與讀取文件、分割文件、設置向量庫的部分大同小異，LangChain 框架與 LlamaIndex 框架的主要差異表現在以下幾個方面。

（1）在 LangChain 框架中可以直接使用向量庫物件增加文件（add_documents）建構索引，無須使用獨立的 VectorStoreIndex 物件。

（2）最主要的不同是 LangChain 框架最核心的組件之一：Chain。在檢索與生成階段的程式中，透過 LangChain 框架特有的 LCEL（LangChain 框架的表達語言）建構了一個 rag_chain，這個「鏈」從原始問題開始，到檢索、組裝提示、呼叫大模型、輸出解析，完成了一系列鏈式動作，而在程式上只需要一個簡單的運算式，其他則由框架來完成，非常簡潔。

▶ 3.2 如何追蹤與偵錯 RAG 應用

後面的 RAG 應用程式開發主要基於成熟的 LlamaIndex 框架，雖然這能夠在很大程度上提高開發效率，但由於框架的高度抽象與封裝，隱藏了大量應用執行時期的底層細節，因此有時候會給排除故障與調優帶來不便。比如，在很多時候，我們需要直接觀察大模型的真實輸入資訊和輸出資訊，以便了解檢索的精確性或大模型的輸出能力。這些都需要有簡單好用的框架內部追蹤機制。借助 LlamaIndex 框架內部的機制及一些整合的第三方平臺，可以很方便地做到這些。

下面介紹兩種追蹤與偵錯應用的方法，為後面的開發做準備。

3.2.1 借助 LlamaDebugHandler

LlamaIndex 框架允許在建構很多組件時指定多個回呼類別。這些回呼類別會在 LlamaIndex 框架中定義的關鍵事件發生（開始與結束）時被呼叫，用於記錄必要的追蹤資訊（執行步驟、時間戳記、輸入資訊和輸出資訊等），而 LlamaDebugHandler 是用於記錄偵錯資訊的回呼類別。在 LlamaIndex 框架中，所有的回呼類別都透過通用元件 Settings 的 callback_manager 參數進行集中管理，因此我們只需要建構 LlamaDebugHandler 類型的回呼，然後透過 callback_manager 參數指定給特定的元件或進行全域指定，就可以達到生成追蹤資訊的目的。

1．設置偵錯處理器

首先，匯入必要的模組：

```
from llama_index.core.callbacks import (
    CallbackManager,
    LlamaDebugHandler,
    CBEventType,
)
```

建構 LlamaDebugHandler：

```
llama_debug = LlamaDebugHandler(print_trace_on_end=True)
```

這裡的 print_trace_on_end 代表是否需要在每次事件結束時立即列印出簡單的追蹤資訊。然後，把這個回呼類別加入 CallbackManager 物件中，並在 Settings 元件中進行指定，就可以設置全域的追蹤器：

```
callback_manager = CallbackManager([llama_debug])
Settings.callback_manager = callback_manager
```

當然，你也可以在某個元件的等級設置，比如在向量儲存索引元件建構時指定追蹤器：

```
index = VectorStoreIndex.from_documents(
    docs, callback_manager=callback_manager
)
```

2．使用追蹤與偵錯資訊

在設置了偵錯的回呼類別後，在關鍵事件發生時，會自動呼叫回呼類別來記錄追蹤與偵錯資訊。在 LlamaIndex 框架中，目前主要的關鍵事件以下（在最新的版本中可能會被調整，請注意查看官方的說明文檔）。

（1）CHUNKING：文字分割事件。

（2）NODE_PARSING：Node 解析事件。

（3）EMBEDDING：文字嵌入事件。

（4）LLM：呼叫大模型事件。

（5）QUERY：透過 query 引擎呼叫 query 方法事件。

（6）RETRIEVE：語義檢索相關知識事件。

（7）SYNTHESIZE：組裝 Prompt 並使用大模型生成結果事件。

（8）TREE：生成文字摘要資訊事件。

（9）SUB_QUESTION：生成子問題事件。

因此，你可以借助 llama_debug 物件的介面，並指定你關注的相關事件來獲得必要的追蹤與偵錯資訊，比如獲得事件的時間資訊：

```
pprint.pprint(llama_debug.get_event_time_info(CBEventType.QUERY))
```

從輸出結果中可以看到這個事件的時間資訊（見圖 3-4）。

```
EventStats(total_secs=27.604579, average_secs=27.604579, total_count=1)
```

▲ 圖 3-4

你也可以使用 get_event_pairs 方法獲得詳細的事件追蹤資訊：

```
pprint.pprint(llama_debug.get_event_pairs(CBEventType.QUERY))
```

然後，你可以看到事件開始與結束時框架所記錄的詳細追蹤資訊（見圖 3-5）。

```
[[CBEvent(event_type=<CBEventType.QUERY: 'query'>,
          payload={<EventPayload.QUERY_STR: 'query_str'>: '百度的文心一言有什么 场景可以应用'
          time='04/30/2024, 16:10:43.681420',
          id_='d7193c7e-b7a6-4414-9a9d-7cd0e1c3b39e'),
  CBEvent(event_type=<CBEventType.QUERY: 'query'>,
          payload={<EventPayload.RESPONSE: 'response'>: Response(response='百度研发的人工智能
                                                                '\n'
                                                                '1. '
                                                                '工作学习: 作为高效
                                                                '\n'
                                                                '2. '
                                                                '内容创作: 无论是写
                                                                '\n'
                                                                '3. '
                                                                '娱乐休闲: 在闲暇时
                                                                '\n'
                                                                '4. '
                                                                '个人咨询陪伴: 当你
                                                                '\n'
                                                                '总之, 文心一言在工
                                                       source_nodes=[NodeWithScore
_date': '2024-04-21', 'last_modified_date': '2024-04-21'}, excluded_embed_metadata_keys=['fi
 'last_accessed_date'], relationships={<NodeRelationship.SOURCE: '1'>: RelatedNodeInfo(node_
eation_date': '2024-04-21', 'last_modified_date': '2024-04-21'}, hash='838be381a198d9bfa1e6a
fef1dfb17a3eded375960206c3d5a8b64934c7d184892f0fe871ebe')}, text=' (一) 什么是文心一言\n文心
prompt) : 其实就是文字。它可以是你向文心一言提的问题 (如:  帮我解释一下什么是芯片 ), 可以是
```

▲ 圖 3-5

你也可以使用 print_trace_map 方法列印出完整的事件發生堆疊及耗時資訊：

```
llama_debug.print_trace_map()
```

你可以看到如圖 3-6 所示的輸出結果。

```
Trace: query
    |_CBEventType.QUERY -> 27.604579 seconds
      |_CBEventType.RETRIEVE -> 2.338504 seconds
        |_CBEventType.EMBEDDING -> 2.326668 seconds
      |_CBEventType.SYNTHESIZE -> 25.265179 seconds
        |_CBEventType.TEMPLATING -> 2.3e-05 seconds
        |_CBEventType.LLM -> 25.260246 seconds
..........
```

▲ 圖 3-6

3.2.2 借助第三方的追蹤與偵錯平臺

隨著大模型應用不斷湧現，很多幫助這些應用實現生產就緒的專案化平臺出現了，主要用於對大模型應用進行追蹤、偵錯、測試、評估、管理資料集等。比如，LangChain 公司推出的 LangSmith 服務平臺。主流的大模型應用程式開發框架 LlamaIndex 也獲得了大量第三方專案化平臺的支援。下面介紹其中一個常見的平臺——Langfuse 的使用。

Langfuse 是一個開放原始碼的大模型專案化平臺，提供追蹤、評估、提示管理等功能幫助偵錯大模型應用，以便讓其儘快地投入生產。Langfuse 是一個包含前後端實現的完整平臺：你的大模型應用可以借助簡單的 SDK 無縫生成追蹤資訊與性能指標，並可以將其自動化地發送到 Langfuse 平臺。然後，你可以借助 Langfuse 平臺前端的 UI 頁面進行直觀的追蹤與檢查。

LlamaIndex 框架內部已經整合了對 Langfuse 平臺的支援。你可以使用 Langfuse 線上服務平臺（Langfuse Cloud，見圖 3-7）或在本地架設並使用 Langfuse 平臺。

如果條件具備，那麼建議下載 Langfuse 開放原始程式庫在本地架設並使用 Langfuse 平臺。

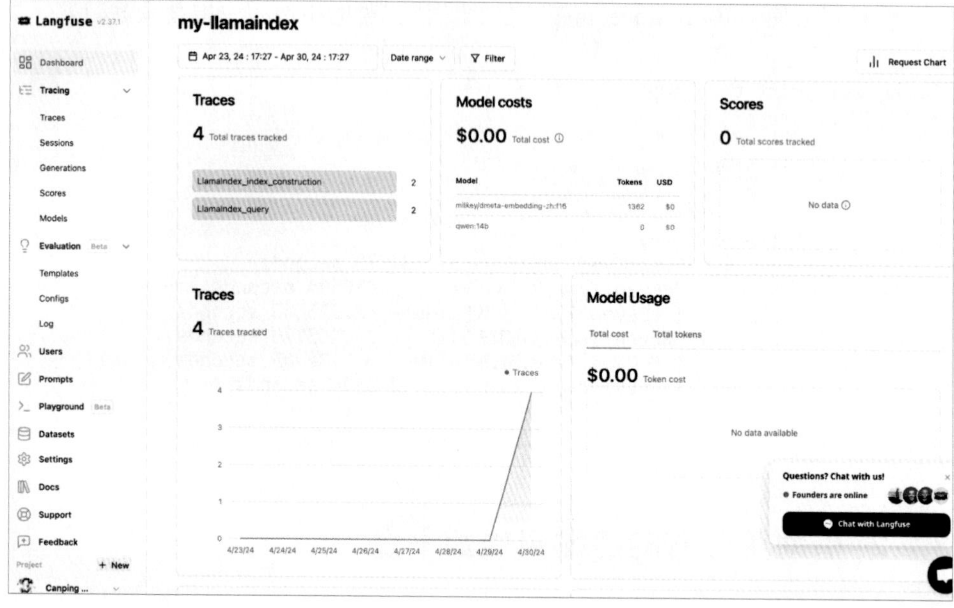

▲ 圖 3-7

1．申請 API Key

要想使用 Langfuse 平臺，就需要先開啟其前端服務網站（線上或本地）。在完成註冊和登入後，可以申請 API Key 以獲得使用權限（見圖 3-8）。

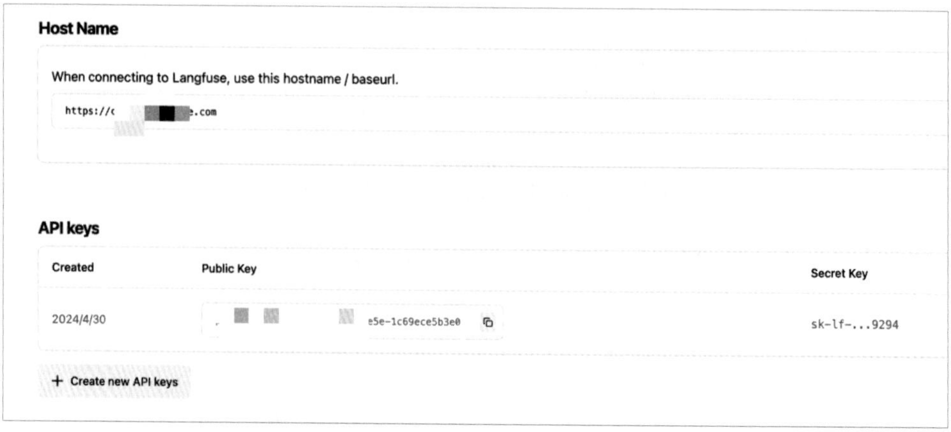

Host Name

When connecting to Langfuse, use this hostname / baseurl.

https://c██████e.com

API keys

Created	Public Key	Secret Key
2024/4/30	██████e5e-1c69ece5b3e0	sk-lf-...9294

+ Create new API keys

▲ 圖 3-8

2．應用程式開發整合

基於 LlamaIndex 的應用只需要簡單的幾行程式，就可以與 Langfuse 平臺完成整合，方法類似於 3.2.1 節的 LlamaDebugHandler：

```
from llama_index.core.callbacks import CallbackManager
from langfuse.llama_index import LlamaIndexCallbackHandler

# 設置 Langfuse 平臺的 API Key，參考上方申請
os.environ["LANGFUSE_SECRET_KEY"] = "sk-****"
os.environ["LANGFUSE_PUBLIC_KEY"] = "pk-****"
os.environ["LANGFUSE_HOST"] = "https://xx.xx.xx"

# 建構 Langfuse 平臺的回呼類別
langfuse_callback_handler = LlamaIndexCallbackHandler()

# 設置到全域的 callback_manager
Settings.callback_manager =
CallbackManager([langfuse_callback_handler])

......
# 程式退出之前注意快取，將快取的追蹤資訊發送到 Langfuse Server 端
langfuse_callback_handler.flush()
......
```

3．使用 Langfuse UI 頁面觀察與追蹤

在完成簡單的開發整合後，應用中各種事件（如 Index、Query）的追蹤資訊與性能指標將被自動整合到 Langfuse 平臺。可以透過 Langfuse UI 頁面方便地查看（見圖 3-9）。

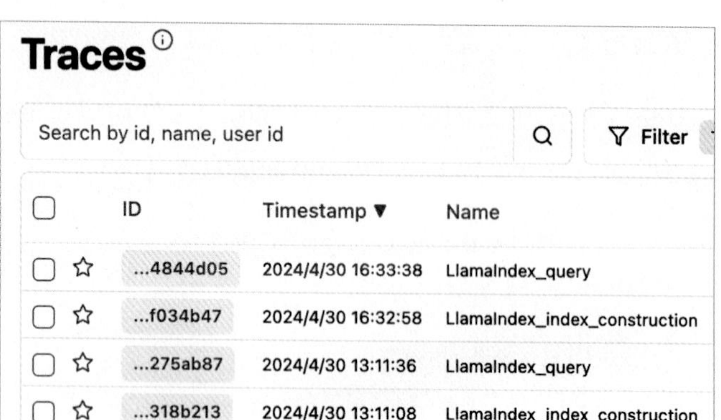

▲ 圖 3-9

點擊一個查詢呼叫的追蹤資訊，可以很清楚地看到查詢的執行過程，以及每一步執行的內部細節。比如，可以看到在查詢過程中檢索出的參考知識塊（見圖 3-10）。

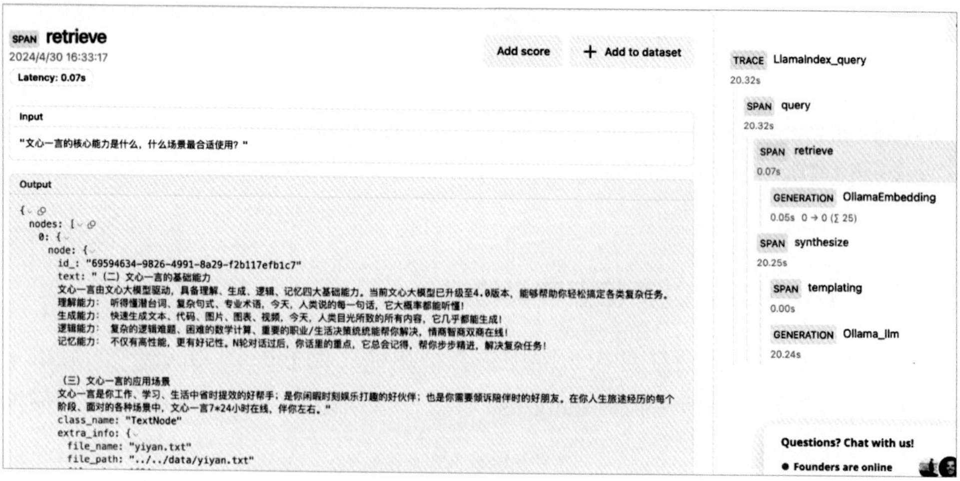

SPAN retrieve
2024/4/30 16:33:17
Latency: 0.07s
Add score
Add to dataset
Input
"文心一言的核心能力是什么，什么场景最合适使用？"
Output

```
{
  nodes: [
    0: {
      node: {
        id_: "69594634-9826-4991-8a29-f2b117efb1c7"
        text: "（二）文心一言的基础能力
        文心一言由文心大模型驱动，具备理解、生成、逻辑、记忆四大基础能力。当前文心大模型已升级至4.0版本，能够帮助你轻松搞定各类复杂任务。
        理解能力：　听得懂潜台词、复杂句式、专业术语，今天，人类说的每一句话，它大概率都能听懂！
        生成能力：　快速生成文本、代码、图片、图表、视频，今天，人类目光所致的所有内容，它几乎都能生成！
        逻辑能力：　复杂的逻辑难题、困难的数学计算、重要的职业/生活决策统统能帮你解决，情商智商双商在线！
        记忆能力：　不仅有高性能，更有好记性。N轮对话过后，你话里的重点，它总会记得，帮你步步精进，解决复杂任务！

         （三）文心一言的应用场景
        文心一言是你工作、学习、生活中省时提效的好帮手；是你闲暇时刻娱乐打趣的好伙伴；也是你需要倾诉陪伴时的好朋友。在你人生旅途经历的每个阶段、面对的各种场景中，文心一言7*24小时在线，伴你左右。"
        class_name: "TextNode"
        extra_info: {
          file_name: "yiyan.txt"
          file_path: "../../data/yiyan.txt"
```

TRACE LlamaIndex_query 20.32s
SPAN query 20.32s
SPAN retrieve 0.07s
GENERATION OllamaEmbedding 0.05s 0 → 0 (∑ 25)
SPAN synthesize 20.25s
SPAN templating 0.00s
GENERATION Ollama_llm 20.24s
Questions? Chat with us!
● Founders are online

▲ 圖 3-10

圖 3-11 所示為一次大模型呼叫的完整的輸入和輸出資訊。

▲ 圖 3-11

Langfuse 平臺還支援更多的大模型應用程式開發的輔助管理功能，比如 Prompt 範本的管理、各類性能指標的生成、大模型呼叫成本的統計追蹤、大模型應用評估資料集的管理與線上評估等。你可以自行體驗與測試。

▶ 3.3 準備：基於 LlamaIndex 框架的 RAG 應用程式開發核心組件

LlamaIndex 框架預置了大量具有良好封裝與設計模式的 RAG 應用程式開發相關元件，涵蓋了開發流程的不同階段及不同場景中的需求。需要注意的是，這些元件並不僅是一些獨立的軟體模組的簡單堆積，它們之間還透過各種形式的組合、衍生與整合形成了一個完整的應用整合框架。這在使用上給了開發者極大的便捷性與靈活性。在很多時候，你既可以使用高度整合的上層元件或 API

快速開發應用，也可以使用底層元件或 API 來實現更靈活與更複雜的控制能力，或在內建元件上衍生出屬於自己的新元件。

當然，LlamaIndex 框架的強大與靈活性帶來了一定的複雜性與學習門檻。我們對 LlamaIndex 框架的核心元件按照 RAG 應用的典型流程做簡單分類，按照這樣的結構介紹各種元件的應用與開發，並最終具備開發完整的點對點 RAG 應用的能力。

圖 3-12 所示為 LlamaIndex 的官網。

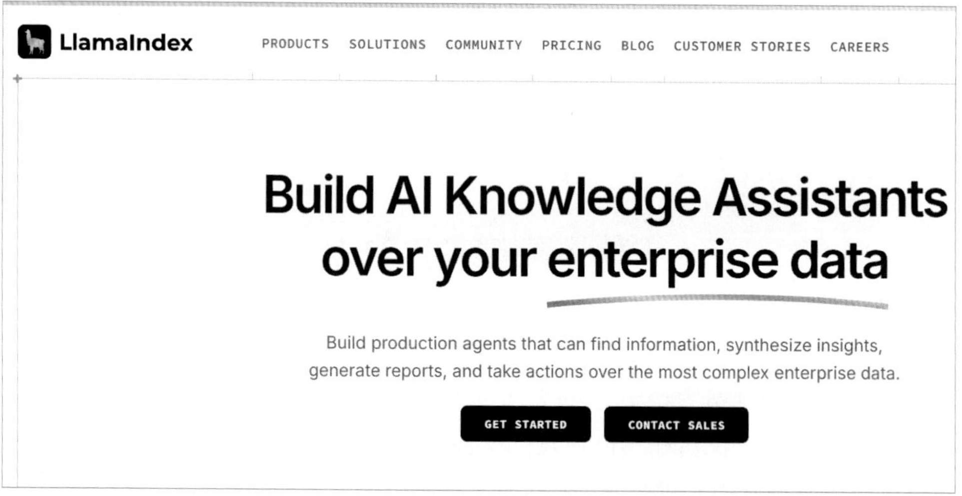

▲ 圖 3-12

4

模型與 Prompt

在典型的 RAG 應用中，通常會用到兩種模型：一種是大模型，它是 RAG 應用實現智慧推理與生成的核心引擎，類似於「大腦」，也是開發任何大模型應用時需要首先考慮的基礎設施；另一種是嵌入模型，用於實現文件的向量化與後面的語義檢索。在一個複雜的 RAG 應用流程中，可能使用到一個或多個模型。開發者可以根據模型的特點、擅長的任務、資源的要求等靈活使用不同的模型。

與大模型使用密切相關的最重要的輸入是 Prompt。Prompt 是賦予大模型能力的基本輸入。需要注意的是，大模型與 Prompt 並不只在最後生成結果時才需要，在 RAG 應用流程的很多階段都需要用到它們，比如在生成摘要、查詢轉換、查詢路由、智慧體推理、回應評估等很多階段，都需要利用設計的 Prompt 來讓大模型完成任務。由於在不同的大模型、不同的場景中，甚至在不同的語言環境下對 Prompt 的回應都並非完全一致且可預測的，因此開發框架內建的預設 Prompt 範本並不總是最合適的，使用與修改 Prompt 也是需要關注的基礎技術之一。

▶ 4.1 大模型

基本上所有的大模型應用程式開發框架都會對底層大模型的 API 進行抽象與封裝，以便提供更簡潔的使用與靈活的模型切換能力。

4.1.1 大模型在 RAG 應用中的作用

大模型具有強大的自然語言理解與生成能力。在 RAG 應用流程中，大模型應用的階段如下。

（1）資料的前期準備。資料的準備是開發 RAG 應用最重要的準備工作之一。對大量的資料進行整理、清洗與取出是繁重的工作。借助大模型的理解與生成能力做資料前置處理可以大大提高處理效率。比如，對知識文件進行整理與總結、取出知識問題、生成問答對、排除文件中的重複知識、知識格式的結構化與規範化等，都可以借助大模型來更智慧地完成。

（2）載入與索引。在這個階段，可以借助大模型來完成以下工作：

① 生成知識的補充中繼資料，比如標題、假設性問答對等。

② 對知識文字生成摘要用於建構基於摘要的索引。

③ 對複雜文件中的表格資料生成描述與總結文字。

④ 使用大模型來判斷資料的相關性，確定是否需要索引。

（3）檢索與生成。在這個階段，可以借助大模型來完成以下工作：

① 實現查詢路由。借助大模型來判斷輸入意圖實現查詢路由。

② 查詢擴充或重寫。對輸入問題進行擴充或重寫，以提高檢索的準確率。

③ 答案生成。基於輸入問題與上下文知識生成輸出結果。

④ 回應合成。如果有多個子查詢，那麼可以借助大模型對子查詢的答案進行合成。

（4）應用評估。在 RAG 應用投入生產之前，可以借助大模型對 RAG 應用做以下整體評估：

① 借助大模型生成評估使用的結構化資料集。

② 對生成的結果進行多維度評估，如相關性評估、正確性評估等。

4.1.2 大模型元件的統一介面

LlamaIndex 框架中的大模型元件既可以作為獨立的模組用於簡化對大模型的存取，也可以作為參數插入其他核心的 LlamaIndex 模組（索引、檢索器、查詢引擎等模組）中使用。LlamaIndex 框架中定義了大模型元件的統一介面。開發者在使用大模型元件時，可以透過統一的存取介面實現一致地呼叫。下面看一下 LlamaIndex 框架的大模型元件的介面定義：

```
class BaseLLM(ChainableMixin, BaseComponent):
    """BaseLLM interface."""

    @abstractmethod
    def metadata(self) -> LLMMetadata:

    @abstractmethod
    def chat(self, messages: Sequence[ChatMessage], **kwargs: Any) ->
ChatResponse:

    @abstractmethod
```

```
def complete(
    self, prompt: str, formatted: bool = False, **kwargs: Any
) -> CompletionResponse:

@abstractmethod
def stream_chat(
    self, messages: Sequence[ChatMessage], **kwargs: Any
) -> ChatResponseGen:

@abstractmethod
def stream_complete(
    self, prompt: str, formatted: bool = False, **kwargs: Any
) -> CompletionResponseGen:

# ===== Async Endpoints =====
@abstractmethod
async def achat(
    self, messages: Sequence[ChatMessage], **kwargs: Any
) -> ChatResponse:

@abstractmethod
async def acomplete(
    self, prompt: str, formatted: bool = False, **kwargs: Any
) -> CompletionResponse:

@abstractmethod
async def astream_chat(
    self, messages: Sequence[ChatMessage], **kwargs: Any
) -> ChatResponseAsyncGen:

@abstractmethod
async def astream_complete(
    self, prompt: str, formatted: bool = False, **kwargs: Any
) -> CompletionResponseAsyncGen:
```

這表示一個具體的大模型元件必須實現的介面包括以下幾個。

（1）獲取中繼資料（通常包括大模型的一些描述資訊）。

（2）支援文字預測（complete）與對話（chat）兩種介面。

（3）支援流式（stream）與非流式輸出兩種類型介面。

（4）支援同步與非同步（async）兩種類型介面。

這樣的介面會在具體的大模型元件中實現，查看 OpenAI 的大模型元件介面實現，可以看到下面這樣的程式（省略了部分細節），其中的加粗部分就是使用 OpenAI 官方 SDK 進行大模型呼叫：

```
......
def _complete(self, prompt: str, **kwargs: Any) ->
CompletionResponse:
        client = self._get_client()
        all_kwargs = self._get_model_kwargs(**kwargs)
        self._update_max_tokens(all_kwargs, prompt)

        response = client.completions.create(
            prompt=prompt,
            stream=False,
            **all_kwargs,
        )
        text = response.choices[0].text
        ......
        return CompletionResponse(
            text=text,
            raw=response,
            logprobs=logprobs,
            additional_kwargs=self._get_response_token_counts(response),
        )
```

4.1.3 大模型元件的單獨使用

LlamaIndex 框架中的大模型元件支援單獨使用，常常可以用於進行模型的測試，驗證模型的可用性。我們可以使用以下例子中的程式測試 OpenAI 的 GPT 模型的連通性（需要設置環境變數 OPENAI_API_KEY）：

```
from llama_index.core.llms import ChatMessage
from llama_index.llms.openai import OpenAI
```

```
# 測試 complete 介面
llm = OpenAI(model='gpt-3.5-turbo-1106')
resp = llm.complete(" 白居易是 ")
print(resp)

# 測試 chat 介面
messages = [
    ChatMessage(
        role="system", content=" 你是一個聰明的 AI 幫手 "
    ),
    ChatMessage(role="user", content=" 你叫什麼名字？ "),
]
resp = llm.chat(messages)
print(resp)
```

我們可以簡單地把模型切換為本地的 Ollama 模型，只需要做以下的部分替換即可：

```
from llama_index.llms.ollama import Ollama
llm = Ollama(model='qwen:14b')
```

這裡表現了開發框架帶來的極大的便利性：借助框架良好的設計模式可以快速更改大模型，實現模型的配置化，而無須關注不同模型的 API 差異。

4.1.4 大模型元件的整合使用

在實際開發中，在大部分時候並不會直接使用大模型進行生成或對話，而是需要將大模型的存取物件動態地插入其他的模組中，比如索引、檢索器、查詢引擎等模組，最終由這些模組負責隨選使用大模型。

1 · 更改預設的大模型

在 LlamaIndex 框架中，你可以透過設置 Settings 元件來更改使用的預設的大模型（如果不更改，那麼預設為 OpenAI 的 GPT 模型）：

```
# 透過設置 Settings 元件更改使用的預設的大模型
llm = OpenAI(model='gpt-3.5-turbo-1106')
Settings.llm = llm
```

2．將大模型元件插入其他模組中

你也可以在使用其他模組時，插入建構好的大模型元件。比如，如果需要在最後查詢時使用指定的大模型，那麼可以在建構索引時插入對應的大模型元件（在通常情況下，如果一個元件的初始化方法或建構方法中有 llm 參數，那麼代表可以動態指定與更改使用的大模型）：

```
......
llm = OpenAI(temperature=0.1, model="gpt-4")
index = KeywordTableIndex.from_documents(documents, llm=llm)
query_engine = index.as_query_engine()  #後面查詢將使用這裡定義的大模型
......
```

4.1.5 了解與設置大模型的參數

在定義與呼叫不同的大模型時可以根據需要指定一些參數。通用的參數有模型名稱、代表隨機性的溫度（temperature）、上下文視窗大小（用 token 數量計數）等。有的大模型有一些特殊的參數。大模型的參數可以分為以下兩種類型：

（1）模型定義參數：比如，模型名稱、模型文件路徑、服務通訊埠等。

（2）模型生成參數：比如，溫度、上下文視窗大小等。

在 LlamaIndex 框架中有兩個地方可以對這些參數進行設置。

1．在大模型初始化時設置

在建構大模型物件時傳入參數，比如：

```
from llama_index.llms.ollama import Ollama
_MODEL_KWARGS = {
   "base_url":"http://localhost:11434",
   "model":"qwen:14b" ,
   "context_window":4096,
   "request_timeout":60.0
}
llm = Ollama(**_MODEL_ARGS)
```

不同的連線方式（直接連線大模型或借助 Ollama/Llama_cpp/vLLM 這樣的推理工具）和不同的大模型支援的參數並不一樣，具體可以參考官方的說明文檔。比如，對一個 Llama_cpp 管理的大模型服務進行設置：

```
from llama_index.llms.llama_cpp import LlamaCPP
_MODEL_KWARGS = {"logits_all": True, "n_ctx": 2048, "n_gpu_layers":
-1}
_GENERATE_KWARGS = {"temperature": 0.0,"top_p": 1.0,"max_tokens":
500,
"logprobs": 32016,
}
model_path = Path(download_dir) / "selfrag_llama2_7b.q4_k_m.gguf"
llm = LlamaCPP(model_path=str(model_path),
model_kwargs=_MODEL_KWARGS,
generate_kwargs=_GENERATE_KWARGS,verbose=False)
```

2．在 Settings 組件中設置

少量參數可以在 Settings 元件中進行設置，比如上下文視窗大小。這裡設置的參數可以在後面建構具體的大模型元件時被覆蓋：

```
from llama_index.core import Settings
Settings.context_window = 4096
Settings.num_output = 256
```

4.1.6 自訂大模型元件

前面介紹的 Llama_cpp 與 Ollama 連線使用的大模型元件，其實都屬於自訂的組件。如果需要實現這樣的大模型元件，那麼只需要從基礎的模型類別 CustomLLM 衍生，並實現相應的介面。在介面的實現中，你可以自由地存取屬於自己的本地模型，呼叫自訂的 API 來實現模型輸出。

下面是一個自訂的大模型元件的例子：

```
from typing import Any

from llama_index.core.llms import (
```

```
    CustomLLM,
    CompletionResponse,
    CompletionResponseGen,
    LLMMetadata,
)
from llama_index.core.llms.callbacks import llm_completion_callback

class MyLLM(CustomLLM):
    model_name: str = "custom"
    dummy_response = " 你好，我是一個正在開發中的大模型 ......"

# 實現 metadata 介面
    @property
    def metadata(self) -> LLMMetadata:
        return LLMMetadata(
            model_name=self.model_name,
        )

    # 實現 complete 介面
    @llm_completion_callback()
    def complete(self, prompt: str, **kwargs: Any) ->
CompletionResponse:
        return CompletionResponse(text=self.dummy_response)

    # 實現 stream_complete 介面
    @llm_completion_callback()
    def stream_complete(
        self, prompt: str, **kwargs: Any
    ) -> CompletionResponseGen:
        response = ""
        for token in self.dummy_response:
            response += token
            yield CompletionResponse(text=response, delta=token)
```

下面簡單測試一下自訂的大模型元件：

```
llm = MyLLM()
resp = llm.complete(' 你好！ ')
print(resp)
```

執行這個簡單的 Python 程式並看一下輸出結果：

```
> python llms_cust.py
你好，我是一個正在開發中的大模型 ......
```

在建構自訂的大模型元件後，你就可以用它來替換之前使用的大模型元件：

```
# 替換全域預設的大模型元件
Settings.llm = MyLLM()
```

4.1.7 使用 LangChain 框架中的大模型元件

LlamaIndex 框架中封裝了很多常見的大模型元件，但為了相容更多的大模型，也提供了對另一個主流開發框架 LangChain 中大模型元件的轉接器。借助轉接器，你可以很輕易地使用 LangChain 框架支援的大模型，從而擴大了大模型的使用範圍。下面看一個透過 LangChain 框架中大模型元件轉接器實現使用百度千帆大模型的例子：

```
from llama_index.llms.langchain import LangChainLLM
from langchain_community.llms import QianfanLLMEndpoint
llm = LangChainLLM(llm=QianfanLLMEndpoint(model='ERNIE-Bot-4'))
Settings.llm=llm
```

只需要使用 LlamaIndex 框架中的元件 LangChainLLM 將 LangChain 框架中宣告的大模型調配成 LlamaIndex 框架的大模型元件介面，即可正常使用。

▶ 4.2 Prompt

RAG 應用和大模型是透過 Prompt 溝通的。Prompt 是獲得大模型輸出的基本輸入。由於在開發 RAG 應用的各個階段都可能使用大模型，因此涉及了許多的 Prompt，有必要先介紹 Prompt 的概念與使用。

4.2.1 使用 Prompt 範本

Prompt 範本是 LlamaIndex 或 LangChain 這類框架中基礎的組件之一，主要用於建構包含參數變數的 Prompt。這些變數會在執行時期透過程式格式化，以形成真正的 Prompt。

先看一個典型的 RAG 應用中用於增強生成的 Prompt 範本及其格式化的方法：

```
from llama_index.core import PromptTemplate
from llama_index.llms.openai import OpenAI

template = (
    " 以下是提供的上下文資訊：\n"
    "---------------------\n"
    "{context_str}"
    "\n---------------------\n"
    " 根據這些資訊，請回答以下問題：{query_str}\n"
)
qa_template = PromptTemplate(template)

prompt = qa_template.format(context_str=' 小麥 15 PRO 是小麥公司最新推出
的 6.7 寸大螢幕旗艦手機。', query_str=' 小麥 15pro 的螢幕尺寸是多少？ ')
print(prompt)

messages = qa_template.format_messages(context_str=' 小麥 15 PRO 是小
麥公司最新推出的 6.7 寸大螢幕旗艦手機。', query_str=' 小麥 15pro 的螢幕尺寸是多
少？ ')
print(messages)
```

透過 format 方法或 format_messages 方法可以將範本進行「實例化」。format 方法會把範本轉為普通字串，通常用於透過大模型做簡單的一次性提問或查詢，而 format_message 方法則會把範本轉為 ChatMessage 封裝類型（至少包含訊息產生的角色與內容兩個屬性），通常用於對話模型中的連續上下文多輪對話。

4.2.2 更改預設的 Prompt 範本

在實際使用框架開發大模型應用特別是 RAG 應用時，在大部分時候，我們並不會關心 Prompt 範本及其使用，原因如下。

（1）開發框架通常會內建大量的預設且經過測試的 Prompt 範本，可以大大簡化工作量。

（2）Prompt 範本的格式化通常由框架在使用時自動完成，比如在回應時，自動注入相關的上下文與查詢問題等。

在 LlamaIndex 框架中，你可以在 llama-index-core-prompts 模組的目錄中看到系統預設的 Prompt 範本。比如，如圖 4-1 所示的常見的問答 Prompt 範本。

```
DEFAULT_TEXT_QA_PROMPT_TMPL = (
    "Context information is below.\n"
    "---------------------\n"
    "{context_str}\n"
    "---------------------\n"
    "Given the context information and not prior knowledge, "
    "answer the query.\n"
    "Query: {query_str}\n"
    "Answer: "
)
DEFAULT_TEXT_QA_PROMPT = PromptTemplate(
    DEFAULT_TEXT_QA_PROMPT_TMPL, prompt_type=PromptType.QUESTION_ANSWER
)
```

▲ 圖 4-1

在一些情況下，我們需要對這些預設的 Prompt 範本進行更改。比如，我們想把預設的英文 Prompt 範本更改成中文 Prompt 範本以便更進一步地適應大模型，那麼應該怎麼做呢？由於一個 RAG 應用常常涉及許多前臺與背景的工作流程，因此我們需要先確定的是需要更改 Prompt 範本的階段，以及在這個階段中涉及 Prompt 範本的元件，然後利用該元件的介面設置或更改 Prompt 範本。

LlamaIndex 框架中需要用到 Prompt 範本的元件都可以呼叫 get_prompts 與 update_prompts 介面來更改 Prompt 範本。以查詢引擎這個元件為例，你可以這樣了解其使用的查詢 Prompt 範本：

```
......
query_engine = index.as_query_engine()
prompts_dict = query_engine.get_prompts()
pprint.pprint(prompts_dict.keys())
```

可以看到如圖 4-2 所示的輸出內容。

```
dict_keys(['response_synthesizer:text_qa_template', 'response_synthesizer:refine_template'])
```

▲ 圖 4-2

輸出內容是一個字典物件。這是因為在一個元件中可能使用多個 Prompt 範本。比如，查看輸出內容中名為 text_qa_template 的範本：

```
pprint.pprint(prompts_dict["response_synthesizer:text_qa_template
"].get_template())
```

將獲得如圖 4-3 所示的輸出內容，這就是使用的預設的 Prompt 範本。

```
('Context information is below.\n'
 '---------------------\n'
 '{context_str}\n'
 '---------------------\n'
 'Given the context information and not prior knowledge, answer the query.\n'
 'Query: {query_str}\n'
 'Answer: ')
```

▲ 圖 4-3

如果我們想更改這裡的 Prompt 範本，比如將其更改成中文 Prompt 範本，那麼可以這麼做：

```
my_qa_prompt_tmpl_str = (
    " 以下是上下文資訊。\n"
    "---------------------\n"
    "{context_str}\n"
```

```
    "---------------------\n"
    "根據上下文資訊回答問題，不要依賴預置知識，不要編造。\n"
    "問題：{query_str}\n"
    "回答："
)
my_qa_prompt_tmpl = PromptTemplate(my_qa_prompt_tmpl_str)
query_engine.update_prompts(
    {"response_synthesizer:text_qa_template": my_qa_prompt_tmpl}
)
```

我們透過呼叫 update_prompts 介面更改了查詢引擎所使用的預設的 Prompt 範本。注意：context_str 與 query_str 這兩個變數名稱不能修改，否則將導致執行時期綁定變數失敗。

除了呼叫 update_prompts 介面，我們還可以透過元件的初始化參數直接傳入需要使用的 Prompt 範本，比如將查詢引擎的程式修改為：

```
......
query_engine =
index.as_query_engine(text_qa_template=my_qa_prompt_tmpl)
```

這裡達到的效果和呼叫 update_prompts 介面的效果是一樣的。依此類推，在 LlamaIndex 框架中使用很多元件時都可以利用此方法來更改預設的 Prompt 範本，只需要查看該元件的初始化方法，然後決定需要更改的 Prompt 範本。

4.2.3 更改 Prompt 範本的變數

4.2.2 節中強調，在設置自己的個性化 Prompt 範本時，通常要注意不可以隨意修改範本的變數名稱。但是如果在一些情況下必須修改，比如希望用更有意義的變數名稱，那麼該怎麼做呢？可以借助範本物件的 template_var_mappings 參數來完成，簡單地說就是給自己的變數和要求的範本變數建立起映射關係：

```
my_qa_prompt_tmpl_str = (
    "以下是上下文資訊。\n"
    "---------------------\n"
    "{my_context_str}\n"
```

```
    "---------------------\n"
    "根據上下文資訊回答問題，不要依賴預置知識，不要編造。\n"
    "問題：{my_query_str}\n"
    "回答："
)
template_var_mappings = {"context_str": "my_context_str",
"query_str": "my_query_str"}
my_qa_prompt_tmpl = PromptTemplate(my_qa_prompt_tmpl_str,
template_var_mappings=template_var_mappongs)

# 使用自訂變數來格式化 Prompt 範本
print(my_qa_prompt_tmpl.format(my_context_str="......",
                               my_query_str="......"))
```

在上面的程式中，把官方要求的 context_str 變數映射到我們自己的 my_context_str 變數。我們還可以更進一步，把 context_str 變數透過 function_mappings 參數映射到一個函數上。這樣，在進行格式化時，context_str 變數的實際值將透過呼叫這個函數獲得，而函數的輸入則是呼叫 format 方法時攜帶的關鍵字參數。程式實現如下：

```
......
#kwargs 為呼叫 format 方法時攜帶的關鍵字參數
def fn_context_str(**kwargs):
...... 自訂邏輯 ......
    return fmtted_context

prompt_tmpl = PromptTemplate(
    qa_prompt_tmpl_str,
function_mappings={"context_str":fn_context_str}
)

#format 參數傳入 fn_context_str 變數中
prompt_tmpl.format(context_str="...", query_str="...")
```

▶ 4.3 嵌入模型

4.3.1 嵌入模型在 RAG 應用中的作用

嵌入模型在 RAG 應用中的作用是把分割後的知識塊轉為向量。這也是人工智慧計算中非常重要的處理階段，也就是把自然語言轉為更容易被電腦理解、儲存與計算，並能夠表示自然語言語義的多個數值。

由於嵌入模型生成的向量能夠捕捉文字語義（在本書中以文字的嵌入模型為主，但實際上所有模態的知識都可以被嵌入，但需要借助特殊的模型），因此就可以被用於相似語義檢索。與普通的關鍵字檢索不同的是，基於向量的相似檢索，並不僅是根據字串匹配程度進行檢索，而是根據計算出的向量的「相似程度」進行檢索。通常會借助餘弦相似度、點積等演算法來計算向量相似度，這種在巨量的向量中進行相似語義檢索的能力是後面要介紹的向量庫的核心能力之一。

嵌入模型在 RAG 應用的索引與生成階段都會被使用。

（1）在索引階段，將知識塊轉為向量，並借助向量庫進行儲存。

（2）在生成階段，將輸入問題轉為向量，並借助向量庫進行檢索，獲得相似語義的相關知識塊，從而實現增強生成。

如果你想了解哪個嵌入模型更適合你，或想查看不同嵌入模型的基準測試資料，甚至需要對自己的模型進行評估，那麼可以參考 Hugging Face 平臺上的大文字嵌入基準（Massive Text Embedding Benchmark，MTEB）測試的結果，及其在 GitHub 平臺上的開放原始碼專案。

4.3.2 嵌入模型元件的介面

可以想像，嵌入模型元件的主要介面應該是生成文字向量介面。我們仍然借助 LlamaIndex 框架中嵌入模型元件的基礎類別來看一下其主要的介面：

```
# 用於儲存嵌入後的向量
Embedding = List[float]
......

# 相似度計算的 3 種演算法：餘弦相似度、點積、歐幾里德距離
class SimilarityMode(str, Enum):
    """Modes for similarity/distance."""

    DEFAULT = "cosine"
    DOT_PRODUCT = "dot_product"
    EUCLIDEAN = "euclidean"

......

# 輔助方法：兩個向量相似度比較
def similarity(
    embedding1: Embedding,
    embedding2: Embedding,
    mode: SimilarityMode = SimilarityMode.DEFAULT,
) -> float:
......

# 嵌入模型基礎類別
class BaseEmbedding(TransformComponent):

    ......
    @abstractmethod
    def _get_query_embedding(self, query: str) -> Embedding:

    @abstractmethod
    async def _aget_query_embedding(self, query: str) -> Embedding:

    @abstractmethod
    def _get_text_embedding(self, text: str) -> Embedding:

    @abstractmethod
    async def _aget_text_embedding(self, text: str) -> Embedding:

    ......
```

很顯然，這裡的幾個主要的抽象方法需要在針對具體嵌入模型時進行定義，從名稱中能推斷其作用就是借助不同的嵌入模型的 API 來生成向量。不妨看一下對 OpenAI 的嵌入模型的具體實現類型：

```
# 模組：llama-index-embedding-openai
class OpenAIEmbedding(BaseEmbedding):
......
    def _get_text_embedding(self, text: str) -> List[float]:
        """Get text embedding."""
        client = self._get_client()
        return get_embedding(
            client,
            text,
            engine=self._text_engine,
            **self.additional_kwargs,
        )
......
```

在這裡 get_embedding 方法的實現如下：

```
......
def get_embedding(client: OpenAI, text: str, engine: str, **kwargs:
Any) -> List[float]:
    text = text.replace("\n", " ")
    return (
        client.embeddings.create(input=[text],\
        model=engine, **kwargs).data[0].embedding
    )
```

這裡的實現邏輯就是借助 OpenAI 官方 SDK 建構存取物件，並使用 create 方法生成向量。

4.3.3 嵌入模型元件的單獨使用

嵌入模型元件可以單獨使用（雖然在大部分時候並不需要）。下面基於幾個典型的嵌入模型來單獨使用嵌入模型元件。

1．OpenAI 嵌入模型

LlamaIndex 框架的預設嵌入模型是 OpenAI 的 text-embedding-ada-002，可以無須設置直接使用：

```
from llama_index.embeddings.openai import OpenAIEmbedding
from llama_index.core import Settings

embed_model = OpenAIEmbedding()
embeddings = embed_model.get_text_embedding(
    " 中國的首都是北京 "
)
print(embeddings)
```

執行並查看輸出結果。輸出結果是一個浮點數值向量的陣列（未全部展示）：

```
> python embed_simple.py
[0.007398069836199284, -0.011682811193168163,
-0.021248308941721916, -0.00428474135696888......
```

也可以使用介面比較兩個向量的相似度：

```
embeddings1 = embed_model.get_text_embedding(
    " 中國的首都是北京 "
)
embedding2 = embed_model.get_text_embedding(
    " 中國的首都是哪裡？ "
)
embedding3 = embed_model.get_text_embedding(
    " 蘋果是一種好吃的水果 "
)
print(embed_model.similarity(embeddings1, embedding2))
print(embed_model.similarity(embeddings1, embedding3))
```

執行後觀察輸出結果，可以清楚地看到 embedding1 和 embedding2 向量的相似度更高：

```
> python embed_simple.py
0.9324159699236407
0.7942800233749084
```

2．Ollama 的本地嵌入模型

如果需要使用 Ollama 的本地嵌入模型，那麼在啟動本地 Ollama 服務後，只需要簡單地替換部分程式即可：

```
from llama_index.embeddings.ollama import OllamaEmbedding
embed_model =
OllamaEmbedding(model_name="milkey/dmeta-embedding-zh:f16")
```

3．TEI 的本地嵌入模型

借助 Text Embeddings Inference 這個嵌入模型部署工具，可以利用 Hugging Face 平臺上的一些著名的嵌入模型，比如優秀的中文嵌入模型 bge-large-zh。

首先，啟動這個嵌入模型的服務：

```
> model=BAAI/bge-large-zh-v1.5
> text-embeddings-router --model-id $model --port 8080
```

然後，可以利用這個本地的 TEI 模型服務進行嵌入：

```
from llama_index.embeddings.text_embeddings_inference \
import TextEmbeddingsInference
embed_model = TextEmbeddingsInference(
    model_name="BAAI/bge-large-zh-v1.5",
    timeout=60,  # timeout in seconds
    embed_batch_size=10,  # batch size for embedding
)
```

可以看到，借助 LlamaIndex 框架，切換嵌入模型是非常便捷的。

4.3.4 嵌入模型元件的整合使用

與大模型元件一樣，嵌入模型元件在很多時候也可以插入其他模組中使用。比如，插入索引模組中在建構知識索引時自動嵌入。

1．更改預設的嵌入模型

透過設置 Settings 元件中的 embed_model 屬性可以更改預設的嵌入模型：

```
Settings.embed_model = \
OllamaEmbedding(model_name="milkey/dmeta-embedding-zh:f16")
```

2．將嵌入模型元件插入其他模組中

也可以在建構具體模組時插入嵌入模型元件，比如這裡建構一個向量儲存索引的物件：

```
......
embed_model=OllamaEmbedding(model_name="milkey/dmeta-embedding-zh
:f16")
index = VectorStoreIndex(nodes,embed_model=embed_model)
......
```

4.3.5 了解與設置嵌入模型的參數

嵌入模型也有相應的參數，常見的嵌入模型的參數如下。

（1）model_name：需要使用的模型名稱。

（2）embed_batch_size：批次送入模型進行處理的視窗大小。

（3）timeout：處理逾時時間。

（4）max_retries：最大嘗試次數。

（5）dimensions：生成的向量維度，比如 2048。

不同的嵌入模型支援的參數不一樣，這取決於模型本身，而非 LlamaIndex 框架。在使用時，需要參考具體的模型說明文檔，或查看 LlamaIndex 框架中對應的模型元件的初始化程式。

在建構嵌入模型元件時可以設置必要的參數，比如：

```
_MODEL_KWARGS={
    "model_name": "milkey/dmeta-embedding-zh:f16",
    "embed_batch_size": 50
}
embed_model = OllamaEmbedding(**_MODEL_KWARGS)
```

4.3.6 自訂嵌入模型元件

目前，公開發佈的商業或開放原始碼嵌入模型有上百個，並不是所有的嵌入模型在 LlamaIndex 框架中都已經進行了封裝。你所在的機構可能也發佈了自己專用的嵌入模型。此時，如果你需要在 LlamaIndex 框架中使用它，就需要自訂嵌入模型元件。你可以透過繼承 BaseEmbedding 這個元件，並實現相應的介面來支援自己的嵌入模型。具體的實現邏輯需要參考對應模型的呼叫說明。模擬的程式例子如下：

```
from llama_index.core.embeddings import BaseEmbedding

# 匯入自己的嵌入模型提供的模組，實現 embed 方法
from ... import MyModel

class MyEmbeddng(BaseEmbedding):
    def __init__(
        self,
        model_name: str = 'MyEmbeddingModel'
        **kwargs: Any,
    ) -> None:
        # 建構一個模型呼叫物件（模擬）
        self._model = MyModel(model_name)
        super().__init__(**kwargs)

        # 生成向量（模擬）
        def _get_text_embedding(self, text: str) -> List[float]:
            embedding = self._model.embed(text)
            return embedding
```

```
    # 批次生成向量（模擬）
    def _get_text_embeddings(self, texts: List[str]) ->
List[List[float]]:
        embeddings = self._model.embed(
            [text for text in texts]
        )
        return embeddings

...... 實現其他必需的介面 ......
```

在自訂嵌入模型元件後，你就可以像上文中一樣使用它了。

MEMO

5 資料載入與分割

開發 RAG 應用的首個重要階段就是準備用於給大模型增強生成的知識。這個準備工作的第一步就是載入與分割資料，即連接不同類型的知識資料來源進行讀取與前置處理，並為後面的儲存與索引階段做準備。這些典型的資料來源如下。

（1）本地電腦文件，包括 TXT 文件、PDF 文件、Office 文件、Email、圖片等。

（2）儲存在各種類型的資料庫中的結構化資料。

（3）可以透過網際網路 URL 直接存取的網頁或資源。

（4）線上雲端儲存的文件。

（5）可以透過公開介面存取的網路資料，如社交媒體公開資料。

本章將介紹如何借助 LlamaIndex 框架的元件對這些不同來源的資料進行載入與分割。

▶ 5.1 理解兩個概念：Document 與 Node

5.1.1 什麼是 Document 與 Node

為了處理不同來源的資料，首先要了解 LlamaIndex 框架中的兩個基礎的資料層抽象類別型：Document 類型與 Node 類型。

（1）文件類型 Document。一個 Document 類型的物件可以被看成一個通用的、不同來源的資料容器 (注意：這裡的文件並不一定是電腦中的物理檔案（File）〕，如圖 5-1 所示。可以把來自文件、資料庫或企業級應用系統中的資料放入 Document 物件中。基礎的 Document 物件主要用於儲存文字內容及相關的中繼資料。可以自行建構 Document 物件，也可以透過資料連接器從不同的資料來源中讀取並自動生成 Document 物件。

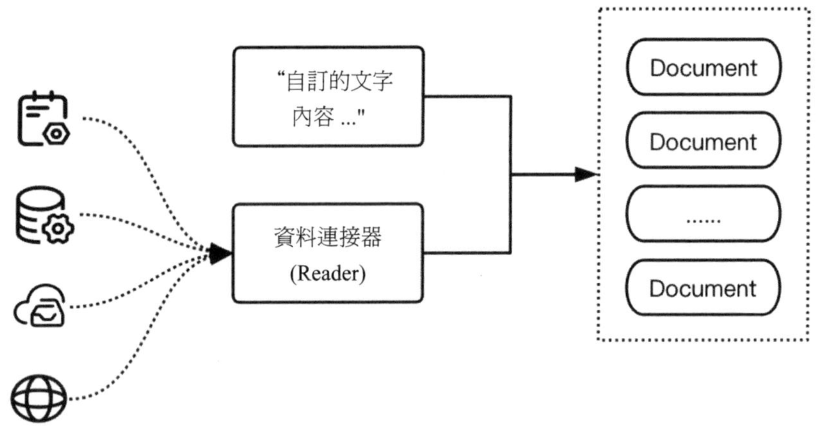

▲ 圖 5-1

（2）節點類型 Node。為了便於理解，你可以把 Node 類型的物件想像成對應的 Document 物件分割後的「塊」（Chunk），可以是文字塊、影像塊等。一個 Node 物件包含中繼資料和相關 Node 物件的資訊。可以自行建構 Node 物件，也可以將 Document 物件分割成 Node 物件，且分割出來的 Node 物件會繼承 Document 物件的中繼資料。

是不是感覺 Document 與 Node 很相似？其實如果查看 LlamaIndex 的實現，那麼可以發現 Document 和 Node 本就是同根同源的。在 LlamaIndex 框架中，Node 類型來自 BaseNode 類型：

```
class BaseNode(BaseComponent):
    """Base node Object.
    Generic abstract interface for retrievable nodes
    """
```

Document 類型的定義是：

```
class TextNode(BaseNode):
......
```

```
class Document(TextNode):
......
```

在 BaseNode 類型中，定義了所有的 Node 類型都有的屬性和介面，其中一些抽象介面將由更具體的 Node 類型來實現。一共有以下 4 種類型的 Node。

（1）TEXT：文字 Node，對應的類型為 TextNode。這是一種基本類型，是一個儲存文字內容與中繼資料的容器類型。

（2）IMAGE：圖片 Node，對應的類型為 ImageNode，繼承自 TextNode 類型，在其中增加儲存了 base64 格式的影像內容，以及圖片 URL 等其他資料。

（3）DOCUMENT：文件，對應的類型為 Document，繼承自 TextNode 類型。這就是前面介紹的文件類型。可以看到其本質上也是一個 Node 類型，只是包裝起來用於表示從不同的資料來源中載入的文件。

（4）INDEX：索引 Node，對應的類型為 IndexNode，繼承自 TextNode 類型，在其中增加儲存了對其他任意類型物件的引用，可以用於指向後面將要介紹的 Index、Retriever 物件。索引 Node 是用於完成遞迴檢索等特殊功能的一種重要的 Node 類型。

所以，Document 和 Node 本質上都是儲存文件資料及中繼資料的容器類型。Document 通常用於表示從資料來源中讀取的文件內容；Node 通常用於表示從 Document 中分割出來的資料區塊。

5.1.2 深入理解 Document 與 Node

下面透過一個簡單的自訂的 Document 物件來直觀了解其內部儲存的資料結構：

```
from llama_index.core.schema import Document
import pprint
doc = Document(text='RAG 是一種常見的大模型應用範式，它透過檢索一排序一生成
的方式生成文字。',metadata={'title':'RAG 模型介紹
','author':'llama-index'})
pprint.pprint(doc.dict())
```

我們用 doc.dict 方法把其內部的資料生成字典物件，並列印出來：

```
{'class_name': 'Document',
 'embedding': None,
 'end_char_idx': None,
 'excluded_embed_metadata_keys': [],
 'excluded_llm_metadata_keys': [],
 'id_': 'dbe95286-c380-4fb4-b77a-8ca0b85735df',
 'metadata': {'author': 'llama-index', 'title': 'RAG 模型介紹 '},
 'metadata_seperator': '\n',
 'metadata_template': '{key}: {value}',
 'relationships': {},
 'start_char_idx': None,
 'text': 'RAG 是一種常見的大模型應用範式，它透過檢索一排序一生成的方式生成文字。',
 'text_template': '{metadata_str}\n\n{content}'}
```

實際上，如果我們把這裡的 Document 類型換成 TextNode 類型，就會發現列印出來的結果是完全一致的，因為 Document 物件本質上也是一個 TextNode 物件。

下面來認識一下在 Document 物件內部儲存的重要屬性。

（1）text：這是 Node 物件內部最基本的屬性，儲存了文字內容。

（2）metadata：中繼資料，是資料的描述資訊，有非常重要的作用。

（3）id_：文件的唯一 id。可以自行設置，也可以在建構時自動生成。

（4）relationships：儲存相關的文件或 Node 資訊。比如，前後關係或父子關係。

（5）embedding：嵌入模型生成的向量。類型是 List[float]，後面用於建構向量儲存索引。

（6）start_char_idx/end_char_idx：表示資料在原始文件中的開始和結束位置。

5.1.3 深入理解 Node 物件的中繼資料

Document 物件或 Node 物件中儲存了一個重要屬性 metadata，及其相關的參數設置。metadata 又叫中繼資料，可以被理解成「描述資料的資料」，用於描述這個 Document 物件或 Node 物件所攜頻內容的其他相關資訊，比如原始文件、建立的時間、資料庫資料表名稱、建立者資訊等。比如，前面程式中的

```
{' × title':'RAG 模型介紹 ','author':'llama-index'})
```

就是給建構的 Document 物件設置的中繼資料。中繼資料具有以下特點。

（1）中繼資料類型是 dict 字典類型，由多個 key/value 對組成。

（2）在中繼資料中可以放入你需要的任何資訊，但通常建議 value 為字串或數值。

（3）可以根據需要設置中繼資料，但有的中繼資料會由框架自動生成。

（4）Document 物件生成的 Node 物件會自動攜帶來源 Document 物件的中繼資料。

（5）中繼資料會在生成向量（呼叫嵌入模型）或回應（呼叫大模型）時和文字內容一起被輸入，用於幫助模型更進一步地控制輸出。

在後面的處理中，中繼資料和文字內容會被一起輸入嵌入模型或大模型中使用，那麼如何輸入呢？ Document 類型或 Node 類型提供了一個單獨的介面 get_content，用於生成將中繼資料和文字內容組合起來的內容。如何將中繼資料中的字典資訊轉為字串呢？這可以透過 Document 物件或 Node 物件的屬性進行設置，這些屬性如下。

（1）metadata_seperator：在建構中繼資料的字串時，需要把中繼資料的多個 key/value 對連接起來。這是用於定義連接的分割符號，預設為「\n」。

（2）metadata_template：在建構中繼資料的字串時，中繼資料的每個 key/value 對的轉換格式都用這個參數來定義，預設為「{key}:{value}」。你也可以將其修改為「{key}->{value}」。

（3）text_template：在建構中繼資料的字串時，需要將該字串與文字內容組合起來，最後發送給嵌入模型或大模型。這個參數就是用來定義組合中繼資料與文字內容的，預設為 {metadata_str}\n\n{content}。

（4）excluded_embed_metadata_keys：在發送給嵌入模型的內容中，中繼資料的哪些 key 欄位需要被排除（不送入嵌入模型）。

（5）excluded_llm_metadata_keys：在發送給大模型的內容中，中繼資料的哪些 key 欄位需要被排除（不送入大模型）。

下面建構一個相對複雜的 Document 物件來體會這幾個與中繼資料相關的參數的意義：

```
......
doc4 = Document(
    text="百度是一家中國的搜尋引擎公司。",
    metadata={
        "file_name": "test.txt",
        "category": "technology",
        "author": "random person",
    },
    excluded_llm_metadata_keys=["file_name"],
    excluded_embed_metadata_keys=["file_name",'author'],
    metadata_seperator=" | ",
    metadata_template="{key}=>{value}",
    text_template="Metadata: {metadata_str}\n-----\nContent:
{content}",
)

print("\n全部中繼資料：\n",
    doc4.get_content(metadata_mode=MetadataMode.ALL))
print("\n嵌入模型看到的 \n",
    doc4.get_content(metadata_mode=MetadataMode.EMBED))
print("\n大模型看到的：\n",
    doc4.get_content(metadata_mode=MetadataMode.LLM))
print("\n沒有中繼資料： \n",
    doc4.get_content(metadata_mode=MetadataMode.NONE))
```

這裡的 Document 物件中設置了一些與中繼資料相關的參數，然後透過 get_content 方法來觀察輸出結果。首先，了解一下 get_content 方法：get_content 方法根據傳入的中繼資料輸出模式組合文字內容與中繼資料後輸出內容，並遵循上述 text_template 等參數的設置。

有以下 4 種中繼資料輸出模式：

```
class MetadataMode(str, Enum):
    ALL = "all"                    # 輸出全部中繼資料
    EMBED = "embed"                # 輸出嵌入模型看到的中繼資料
    LLM = "llm"                    # 輸出大模型看到的中繼資料
    NONE = "none"                  # 不需要輸出中繼資料
```

觀察上面程式中 4 種不同的中繼資料輸出模式下的輸出內容，可以很清楚地看到，在大模型和嵌入模型的輸出模式下，會自動排除部分中繼資料（即 excluded_llm_metadata_keys 與 excluded_embed_metadata_keys 這兩個參數定義的 key 所對應的內容）：

```
全部中繼資料：
 Metadata: file_name=>test.txt | category=>technology |
author=>random person
-----
Content: 百度是一家中國的搜尋引擎公司。

嵌入模型看到的
 Metadata: category=>technology
-----
Content: 百度是一家中國的搜尋引擎公司。

大模型看到的：
 Metadata: category=>technology | author=>random person
-----
Content: 百度是一家中國的搜尋引擎公司。

沒有中繼資料：
 百度是一家中國的搜尋引擎公司。
```

5.1.4 生成 Document 物件

可以直接生成一個 Document 物件，也可以用資料連接器載入資料生成 Document 物件。

1．直接生成 Document 物件

直接用文字內容作為參數，就可以生成最簡單的 Document 物件，比如用多個文字部分來生成 Document 物件的陣列。這在做一些測試時非常有用：

```
from llama_index.core.schema import Document,TextNode,MetadataMode
texts = ["This is a test","This is another test","This is a third test"]
docs = [Document(text=text) for text in texts]
```

2．用資料連接器載入資料生成 Document 物件

在實際應用中，最常用的生成 Document 物件的方式是用各種資料連接器從不同的資料來源中載入資料生成 Document 物件。比如，下面的程式利用簡單的目錄閱讀器從某個目錄中載入一個或多個文件到 Document 物件陣列中，並列印出生成的物件數量：

```
from llama_index.core import SimpleDirectoryReader

# 載入一個 PDF 文件
docs2 = \
SimpleDirectoryReader(input_files=["../../data/Llama2PaperDataset
/source_files/llama2.pdf"]).load_data()
print("The number of documents in docs2 is: ", len(docs2))

# 載入這個目錄下的所有文件（共 48 個 TXT 文件）
docs3 = \
SimpleDirectoryReader("../../data/MiniTruthfulQADataset/source_fi
les").load_data()
print("The number of documents in docs3 is: ", len(docs3))
```

列印出最後生成的物件數量：

```
The number of documents in docs2 is:  77
The number of documents in docs3 is:  48
```

在這裡能看到，Document 物件並不是簡單地與目錄中需要載入的文件一一對應，比如載入一個 PDF 文件，預設生成了 77 個 Document 物件，其實對應的是 PDF 文件的頁數，而載入目錄下的所有文件，生成的 Document 物件數量則和文件數量保持一致。

資料連接器將在 5.2 節詳細介紹。

5.1.5 生成 Node 物件

一個 Node 物件通常代表一個 Document 物件中的區塊，這個區塊可以是文字（TextNode），也可以是圖片（ImageNode）。Node 物件通常也有兩種生成方式：直接生成或用 Document 物件生成。

1．直接生成 Node 物件

直接生成 Node 物件與直接生成 Document 物件幾乎一樣（Document 類型本來就繼承自 TextNode 類型）：

```
texts = ["This is a chunk1","This is a chunk2"]
nodes = [TextNode(text=text) for text in texts]
pprint.pprint(nodes[0])
```

從輸出資訊中可以看到，TextNode 與 Document 本來就是同一種類型的：

```
[TextNode(id_='c5ddd431-ef5b-4126-b461-43c65beb7d67',
embedding=None, metadata={}, excluded_embed_metadata_keys=[],
excluded_llm_metadata_keys=[], relationships={}, text='This is a
chunk1', start_char_idx=None, end_char_idx=None,
text_template='{metadata_str}\n\n{content}',
metadata_template='{key}: {value}', metadata_seperator='\n')
```

2．用 Document 物件生成 Node 物件

在實際開發中，大多數 Node 物件是用 Document 物件透過各種資料分割器（用於解析 Document 物件的內容並進行分割的元件，將在 5.3 節介紹）生成的。在下面的例子中，我們建構一個 Document 物件，然後使用基於分割符號的資料分割器把其轉為多個 Node 物件：

```
......
docs = [Document(text='AIGC 是一種利用人工智慧技術自動生成內容的方法，這些
內容可以包括文字、音訊、影像、視訊、程式等多種形式。\n AIGC 的發展得益於深度學
習技術的進步，特別是自然語言處理領域的成就，使得電腦能夠更進一步地理解語言並實現
自動化內容生成。')]

# 建構一個簡單的資料分割器
parser = TokenTextSplitter(chunk_size=100,
chunk_overlap=0,separator="\n")
nodes = parser.get_nodes_from_documents(docs)

for i, node in enumerate(nodes):
    print(f"Node {i}: {node.text}")
```

輸出資訊如下：

```
Node 0: AIGC 是一種利用人工智慧技術自動生成內容的方法，這些內容可以包括文字、
音訊、影像、視訊、程式等多種形式。
Node 1: AIGC 的發展得益於深度學習技術的進步，特別是自然語言處理領域的成就，使
得電腦能夠更進一步地理解語言並實現自動化內容生成。
```

由於我們設置了資料分割器使用分行符號「\n」分割文字內容，因此這裡的 Document 物件被分割成了兩個 Node 物件。當然，在實際應用中，由於文件的格式與內容的形態非常多樣，因此就存在多樣的資料分割器元件和相關參數的設置，在 5.3 節會深入介紹。

3．理解 Node 物件之間的關係

既然在通常情況下 Node 物件是用 Document 物件分割而來的，那麼可以想像，分割出來的 Node 物件與 Document 物件之間、多個 Node 物件之間存在天然的父子或兄弟關係。LlamaIndex 框架中共有 5 種 Node 物件的基礎關係類型。

（1）SOURCE：代表來源 Node 物件，比如一個 Document 物件。

（2）PREVIOUS：代表一個 Document 物件分割出的上一個 Node 物件。

（3）NEXT：代表一個 Document 物件分割出的下一個 Node 物件。

（4）PARENT：代表一個 Node 物件的父 Node 物件。

（5）CHILD：代表一個 Node 物件的子 Node 物件。

一個 Node 物件的相關 Node 物件的資訊都儲存在 relationships 屬性中。該屬性是一個字典物件，其中儲存了每一種關係類型所對應的關係 Node 資訊（RelatedNodeInfo）。下面看一個手工設置 Node 物件之間關係的例子：

```
nodes[0].relationships[NodeRelationship.NEXT] =
                        RelatedNodeInfo(node_id=nodes[1].node_id)
```

把第一個 Node 物件的下一個 Node 物件（NEXT 關係類型）設置成第二個 Node 物件：在 RelatedNodeInfo 物件中儲存第二個 Node 物件的 node_id。

Node 物件之間的關係資訊在很多時候是由框架自動生成的。比如，用 Document 物件生成多個 Node 物件時，就會在生成的 Node 物件中自動生成必要的關係資訊。我們列印出生成的兩個 Node 物件內的 relationships 屬性：

```
Node 0 relationships:
{<NodeRelationship.SOURCE: '1'>:
RelatedNodeInfo(node_id='a66cbaa8-c6b1-4dbb-8a80-0e13534b9fe5',
node_type=<ObjectType.DOCUMENT: '4'>, metadata={},
hash='c26cd260a4ec35b565b1755e4a4ecae975a962c5cd8bf8b1ddc5c66dc40
04030'), <NodeRelationship.NEXT: '3'>:
RelatedNodeInfo(node_id='cd0aff6b-139b-4c69-8d25-4c5c0ab0356e',
node_type=<ObjectType.TEXT: '1'>, metadata={},
```

```
hash='c0f4a11d100ca248a094d055f700522350b0f7ba2b41c690a87be1d5ee4
adea0')}

Node 1 relationships:
{<NodeRelationship.SOURCE: '1'>:
RelatedNodeInfo(node_id='a66cbaa8-c6b1-4dbb-8a80-0e13534b9fe5',
node_type=<ObjectType.DOCUMENT: '4'>, metadata={},
hash='c26cd260a4ec35b565b1755e4a4ecae975a962c5cd8bf8b1ddc5c66dc40
04030'), <NodeRelationship.PREVIOUS: '2'>:
RelatedNodeInfo(node_id='72ea0260-b3d4-41cd-867e-e3410e4e20c4',
node_type=<ObjectType.TEXT: '1'>, metadata={},
hash='346fc26780860f0efbee0605bfe886ba2170c7f3acf09aa55c60c3edaa3
3602a')}
```

注意到了嗎？在用 Document 物件生成 Node 物件的過程中，生成的 Node 物件中的關係資訊被自動建立了。在這個例子中，第一個 Node 物件有兩個關係 Node 物件：一個是 SOURCE 類型的，也就是來源 Document 物件（別忘了 Document 類型也是 Node 類型）；另一個是 NEXT 類型的，也就是 Document 物件被分割成多個 Node 物件時，排在它後面的 Node 物件。第一個 Node 物件沒有上一個 Node 物件（PREVIOUS 類型的）。同理，在第二個 Node 物件的輸出中可以看到，它內部儲存了一個 PREVIOUS 類型的關係 Node 物件，代表上一個 Node 物件，但是沒有 NEXT 類型的關係 Node 物件。

5.1.6 中繼資料的生成與取出

可以根據需要自行設置 Document 物件或 Node 物件的中繼資料，也可以由框架在需要時自動生成 Document 物件或 Node 物件的中繼資料，還可以借助框架提供的中繼資料取出器來生成 Document 物件或 Node 物件的中繼資料。

1．設置與自動生成中繼資料

先看下面這段程式，了解如何自行設置中繼資料、系統如何生成中繼資料，以及中繼資料如何從 Document 物件繼承到 Node 物件：

```
# 手工設置中繼資料
doc1 = Document(text=" 百度是一家中國的搜尋引擎公司。
```

```
",metadata={"file_name": "test.txt","category":
"technology","author": "random person",})
print(doc1.metadata)

# 自動生成 Document 物件的中繼資料
doc2 =
SimpleDirectoryReader(input_files=["../../data/yiyan.txt"]).load_
data()
print(doc2[0].metadata)

# 中繼資料自動繼承到 Node 物件
parser = TokenTextSplitter(chunk_size=100,
chunk_overlap=0,separator="\n")
nodes = parser.get_nodes_from_documents(doc2)
print(nodes[0].metadata)
```

輸出的結果如下：

```
{'file_name': 'test.txt', 'category': 'technology', 'author':
'random person'}

{'file_path': '../../data/yiyan.txt', 'file_name': 'yiyan.txt',
'file_type': 'text/plain', 'file_size': 1699, 'creation_date':
'2024-04-08', 'last_modified_date': '2024-04-07'}

{'file_path': '../../data/yiyan.txt', 'file_name': 'yiyan.txt',
'file_type': 'text/plain', 'file_size': 1699, 'creation_date':
'2024-04-08', 'last_modified_date': '2024-04-07'}
```

我們可以看到，在自動生成的 Document 物件與 Node 物件中，框架生成了基本的中繼資料，比如文件路徑、文件名稱、文件類型、大小、日期等，而且用 Document 物件生成的 Node 物件會自動繼承 Document 物件的中繼資料。

2．使用中繼資料取出器生成中繼資料

LlamaIndex 框架提供了一種叫中繼資料取出器（MetadataExtractor）的元件，可以自動化取出一些複雜的中繼資料。中繼資料取出器通常會借助大模型

或自訂演算法來生成 Node 物件中與內容相關的額外資訊，將其作為中繼資料。比如，內容摘要、總結性標題、取出的內容中的一些物理資訊（地點、人物等）、內容可以回答的假設性問題等。

那麼取出這類中繼資料的意義是什麼呢？因為中繼資料在嵌入或呼叫大模型生成時是可以攜帶的，所以取出這類中繼資料的目的就是提供原始內容以外更豐富的語義或參考資訊，用於提高檢索與生成的能力。

下面介紹幾個典型的中繼資料取出器及其使用方法。

1）摘要取出器：SummaryExtractor

這個取出器用於從 Node 物件的文字內容中生成摘要。下面是例子程式：

```
from llama_index.core.extractors import SummaryExtractor
llm = Ollama(model='qwen:14b')

# 自動生成 Document 物件的中繼資料
docs =
SimpleDirectoryReader(input_files=["../../data/yiyan.txt"]).load_
data()
summary_extractor = \
SummaryExtractor(llm=llm,
                 show_progress=False,
                 prompt_template=" 請生成以下內容的中文摘要：{context_str}
\n 摘要 :",
                 metadata_mode=MetadataMode.NONE)

print(summary_extractor.extract(docs))
```

上面的程式建構了一個 SummaryExtractor 類型的中繼資料取出器。然後，我們用它取出一個 Document 物件的文字摘要。主控台的輸出結果如下：

```
[{'section_summary': ' 摘要：本文介紹了百度研發的人工智慧大模型產品——文心
一言。該模型具備理解、生成、邏輯和記憶四大基礎能力，適用於工作、學習、生活中的
各種場景，成為高效、便捷的幫手和夥伴。'}]
```

簡單了解一下這個中繼資料取出器的幾個參數。

（1）llm：我們需要借助大模型取出摘要，因此需要傳入一個大模型元件物件。

（2）prompt_template：這是在取出摘要時給大模型的 Prompt 範本。在此處自行設置了中文 Prompt。

（3）metadata_mode：這是中繼資料輸入模式。Node 物件的內容在輸入大模型時，會攜帶中繼資料。我們要求在呼叫大模型生成摘要時，不要攜帶已有的中繼資料。

2）問答取出器：QuestionsAnsweredExtractor

這個取出器用於從給定的 Node 物件中生成其內容可以回答的問題清單（假設性問題）。我們把上面的 SummaryExtractor 函數替換成 QuestionsAnswered-Extractor 函數：

```
......
questions_extractor = \
QuestionsAnsweredExtractor(llm=llm,show_progress=False,metadata_m
ode=MetadataMode.NONE)
print(questions_extractor.extract(docs))
```

此時的輸出結果變為：

```
[{'questions_this_excerpt_can_answer': '1. 文心一言的最新版本升級到了什
麼？這對我使用它的性能有何影響？ \n\n2. 文心一言如何處理複雜的邏輯難題和數學計
算，它能提供哪些步驟或策略來幫助我解決這些問題？ \n\n3. 對於需要長期記憶的任務，
文心一言是如何保持資訊的準確性和完整性的？ \n\n4. 文心一言在生成文字時是否具有
原創性？如果有，它的創意來源是什麼？ \n\n5. 我可以在哪些平臺上找到並使用文心一
言？它是否支援多種語言？ '}]
```

可以看到，問答取出器借助大模型生成了這個文件的內容所能回答的多個問題。

3）標題取出器：TitleExtractor

這個取出器用於給輸入的 Node 物件的內容生成標題：

```
title_extractor =\
TitleExtractor(llm=llm,show_progress=False,metadata_mode=Metadata
Mode.NONE)
print(title_extractor.extract(docs))
```

從輸出結果中可以看到標題取出器借助大模型給文件內容取出的標題：

```
[{'document_title': '" 深入解析：百度文心一言——人工智慧對話幫手的革新功能
與廣泛應用研究 "\n'}]
```

深入探索一下這個取出器：如果把一個 Document 物件分割出來的多個 Node 物件傳給它，結果會怎麼樣呢？

```
parser = TokenTextSplitter(chunk_size=300,
chunk_overlap=0,separator="\n")
nodes = parser.get_nodes_from_documents(docs)
for node in nodes:
    print(node.ref_doc_id)

title_extractor =
TitleExtractor(llm=llm,metadata_mode=MetadataMode.NONE)
print("\nTitle extracted:", title_extractor.extract(nodes))
```

我們把一個 Document 物件分割成多個 Node 物件，然後把它們傳給標題取出器。在此之前，列印出每個生成的 Node 物件所引用的 Document 物件的 ID（ref_doc_id)。列印的結果如下：

```
cc919439-8a2e-4770-8e9d-f2258ce3e5dd
cc919439-8a2e-4770-8e9d-f2258ce3e5dd
cc919439-8a2e-4770-8e9d-f2258ce3e5dd

Title extracted:
 [{'document_title': '" 百度文心一言：人工智慧語言幫手的深度解析與功能展示
"\n'}, {'document_title': '" 百度文心一言：人工智慧語言幫手的深度解析與功能
```

```
展示 "\n'}, {'document_title': '" 百度文心一言：人工智慧語言幫手的深度解析與
功能展示 "\n'}]
```

觀察列印的結果，大致可以得出以下兩個結論。

（1）列印的 ref_doc_id 是相同的，說明所有的 Node 物件都來自同一個 Document 物件。

（2）多個 Node 物件生成的標題是相同的，說明取出器生成的標題是文件等級的，即具有相同 ref_doc_id 的不同 Node 物件輸出的標題是一樣的。

透過中繼資料取出器獲得的中繼資料可以自行設置到對應的 Node 物件的中繼資料中，如：

```
titles = extractor.extract(nodes)
for idx, node in enumerate(nodes):
    node.metadata.update(titles[idx])
```

5.1.7 初步了解 IndexNode 類型

IndexNode 是一種在 TextNode 類型的基礎上擴充的 Node 類型。除了具備 TextNode 類型的基本屬性，IndexNode 類型還可以帶有指向其他 Node 類型或物件的引用。這種指向可以透過以下兩種方式實現。

（1）透過 index_id 屬性：透過 index_id 屬性儲存其他物件的 id（比如 node id）來指向。

（2）透過 obj 屬性：透過 obj 屬性儲存其他物件的引用（比如檢索器）來指向。

IndexNode 類型與 TextNode 類型的繼承與擴充關係如圖 5-2 所示。

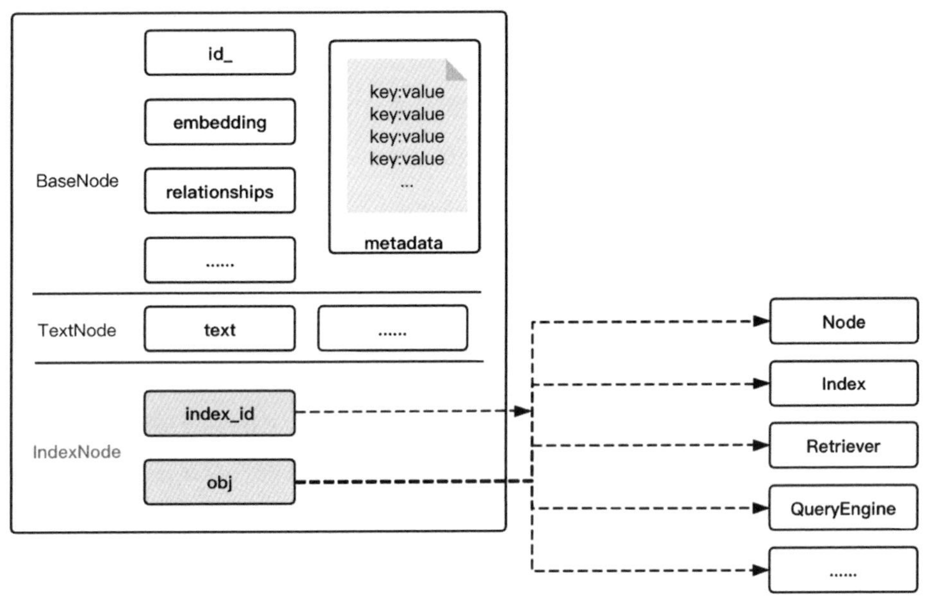

▲ 圖 5-2

在 IndexNode 類型中透過 index_id 屬性或 obj 屬性指向的物件可以是很多類型的，比如其他的 Node、Index、Retriever 或 QueryEngine 類型的物件。其主要的作用是在檢索器檢索出 IndexNode 物件時，根據其中的 index_id 屬性或 obj 屬性的指向進行遞迴操作，最典型的作用就是實現遞迴檢索，其常用在以下兩個方面。

（1）根據摘要 Node 找到完整的內容 Node。

（2）根據一級 Node 找到二級檢索需要的檢索器或查詢引擎。

IndexNode 類型與遞迴檢索的應用將在高級篇中深入介紹。

▶ 5.2 資料載入

資料連接器（也可以稱為資料閱讀器或資料載入器）的作用是載入不同來源、不同存取介面與協定、不同格式的資料，提取出包含內容與中繼資料的 Document 物件，用於後面的統一處理（嵌入、索引、檢索等）。

5.2.1 從本地目錄中載入

在之前建構 Document 物件時曾經使用過一種資料載入元件：SimpleDirectoryReader，即簡單目錄閱讀器，用於從本地目錄中載入不同格式的文件。除此之外，在 LlamaIndex 框架中還可以直接使用大量第三方提供的資料連接器。

使用 SimpleDirectoryReader 元件是將本地目錄中的文件載入成 Document 物件的最簡單方法。SimpleDirectoryReader 元件從給定的目錄中讀取全部或部分文件，並自動根據副檔名檢測文件類型，採用不同的讀取元件完成載入。SimpleDirectoryReader 元件支援以下常見的文件類型（隨著版本升級可能會增加）。

（1）.csv：逗點分隔欄位的多筆記錄。

（2）.docx：Microsoft Word 格式的文件。

（3）.ipynb：Jupyter 筆記型電腦。

（4）.jpeg/.jpg：JPEG 影像。

（5）.md：Markdown 格式的文件。

（6）.mp3/.mp4：音訊和視訊。

（7）.pdf：PDF 格式的文件。

（8）.png：可攜式網路圖形格式的文件。

（9）.ppt/.pptx：Microsoft PowerPoint 格式的文件。

SimpleDirectoryReader 是一種簡單、強大的資料載入元件。我們有必要了解它的一些常用參數，以便更進一步地應用，見表 5-1。

▼ 表 5-1

參數	類型	說明
input_dir	str	需要載入的目錄路徑
input_files	List	需要載入的文件清單，會覆蓋 input_dir、exclude
exclude	List	需要排除的文件清單，支援文件萬用字元語法
exclude_hidden	bool	是否排除隱藏的文件
encoding	str	編碼方式，預設為 utf-8
recursive	bool	是否載入子目錄，預設為 False
filename_as_id	bool	是否把來源文件名稱作為 doc_id，預設為 False
required_exts	Optional[List[str]]	限制需要載入的文件副檔名清單
file_extractor	Optional[Dict[str, BaseReader]]	一個字典，用於根據文件副檔名指定對應的 BaseReader 類別，用於把文件轉為文字
num_files_limit	Optional[int]	處理文件最大數量
file_metadata	Optional[Callable[str, Dict]]	一個處理函數，用於根據文件名稱生成指定的中繼資料
raise_on_error	bool	在遇到文件讀取錯誤時是否拋出例外
fs	Optional[AbstractFileSystem]	文件系統，預設為本地文件系統，可以指定成網路文件系統

下面深入了解 SimpleDirectoryReader 組件的一些用法。

1．快速載入不同類型的文件

下面看一下 SimpleDirectoryReader 元件對不同類型的文件的載入效果，使用以下核心程式：

```
......
# 定義一個列印 Document 陣列的方法，這個方法在後面經常使用
def print_docs(docs:list[Document]):
    print('Count of documents:',len(docs))
    for index,doc in enumerate(docs):
        print("-----")
        print(f"Document {index}")
        print(doc.get_content(metadata_mode=MetadataMode.ALL))
        print("-----")

# 設置多種不同類型的原始文件
input_files = [
    "../../data/1-news.txt",
    "../../data/2-novels.docx",
    "../../data/3-taxquestions.csv",
    "../../data/4-taxquestions.pdf",
    "../../data/5-python.md",
    "../../data/6-chatdata.png",
]

reader = SimpleDirectoryReader(input_files=input_files)
print_docs(reader.load_data())
```

這裡的程式使用幾種最常見類型的本地文件作為 SimpleDirectoryReader 元件的輸入，然後列印出載入後生成的 Document 物件的內容（包含中繼資料）。觀察輸出的結果，可以得到以下結論。

（1）預設只會讀取輸入文件中的文字內容，並設置 Document 物件的 text 屬性。

（2）原始的輸入文件並不總是與 Document 物件直接對應的（雖然在大部分時候是對應的）。

（3）載入的 PDF 文件會預設按照頁數分成多個 Document 物件。

（4）載入的 Markdown 文件會預設在標題處分割成多個 Document 物件。

（5）圖片在預設的情況下不會生成 Base64 的字串編碼，也不會做光學字元辨識（Optical Character Recognition，OCR）技術解析。

2．控制底層文件讀取行為的參數

大部分 SimpleDirectoryReader 元件的輸入參數都比較容易理解，但是需要特別解釋 file_extractor 參數。這是一個用於控制底層文件讀取行為的可插入的組件。透過設置這個參數，你可以控制 SimpleDirectoryReader 元件的底層文件讀取行為。

比如，在預設的情況下，SimpleDirectoryReader 元件對圖片不會做任何額外的智慧處理，只會生成基本的中繼資料，比如文件路徑、建立與修改時間等，但是這樣的資訊對於 RAG 應用的價值是有限的。比如，在後期如果想借助多模態大模型生成圖片向量並用於檢索，那麼可能需要先把圖片轉為 Base64 編碼的。又如，一張圖片中帶有大量有價值的文字資訊，在載入時希望借助 OCR 技術來提取文字，就需要指定專門的閱讀器或訂製自己的閱讀器。

比如，要針對上面的圖片，指定一個閱讀器，可以這麼做：

```
# 從閱讀器中匯入 ImageReader 組件
from llama_index.readers.file import ImageReader

# 圖片閱讀器
image_reader = ImageReader(keep_image=True)
reader = \
SimpleDirectoryReader(input_files=[input_files[5]],
                      file_extractor={".png":image_reader})
print(reader.load_data()[0].image)
```

在程式中選擇了一個 PNG 文件進行載入，並且透過 file_extractor 參數指定了 PNG 文件的閱讀器為 image_reader，而這個閱讀器設置了參數 keep_image=True。這代表要求其在生成的 Document 物件中保留原始圖片的完整 Base64 編碼內容。

列印生成的 Document 物件中的圖片屬性的詳細內容，可以看到其成功儲存了圖 5-3 所示的完整的 Base64 編碼內容。

/9j/4AAQSkZJRgABAQAAAQABAAD/2wBDAAgGBgcGBQgHBwcJCQgKDBQNDAsLDBkSEw8UHRo
wBDAQkJCQwLDBgNDRgyIRwhMjIyMjIyMjIyMjIyMjIyMjIyMjIyMjIyMjIyMjIyMjIyMjIy
AAAQUBAQEBAQEAAAAAAAAAAAECAwQFBgcICQoL/8QAtRAAAgEDAwIEAwUFBAQAAAF9AQIDA
YGRolJicoKSo0NTY3ODk6Q0RFRkdISUpTVFVWV1hZWmNkZWZnaGlqc3R1dnd4eXqDhIWGh4
ytLT1NXW19jZ2uHi4+Tl5ufo6erx8vP09fb3+Pn6/8QAHwEAAwEBAQEBAQEBAQAAAAAAAAE
SExBhJBUQdhcRMiMoEIFEKRobHBCSMzUvAVYnLRChYkNOEl8RcYGRomJygpKjU2Nzg5OkNE
mKkpOUlZaXmJmaoqOkpaanqKmqsrO0tba3uLm6wsPExcbHyMnK0tPU1dbX2Nna4uPk5ebn6
oooAKKKKACiiigAooooAKKKKAEopaMUCEopcUUAFFFJQAtFJRQAUUUUxCUUuKKAEpaKKACi
KKACiiigAooooAKKKKACiiigAooooAKKKKACiiigAooooAKKKKACiiigAooooAKKKKACiii
woooEFFFFAXCiiigoKKKKACiiigAooooAKKKKACiiigAooooAKKKKACiiigAooooAKKKKA
0AFJmloxQAUUUUAFFFFAwzS5pKKACiiigApaSlpAFFFFAwooooAKKKKACiiigAooooAKKKK

▲ 圖 5-3

如果你需要閱讀器能夠使用 OCR 技術辨識圖片中的文字，那麼可以設置 parse_text = True（需要下載必需的 OCR 函數庫）並自行測試。

關於圖片與多模態文件的載入與檢索涉及較多複雜的問題，將在高級篇中深入介紹。

3．自訂文件閱讀器

前面對內建的 ImageReader 圖片閱讀器進行參數設置以後，改變了底層文件讀取行為。那麼如果碰到一個不支援的文件類型或需要對某種文件類型定義特殊的讀取行為怎麼辦呢？

設計一個有趣的場景：假設有一個 .psql 文件。這個文件中儲存了一個 PostgreSQL 資料庫的執行敘述。現在你需要設計一個閱讀器來讀取這個文件，而且要求讀取時自動執行這個文件中的 SQL 敘述，並將結果作為生成的 Document 物件的內容，那麼應該如何處理呢？

你需要建構一個特殊的 PSQLReader 類別，這個閱讀器必須從 BaseReader 類別中衍生，並實現 load_data 這個核心介面。下面看一下主要的程式：

```
......
class PSQLReader(BaseReader):
def __init__(self,*args: Any,**kwargs: Any,) -> None:
        super().__init__(*args, **kwargs)

    def load_data(self,file:Path,extra_info: Optional[Dict]=None) ->
List[Document]:
        with open(file) as f:
            content = f.read()

    # 執行這個文件中的 SQL 敘述，獲得 "result"
        result = execute_sql_and_return_results(content)

        metadata={'file_suffix':'SQL'}
        if extra_info:
            metadata = {**metadata, **extra_info}

        # 將 "result" 作為 "text" 生成 Document 物件
        return [Document(text=result, metadata=metadata)]
```

這裡需要實現一個簡單的 execute_sql_and_return_results 輔助函數：

```
import psycopg2
def execute_sql_and_return_results(sql: str) -> str:
    conn = psycopg2.connect(
        host="localhost",
        user="postgres",
        password="******",
        database="postgres"
    )
    cur = conn.cursor()
    cur.execute(sql)

    results = []
    for result in cur:
        results.append(str(result))
```

```
    conn.close()
    return "\n".join(results)
```

現在，你就可以使用這個自訂的文件讀取器來載入 .psql 文件了，而且在載入時會自動把 SQL 敘述轉換成執行結果：

```
reader = SimpleDirectoryReader(
    input_files=['../../data/9-test.psql'],
file_extractor={".psql": PSQLReader()}
)
documents = reader.load_data()
print_docs(documents)
```

列印並觀察輸出結果，注意 Document 物件的內容部分是 SQL 敘述的執行結果：

```
Count of documents: 1
-----
Document 0
file_suffix: SQL
file_path: ../../data/9-test.psql
file_name: 9-test.psql
file_size: 25
creation_date: 2024-04-18
last_modified_date: 2024-04-18

(1, 'tom')
(2, 'george')
-----
```

4．自訂中繼資料的生成

我們再來看一下 SimpleDirectoryReader 組件的另一個重要參數 file_metadata。這是一個可選的函數類型：你可以用函數來指定某一批文件載入時的中繼資料生成邏輯，而非讓框架預設生成（如果你使用的是自訂的文件讀取器，那麼可以在 load_data 方法中自由設置 metadata 屬性，無須設置這個參數）。

下面是一個簡單的功能演示的例子：

```
# 中繼資料生成函數
def gen_metadata(file):
    return {"catagory": "technology", "author": "random person",
"file_name": file}

reader = \
    SimpleDirectoryReader(input_files=[input_files[0]],file_metadata=
gen_metadata)
print_docs(reader.load_data())
```

這裡的 gen_metadata 函數中自訂了中繼資料的結構，因此最後生成的 Document 物件中的中繼資料將採用這個結構。列印出內部的中繼資料如下：

```
Count of documents: 1
-----
Document 0
catagory: technology
author: random person
file_name: ../../data/1-news.txt
```

5.2.2 從網路中載入資料

除了從本地目錄中載入資料，借助各種資料連接器從外部資料來源中載入資料是另一種常見的業務場景。對企業級應用來說，這些資料來源可以是資料庫、網路雲端、網站、SaaS 應用、第三方巨量資料提供商等。LlamaIndex 框架透過 LlamaHub 網路平臺統一提供這類資料連接器。你可以自行查看不同的資料連接器及其用法，並將其整合到自己的應用中。你也可以自己開發新的資料連接器並將其共用到 LlamaHub 網路平臺。

開發新的資料連接器需要從框架中的 BaseReader 類別衍生，並實現 load_data 方法。下面看一下在常見的場景中如何從網路中載入資料。

1．從 Web 網站上載入網頁內容和知識

從 Web 網站上載入網頁內容和知識是一種很常見的業務場景。比如，讀取門戶網站上的產品內容、內部知識庫網站的內容，或從網際網路上載入共用的資料等。借助 Python 強大的網路爬蟲開發函數庫，實現從 Web 網站上載入網頁內容和知識並不複雜。LlamaIndex 框架中也封裝了常見的 Web 網路載入元件，無須自行開發。

下面介紹幾個最常見的 Web 網頁載入元件的使用。

1）SimpleWebPageReader

該元件用於簡單地讀取網頁。輸入 URL 的列表後，會輸出 HTML 網頁或文字（可以透過 html_to_text 參數進行設置）：

```
from llama_index.readers.web import SimpleWebPageReader
web_loader = SimpleWebPageReader(html_to_text=True)
docs = \
web_loader.load_data(urls=["https://cloud.bai**.com/doc/COMATE/s/
rlnvnio4a"])
print_docs(docs)    #自訂的列印 docs 變數的方法
```

執行上面的程式後，會抓取全部對應 URL 的網頁內容，並將其轉為文字。

2）BeautifulSoupWebReader

BeautifulSoup 是一個有名的從 HTML 網頁上提取資料的 Python 函數庫。它可以輕易地把一個網頁上的內容解析成 BeautifulSoup 物件，然後透過多種方式來靈活地解析與提取網頁內容，因此更適合需要自訂網頁內容提取方式的場合，畢竟 SimpleWebPageReader 元件只能簡單地提取全部網頁內容，缺乏足夠的靈活性。

下面是一個使用 BeautifulSoupWebReader 元件提取網頁內容的例子：

```
from llama_index.readers.web import BeautifulSoupWebReader

#定義一個個性化的網頁內容提取方式
```

```
def _baidu_reader(soup: Any, url: str, include_url_in_text: bool =
True) ->
    Tuple[str, Dict[str, Any]]:
    main_content = soup.find(class_='main')
    if main_content:
       text = main_content.get_text()
    else:
       text = ''
    return text, {"title":
soup.find(class_="post__title").get_text()}

web_loader = \
BeautifulSoupWebReader(website_extractor={"cloud.bai**.com":_baid
u_reader})

docs = \
web_loader.load_data(urls=["https://cloud.baidu.com/doc/COMATE/s/
rlnvnio4a"])
print_docs(docs)
```

這裡使用 BeautifulSoupWebReader 元件作為 Web 網頁的載入器，指定了 website_extractor 這樣一個參數。這個參數允許你對不同網站設置不同的網頁內容提取方式。比如，這裡要求針對來自 cloud.baidu.com 的網頁，使用 _baidu_reader 這個閱讀器來提取內容。

閱讀器會獲得一個 BeautifulSoup 類型的物件，然後可以使用其支援的各種方式來解析網頁元素與提取內容。比如，這裡要求提取 class="main" 的元素 Node 下面的文字，以去除網頁上的多餘內容。

自訂的提取方式還可以傳回個性化的中繼資料資訊，注意程式中提取了 class="post__title" 的元素內容作為中繼資料的一項資訊。

從最後的列印結果中可以看到已經將網頁標題成功提取到中繼資料中。

```
Count of documents: 1
-----
Document 0
URL: https://cloud.bai**.com/doc/COMATE/s/rlnvnio4a
```

```
title: 產品定價
文件中心智慧程式幫手公有雲 COMATE 產品定價 ......
......
```

2．載入資料庫的資料

在企業級應用，特別是以資料為中心的應用中，大量的資料或知識會儲存在關聯式資料庫中，那麼如何直接從這些資料庫中讀取資料並將其提取成 Document 物件呢？下面先看一個現成的 DatabaseReader 元件的用法：

```
from llama_index.readers.database import DatabaseReader
from llama_index.core.schema import Document,TextNode,MetadataMode
db = DatabaseReader(
    scheme="postgresql",  # Database Scheme
    host="localhost",  # Database Host
    port="5432",  # Database Port
    user="postgres",  # Database User
    password="*****",  # Database Password
    dbname="postgres",  # Database Name
)
docs = db.load_data(query="select * from questions")
print_docs(docs)
```

DatabaseReader 元件的使用非常簡單，只需要建構一個實例（提供多種方式），然後呼叫 load_data 方法即可。這裡使用 SQL 敘述查詢了資料庫的 questions 資料表中的資料，並將其建構成 Document 物件，輸出如下：

```
Count of documents: 2
-----
Document 0
id: 1, question: 文心一言是什麼？, answer: 文心一言是百度公司的大模型產品，
用於提供 AI 智慧文字生成、對話與推理的能力 ., createtime: 2024-01-01
-----
-----
Document 1
id: 2, question: LlamaIndex 框架有什麼用？, answer: LlamaIndex 可以用於
開發基於大模型的應用程式，提供了大量可用的開發元件與工具，簡化開發過程，提高開
發效率, createtime: 2024-01-02
-----
```

下面深入了解 DatabaseReader 組件的原始程式碼，看一看發生了什麼：

```
......
from llama_index.core.utilities.sql_wrapper import SQLDatabase
from sqlalchemy import text
from sqlalchemy.engine import Engine
class DatabaseReader(BaseReader):
      ...... 省略初始化程式 ......

      def load_data(self, query: str) -> List[Document]:
        """
        查詢資料庫，傳回 Document 物件
        Args:
            query (str): SQL 敘述
        Returns:
            List[Document]: Document 物件的列表
        """
        documents = []
        with self.sql_database.engine.connect() as connection:
            if query is None:
                raise ValueError("A query parameter is necessary to
filter the data")
            else:
                # 執行 SQL 敘述，獲得結果
                result = connection.execute(text(query))

            for item in result.fetchall():
                doc_str = ", ".join(
                    [f"{col}: {entry}" for col, entry in
zip(result.keys(), item)]
                )
                documents.append(Document(text=doc_str))
        return documents
```

我們看到 DatabaseReader 元件借助 Python 的 sqlalchemy 函數庫來封裝資料庫存取的引擎，然後在 load_data 方法中透過引擎連接資料庫並執行 SQL 敘述，最後把傳回的結果透過固定的格式形成 Document 物件進行輸出。

3．自訂網路資料載入器

假如你的資料放在阿里雲的物件儲存服務（Object Storage Service，OSS）上，而 LlamaIndex 框架中又沒有開箱即用的 OSS 連接器，那麼你可以自行設計並實現一個 OSSReader 從 OSS 中直接讀取資料並將其提取成 Document 物件，從而省略麻煩的手工匯入過程。

下面看一下簡單的程式實現：

```
......
class AliOSSReader(BaseReader):
    def __init__(
        self,
        bucket_name: str,
        access_key_id: Optional[str] = None,
        access_key_secret: Optional[str] = None,
        endpoint: Optional[str] = None,
        *args: Any,
        **kwargs: Any,
) -> None:

        # 參考 OSS SDK 的規範初始化 bucket 物件
        access_key_id = access_key_id or os.getenv('ACCESS_KEY_ID')
        access_key_secret = \
                        access_key_secret or
os.getenv('ACCESS_KEY_SECRET')
        endpoint = endpoint or os.getenv('ENDPOINT')

        if access_key_id and access_key_secret and endpoint and
bucket_name:
            auth = oss2.Auth(access_key_id, access_key_secret)
            self.bucket = oss2.Bucket(auth, endpoint, bucket_name)
        else:
            raise ValueError("Please provide access_key_id,
access_key_secret, endpoint and bucket_name")

    # 載入文件，這裡支援文件萬用字元
    def load_data(self, object_names: List[str]) -> List[Document]:
        documents = []
```

```
        for object_pattern in object_names:
            for object_info in oss2.ObjectIterator(self.bucket):
                if fnmatch.fnmatch(object_info.key, object_pattern):
                    content =
self.bucket.get_object(object_info.key).read()
                    document = Document(text=content,
metadata={"file_name": object_info.key})
                    documents.append(document)
        return documents
......
```

我們從 BaseReader 類別中衍生建構了一個新的 AliOSSReader。AliOSS-Reader 透過阿里雲官方的 OSS SDK 進行文件讀取，並且支援一次傳入多個文件及文件萬用字元。當然，這裡僅支援直接讀取文字格式的雲端上資料，如果需要支援更複雜的格式（比如 Excel 文件 / 圖片），那麼可以把文件先下載到本地再借助框架內的閱讀器來完成，此處不再實現。

▶ 5.3 資料分割

在資料連接器將不同來源的文件載入並提取成 Document 物件以後，我們需要對這些 Document 物件進一步解析與分割，形成更小粒度的資料區塊，即 Node 物件。這些 Node 物件將作為後面索引與檢索等階段的基本處理單元。這種對文件進行解析與分割的元件通常被稱為分割器（Splitter）或解析器（Parser）。我們接觸得最多的是文字分割器（TextSplitter）。

為什麼不直接用 Document 物件作為索引與檢索的單位呢？

儘管較大的資料區塊具備與攜帶了更完備的內容與語義資訊，但是降低了檢索時召回資料區塊的精確性（就好像在關聯式資料庫中把所有的資料都儲存在一筆記錄中一樣），進而會影響後面回應並生成的品質。因此，需要把載入生成的 Document 物件與分割形成的 Node 物件在兩個層區分，以提供更大的靈活性。在不同的場景中，需要根據實際情況更進一步地控制資料分割的方法與粒度。

5.3.1 如何使用資料分割器

資料分割器的使用方法與很多元件的使用方法類似。資料分割器既可以獨立使用，也可以插入其他元件中被自動呼叫。資料分割器的輸入通常是一個 Document 物件的列表，其輸出則是一個 Node 物件的列表，而輸出的每個 Node 物件都是來自 Document 物件的特定子塊，而且會自動繼承 Document 物件的中繼資料。

1．獨立使用

用以下程式快速建構一個資料分割器，就可以對文件進行分割，比如：

```
from llama_index.core.node_parser import SentenceSplitter
splitter = SentenceSplitter()
nodes = splitter.get_nodes_from_documents([Document(text=」This is a
test.\n haha!」])
```

程式裡的 SentenceSplitter 是常用的一種資料分割器，沒有傳入任何初始化參數，全部使用了預設設置，這是最簡單的用法。更多的參數設置將在後面介紹。

簡單了解 LlamaIndex 框架中資料分割器的繼承鏈（以 SentenceSplitter 為例，如圖 5-4 所示）。

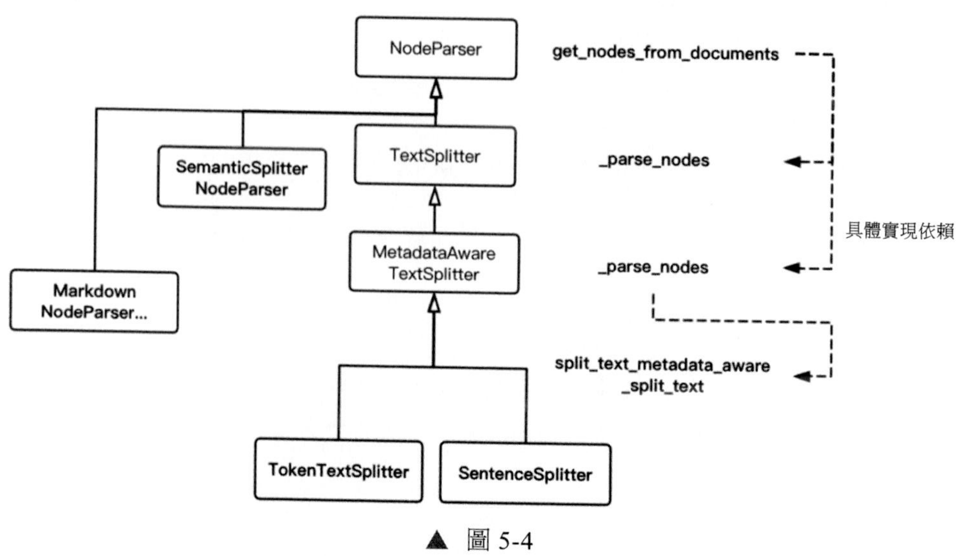

▲ 圖 5-4

所有的資料分割器都繼承自 NodeParser 這個基礎類型。該類型會實現 get_nodes_from_documents 這個最核心介面的基本邏輯（建構分割後的 Node 物件之間的關係、形成內部的關係資訊及繼承中繼資料，都在這裡完成），但分割形成 Node 物件的邏輯最終會依賴具體的 Node 分割器，比如文字分割的邏輯最後由內部方法 _split_text 完成。

2．插入其他組件中被自動呼叫

你還可以把建構的資料分割器透過輸入參數插入其他元件中，這些元件會在工作的過程中自動呼叫資料分割器進行 Document 物件的解析與分割。比如，如果直接用 Document 物件建構向量儲存索引，那麼可以把建構的資料分割器作為一個轉換器交給索引物件，它會在建構索引之前自動呼叫資料分割器把 Document 物件解析與分割成多個 Node 物件：

```
index = VectorStoreIndex.from_documents(
    documents,
    transformations=[SentenceSplitter(chunk_size=1024,
chunk_overlap=20)],
)
```

轉換器會在 5.4 節詳細介紹。

5.3.2 常見的資料分割器

本節介紹幾種常見的資料分割器及其使用方法，以及資料分割器簡單的內部實現原理。

1．文字分割的底層方法

在 LlamaIndex 框架中，對 Document 物件的文字分割方法有 4 種。無論使用什麼類型的文字分割器，基礎的文字分割都是用這 4 種方法之一或它們的組合。所以，我們先認識一下這 4 種簡單的文字分割方法。

我們可以用以下程式呼叫這 4 種基礎的文字分割方法並查看具體效果：

```
from llama_index.core.node_parser.text.utils import (
    split_by_char,
    split_by_regex,
    split_by_sentence_tokenizer,
    split_by_sep,
)
fn = split_by_sep("\n")
result = fn('Google 公司介紹 \n Google 是一家搜尋引擎與雲端運算公司，總部位於美國加州州山景城。主要產品是搜尋引擎、廣告服務、企業服務、雲端運算等。')
print(result)
print("Size of the result array:", len(result))

fn = split_by_sentence_tokenizer()
result = fn('Google 公司介紹 \n Google 是一家搜尋引擎與雲端運算公司，總部位於美國加州州山景城。主要產品是搜尋引擎、廣告服務、企業服務、雲端運算等。')
print(result)
print("Size of the result array:", len(result))

fn = split_by_regex("[^,.;。？！]+[,.;。？！]?")
result = fn('Google 公司介紹 \n Google 是一家搜尋引擎與雲端運算公司，總部位於美國加州州山景城。主要產品是搜尋引擎、廣告服務、企業服務、雲端運算等。')
print(result)
print("Size of the result array:", len(result))

fn = split_by_char()
result = fn('Google 公司介紹 \n Google 是一家搜尋引擎與雲端運算公司，總部位於美國加州州山景城。主要產品是搜尋引擎、廣告服務、企業服務、雲端運算等。')
print(result)
print("Size of the result array:", len(result))
```

輸出結果如下：

```
['Google 公司介紹 ', '\n Google 是一家搜尋引擎與雲端運算公司，總部位於美國加州州山景城。主要產品是搜尋引擎、廣告服務、企業服務、雲端運算等。']
Size of the result array: 2
['Google 公司介紹 \n Google 是一家搜尋引擎與雲端運算公司，總部位於美國加州州山景城。主要產品是搜尋引擎、廣告服務、企業服務、雲端運算等。']
Size of the result array: 1
['Google 公司介紹 \n Google 是一家搜尋引擎與雲端運算公司，總部位於美國加州州山景城。', '主要產品是搜尋引擎、廣告服務、企業服務、雲端運算等。']
```

```
Size of the result array: 2
['G', 'o', 'o', 'g', 'l', 'e', '公', '司', '介', '紹', ' ', '\n', ' ',
'G', 'o', 'o', 'g', 'l', 'e', '是', '一', '家', '搜', '索', '引', '
擎', '與', '雲', '計', '算', '公', '司', '，', '總', '部', '位', '於',
'美', '國', '加', '利', '福', '尼', '亞', '州', '山', '景', '城', '。
', '主', '要', '產', '品', '是', '搜', '索', '引', '擎', '、', '廣', '
告', '服', '務', '、', '企', '業', '服', '務', '、', '雲', '計', '算',
'等', '。']
Size of the result array: 74
```

從輸出結果中能明顯看到不同的文字分割方法產生的效果不同。

（1）分割符號分割 split_by_sep：按照指定的分割符號進行分割。這裡輸入了換行字元「\n」，所以這段文字從「\n」開始被分割成了兩個部分。

（2）句子分割 split_by_sentence_tokenizer：利用 nltk 這個自然語言處理工具庫，使用無監督演算法將大文字分割成句子清單，但是需要預先有目的語言的訓練資料封包，目前不支援中文，所以這裡沒有分割。

```
#split_by_sentence_tokenizer 的實現
import nltk
tokenizer = nltk.tokenize.PunktSentencetokenizer()
def split(text: str) -> List[str]:
    spans = list(tokenizer.span_tokenize(text))
    sentences = []
    for i, span in enumerate(spans):
        start = span[0]
        if i < len(spans) - 1:
            end = spans[i + 1][0]
        else:
            end = len(text)
        sentences.append(text[start:end])
    return sentences
```

（3）正規表示法分割 split_by_regex：利用正規表示法將文字提取成多個句子。這是比較簡單也比較適合中文的一種處理方法。

（4）字元分割 split_by_char：簡單地按字元進行分割。很顯然，這是最粗暴的分割方法，很容易遺失語義資訊，因此在實際應用中一般不會使用。

雖然文字的分割邏輯是基礎，但是在將 Document 物件解析與分割成多個 Node 物件的過程中，還需要處理以下由框架完成的額外工作。

（1）建構 Node 物件的其他相關屬性，比如在原始文件中的位置。

（2）建構 Node 物件的中繼資料，包括從 Document 物件中繼承的及新取出的部分。

（3）生成 Node 物件的內部關聯資料，即生成 relationships 屬性。

了解文字分割的方法有助理解與使用下面介紹的幾種開箱即用的文字分割器。

2．理解 chunk_size 與 chunk_overlap 參數

在使用不同的文字分割器時，會涉及兩個參數 chunk_size 與 chunk_overlap。不僅在使用分割器時需要關注與設置這兩個參數，而且它們對後面的 RAG 應用最佳化有重要的意義，因此在這裡先深入地介紹。

從字面上的意思來看，這兩個參數的含義比較明確，分別用於限制要分割出的文字區塊（即新的 Node 物件的文字內容）的大小，以及限制不同的文字區塊重疊部分的大小。如果你研究框架中這兩個參數的相關程式，那麼會發現以下幾點。

（1）這兩個參數的計算，用的是文字內容包含的 token 數量，而非簡單的字串長度。

這裡的 token 就是大模型輸入和輸出的 token。LlamaIndex 框架預設使用了 OpenAI 開放的 Python 分詞庫 tiktoken 來計算文字的 token 數量。這個函數庫允許針對 OpenAI 的不同模型設置有針對性的 token 詞彙表。下面看一個簡單的測試：

```
import tiktoken
import re
enc = tiktoken.encoding_for_model("gpt-3.5-turbo")
print('length of tokens:',len(enc.encode('Google 公司是一家搜尋引擎公司。')))
print('length of string:',len('Google 公司是一家搜尋引擎公司。'))
```

程式中對比了字串的長度與 token 數量，最後的輸出結果如下：

```
length of tokens: 12
length of string: 18
```

可以看到，在通常情況下字串的長度與 token 數量並不相等，但沒有達到數量級上的差異。如果你需要對這部分做精確控制，那麼需要替換這裡的 tiktoken 分詞庫。

（2）這兩個參數只是上限參數，而非絕對等值參數。

或說，並不能確保分割出的文字區塊的大小絕對等於這個參數值，但會小於這個值。其原因正如前文介紹的，在分割文字時並不是簡單地一個一個處理字元，而且 chunk_size 也不是按照字元長度計算的，因此無法確保某個分割出的文字區塊的精確大小。

（3）預設 chunk_size 包含中繼資料的大小。

實際限定的文字區塊的大小會比 chunk_size 參數值更小一些，它會去掉 Node 物件包含的中繼資料的大小（也是用 token 來衡量的）。這是由於中繼資料會預設和 Node 物件的文字內容一起用於建構索引並輸入大模型中。

（4）分割器會儘量確保分割出的文字區塊的大小接近 chunk_size 參數值。

分割器在對 Document 物件的文字內容進行分割後，會再次執行合併演算法（Merge）來嘗試合併已經分割出的文字區塊，並儘量使其大小接近 chunk_size 參數值，且重疊部分的大小接近 chunk_overlap 參數值。如果你有興趣，那麼可以簡單地研究下面這個 def_merge 演算法：

```
#將分割好的文字區塊 (splits) 嘗試合併成接近 chunk_size 參數值的區塊
  def _merge(self, splits: List[str], chunk_size: int) -> List[str]:
```

```
chunks: List[str] = []
        cur_chunk: List[str] = []
        cur_len = 0
        for split in splits:
            split_len = len(self._tokenizer(split))

            # 如果在增加新的分割後超過了塊大小，
            # 那麼需要結束當前的區塊，並建構一個新的區塊
            if cur_len + split_len > chunk_size:
                chunk = "".join(cur_chunk).strip()
                if chunk:
                    chunks.append(chunk)

                # 建構一個新的區塊，但注意保留重疊部分
                # 一直彈出前一個區塊的第一個元素，直到：
                #   1. 當前塊的大小小於塊重疊部分的大小
                #   2. 總大小小於塊大小
                while cur_len > self.chunk_overlap or cur_len +
split_len > chunk_size:
                    # 彈出第一個元素
                    first_chunk = cur_chunk.pop(0)
                    cur_len -= len(self._tokenizer(first_chunk))

            cur_chunk.append(split)
            cur_len += split_len

        # 處理最後一個區塊
        chunk = "".join(cur_chunk).strip()
        if chunk:
            chunks.append(chunk)
        return chunks
```

3．理解與使用 TokenTextSplitter

我們首先介紹的文字分割器是 TokenTextSplitter，它是基於指定分割符號進行文字分割的最基礎的分割器。

```
......
docs = [Document(text="Google 公司介紹 \n Google 是一家搜尋引擎與雲端運算公
司 \n 總部位於美國加州州山景城。主要產品是搜尋引擎、廣告服務、企業服務、
雲端運算等。")]
splitter = TokenTextSplitter(
    chunk_size=50,
    chunk_overlap=0,
    separator="\n",
    backup_separators=["。"]
)
nodes = splitter.get_nodes_from_documents(docs )
print_nodes(nodes)
```

TokenTextSplitter 對 Document 物件的文字內容的分割方法如下：

按優先順序使用以下 3 個基礎分割方法，直到分割出的每個文字區塊的大小都小於 chunk_size 參數值。

（1）基於分割符號分割（基於參數 separator）。

（2）基於分割符號分割（基於參數 backup_separators）。

（3）基於字元分割。

因此，控制 TokenTextSplitter 行為的主要參數除了 chunk_size、chunk_overlap，還有 separator 和 backup_separators。上面程式的輸出結果如下：

```
Count of nodes: 2
-----
Node 0
Google 公司介紹
Google 是一家搜尋引擎與雲端運算公司
-----
-----
Node 1
總部位於美國加州州山景城。主要產品是搜尋引擎、廣告服務、企業服務、雲端運算等。
-----
```

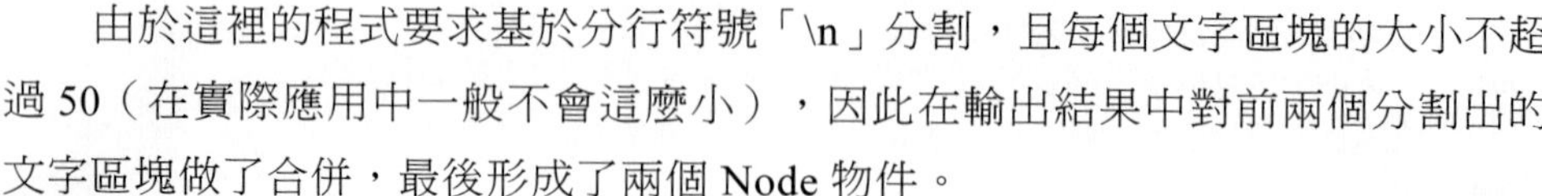

由於這裡的程式要求基於分行符號「\n」分割，且每個文字區塊的大小不超過 50（在實際應用中一般不會這麼小），因此在輸出結果中對前兩個分割出的文字區塊做了合併，最後形成了兩個 Node 物件。

4．理解與使用 SentenceSplitter

SentenceSplitter 是一種常用的基於段落與句子分割的文字分割器。以下的例子演示 SentenceSplitter 的用法與參數：

```
......
# 自訂一個分割文字的函數
def my_chunking_tokenizer_fn(text:str):
    # 追蹤是否進入本方法
    print('start my chunk tokenizer function...')
    sentence_delimiters = re.compile(u'[。！？]')
    sentences = sentence_delimiters.split(text)
    return [s.strip() for s in sentences if s]
"""

docs = [Document(text="***Google 公司介紹 ***Google 是一家搜尋引擎與雲端運
算公司 *** 總部位於美國加州州山景城。主要產品是搜尋引擎、廣告服務、企業服
務、雲端運算等。")]
nnode_parser = SentenceSplitter(chunk_size=50,
                                chunk_overlap=0,
                                paragraph_separator="***",

chunking_tokenizer_fn=my_chunking_tokenizer_fn,
                                secondary_chunking_regex =
"[^,.;。？！]+[,.;。？！]?",
                                separator="\n")
nodes = node_parser1.get_nodes_from_documents(docs )
print_nodes(nodes) """
```

SentenceSplitter 對 Document 物件的文字內容的分割方法如下：

按優先順序依次使用以下 5 個基礎分割方法，直到分割出的每個文字區塊的大小都小於 chunk_size 參數值。

（1）基於分割符號分割段落（可透過參數 paragraph_separator 指定，預設為「\n\n\n」）。

（2）基於句子分割（可透過參數 chunking_tokenizer_fn 指定，預設使用 nltk 函數庫分割）。

（3）基於正規表示法分割（可透過參數 secondary_chunking_regex 指定，預設為 [^,.;。？！]+[,.;。？！]?）。

（4）基於分割符號分割句子（可透過參數 separator 指定，預設為空格字元）。

（5）基於字元分割（基本用不到）。

現在讓我們繼續深入理解 SentenceSplitter。

在上面的例子中對 SentenceSplitter 的每個參數都進行了指定，是為了靈活地調整以觀察不同的效果。程式中要求依據字串「***」先分割段落，並把 chunk_size 參數設置成 50，由於文件中有「***」分割字串，因此可以猜測，在第一次基於此段落符號分割時，就會把文字分割成多個文字區塊，而且大小不超過 50，按照上面的原理推測，就不會執行透過 chunking_tokenizer_fn 參數指定的基於句子分割的方法。

觀察下面的輸出結果，可以看到確實沒有執行 my_chunking_tokenizer_fn 方法中的 print 敘述，這是符合我們的判斷與預期的。

```
Count of nodes: 2
-----
Node 0
***Google 公司介紹 ***Google 是一家搜尋引擎與雲端運算公司
-----
-----
Node 1
*** 總部位於美國加州州山景城。主要產品是搜尋引擎、廣告服務、企業服務、雲
端運算等。
-----
```

我們把文字內容中的「***」替換成句點。此時，由於優先執行的第一個基於分割符號分割段落方法無法成功地把文字內容分割成大小小於 50 的多個文字區塊，因此可以猜測，會執行第二步的 my_chunking_tokenizer_fn 這個自訂的基於句子分割方法。最後的輸出結果如下：

```
start my chunk tokenizer function...
Count of nodes: 2
-----
Node 0
Google 公司介紹 Google 是一家搜尋引擎與雲端運算公司總部位於美國加州州山景城
-----
-----
Node 1
主要產品是搜尋引擎、廣告服務、企業服務、雲端運算等
-----
```

輸出結果的第一行代表了自訂的基於句子分割方法被執行！

由於 SentenceSplitter 是一種很常用的資料分割器（文字分割器是一種資料分割器），因此在此做了較深入的介紹，特別是幾個重要的輸入參數與原理。將會有助以後更進一步地使用它來分割不同格式的文字內容。

5．理解與使用 SentenceWindowNodeParser

SentenceWindowNodeParser 本質上是一個簡單的基於句子分割文件內容的資料分割器。它在根據分割的句子建構輸出的 Node 物件時，會把這個句子「周圍視窗內的句子」帶入中繼資料。這個視窗的大小由參數 window_size 來控制。

下面是一個使用 SentenceWindowNodeParser 的程式樣例：

```
......
docs = [Document(text="Google 公司介紹 :Google 是一家搜尋引擎與雲端運算公司。\
                      總部位於美國加州州山景城。\
                      主要產品是搜尋引擎、廣告服務、企業服務、雲端運算等。\
                      百度是一家中國的搜尋引擎公司。")]
splitter = SentenceWindowNodeParser(
    window_size=2,
    sentence_splitter = my_chunking_tokenizer_fn
```

```
)
nodes = splitter.get_nodes_from_documents(docs)
print_nodes(nodes)
```

在這裡建構了一個包含 4 個句子的文字，並使用前面用過的 my_chunking_tokenizer_fn 方法來分割句子，然後指定視窗大小為 2，輸出結果以下（這裡只顯示了前兩個 Node）：

```
Count of nodes: 4
-----
Node 0
window: Google 公司介紹 :Google 是一家搜尋引擎與雲端運算公司  總部位於美國加州
州山景城  主要產品是搜尋引擎、廣告服務、企業服務、雲端運算等  百度是一家中國的
搜尋引擎公司
original_text: Google 公司介紹 :Google 是一家搜尋引擎與雲端運算公司

Google 公司介紹 :Google 是一家搜尋引擎與雲端運算公司
-----
-----
Node 1
window: Google 公司介紹 :Google 是一家搜尋引擎與雲端運算公司  總部位於美國加州
州山景城  主要產品是搜尋引擎、廣告服務、企業服務、雲端運算等  百度是一家中國的
搜尋引擎公司
original_text: 總部位於美國加州州山景城

總部位於美國加州州山景城
-----
```

注意：這裡的中繼資料中多了一項重要的內容，即 window，其中儲存了本 Node 上下視窗內的其他 Node 物件的文字內容，而這個視窗的大小由參數 window_size 決定。對於這個視窗內容的使用，需要了解的是：

（1）與其他中繼資料不一樣的是，這個 window 的內容預設對嵌入模型或大模型不可見。

（2）不建議把 window 的內容輸入嵌入模型。嵌入應該只針對本 Node 物件的文字內容，這樣有利於語義的細分，可以提高後面檢索的精確度。

（3）建議把 Node 內容替換成 window 包含的內容發送到大模型用於生成，以幫助大模型獲得更多的上下文，提高生成品質。

6．理解與使用 HierarchicalNodeParser

使用 SentenceWindowNodeParser 的意義在於可以讓一個 Node 物件在不改變檢索準確性的基礎上，攜帶更多的上下文，這樣可以在大模型生成時輸入，獲得更高品質的回應。實現這個目的的另一種方法是使用 HierarchicalNodeParser。

這是一個多層 Node 的解析器。它會把輸入的 Document 物件的文字內容在多個粒度（不同的 chunk_size 參數值）上進行解析，生成具備層次關係的多個不同大小的 Node 物件，並且從每個 Node 物件中都可以找到其相關的父子 Node（根據 relationships 欄位）。

這樣的好處如下：在後面檢索出較小粒度的 Node 物件時，可以自動找到其父 Node 來替換，從而為大模型提供更豐富的上下文。下面看一下例子程式：

```
from llama_index.core.node_parser import HierarchicalNodeParser

docs = [Document(text="Google 公司介紹 :Google 是一家搜尋引擎與雲端運算公司。\
                        總部位於美國加州州山景城。\
                        Google 公司成立於 1998 年 9 月 4 日，由賴瑞·佩奇和謝爾蓋·布
林共同創立。\
                        主要產品是搜尋引擎、廣告服務、企業服務、雲端運算等。\
                        百度是一家中國的搜尋引擎公司。\
                        百度公司成立於 2000 年 1 月 1 日，由李彥宏創立。")]
node_parser = HierarchicalNodeParser.from_defaults(
    chunk_sizes=[2048, 100, 50]
)
nodes = node_parser.get_nodes_from_documents(docs)
print_nodes(nodes)
```

上面的程式中指定了 3 個不同的 chunk_size 參數值作為分割器的輸入參數。輸出結果如圖 5-5 所示。

```
Count of nodes: 7
-----
Node 0, ID: a2bd59b5-eca8-4595-9759-7cdb40a56bb4
Google公司介绍:Google是一家搜索引擎与云计算公司。            总部位于美国加利福尼亚州山景城。            Google公司成立于
998年9月4日，由拉里·佩奇和谢尔盖·布林共同创立。            主要产品是搜索引擎、广告服务、企业服务、云计算等。
百度是一家中国的搜索引擎公司。            百度公司成立于2000年1月1日，由李彦宏创立。
-----
-----
Node 1, ID: 3ac8cce3-7029-49f4-bff1-ead900712df9
Google公司介绍:Google是一家搜索引擎与云计算公司。            总部位于美国加利福尼亚州山景城。            Google公司成立于
998年9月4日，由拉里·佩奇和谢尔盖·布林共同创立。
-----
-----
Node 2, ID: 079b1b66-22d7-4a80-91cb-8695181aaba1
主要产品是搜索引擎、广告服务、企业服务、云计算等。            百度是一家中国的搜索引擎公司。            百度公司成立于20
年1月1日，由李彦宏创立。
-----
-----
Node 3, ID: f1b7982c-7ca6-40ca-b122-381712361e2a
Google公司介绍:Google是一家搜索引擎与云计算公司。            总部位于美国加利福尼亚州山景城。
-----
-----
Node 4, ID: 3cb5b1fe-f2fd-4b0c-a73e-da2fe5071938
Google公司成立于1998年9月4日，由拉里·佩奇和谢尔盖·布林共同创立。
-----
-----
Node 5, ID: d1d040fb-0fa1-4d48-98f0-d72e6c16f3bc
主要产品是搜索引擎、广告服务、企业服务、云计算等。            百度是一家中国的搜索引擎公司。
-----
-----
Node 6, ID: fd6d39a0-53fb-4093-be8f-422342887ee6
百度是一家中国的搜索引擎公司。            百度公司成立于2000年1月1日，由李彦宏创立。
```

▲ 圖 5-5

可以分辨出，在 chunk_size=2048 粒度上只生成了一個 Node 物件；在 chunk_size=100 粒度上生成了兩個 Node 物件；在 chunk_size=50 粒度上生成了 4 個 Node 物件。因此，一共生成了 7 個 Node 物件。如果列印出一個 Node 物件的 Relationships 資訊，那麼可以看到類似於圖 5-6 所示的輸出內容。

```
-----
-----
Node 3, ID: dcc93078-9072-479c-af82-3be0bf36a88f
Google公司介绍:Google是一家搜索引擎与云计算公司。            总部位于美
Relationships: {<NodeRelationship.SOURCE: '1'>: RelatedNodeInfo(node_id='2ea29264
'>, metadata={}, hash='21e323e0613da493df574ec481052529650c3c4f4e4c76b0df75658d05
id='156e97f4-0897-489a-9af0-1a07721093b9', node_type=<ObjectType.TEXT: '1'>, meta
edc62f4976d189e831'), <NodeRelationship.PARENT: '4'>: RelatedNodeInfo(node_id='2e
XT: '1'>, metadata={}, hash='21e323e0613da493df574ec481052529650c3c4f4e4c76b0df75
```

▲ 圖 5-6

這裡的 Relationships 資訊中清楚地儲存了這個 Node 物件的相關 Node 資訊，比如父 Node 物件（包含更多文字內容的 Node 物件）等，而在輸入大模型生成時就可以利用這個資訊來查詢 Node 物件的文字內容，從而豐富上下文。

7．理解與使用 SemanticSplitterNodeParser

SemanticSplitterNodeParser 是一種特殊的基於語義與向量的文件內容分割器。與上述所有文字分割器不同的是，它的演算法不再基於分割符號、正規表示法及固定塊的大小等對文字進行分割，而是借助嵌入模型來辨識不同句子之間的語義相似度，並進行合併，從而確保語義上更相關的句子最後能被合併到一個 Node 物件中，最大限度地保證一個 Node 物件的文字內容在語義上的相關性與獨立性。

下面用一個簡單的例子來測試：

```
......
docs =
SimpleDirectoryReader(input_files=["../../data/yiyan.txt"]).load_
data()
embed_model =
OllamaEmbedding(model_name="milkey/dmeta-embedding-zh:f16")
splitter = SemanticSplitterNodeParser(
    breakpoint_percentile_threshold=85,
    sentence_splitter = my_chunking_tokenizer_fn,
    embed_model=embed_model
)
nodes = splitter.get_nodes_from_documents(docs)
print_nodes(nodes)
```

先了解這裡的幾個主要參數。

（1）breakpoint_percentile_threshold：這是用於控制句子語義相關性的設定值，可以理解成上下文句子的向量距離的設定值，向量距離大於這個設定值就會被分割。因此，這個值越大，生成的文字區塊越少；這個值越小，生成的文字區塊越多。

（2）sentence_splitter：這是用於控制分割句子的方法，預設採用 nltk 函數庫分割。

（3）embed_model：指定嵌入模型。因為需要計算向量距離，所以要借助嵌入模型，這裡使用了本地的嵌入模型。

針對上面的輸入文件，我們先設置 breakpoint_percentile_threshold=85 並查看輸出結果：

```
start my chunk tokenizer function...
Count of nodes: 3
-----
Node 0
file_path: ../../data/yiyan.txt
file_name: yiyan.txt
file_type: text/plain
......
```

然後，調整 breakpoint_percentile_threshold=20，再查看輸出結果：

```
start my chunk tokenizer function...
Count of nodes: 5
-----
Node 0
file_path: ../../data/yiyan.txt
file_name: yiyan.txt
file_type: text/plain
......
```

可以很明顯地看到，隨著 breakpoint_percentile_threshold 參數減小，輸出的 Node 物件的數量增加了，這是由於可以合併的語義相關的句子變少了，導致最後輸出的文字區塊數量增加。

在這種基於語義的文字分割器下，其輸出的 Node 物件的數量不是固定的（也不需要 chunk_size 參數），而是由語義相關性參數決定的。這種分割器的缺點是，因為需要借助嵌入模型生成向量，所以在進行大文字分割時可能導致速度較慢。

8．分割特殊的文字

除了分割普通的 TXT 文件中的文字知識，在很多時候還需要對一些特殊的平面文件的內容進行分割，比如 Markdown 格式的文件、HTML 格式的文件、

JSON 格式的文件、原始程式碼文件等。你可以簡單地借助框架中現成的分割器來完成此類任務。下面是一些開發中的樣例程式：

```
......
# 分割 Markdown 格式的文件
docs = FlatReader().load_data(Path("../../data/5-python.md"))
markdown_parser = MarkdownNodeParser()
nodes = markdown_parser.get_nodes_from_documents(docs )
print_nodes(nodes)

# 分割 HTML 格式的文件
docs = FlatReader().load_data(Path("../../data/10-google.html"))
html_parser = HTMLNodeParser()
nodes = html_parser.get_nodes_from_documents(docs )
print_nodes(nodes)

# 分割 JSON 格式的文件
docs = FlatReader().load_data(Path("../../data/11-quantum.json"))
json_parser = JSONNodeParser()
nodes = json_parser.get_nodes_from_documents(docs )
print_nodes(nodes)

# 分割原始程式碼文件
docs = FlatReader().load_data(Path("../../data/8-test.py"))
code_parser = CodeSplitter(language="python")
nodes = code_parser.get_nodes_from_documents(docs )
print_nodes(nodes)
```

這些特殊文字的分割器會根據預置的一些規則把來源文件分割成 Node 物件。比如，會自動辨識 Markdown 格式的文件中的標題（Header），將其分割成多個資料區塊。注意：可以直接使用 SimpleFileNodeParser 這個更上層封裝的元件分割此處的 Markdown、HTML 與 JSON 格式的文件。

▶ 5.4 資料攝取管道

5.4.1 什麼是資料攝取管道

我們已經介紹了典型的 RAG 應用流程中的兩個關鍵步驟：資料載入與分割。資料載入用於將不同來源的資料讀取到記憶體物件 Document 中；資料分割（目前主要是文字分割）用於把 Document 物件分割成多個 Node 物件，後面還會把這些 Node 物件的內容生成向量，最後將其儲存到向量庫中。可以看到，在整個流程中，原始的資料就像經過一筆處理資料的「管線」或一個處理資料的「管道」，在其中被不斷地處理與轉換。因此，是否可以用一種更清晰的方式來定義這樣的資料處理過程呢？ LlamaIndex 框架中提供了一種叫 IngestionPipeline（攝取管道）的類型來更簡潔地定義與實現這樣的過程（見圖 5-7）。

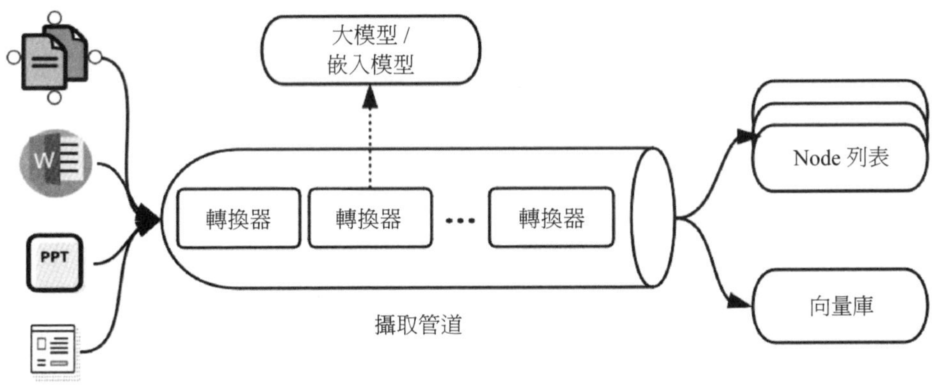

▲ 圖 5-7

資料攝取管道的基本思想可以概括為：透過插入多個用於資料處理的轉換器（Transformation），實現自動化與連續的資料處理而無須對中間過程進行干預。

每一個轉換器都需要遵循一定的介面要求，以確保能夠插入管道，並與其他轉換器協作工作。每一個轉換器都接受輸入並將其處理成新的 Node 列表，新的 Node 列表被送入下一個轉換器繼續處理。每一個轉換器的中間處理結果都會被快取，然後被送入下一個轉換器，從而節約中間處理的時間。

下面先看一個簡單的例子，然後深入了解相關原理：

```
from llama_index.core import Document,SimpleDirectoryReader
from llama_index.core.node_parser import SentenceSplitter
from llama_index.core.extractors import TitleExtractor
from llama_index.embeddings.ollama import OllamaEmbedding
from llama_index.llms.ollama import Ollama
from llama_index.core.ingestion import IngestionPipeline,
IngestionCache
import pprint

llm = Ollama(model='qwen:14b')
embedded_model = \
OllamaEmbedding(model_name="milkey/dmeta-embedding-zh:f16",
embed_batch_size=50)
docs =
SimpleDirectoryReader(input_files=["../../data/yiyan.txt"]).load_
data()

# 建構一個資料攝取管道
pipeline = IngestionPipeline(
    transformations=[
        SentenceSplitter(chunk_size=500, chunk_overlap=0),
        TitleExtractor(llm=llm, show_progress=False)
    ]
)

# 執行這個資料攝取管道
nodes = pipeline.run(documents=docs)
```

這個例子的程式建構了一個資料攝取管道，並在其中放入了兩個轉換器。這兩個轉換器就是前面介紹的文字分割器與中繼資料取出器。所以，這個管道的作用就是對輸入的原始文件（這裡是讀取 TXT 文件形成的 Document 物件）進行文字分割（借助 SentenceSplitter），再取出標題（借助 TitleExtractor）形成 Node 列表輸出。

上面的程式其實等價於以下自行實現的資料處理過程：

```
......
# 文字分割，相當於第一個轉換器
splitter = SentenceSplitter(chunk_size=500, chunk_overlap=0)
nodes = splitter.get_nodes_from_documents(docs)

# 取出標題，並將其設置到 Node 物件的中繼資料中，相當於第二個轉換器
extractor = TitleExtractor(llm=llm, show_progress=False)
titles = extractor.extract(nodes)
for idx, node in enumerate(nodes):
node.metadata.update(titles[idx])
......
```

所以，資料擷取管道本質上是對其他資料處理元件（資料解析、中繼資料取出、向量生成等）使用過程的一種抽象，用於讓資料處理的程式更優雅、更簡潔。

5.4.2 用於資料擷取管道的轉換器

轉換器是資料擷取管道的處理單元。那麼什麼樣的元件符合轉換器的要求，能夠被插入管道呢？下面看一下轉換器的基礎類型 TransformComponent：

```
class TransformComponent(BaseComponent):
    """Base class for transform components."""

    class Config:
        arbitrary_types_allowed = True

    @abstractmethod
    def __call__(self, nodes: List["BaseNode"], **kwargs: Any) ->
List["BaseNode"]:

```

```
    async def acall(self, nodes: List["BaseNode"], **kwargs: Any) ->
List["BaseNode"]:
        return self.__call__(nodes, **kwargs)
```

這裡的 __call__ 就是每一個轉換器都要實現的介面，這個介面的輸入是一個 Node 列表，其輸出也是 Node 列表，這就確保了多個轉換器的輸入和輸出可以被「串接」在一起，順序化地完成一個資料處理過程。

目前，以下元件都符合轉換器的介面標準，即符合 TransformComponent 類型要求的介面標準。

（1）NodeParser：資料分割器，包括文字分割器（TextSplitter）、特殊文件解析器等（CodeParser 等），用於把 Document 物件分割成 Node 列表。

（2）MetadataExtractor：中繼資料取出器，包括 TitleExtractor、SummaryExtractor 等，用於給解析出來的 Node 列表生成與補充中繼資料。

（3）Embedding Model：嵌入模型，用於生成 Node 清單中文字內容的向量。

下面看一下 NodeParser 是如何實現轉換器要求的轉換介面的：

```
class NodeParser(TransformComponent, ABC):
    """Base interface for node parser."""
    ......
    # 轉換器介面的實現
    def __call__(self, nodes: List[BaseNode], **kwargs: Any) ->
List[BaseNode]:
        return self.get_nodes_from_documents(nodes, **kwargs)
    ......
```

這裡直接呼叫 get_nodes_from_documents 方法把 Document 物件轉為 Node 物件即可。下面再看一下嵌入模型元件是如何實現 __call__ 介面的：

```
class BaseEmbedding(TransformComponent):
    """Base class for embeddings."""
    ......
    # 轉換器介面的實現
    def __call__(self, nodes: List[BaseNode], **kwargs: Any) ->
```

```
List[BaseNode]:
        embeddings = self.get_text_embedding_batch(
            [node.get_content(metadata_mode=MetadataMode.EMBED) for
node in nodes],
            **kwargs,
        )
        for node, embedding in zip(nodes, embeddings):
            node.embedding = embedding
        return nodes
```

嵌入模型元件呼叫的 __call__ 方法會接受輸入的 Node 列表，先呼叫 get_text_ embedding_batch 方法生成內容向量，然後把向量填寫到 Node 列表的 embedding 欄位，最後傳回 Node 列表。所以，該元件也符合轉換器介面的輸入輸出標準。

5.4.3 自訂轉換器

既然轉換器需要實現的標準介面如此簡單，那麼我們完全可以自訂並實現自己的轉換器，比如我們實現一個用於對 Node 物件的文字內容做簡單資料清理的轉換器：

```
from llama_index.core.schema import TransformComponent
import re

# 定義一個做資料清理的轉換器
class TextCleaner(TransformComponent):
    def __call__(self, nodes, **kwargs):
        for node in nodes:
            node.text = re.sub(r"[^\u4e00-\u9fa5A-Za-z0-9，。？！「」''；：
【】《》（）\[\]\"\'\.\,\?\!\:\;\(\)\n\r]", "", node.text)
        return nodes
```

然後，建構一個實例並插入資料攝取管道，就可以用一種很優雅的方式完成資料清理：

```
......
pipeline = IngestionPipeline(
```

```
    transformations=[
        SentenceSplitter(chunk_size=500, chunk_overlap=0),
        TextCleaner(),   #插入自訂轉換器
        TitleExtractor(llm=llm, show_progress=False)
    ]
)
nodes = pipeline.run(documents=docs)
......
```

5.4.4 使用資料擷取管道

在了解了資料轉換器的原理後，我們來看一下資料擷取管道的具體用法。

1．執行資料擷取管道

資料擷取管道的基本用法非常簡單：建構並執行，然後等待結果即可：

```
......建構資料擷取管道，設置轉換器......
#執行資料擷取管道
nodes = pipeline.run(documents=docs)
```

2．儲存到向量庫中

可以透過指定向量儲存的參數來要求資料擷取管道在處理完成後將 Node 物件儲存到向量庫中。由於需要生成向量，所以你可以提供一個嵌入模型作為轉換器。

這裡簡單改造之前建構的資料擷取管道的例子：

```
......
#建構一個向量儲存物件用於儲存最後輸出的 Node 物件
chroma = chromadb.HttpClient(host="localhost", port=8000)
collection = chroma.get_or_create_collection(name="pipeline")
vector_store = ChromaVectorStore(chroma_collection=collection)

pipeline = IngestionPipeline(
    transformations=[
        SentenceSplitter(chunk_size=500, chunk_overlap=0),
```

```
        TitleExtractor(llm=llm, show_progress=False),
        embedded_model    # 提供一個嵌入模型用於生成向量
    ],
    vector_store = vector_store    # 提供一個向量儲存物件，用於儲存最後的
Node 物件
)
nodes = pipeline.run(documents=docs)
```

這裡的資料擷取管道在執行完成以後，不僅會輸出新的 Node 列表（含向量），還會把向量化後的 Node 列表增加到向量庫中。我們可以透過簡單的語義查詢來驗證：

```
# 用輸入問題做語義檢索
results  = vector_store.query(VectorStoreQuery(
                             query_str=' 文心一言是什麼？ ',
                             similarity_top_k=3))
pprint.pprint(results.nodes3)
```

如果看到類似於圖 5-8 所示的輸出結果，那麼證明這個向量儲存物件可用，能夠完成向量檢索任務。

```
[TextNode(id_='07ca362f-910c-4fb8-9085-95a33e6df221', embe
度文心一言人工智能语言模型的详解及其全面应用解析"\n'}, exc
last_accessed_date'], relationships={<NodeRelationship.SOU
eation_date': '2024-04-21', 'last_modified_date': '2024-04
 '../../data/yiyan.txt', 'file_name': 'yiyan.txt', 'file_t
驱动，具备理解、生成、逻辑、记忆四大基础能力。当前文心大模
！\n逻辑能力： 复杂的逻辑难题、困难的数学计算、重要的职业/
暇时刻娱乐打趣的好伙伴；也是你需要倾诉陪伴时的好朋友。在你
{value}', metadata_seperator='\n'),
 TextNode(id_='3bd94fa4-a26d-4941-84d4-63bb3513c92f', embe
度文心一言人工智能语言模型的详解及其全面应用解析"\n'}, exc
```

▲ 圖 5-8

3．並行處理

如果你有大量的原始知識文件需要透過資料擷取管道進行處理，而且資料擷取管道包含若干轉換器，那麼你可能會面臨處理時間過長的問題（特別是需要呼叫大模型或嵌入模型處理時）。你可以設置並行參數以提高處理性能，在設置並行參數後，將啟動多個處理處理程序，它們會分擔處理 Node 物件的任務。比如：

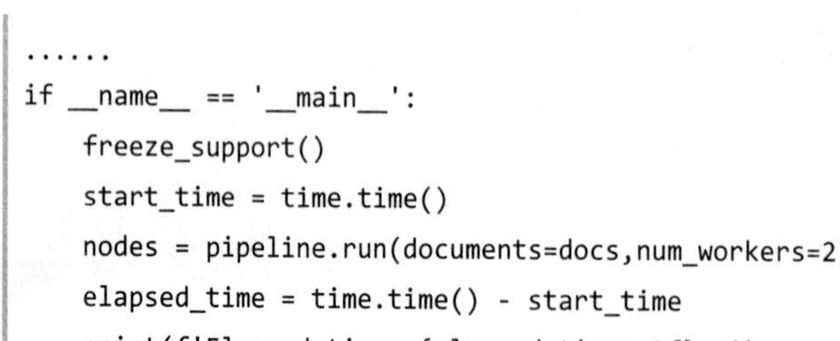

```
......
if __name__ == '__main__':
    freeze_support()
    start_time = time.time()
    nodes = pipeline.run(documents=docs,num_workers=2)
    elapsed_time = time.time() - start_time
    print(f'Elapsed time: {elapsed_time:.3f} s')
```

資料攝取管道的並行參數為 num_workers。我們透過程式對執行時間進行追蹤，可以觀察到不同的並行參數下所需要的執行時間差異，進而選擇最合適的 num_workers。比如，在這裡的測試中，當設置 num_workers = 1 時，輸出結果如圖 5-9 所示。

```
Elapsed time: 84.654 s
```

▲ 圖 5-9

當設置 num_workers = 2 時，輸出結果如圖 5-10 所示。

```
Elapsed time: 63.922 s
```

▲ 圖 5-10

可以看到，處理時間明顯縮短了。

因為受到物理機器的 CPU、記憶體等資源限制，以及被呼叫的大模型 / 嵌入模型的併發限制或流量控制，所以 num_workers 並不總是越大越好，需要根據實際情況測試後確定。

4．文件儲存與管理

大量的知識文件透過資料攝取管道處理的問題是文件變更與同步，即在輸入文件發生變化時，需要面臨整個資料攝取管道重新處理的挑戰。一個潛在的問題是，有的輸入文件與之前相比可能並未發生變化，如果重新處理，那麼會造成性能與模型成本的浪費。有什麼策略可以在處理文件之前進行重複排除呢？這可以借助資料攝取管道本身提供的文件儲存功能來完成。

在建構資料攝取管道時，你可以提供一個文件儲存物件作為參數。這個文件儲存物件可以是本地文件系統，也可以是網路儲存系統。利用文件儲存功能實現重複排除的過程如下。

（1）資料攝取管道在每次執行後都將本次處理的文件資訊儲存到文件儲存物件中。

（2）在下一次執行時期，資料攝取管道從文件儲存物件中讀取之前處理過的文件資訊。

（3）對比從文件儲存物件中讀取的文件資訊與本次輸入的文件資訊：判斷本次輸入的文件資訊中與之前相比沒有發生變化的文件資訊（根據文件的 hash 值判斷）。

繼續使用之前的測試程式，稍做修改後觀察使用文件儲存功能的效果：

```
......
# 第一次執行資料攝取管道
pipeline = IngestionPipeline(
    transformations=[
        SentenceSplitter(chunk_size=1000, chunk_overlap=0),
        embedded_model
    ],
    docstore=SimpleDocumentStore(),   # 需要匯入 SimpleDocumentStore 物件
)
docs =
SimpleDirectoryReader(input_files=["../../data/sales_tips1.txt"])
.load_data()
nodes = pipeline.run(documents=docs,show_progress=True)
print(f'{len(nodes)} nodes ingested into vector store')

pipeline.persist("./pipeline_storage")
```

圖 5-11 所示為第一次執行資料攝取管道的輸出結果，可以看到處理了 9 個 Node 物件。

```
Docstore strategy set to upserts, but no vect
Parsing nodes: 100%|
Generating embeddings: 100%|
9 nodes ingested into vector store
```

▲ 圖 5-11

使用以下程式第二次執行資料攝取管道：

```
# 第二次執行資料攝取管道
...... 此處省略建構資料攝取管道的程式 ......

pipeline.load("./pipeline_storage")

docs =
SimpleDirectoryReader(input_files=["../../data/sales_tips1.txt"])
.load_data()
nodes = pipeline.run(documents=docs,show_progress=True)
print(f'{len(nodes)} nodes ingested into vector store')
```

唯一變化的處理是在執行資料攝取管道之前使用 load 方法從本地載入了文件儲存物件，由於輸入的文件並沒有發生變化，所以你會看到如圖 5-12 所示的輸出結果。

```
Docstore strategy set to upserts, but no vect
Parsing nodes: 0it [00:00, ?it/s]
Generating embeddings: 0it [00:00, ?it/s]
0 nodes ingested into vector store
```

▲ 圖 5-12

這裡沒有 Node 物件被處理！這是因為資料攝取管道認為本次執行無須做任何額外的處理。如果此時在輸入文件中增加一個新的文件，就會發現新的文件會被處理，但是原來的文件則被忽略處理。

▶ 5.5 完整認識資料載入階段

至此已經介紹了典型的 RAG 應用流程中的資料載入與分割階段的開發技術。圖 5-13 所示為本階段涉及的核心組件及其關係，有助你理解以下核心要點：

（1）資料連接器（閱讀器）可以把不同來源的文件提取成 Document 物件。

（2）資料分割器（解析器）可把 Document 物件分割成更小粒度的 Node 物件。

（3）中繼資料是 Node 物件的重要資訊。可自行設置或借助中繼資料取出器自動取出中繼資料。

（4）資料擷取管道是一種透過組裝多個資料轉換器來實現對 Node 物件自動化連續處理的裝置，分割器、中繼資料取出器、嵌入模型物件都可以作為管道中的轉換器。

（5）資料擷取管道有良好的快取設計與持久化機制支援，並支援並行處理。

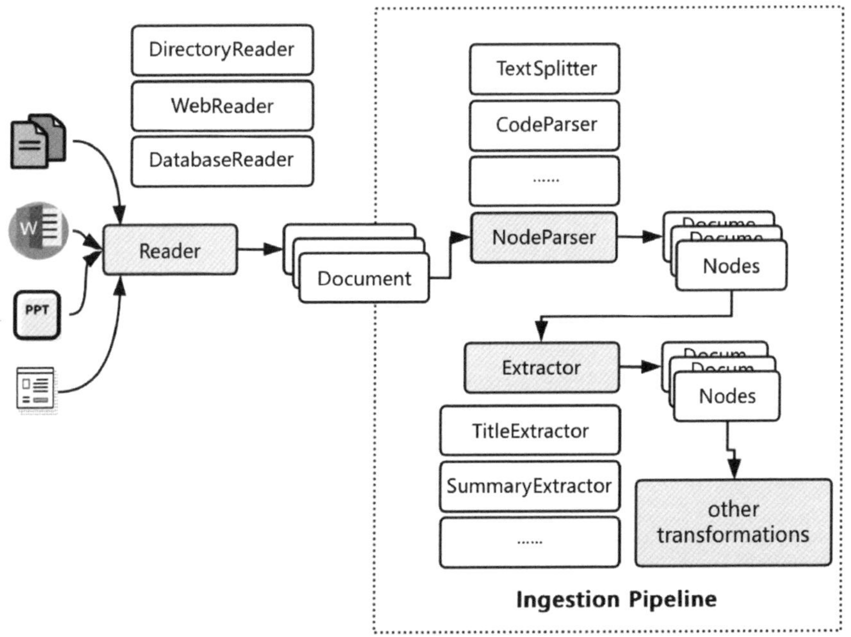

▲ 圖 5-13

MEMO

6

資料嵌入與索引

RAG 應用的增強（Augment）是指透過檢索來獲得相關的上下文知識，並將其輸入大模型用於生成。因此，資料在經過載入與分割後，已經形成了大量的知識塊（Node），那麼下一步就是對這些 Node 建構索引，以便能夠快速地檢索出它們。

向量儲存索引是在 RAG 應用中最常看到的一類索引。這類索引通常基於嵌入模型與向量儲存而建構，用於在生成階段快速地檢索出相關知識 Node 並形成增強的上下文。

向量儲存索引並非唯一的最佳索引形式，儘管向量在語義檢索上有天然的優勢，但是在一些場景中會表現欠佳，因此本章將介紹向量儲存索引之外的一些常用的索引形式及用法。

▶ 6.1 理解嵌入與向量

嵌入就是生成能夠表示文字內容及語義的多維浮點數字。這些多維浮點數字被稱為向量（Vector）。嵌入生成的向量的最大特點是它不是簡單的一一對應的編碼轉換，而是攜帶了語義資訊。簡單地說，如果兩個文字表示了相似的語義，那麼它們的向量也會在數學上「相似」或「接近」，哪怕這兩個文字的表面內容不同。向量的這個特點決定了它們可以被用於語義檢索：根據使用者的查詢問題，可以檢索出與其語義最相近的多個 Node 內容，而非簡單的關鍵字匹配與搜尋。

嵌入過程需要借助嵌入模型。不同的嵌入模型生成的向量的性能、維數、成本等都有區別，因此在生成向量時，首先需要選擇合適的嵌入模型。嵌入模型可以遠端呼叫（如OpenAI的模型），也可以本地部署（如TEI中的嵌入模型）。需要注意的是，建構向量儲存索引所使用的嵌入模型必須與檢索時使用的嵌入模型保持一致。

LlamaIndex 框架中有幾種不同的方法可以生成 Node 內容的向量，但實際上你會發現基於框架開發的 RAG 應用一般沒有顯式的向量生成操作，大多由框架自動完成。

6.1.1 直接用模型生成向量

在介紹向量模型時已經剖析過，向量模型元件有一個簡單的 get_text_embedding 介面用於生成向量，這是給 Node 物件生成向量的最直接方式：

```
# 呼叫模型介面生成向量，此處使用批次介面
embeddings = embedded_model.get_text_embedding_batch(
    [node.get_content(metadata_mode=MetadataMode.EMBED) for node in
nodes],show_progress=True)
```

```
# 把生成的向量放到 Node 物件中
for node, embedding in zip(nodes, embeddings):
    node.embedding = embedding
```

每個 Node 物件都有一個 embedding 欄位，用於儲存生成的向量，這是在 BaseNode 屬性中定義的。BaseNode 屬性是後面建構向量儲存索引需要的屬性。

注意：這裡用於生成向量的 Node 內容需要透過 get_content 方法獲取，而非簡單地用 node.text 屬性生成。這是因為 get_content 方法會根據參數設置自動帶入一部分中繼資料內容，第 5 章介紹過相關內容。

6.1.2 借助轉換器生成向量

還記得資料擷取管道的轉換器嗎？實際上，所有嵌入模型元件都已經實現了轉換器的介面，所以都可以作為轉換器，即上面的生成向量程式其實在嵌入模型元件的轉換器介面 __call__ 中已經實現，因此上面的程式也可以簡化成下面的一行程式：

```
nodes = embedded_model(nodes)
```

如果你使用資料擷取管道，那麼只需要用嵌入模型元件建構一個轉換器，將其插入即可：

```
......
pipeline = IngestionPipeline(
    transformations=[
        splitter,
        embedded_model    # 把嵌入模型作為轉換器，將自動生成向量
    ]
)
# 執行後將自動生成 nodes 向量
nodes =pipeline.run(documents=docs,show_progress=True)
```

▶ 6.2 向量儲存

生成向量的目的是實現查詢階段的語義檢索，就像關聯式資料庫為了快速檢索表記錄需要建構各種索引一樣，向量的檢索也需要儲存向量並建構向量的索引，而這個工作通常需要依賴一種叫向量儲存（VectorStore）的裝置。向量儲存的裝置可以是輕量級、嵌入式的（如 FAISS，Facebook AI Similarity Search），也可以是以使用者端 / 伺服器模式執行的本地向量庫或雲端向量庫（如 Chroma/Milvus 等）。所以，在建構向量儲存索引之前，我們首先要了解向量儲存。

LlamaIndex 框架支援多種向量儲存類型，這些類型都會實現一些最基礎的標準對外介面，包括增刪向量 Node、語義檢索等。但是由於不同的向量儲存依賴的底層介面差異較大（如有的基於記憶體、有的基於本機儲存、有的基於雲端服務等），因此在具體使用時需要參考對應的元件文件說明。下面從底層介面來了解兩種常見的向量儲存類型，以熟悉其內部原理。

6.2.1 簡單向量儲存

簡單向量儲存（SimpleVectorStore）是 LlamaIndex 框架提供的一種基於記憶體的基礎向量庫。在不進行任何顯式設置的情況下，框架將自動使用這種類型的向量庫作為底層向量儲存裝置。通常只建議把這種類型的向量庫用於測試或原型應用，而不用於生產。

1．儲存向量

如何把一個向量儲存到向量庫中？下面先看一個簡單的例子：

```
......
#model
embedded_model =
OllamaEmbedding(model_name="milkey/dmeta-embedding-zh:f16",
embed_batch_size=50)
Settings.embed_model=embedded_model

#docs
```

```
docs = [Document(text=" 百度文心一言是什麼？文心一言是百度的大模型品牌。
",metadata={"title":" 百度文心一言的概念 "},doc_id="doc1"),
        Document(text=" 什麼是大模型？大模型是一種生成式推理 AI 模型。
",metadata={"title":" 大模型的概念 "},doc_id="doc2")]
splitter = SentenceSplitter(chunk_size=100, chunk_overlap=0)
nodes = splitter.get_nodes_from_documents(docs)

# 生成嵌入向量
nodes = embedded_model(nodes)

# 儲存到向量庫中
simple_vectorstore = SimpleVectorStore()
simple_vectorstore.add(nodes)
```

上面的程式中模擬了一些 Node，並使用嵌入模型生成了向量，然後呼叫簡單向量儲存元件的 add 介面將其儲存到向量庫中，列印 simple_vectorstore 物件的內容，可以看到類似於圖 6-1 所示的輸出結果。

```
                                                   -0.16900885105133057,
                                                   0.026564689353108406,
                                                   0.028873145580291748]},
text_id_to_ref_doc_id={'2c942edd-b8ef-4533-be46-6dabf863486f': 'doc2',
                       'e94f7cfe-81bb-441f-b398-d0e19dc587e8': 'doc1'},
metadata_dict={'2c942edd-b8ef-4533-be46-6dabf863486f': {'_node_type': 'TextNode',
                                                        'doc_id': 'doc2',
                                                        'document_id': 'doc2',
                                                        'ref_doc_id': 'doc2',
                                                        'title': '大语言模型的概念'},
               'e94f7cfe-81bb-441f-b398-d0e19dc587e8': {'_node_type': 'TextNode',
                                                        'doc_id': 'doc1',
                                                        'document_id': 'doc1',
                                                        'ref_doc_id': 'doc1',
                                                        'title': '百度文心一言的概念'}}),
```

▲ 圖 6-1

可以看到，SimpleVectorStore 類型的向量庫除了儲存生成的各個 Node 物件的嵌入向量資訊，還儲存了各個 Node 物件的 id 和原始的 Document 物件的 id 的對應關係，以及各個 Node 物件的中繼資料資訊。

2 · 語義檢索

在 Node 物件的嵌入向量被儲存與建構索引後，就可以使用基於向量的語義檢索來找到與特定問題向量最相似的 Node 資訊：

```
# 查詢
result = simple_vectorstore.query(
VectorStoreQuery(query_embedding=embedded_model.get_text_embedding
('什麼是文心一言'),similarity_top_k=1))
print(result)
```

這裡建構了一個 VectorStoreQuery 物件，並用嵌入模型生成了一個問題向量，然後呼叫 SimpleVectorStore 元件的 query 語義檢索介面，並要求只傳回一個向量相似的結果（similarity_top_k=1），輸出結果如下：

```
VectorStoreQueryResult(nodes=None,
similarities=[0.8055511120370833],
ids=['a6e7fe8f-88fa-4c53-a004-bc06a4e8bb19'])
```

這裡輸出了一個向量儲存查詢結果（VectorStoreQueryResult）物件。這個物件的內部有檢索出的向量相似的 Node 的 id，以及代表相似度的 similarities 屬性。這裡的 nodes=None 屬性說明 SimpleVectorStore 類型的向量儲存本身不儲存原 Node 物件的詳細內容，而只儲存 id 資訊及對應的向量。更多的第三方向量庫會同時完整地儲存原 Node 物件的內容，處理起來更方便（可以直接獲取原 Node 物件的文字內容）。

3．向量儲存的持久化儲存

這種基於記憶體的向量儲存可以透過 simple_vectorstore.persist 介面來做持久化儲存：

```
# 持久化儲存，預設儲存到當前的 ./storage 目錄中
simple_vectorstore.persist()
```

此時，可以在本地的 ./storage 目錄中發現一個儲存文件 vector_store.json，開啟這個文件後可以看到向量儲存物件被持久化儲存的完整資訊，其內容與上面的輸出一致。

如果你需要從本地載入被持久化儲存的向量資訊，那麼可以用以下方法：

```
simple_vectorstore = \
SimpleVectorStore.from_persist_path('./storage/vector_store.json')
```

透過這種持久化的向量儲存與磁碟載入能力，應用無須在每次使用時重新生成向量並儲存。

6.2.2 第三方向量儲存

下面以本書主要使用的 Chroma 向量庫為例來介紹第三方向量儲存資料庫的使用。Chroma 向量庫在框架中的對應元件為 ChromaVectorStore，這其實是一個對 Chroma 官方 SDK 的封裝類型。

1．儲存向量

對 6.2.1 節的例子稍做改造，以支援 Chroma 向量庫：

```
......
from llama_index.vector_stores.chroma import ChromaVectorStore
......
# 此處省略 Node 物件的準備過程，同上

# 建構一個 collection 物件，此處使用 Server 模式下的 Chroma 向量庫
chroma = chromadb.HttpClient(host="localhost", port=8000)
collection = chroma.get_or_create_collection(name="vectorstore")

# 建構向量儲存物件
vector_store = ChromaVectorStore(chroma_collection=collection)
ids = vector_store.add(nodes)
print(f'{len(ids)} nodes ingested into vector store')
pprint.pprint(vector_store.__dict__)
```

在這裡用 ChromaVectorStore 類型替換了前面的 SimpleVectorStore 類型，能看到建構向量儲存物件時的較大區別，但是在建構完成後仍然可以呼叫 add 介面將已經生成向量的 Node 物件儲存到 Chroma 向量庫中，輸出結果如下：

```
2 nodes ingested into vector store
{'collection_kwargs': {},
 'collection_name': None,
 'flat_metadata': True,
 'headers': None,
```

```
 'host': None,
 'is_embedding_query': True,
 'persist_dir': None,
 'port': None,
 'ssl': False,
 'stores_text': True}
```

這裡提示兩個 Node 物件被儲存到 Chroma 向量庫中，但是可以看到這兩個物件的內部並沒有儲存與 Node 相關的更多資訊，原因是它們都被儲存到 Chroma 向量庫中。

注意這裡的 stores_text 欄位。這是一個代表向量庫中是否會直接儲存 Node 物件的文字內容的屬性。如果 stores_text 欄位為 True，那麼代表在這個向量庫中儲存向量時，會同時儲存其對應的原始文字內容。因此，在後面檢索相似的向量時，就可以直接重建出完整的 Node 物件，用於大模型生成。對於 stores_text=False 的向量儲存，在檢索出相似的向量時，通常需要根據索引 id 與原始 node_id 的對應關係來重建 Node 物件，因此增加了建構索引與檢索的複雜度。

如果需要，那麼你甚至可以借助 Chroma 向量庫的官方介面來檢查或查詢，如可以呼叫 collection 物件的 count 介面查看當前向量庫中的記錄筆數：

```
count_result = collection.count()
print('count_result:',count_result)
```

2．向量檢索

使用相同的方式也可以對基於 Chroma 向量庫的語義檢索做測試：

```
......
# 語義檢索
result =\
vector_store.query(VectorStoreQuery(query_embedding=embedded_model.
get_text_embedding(' 什麼是語言模型 '),similarity_top_k=1))
print(result)
```

這裡的檢索方法與 SimpleVectorStore 元件的檢索方法完全一樣，因為都提供了統一的 query 介面，但是檢索出的結果物件的內容會有所區別，如圖 6-2 所示。

```
VectorStoreQueryResult(nodes=[TextNode(id_='40ba1ad1-0f26-4fb0-8abe-67b1d9b93ead
cluded_llm_metadata_keys=[], relationships={<NodeRelationship.SOURCE: '1'>: Rela
型的概念'}, hash='f033afb6af7b3918537eea49a2a9169c4a13228acb91dfd61d462dd6166a88
baee165', node_type=<ObjectType.TEXT: '1'>, metadata={'title': '百度文心一言的概
大语言模型？大语言模型是一种生成式推理AI模型。', start_char_idx=0, end_char_idx=
seperator='\n')],
                         similarities=[2.7676420187917104e-32],
                         ids=['40ba1ad1-0f26-4fb0-8abe-67b1d9b93ead'])
```

▲ 圖 6-2

注意到區別了嗎？在 SimpleVectorStore 元件的檢索結果中 nodes=None，而在這裡的檢索結果中完整地輸出了 Node 物件的內容，其原因是在 ChromaVectorStore 組件中增加新的 Node 時，會把 Node 的完整內容與中繼資料儲存到向量庫中，因此在呼叫 query 介面時可以完整地重建整個 Node 物件的內容並將其傳回。

3 · 資料的持久化儲存

由於 ChromaVectorStore 本身是基於 Chroma 向量庫來實現的，因此其持久化儲存機制由底層的 Chroma 向量庫來保證，無須自行實現持久化儲存。

（1）如果基於 Client/Server 模式使用 Chroma 向量庫，那麼資料在 Server 端被持久化儲存。

（2）如果基於嵌入模式使用 Chroma 向量庫，那麼在建構 ChromaVector Store 物件時需要提供 persist_dir 參數，其代表資料持久化儲存的目錄。

▶ 6.3 向量儲存索引

在了解了向量與向量儲存這兩個基礎概念及相關介面後，我們進一步探討向量儲存索引元件。

索引是一種幫助在大量資料中查詢目標資料的軟體功能，其通常由一種特定資料結構的儲存與檢索演算法來實現。在 RAG 應用中，大量資料就是原始文件經過解析與分割形成的大量 Node 物件，而向量儲存索引的目的就是透過向量來快速地語義檢索出相關的或多個 Node 物件，進而把 Node 物件的內容作為上下文交給大模型生成結果。

在 LlamaIndex 框架中，向量的索引與語義檢索能力是在底層由向量儲存元件與向量庫決定的。為了更進一步地簡化向量儲存的檢索及後面的查詢生成，LlamaIndex 框架封裝並提供了更上層的向量儲存索引元件—VectorStoreIndex。

6.3.1 用向量儲存建構向量儲存索引物件

假設你已經按照前面的介紹依次完成了載入原始文件（生成 Document 物件）、解析與分割成 Node（分割成 Node 物件）、生成嵌入向量（生成 Node 物件的向量資訊）、儲存到向量庫中（將帶有向量的 Node 物件的相關資訊增加到向量庫中），那麼你可以在向量儲存的基礎上直接建構一個向量儲存索引物件並使用。我們簡單複現一下截至目前完整的處理過程：

```
......省略 embedded_model 與向量儲存物件的建構 ......
# 載入與解析文件，這裡直接建構
docs = [
Document(text="智家機器人是一種人工智慧家居軟體，讓您的家變得更智慧，讓您輕鬆地掌控生活的各方面。",metadata={"title":"智家機器人
"},doc_id="doc1"),
Document(text="速達飛行者是一種飛行汽車，能夠讓您在城市中自由翱翔，體驗全新的出行方式。",metadata={"title":"速達飛行者"},doc_id="doc2")]
```

```
# 文字分割
splitter = SentenceSplitter(chunk_size=100, chunk_overlap=0)
nodes = splitter.get_nodes_from_documents(docs)

# 嵌入向量
nodes = embedded_model(nodes)

# 儲存到向量庫中
vector_store.add(nodes)

#NEW：建構基於向量儲存的向量儲存索引物件
index = VectorStoreIndex.from_vector_store(vector_store)

# 測試
query_engine = index.as_query_engine()
response = query_engine.query(
    " 什麼是速達飛行者 "
)
```

透過 from_vector_store 方法，你可以用一個儲存了 Node 向量的向量庫快速建構一個向量儲存索引物件，進而使用這個向量儲存索引物件進行後面的檢索與生成。

雖然前面沒有介紹查詢引擎 QueryEngine，但是很顯然它就是借助 VectorStoreIndex 元件的能力實現語義檢索，然後把檢索出的相關知識作為上下文交給大模型進行回應並生成的元件。

可以猜測 VectorStoreIndex 元件是怎樣幫助實現語義檢索的：VectorStore-Index 元件借助引用的向量儲存物件進行基於向量的語義檢索（呼叫 query 方法），根據傳回結果獲得或重建出相關的 Node 物件列表，然後把這些 Node 物件的內容作為大模型輸入的上下文進行組裝。當然，真實的 VectorStoreIndex 組件的實現會涉及更多的細節，比如如何支援不同類型的底層向量儲存、如何根據不同的向量儲存的檢索結果重建相關的 Node 物件的資訊等。

圖 6-3 所示為從原始文件到向量儲存索引物件的建構過程，可以很清楚地看到各個主要階段及其輸入和輸出。

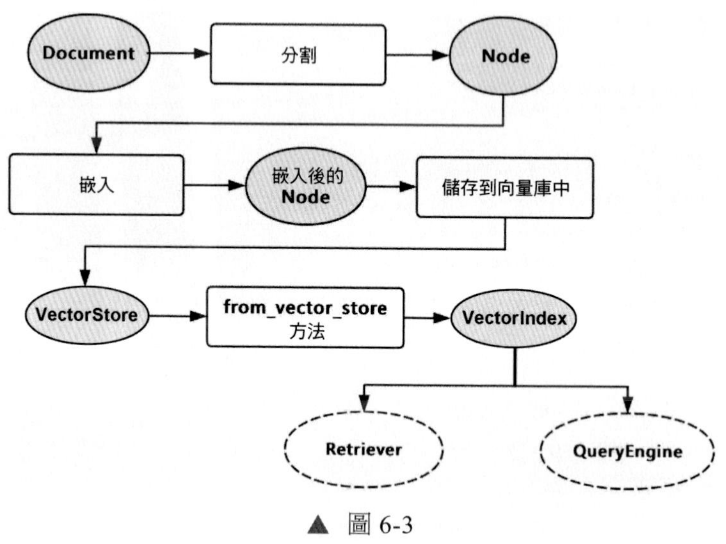

▲ 圖 6-3

6.3.2 用 Node 清單建構向量儲存索引物件

雖然前面建構向量儲存索引物件的過程已經足夠簡單，但是還能簡化嗎？比如，能否把 Node 列表儲存到向量庫中這一工作交給向量儲存索引物件自動完成？答案是肯定的。我們看下面的例子：

```
......省略用文件生成 Node 物件的部分，同 6.3.1 節......

# 以下程式被註釋
# 嵌入向量
#nodes = embedded_model(nodes)
# 儲存到向量庫中
#vector_store.add(nodes)

#NEW：建構基於向量儲存的向量儲存索引物件
index = VectorStoreIndex(nodes)

# 測試
query_engine = index.as_query_engine()
```

```
response = query_engine.query(
    "什麼是速達飛行者"
)
```

這裡只是簡單地用 Node 列表建構 VectorStoreIndex 類型的向量儲存索引物件，省略了自行生成向量與儲存的過程。很顯然，在這個流程中，對傳入的 Node 列表生成向量與儲存向量的過程（上面程式中被註釋的部分）在建構向量儲存索引物件時被自動完成了：在建構向量儲存索引物件時首先發現輸入的 Node 物件中沒有向量，因此使用預設的嵌入模型進行生成；在完成向量生成後，再將其自動儲存到向量庫中；最後傳回建構好的向量儲存索引物件供使用。

現在，對照 6.3.1 節的向量儲存索引物件的建構過程，我們可以把流程簡化成如圖 6-4 所示。

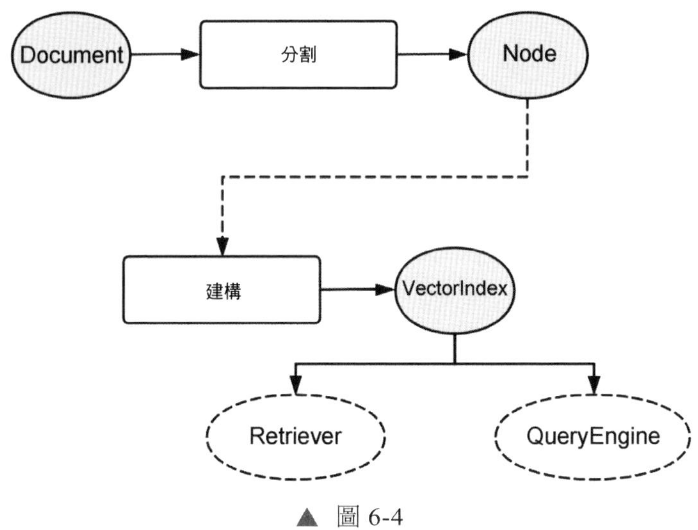

▲ 圖 6-4

細心的開發者會發現一個問題：在建構向量儲存索引物件的過程中會使用嵌入模型與向量儲存，怎麼自訂這兩種類型呢？下面把向量儲存索引物件的屬性列印出來，看一看能發現什麼：

```
......
index = VectorStoreIndex(nodes)
pprint.pprint(index.__dict__)
```

圖 6-5 所示為輸出結果。

```
{'_callback_manager': <llama_index.core.callbacks.base.CallbackManager object at 0x33a941580>,
 '_docstore': <llama_index.core.storage.docstore.simple_docstore.SimpleDocumentStore object at 0x3
 '_embed_model': OllamaEmbedding(model_name='milkey/dmeta-embedding-zh:f16', embed_batch_size=50,
 '_graph_store': <llama_index.core.graph_stores.simple.SimpleGraphStore object at 0x33cd8fe90>,
 '_index_struct': IndexDict(index_id='96f94b27-096d-48a0-895a-74e2387aed8b',
                            summary=None,
                            nodes_dict={'5a3c6528-6da5-4a62-ae2c-2cfa698b1cc5': '5a3c6528-6da5-4a6
                                        'ee88ecdf-ace2-4952-9453-38ca6357c743': 'ee88ecdf-ace2-495
                            doc_id_dict={},
                            embeddings_dict={}),
 '_insert_batch_size': 2048,
 '_object_map': {},
 '_service_context': None,
 '_show_progress': False,
 '_storage_context': StorageContext(docstore=<llama_index.core.storage.docstore.simple_docstore.Si
                                    index_store=<llama_index.core.storage.index_store.simple_index
                                    vector_stores={'default': <llama_index.core.vector_stores.simp
                                                   'image': <llama_index.core.vector_stores.simple
                                    graph_store=<llama_index.core.graph_stores.simple.SimpleGraphS
 '_store_nodes_override': False,
 '_transformations': [SentenceSplitter(include_metadata=True, include_prev_next_rel=True, callback
unking_regex='[^,.;。？！]+[,.;。？！]?')],
 '_use_async': False,
 '_vector_store': <llama_index.core.vector_stores.simple.SimpleVectorStore object at 0x33cd8fd70>}
```

▲ 圖 6-5

這裡很清晰地展示了向量儲存索引物件的內部屬性結構，從標注部分的內容中可以看到在這個物件中，使用的嵌入模型是 OllamaEmbedding（這是由於之前在 Settings 元件中更改了預設設置），使用的向量儲存是 SimpleVectorStore 類型的（這表示如果不顯式設置，那麼向量儲存索引會自動使用 SimpleVectorStore 作為底層的向量儲存類型）。

如果需要更換這裡的向量儲存類型，那麼你可以像這樣設置：

```
......
# 準備向量儲存物件，此處採用 Chroma 向量庫
vector_store = ChromaVectorStore(chroma_collection=collection)
......

#NEW：建構基於向量儲存的向量儲存索引物件
storage_context =
StorageContext.from_defaults(vector_store=vector_store)
index = VectorStoreIndex(nodes,storage_context=storage_context)
```

這時，如果再列印出向量儲存索引物件的結構，就會發現其使用的向量儲存類型發生了變化，如圖 6-6 所示。

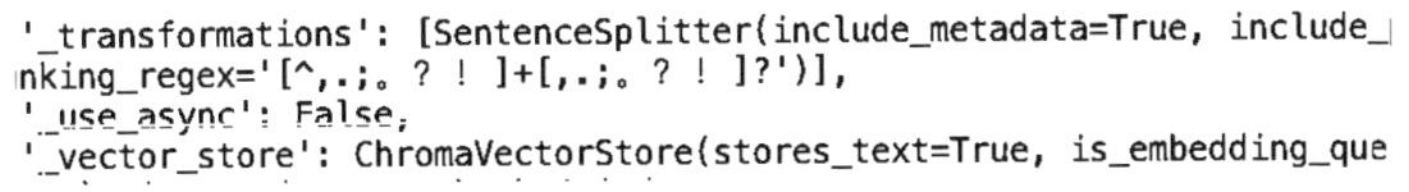

```
'_transformations': [SentenceSplitter(include_metadata=True, include_
nking_regex='[^,.;。？！]+[,.;。？！]?')],
'_use_async': False,
'_vector_store': ChromaVectorStore(stores_text=True, is_embedding_que
```

▲ 圖 6-6

這樣就成功地把底層的向量儲存切換為 Chroma 向量庫。

6.3.3 用文件直接建構向量儲存索引物件

下面更進一步，用文件生成 Node 列表的工作也在建構向量儲存索引物件時自動完成。LlamaIndex 框架中提供了對建構向量儲存索引物件的最高層封裝，即可以用 Document 物件直接建構向量儲存索引物件。你甚至可以不提供任何額外參數。這樣，前面的程式可以精簡成：

```
......
docs = [Document(text=" 智家機器人是一種人工智慧家居軟體，讓您的家變得更智慧，
讓您輕鬆地掌控生活的各方面。",metadata={"title":" 智家機器人
"},doc_id="doc1"),
        Document(text=" 速達飛行者是一種飛行汽車，能夠讓您在城市中自由翱翔，
體驗全新的出行方式。",metadata={"title":" 速達飛行者 "},doc_id="doc2")]

# 用文件建構向量儲存索引物件
vector_index = VectorStoreIndex.from_documents(docs)
......
```

只需要簡單的一行程式！使用一個方法 from_documents 就可以快速地用文件建構向量儲存索引物件，然後就可以使用它：

```
query_engine = vector_index.as_query_engine()
response = query_engine.query(
        " 請解釋什麼是區塊鏈技術 "
    )
print(response)
```

也就是說，在使用 from_documents 方法建構向量儲存索引物件的過程中，框架已經自動完成了文件分割、向量建構及向量儲存。簡化後的整個處理流程如圖 6-7 所示。

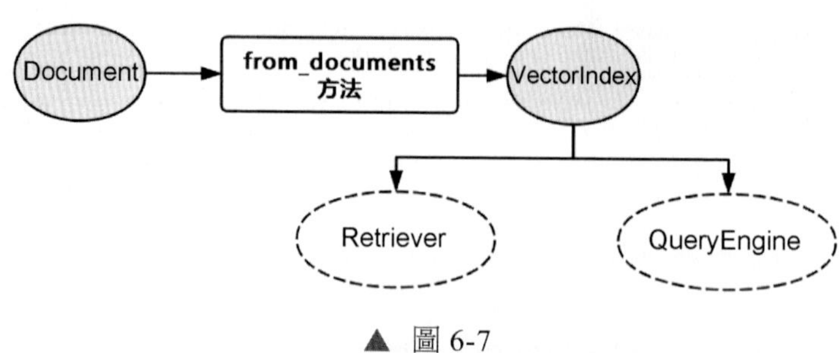

▲ 圖 6-7

雖然高度抽象的上層介面大大簡化了向量儲存索引物件的建構過程，但是很多時候我們需要對底層細節進行個性化設置，比如模型、底層向量儲存、文字分割器、中繼資料取出器等，那麼如何設置呢？

1．模型

模型透過全域的 Settings 元件設置即可，包括大模型與嵌入模型。

2．底層向量儲存

參考 6.3.2 中的方法，設置 storage_context 參數：

```
storage_context =
StorageContext.from_defaults(vector_store=vector_store)
vector_index = \
VectorStoreIndex.from_documents(docs,storage_context =
storage_context)
```

借助個性化的 storage_context 參數，就可以達到自行設置需要使用的底層向量儲存的目的。

3．文字分割器與中繼資料取出器

在使用 from_documents 方法建構向量儲存索引物件的過程中，隱藏了分割文字的過程。如果需要指定文字分割器與中繼資料取出器，那麼應該怎麼做呢？答案是借助 from_documents 方法的參數 transformations 指定。看下面的例子：

```
......
storage_context = \
```

```
StorageContext.from_defaults(docstore=docstore,vector_store=vector
_store)

# 定義文字分割器與中繼資料取出器
mySplitter = SentenceWindowNodeParser(window_size=2)
myExtractor = TitleExtractor()

# 將上述組件透過 transformations 參數傳入
vector_index = VectorStoreIndex.from_documents(docs,
                                     storage_context = storage_context,


transformations=[mySplitter,myExtractor])
```

這裡透過傳入兩個轉換器物件，要求在建構向量儲存索引物件之前的資料攝取過程中，使用指定的轉換器進行處理以生成 Node 列表。

如果想驗證上述程式中傳入的文字分割器和中繼資料取出器是否生效，那麼可以用下面的方式來查詢一個向量庫中的 Node 物件的資訊：

```
nodes =
vector_index._vector_store.query(VectorStoreQuery(query_str='速達
飛行者？',similarity_top_k=1)).nodes
pprint.pprint(nodes[0])
```

如果一切正常，那麼可以看到如圖 6-8 所示的輸出結果。

```
{'embedding': None,
 'end_char_idx': 42,
 'excluded_embed_metadata_keys': ['window', 'original_text'],
 'excluded_llm_metadata_keys': ['window', 'original_text'],
 'id_': '530b97b4-b193-42aa-b2f3-d6940ca03997',
 'metadata': {'document_title': '"探索未来生活：智能家居机器人在新时代中的创新解决方案"\n',
              'original_text': '智家机器人是一种人工智能家居软件，让您的家变得更智能，
              'title': '智家机器人',
              'window': '智家机器人是一种人工智能家居软件，让您的家变得更智能，轻松掌
```

▲ 圖 6-8

可以看到，這裡查詢出的 Node 物件的中繼資料中包含了 document_title 和 window 資訊，而這正是 TitleExtractor 和 SentenceWindowNodeParser 這兩個轉換器所生成的，證明了其有效性。

6.3.4 深入理解向量儲存索引物件

前面已經介紹了 3 種不同的建構向量儲存索引物件的方法。

方法一：用向量儲存建構。

方法二：用 Node 列表建構。

方法三：用文件直接建構。

這幾種方法雖然在實現形式上有所差異，但是本質上是一樣的，區別只是框架幫你做了多少工作。下面從最高層的 from_documents 方法入手簡單地分析一下其工作過程（下面只展示了部分核心邏輯）：

```
......
"""Create index from documents.  """

        # 接受傳入的 storage_context 參數，或使用預設的 storage 選項
        storage_context = storage_context or
StorageContext.from_defaults()
       ......
        # 轉換器，從輸入參數中獲得，或使用預設的轉換器
        transformations = \
 transformations or transformations_from_settings_or_context(
            Settings, service_context
        )
        ......
           # 執行轉換器做資料擷取，生成要處理的 Node 物件
            nodes = run_transformations(
                documents,  # type: ignore
                transformations,
                show_progress=show_progress,
                **kwargs,
            )

           # 用生成的 Node 物件建構向量儲存索引物件：回到方法二
            return cls(
```

```
            nodes=nodes,
            storage_context=storage_context,
            callback_manager=callback_manager,
            show_progress=show_progress,
            transformations=transformations,
            service_context=service_context,
            **kwargs,
        )
```

在這裡的程式中，基本的實現邏輯如下。

（1）接受前面介紹過的 storage_context 參數與 transformations 參數。如果沒有傳入，那麼使用預設的儲存選項與資料轉換器，向量儲存類型預設使用 SimpleVectorStore，資料轉換器預設使用 SentenceSplitter。

（2）呼叫 run_transformations 方法來執行資料轉換器處理輸入的 Document 物件，生成 Node 物件（run_transformations 方法就是執行資料攝取管道時使用的方法）。

（3）用生成的 Node 物件及上面設置好的 storage_context、transformations 等參數建構一個向量儲存索引物件。注意到了嗎？從這一步開始回到了方法二！

下面來看一下方法二的工作過程：

```
......
        self._storage_context = storage_context or
StorageContext.from_defaults()
        self._vector_store = self._storage_context.vector_store

        with self._callback_manager.as_trace("index_construction"):
            if index_struct is None:
                nodes = nodes or []
                index_struct = self.build_index_from_nodes(
                    nodes + objects  # type: ignore
                )
            self._index_struct = index_struct
......
```

如果繼續追蹤 build_index_from_nodes 方法，那麼可以發現最後由內建函數 _add_nodes_to_index 來實現關鍵邏輯：

```
......
        for nodes_batch in iter_batch(nodes,
self._insert_batch_size):
            nodes_batch = \
             self._get_node_with_embedding(nodes_batch,
show_progress)
            new_ids = self._vector_store.add(nodes_batch,
**insert_kwargs)
......
```

在這個函數中，_get_node_with_embedding 方法與 vector_store.add 方法的使用，正是前面介紹的用 Node 清單建構向量儲存索引物件時框架完成的隱藏工作：生成嵌入向量、儲存到向量庫中。這些工作正是在方法一中需要自行完成的，所以這兩種方法其實實現了統一。

在上述程式中，為了便於更進一步地理解核心內容，隱藏了大量的其他細節，包括使用 storage_context 參數儲存文件、處理 Node 物件等資訊，以及處理不同類型的向量記憶體等。

現在我們可以很深入地理解 VectorStoreIndex 這個向量儲存索引類型。這是底層相依於向量庫的索引封裝類別，用於提供向量檢索的高層介面。該物件可以用向量儲存、Node 列表或文件建構。

圖 6-9 所示為 VectorStoreIndex 類型與其他相關類型之間的關係，有助我們更進一步地理解和應用這個 RAG 應用中最重要的索引類型。

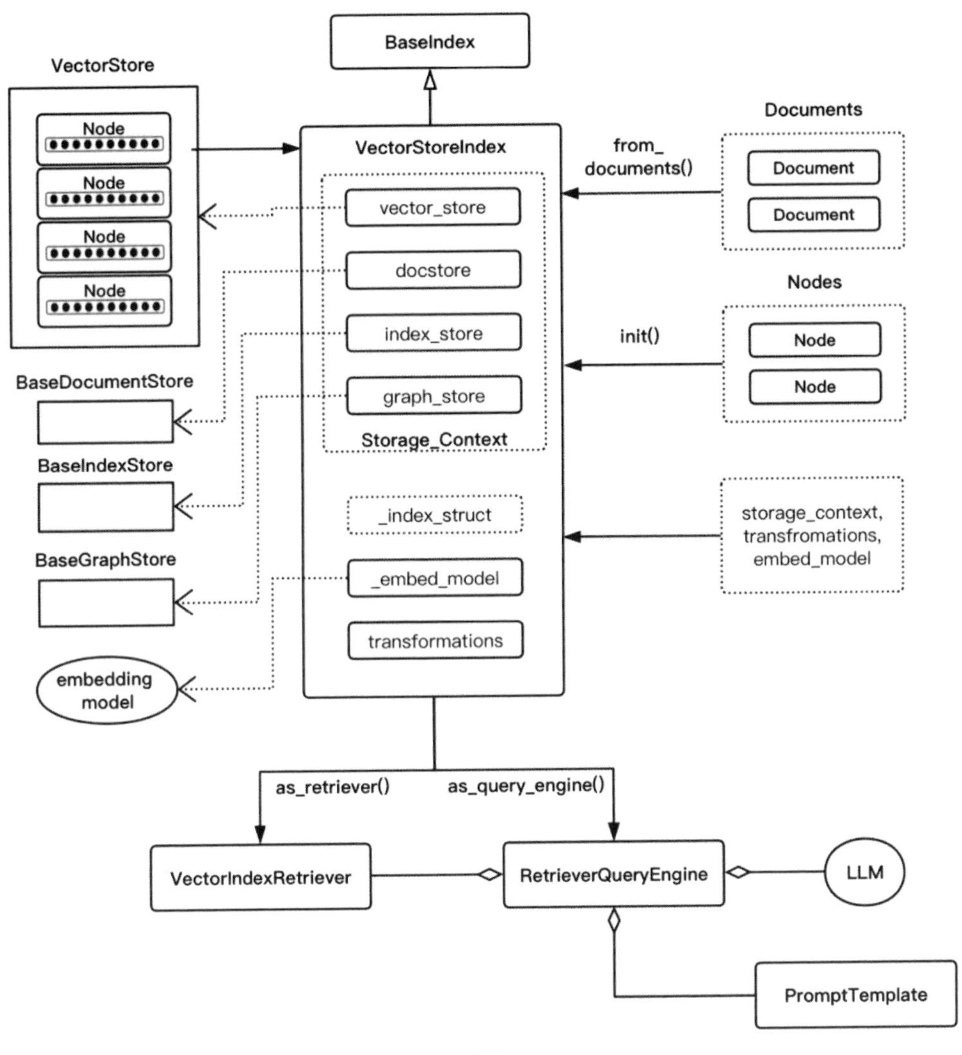
BaseIndex
VectorStore
Node
Node
Node
Node
VectorStoreIndex
vector_store
docstore
index_store
graph_store
Storage_Context
_index_struct
_embed_model
transformations
Documents
Document
Document
from_
documents()
Nodes
Node
Node
init()
storage_context,
transfromations,
embed_model
BaseDocumentStore
BaseIndexStore
BaseGraphStore
embedding
model
as_retriever()
as_query_engine()
VectorIndexRetriever
RetrieverQueryEngine
LLM
PromptTemplate

▲ 圖 6-9

▶ 6.4 更多索引類型

儘管向量儲存索引（VectorStoreIndex）是 RAG 應用中最重要的一種索引類型，但是在很多時候仍然需要結合其他索引類型來實現更強大的檢索能力。本節將介紹幾種常見的其他索引類型及其簡單用法。

6.4.1 文件摘要索引

文件摘要索引是這種索引：借助大模型把傳入的 Node 列表生成文件摘要（Summary）Node，並將其生成向量後儲存到向量庫中，提供摘要 Node 的向量檢索能力，同時提供從摘要 Node 到原始 Document 及基礎 Node 的相關查詢能力。

文件摘要索引與向量儲存索引的最大區別是，其不提供直接對基礎 Node 進行語義檢索的能力，而是提供在文件摘要層進行檢索的能力，然後映射到基礎 Node。

文件摘要索引物件的類型為 DocumentSummaryIndex。下面從一個簡單的例子開始介紹：

```
......這裡省略了 text 中的大段內容......
docs = [Document(text="小麥智慧健康手環是一款...",metadata={"title":"智
家機器人"},doc_id="doc1"),Document(text="速達飛行
者...",metadata={"title":"速達飛行者"},doc_id="doc2")]
doc_summary_index = DocumentSummaryIndex.from_documents(docs)
......
```

與向量儲存索引物件一樣，只需要使用最簡單的 from_documents 方法就可以建構文件摘要索引物件。在建構完成後，可以使用以下程式來查詢 Document 等級的摘要，以驗證是否成功：

```
pprint.pprint(doc_summary_index.get_document_summary("doc1"))
```

圖 6-10 所示為輸出的摘要。

```
'The provided text is a detailed description of a smart wearable device '
'called "小麦智能健康手环". This device offers various health and fitness monitoring '
'features, including heart rate monitoring, blood pressure measurement, sleep '
'analysis, step counting, and calorie tracking.\n'
'\n'
'Some questions that this text can answer are:\n'
'\n'
'1. What is the小麦智能健康手环?\n'
'2. What kind of health monitoring features does it have?\n'
'3. Can it track physical activity like steps taken or calories burned?\n'
'4. Does it provide information on blood pressure and heart rate?\n'
'5. How does its sleep analysis feature work?\n'
'\n'
'Overall, the text serves as a comprehensive guide to the小麦智能健康手环 and the '
"various benefits it offers for monitoring and improving one's health and "
'fitness.\n')
```

▲ 圖 6-10

框架自動生成了傳入的 Document 物件 doc1 的摘要：預設的摘要包括對文件的簡單總結，以及該文件能夠回答的幾個假設性問題。

與向量儲存索引一樣，你可能不想使用預設的底層向量儲存，那麼仍然可以透過設置 storage_context 參數進行修改。此外，你可能還需要透過 summary_query 參數來修改生成摘要的 Prompt，更改生成摘要使用的大模型等。你可以參考下面的例子來進行設置：

```
#vector store
......建構一個儲存上下文物件，用於設置向量儲存......
storage_context =
StorageContext.from_defaults(vector_store=vector_store)

# storage_context：設置向量庫等
# summary_query：設置摘要生成提示
# llm：設置生成摘要的大模型
# transformations: 設置資料擷取需要的轉換器
doc_summary_index = DocumentSummaryIndex.from_documents(docs,
                    storage_context=storage_context,
                    summary_query="用中文描述所給文字的主要內容，同時描述
這段文字可以回答的一些問題。")
pprint.pprint(doc_summary_index.get_document_summary("doc1"))
```

執行後，可以發現已經使用新設置的 Prompt 生成了摘要，如圖 6-11 所示。

```
'所给文本主要描述了一款名为"小麦智能健康手环"的可穿戴设备。这款手环集成了多种功
'\n'
'此外，手环还内置高精度传感器，能够准确记录运动数据，帮助用户管理运动计划。同时
'\n'
'这段文本可以回答的问题包括：这款智能手环有哪些主要功能？它如何帮助用户监测和管
```

▲ 圖 6-11

可以自行測試其他參數。

6.4.2 物件索引

物件索引（ObjectIndex）是一種可以對任意 Python 物件而不僅是文字內容進行索引的元件。它具有很多應用場景，特別是在很多時候我們希望能夠對大量的結構化物件建構索引，並能在檢索時根據條件直接傳回物件。常見的應用場景如下。

（1）在實現 Text-to-SQL 時，為了讓模型能夠正確生成 SQL 敘述，通常需要給模型輸入相關的資料表結構（schema）資訊。但是在大型的資料庫中，這個資訊可能過大並導致上下文視窗溢位與推理失敗，因此借助物件索引可以在執行時只檢索出必要的 schema 資訊。

（2）在開發 AI Agent（AI 智慧體，簡稱 Agent）時，Agent 需要在大量的工具（Agent 的重要組成部分，即能夠使用的工具集）中自主規劃與選擇使用相關的工具。因此，可以借助物件索引提供檢索工具的能力，在 Agent 執行任務時只檢索必要的一組相關工具，然後將其交給 Agent 使用。

在下面的例子中，我們建構一些 Python 物件，並測試 ObjectIndex 元件的使用：

```
# 建構一些不同類型的普通物件
obj1 = {"name": " 小米 ","cpu": " 驍龍 ","battery": "5000mAh","display":
"6.67 英吋 "}
obj2 = ["iPhne", " 小米 ", " 華為 ", " 三星 "]
obj3 = (['A','B','C'],[100,200,300 ])
obj4 = " 大模型是一種基於自然語言處理技術的生成式 AI 模型 !"
objs= [obj1, obj2, obj3,obj4]

# 從普通物件到 Node 物件的映射，即生成嵌入所需要的 Node 物件
```

```
obj_node_mapping = SimpleObjectNodeMapping.from_objects(objs)
nodes = obj_node_mapping.to_nodes(objs)

# 建構物件索引
storage_context = StorageContext.from_defaults(vector_store=vector_store)
object_index = ObjectIndex(
    index=VectorStoreIndex(nodes=nodes,
storage_context=storage_context),
    object_node_mapping=obj_node_mapping,
)

# 建構一個檢索器，測試檢索結果
object_retriever = object_index.as_retriever(similarity_top_k=1)
results = object_retriever.retrieve("小米手機")
print(f'results: {results}')
```

輸出結果如圖 6-12 所示，根據輸入成功地傳回了檢索出的普通物件。

```
results: [{'name': '小米', 'cpu': '骁龙', 'battery': '5000mAh', 'display': '6.67英寸'}]
```

▲ 圖 6-12

與普通的向量儲存索引不同的是，物件索引是一種依賴於其他索引的「索引」類型。物件索引在底層儲存需要借助向量儲存索引等其他類型實現 Node 物件的嵌入與檢索。這也是為什麼在建構物件索引時需要傳入 VectorStoreIndex 類型的物件。

此外，為了實現用向量儲存索引檢索出的 Node 物件能夠映射到普通物件，需要借助一個 ObjectNodeMapping 類型的物件來儲存這種映射關係，這個物件有以下兩個重要的作用。

（1）將普通物件轉為可以用向量儲存索引檢索出的 Node 物件。

（2）在檢索時，根據檢索出的 Node 物件，找到並傳回普通物件。

上面的程式中使用了 SimpleObjectNodeMapping 類型來處理這種映射關係，它在將普通物件轉為 Node 物件時，透過 str 方法將普通物件轉為字串物件，進而建構了一個 TextNode 類型的 Node 物件。

```
def to_nodes(self, objs: Sequence[OT]) -> Sequence[TextNode]:
        return [self.to_node(obj) for obj in objs]
def to_node(self, obj: Any) -> TextNode:
        return TextNode(text=str(obj))
```

此外，在初始化 SimpleObjectNodeMapping 類型的物件時，也會儲存這個字串物件與普通物件的映射關係：

```
def __init__(self, objs: Optional[Sequence[Any]] = None) -> None:
        objs = objs or []
        for obj in objs:
            self.validate_object(obj)
        self._objs = {hash(str(obj)): obj for obj in objs}
```

有了這個映射關係，在借助向量儲存索引檢索出 Node 物件後，只需要取出 Node 物件的文字內容並計算 hash 值，然後透過這裡的映射關係就可以找到並傳回普通物件！

圖 6-13 所示為物件索引類型的技術原理。

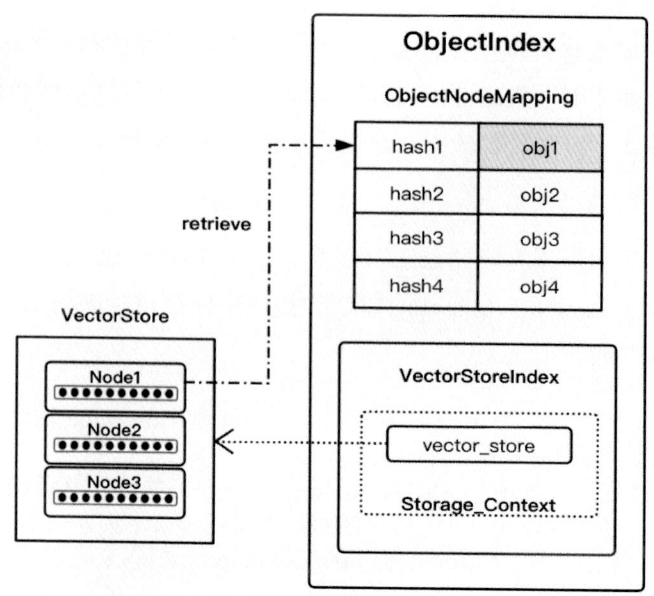

▲ 圖 6-13

在上面的程式中，為了更進一步地理解物件索引的內部細節與原理，採用了相對複雜的使用方式。實際上，LlamaIndex 框架提供了更簡單地建構物件索引的方式，可以直接用普通物件建構物件索引，並在建構時指定底層索引選項。這兩種方式的效果相同：

```
......
storage_context =
StorageContext.from_defaults(vector_store=vector_store)
object_index = ObjectIndex.from_objects(
    objs,
index_cls=VectorStoreIndex,storage_context=storage_context
)
```

6.4.3 知識圖譜索引

知識圖譜是一種常見的、基於圖（Graph）結構的語義知識庫組織形式，主要用於描述知識中的各種實體、概念及相互關係，並將其儲存到圖資料庫（GraphDB）中，被廣泛應用於搜尋、問答、推薦等下游應用。在很多場景中，知識圖譜比直接用自然語言文字表達與儲存的知識形式更清晰且更適合電腦處理。知識圖譜通常可以從大量的結構化/非結構化文件中取出、融合與加工資料，並將其轉為大量類似於「實體 - 關係 - 實體」的三元組表達形式（實體可以帶有多個屬性），進而被用於儲存與應用。

關於圖與圖資料庫

圖是一種用於表示物件及它們之間關係的資料結構。任何兩個物件之間都可以直接發生聯繫，所以圖適合表達更複雜的關係資訊。一個圖結構主要由 Node 和邊組成。

（1）Node：用於表示一個物件。比如，社群網站中的使用者。

（2）邊：用於表示物件之間的關係。比如，使用者之間的關係（如相互關注）。

圖 6-14 所示為一個關於工廠、產品、倉庫、城市等幾種實體組成的圖的例子。

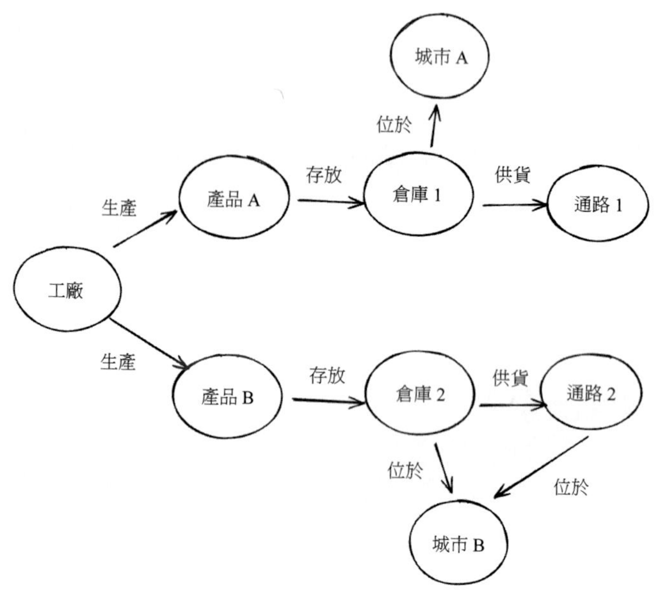

▲ 圖 6-14

圖資料庫是一種專門用於儲存和操作圖結構資料的資料庫管理系統。與關聯式資料庫不同，圖資料庫使用 Node、邊、屬性來表示和儲存資料。這使得它們非常適合處理高度連接的資料，提供高性能的複雜查詢能力，用於遍歷與發現有洞察力的資料關係。其特點如下。

（1）靈活的模型：可以方便地表示複雜的關係。

（2）高效查詢：特別是對多跳關係（多次關係跳躍）的查詢，比關聯式資料庫更高效。

（3）可擴充性：能夠處理大量 Node 和邊。

最常見的圖資料庫有 Neo4j、Amazon Neptune、OrientDB、TigerGraph 等，被廣泛應用於社群網站分析、推薦系統、金融詐騙檢測等。

在 RAG 應用中，知識圖譜索引是一種完全不同於向量儲存索引的形式，與物件索引也不一樣的是，其底層不依賴於向量儲存索引等其他索引形式，是一種相對獨立的索引類型。LlamaIndex 框架的知識圖譜索引中會使用一種與向量儲存索引不一樣的 PropertyGraphStore 類型（LlamaIndex 框架的舊版本中為 GraphStore 類型）。這是用於儲存知識圖譜的一種底層儲存抽象，與 VectorStore 類型用於儲存生成的向量相對應。

基於知識圖譜索引的 RAG 應用在進行查詢或對話時，其基本流程通常是對輸入的自然語言進行關鍵字解析，提取出需要的關鍵字，進而在知識圖譜中檢索出相關的實體與關係，甚至結合原始的文字知識，然後將其交給大模型進行回應與生成。

下面用一個例子來詳細說明知識圖譜索引的使用，我們首先借助 AI 工具生成一段自然語言文字，其中包含了一些適合用知識圖譜來表達的知識，如圖 6-15 所示。

西京是一座历史悠久的文化名城，位于我国的东部地区。这座城市有着丰富的自然资源和人文景观，总面积约为5000平方公里，人口数量超过1000万。这座城市是我国重要的经济、科技、教育和文化中心之一。西京有一座著名的大学，成立于1950年，拥有多个学院和系，提供涵盖了自然科学、工程技术、人文社会科学、医学、艺术等多个领域的本科和研究生教育项目。这所大学致力于培养具有创新精神和实践能力的高素质人才，为国家的经济社会发展做出贡献。西京的科技产业发展迅速，拥有多个高新技术产业园区，吸引了众多国内外知名企业入驻。这些企业涵盖了电子信息、生物医药、新材料、新能源等多个领域，为城市的经济发展注入了强大的动力。在西京的城市中心，有一座历史悠久的博物馆，馆内收藏了大量珍贵的文物和艺术品，展示了这座城市从古至今的发展历程。此外，博物馆还定期举办各类展览和讲座活动，吸引了大量游客和市民前来参观和学习。西京还有多个著名的旅游景点，如古老的城墙、庙宇、园林和现代化的购物中心、游乐场等。这些景点吸引了大量国内外游客前来观光旅游，为城市的旅游业带来了繁荣。西京周边，还有多个农业产区，出产丰富的农产品，如水果、蔬菜、茶叶和特色工艺品等。这些农产品和工艺品在国内外市场上享有很高的声誉，为城市的农业产业发展提供了有力支持。

▲ 圖 6-15

然後，我們用程式基於這段文字建構知識圖譜索引，並實現簡單的問答應用。以下是核心的程式：

```
......
documents = SimpleDirectoryReader(
    input_files=["../../data/graph.txt"],
).load_data()
```

```
# 指定知識圖譜的儲存，這裡使用記憶體儲存
property_graph_store = SimplePropertyGraphStore()
storage_context =
StorageContext.from_defaults(property_graph_store=property_graph_
store)

# 建構知識圖譜索引（這裡進行了當地語系化儲存）
if not os.path.exists(f"./storage/graph_store"):
    index = PropertyGraphIndex.from_documents(
        documents,
storage_context=storage_context
    )

    index.storage_context.persist(persist_dir="./storage/graph_store"
)
else:
    print('Loading graph index...')
    index = load_index_from_storage(

StorageContext.from_defaults(persist_dir="./storage/graph_store")
    )

# 建構查詢引擎
query_engine = index.as_query_engine(
    include_text=True, similarity_top_k=2
)

response = query_engine.query(
    " 介紹一下西京的城市資訊吧 ",
)
print(f"Response: {response}")
```

查看以上程式，可以發現知識圖譜索引的建構與向量儲存索引的建構非常相似，不同在於：

（1）底層儲存類型不再是 VectorStore，而是 PropertyGraphStore，這裡使用了 SimplePropertyGraphStore，在實際應用中也可以使用商業的圖資料庫（比如 Neo4j），正如向量庫也可以更改一樣。

（2）建構的索引不再是 VectorStoreIndex 類型的向量儲存索引，而是 PropertyGraphIndex 類型的索引，透過相同的 from_documents 方法建構出知識圖譜索引。

如果查看 LlamaIndex 框架的底層邏輯，那麼可以發現 from_documents 方法中的邏輯是，透過預設的資料分割器將 Document 物件轉為 Node 列表，然後基於 Node 清單建構索引。建構知識圖譜索引與建構向量儲存索引所使用的 from_documents 方法的邏輯有以下區別。

（1）VectorStoreIndex 類型的索引的基本處理過程：給每個 Node 物件都生成向量；將內容、向量、中繼資料等增加到底層儲存庫中，比如 Chroma 向量庫，同時儲存底層儲存到原始 Node 物件的映射關係。

（2）PropertyGraphIndex 類型的索引的基本處理過程：借助大模型對 Node 物件的內容提取實體與關係資訊（通常形成的是實體 - 關係 - 實體的三元組），並儲存到底層儲存的 PropertyGraphStore 類型的物件中，同時在本地儲存這些實體到原始物件的映射關係（如果需要訂製這裡的提取方法，可以透過 from_documents 方法的 kg_extractors 參數設置）。

為了進一步了解建構的知識圖譜索引，我們列印部分儲存在 PropertyGraphStore 物件中的知識圖譜索引的內容（儲存在 graph 屬性中）：

```
# 查看建構的知識圖譜索引（這裡列印了儲存的三元組）
graph = index.property_graph_store.graph
pprint.pprint(graph.triplets)
```

輸出結果如圖 6-16 所示（由於大模型的不確定性，每次輸出的結果可能都有差異）。

```
{('7c66bd3d-3f5a-4112-9870-11ea5126fcb0',
  'SOURCE',
  'bcd21269-db82-4be8-b4f2-93c094fcb9de'),
 ('城市', '人口数量超过', '1000万'),
 ('城市', '总面积约为', '5000平方公里'),
 ('城市', '是', '教育中心'),
 ('城市', '是', '文化中心'),
 ('城市', '是', '科技中心'),
 ('城市', '是', '经济中心'),
 ('大学', '成立于', '1950年'),
 ('大学', '提供', '本科和研究生教育项目'),
 ('西京', '位于', '东部地区'),
 ('西京', '是', '文化名城')}
```

▲ 圖 6-16

這裡借助大模型取出與轉換輸入的文字內容中的知識，形成了建構知識圖譜索引的基本單位——三元組（實體 - 關係 - 實體）。這個三元組被儲存在 PropertyGraphStore 類型的物件中，並被用於生成圖譜的 Node 與關係（Relationship），在後面生成的階段會被檢索並用於形成上下文。

最後，我們看一下上面知識圖譜索引演示程式在查詢後的輸出結果，如圖 6-17 所示。

```
Response: 西京是一座位于东部地区的历史悠久的文化名城，总面积约为5000平方公里，人口数量超过1000万，
一，拥有著名的大学和多个高新技术产业园区。城市中心有一座历史悠久的博物馆，展示了城市的发展历程，
的旅游景点和农业产区，为城市的旅游业和农业产业发展做出贡献。
```

▲ 圖 6-17

如果利用 Langfuse 平臺追蹤程式的執行，那麼可以看到大模型生成之前的上下文內容，檢索時框架從儲存的知識圖譜中透過演算法查詢相關的實體與關係，並將其作為上下文交給大模型用於回應與生成，如圖 6-18 所示（之所以攜帶了來源文字，是因為設置了參數 include_text=True）。

```
"Context information is below.
---------------------
file_path: ../../data/graph.txt

Here are some facts extracted from the provided text:

城市 -> 是 -> 经济中心
城市 -> 是 -> 文化中心
西京 -> 位于 -> 东部地区
西京 -> 是 -> 文化名城
城市 -> 是 -> 教育中心
城市 -> 人口数量超过 -> 1000万
城市 -> 总面积约为 -> 5000平方公里
城市 -> 是 -> 科技中心

西京是一座历史悠久的文化名城，位于我国的东部地区。这座城市有着丰富的自然资源和人文景观，总
万。这座城市是我国重要的经济、科技、教育和文化中心之一。西京有一座著名的大学，成立于1950年
学、工程技术、人文社会科学、医学、艺术等多个领域的本科和研究生教育项目。这所大学致力于培养
国家的经济社会发展做出贡献。西京的科技产业发展迅速，拥有多个高新技术产业园区，吸引了众多国
息、生物医药、新材料、新能源等多个领域，为城市的经济发展注入了强大的动力。在西京的城市中心
量珍贵的文物和艺术品，展示了这座城市从古至今的发展历程。此外，博物馆还定期举办各类展览和讲
学习。西京还有多个著名的旅游景点，如古老的城墙、庙宇、园林和现代化的购物中心、游乐场等。这
游，为城市的旅游业带来了繁荣。西京周边，还有多个农业产区，出产丰富的农产品，如水果、蔬菜、
在国内外市场上享有很高的声誉，为城市的农业产业发展提供了有力支持。

---------------------
Given the context information and not prior knowledge, answer the query.
Query: 介绍下西京的城市信息吧
Answer: "
```

▲ 圖 6-18

知識圖譜的應用本身是一個大的課題，知識的取出生成、儲存處理與應用都涉及較多的技術與工具。這裡的知識圖譜索引能夠讓 RAG 應用在底層儲存上支援以知識圖譜形式存在的結構化知識，從而拓展了知識圖譜在生成式 AI 中的應用。在上面的例子中，我們只演示了 SimplePropertyGraphStore 這種基於記憶體的基礎儲存類型。在真實的生產應用中，知識圖譜的儲存往往會借助更成熟和可管理的圖資料庫（比如 Neo4j）來完成。

6.4.4 樹索引

樹索引是一種樹狀的索引結構。在建構這種類型的索引時對輸入的 Node 清單使用大模型來生成整理與摘要資訊，形成上級 Node（Parent Node，也稱父 Node），然後透過遞迴自底向上形成一棵索引樹（在建構索引樹時會透過參數控制，只有當葉子 Node 超過一定數量時才會建構上級 Node）。在檢索時，會根據不同的檢索模式從這棵索引樹中傳回必要的 Node，可能是根 Node（Root Node），也可能是葉子 Node（Leaf Node）。簡單的樹索引結構如圖 6-19 所示。

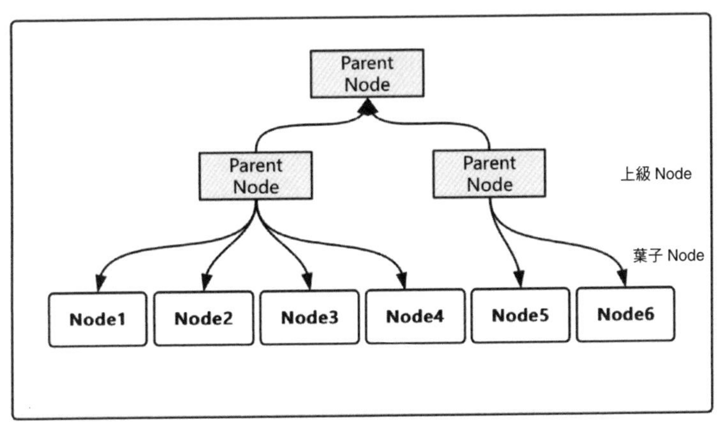

▲ 圖 6-19

下面建構一個簡單的樹索引進行測試：

```
...... 省略建構 Document 物件 ......
SentenceSplitter =
SentenceSplitter(chunk_size=200,chunk_overlap=0)
```

```
nodes = SentenceSplitter.get_nodes_from_documents(documents)

# 建構樹索引
index = TreeIndex(nodes,num_children=2)

# 列印索引結構
print_attrs(index.index_struct)
```

從列印的索引結構中可以看到（如圖 6-20 所示），除了儲存正常的根 Node 和葉子 Node，還會儲存父子 Node 的映射關係（node_id_to_children_ids），即每個 Node 所對應的葉子 Node，然後透過簡單的迭代，就可以形成一棵用於檢索的索引樹。

```
        Value: 72fd3095-c738-4a00-a8c3-c7261fdcd537
node_id_to_children_ids:
  Object of type: <class 'dict'>
    10373836-f55f-4dbf-816e-d3bef4276b2e:
      Object of type: <class 'list'>
    366aec24-eaba-478e-929e-41a0a0e08bb3:
      Object of type: <class 'list'>
    ba235281-6dd9-41b3-8bf6-9d83d3818e90:
      Object of type: <class 'list'>
    cefcc578-3adb-4cab-89c4-a3d7c0efa7f2:
      Object of type: <class 'list'>
    dbd49af0-5b2c-486f-a4f7-57f7bfe80653:
      Object of type: <class 'list'>
        Item 0:
          Object of type: <class 'str'>
            Value: 10373836-f55f-4dbf-816e-d3bef4276b2e
        Item 1:
          Object of type: <class 'str'>
            Value: 366aec24-eaba-478e-929e-41a0a0e08bb3
    72fd3095-c738-4a00-a8c3-c7261fdcd537:
      Object of type: <class 'list'>
        Item 0:
          Object of type: <class 'str'>
            Value: ba235281-6dd9-41b3-8bf6-9d83d3818e90
        Item 1:
          Object of type: <class 'str'>
            Value: cefcc578-3adb-4cab-89c4-a3d7c0efa7f2
```

▲ 圖 6-20

樹索引在檢索時會預設根據輸入問題檢索相關的葉子 Node，但是可以指定不同的檢索方式和參數，比如是用向量相似度檢索，還是用大模型判斷檢索，是檢索根 Node 還是檢索葉子 Node，以及需要檢索傳回的 Node 數量等。這些會在 7.1 節介紹。

6.4.5 關鍵字表索引

最後看一種比較簡單的索引形式，也是最容易聯想到的索引形式：關鍵字表索引。這種索引是從每個 Node 的內容中提取關鍵字，然後建立起從關鍵字到各個 Node 之間的映射關係並將其作為索引結構。關鍵字表索引結構如圖 6-21 所示。在檢索時，根據關鍵字提取並傳回最相關的多個 Node，用於後面生成。

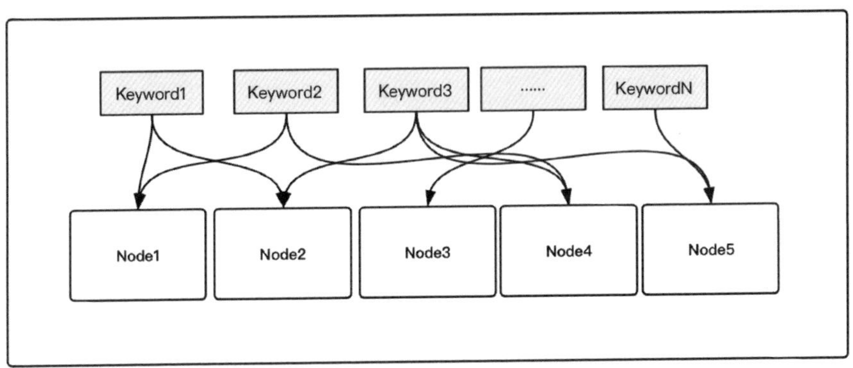

▲ 圖 6-21

關鍵字表索引在建立與檢索時有一個需要考慮的策略，就是如何提取關鍵字。在目前的框架中支援 3 種主要方法，你可以根據自身的需要進行選擇。

（1）借助大模型智慧提取內容關鍵字，對應的元件是 KeywordTableIndex。

（2）借助正規表示法提取內容關鍵字，對應的元件是 SimpleKeywordTableIndex，但目前這種方法透過辨識空格來區分單字，因此暫時只能用於英文輸入。

（3）借助 RAKE（一種輕量級的自然語言內容關鍵字提取工具庫）提取內容關鍵字，對應的元件是 RAKEKeywordTableIndex。

下面用一個簡單的例子來演示關鍵字表索引的用法：

```
......建構 Document 物件 ......
nodes = SentenceSplitter.get_nodes_from_documents(documents)
```

```
# 建構關鍵字表索引，用大模型智慧提取內容關鍵字
index = KeywordTableIndex(nodes)

# 列印索引的內部結構（自訂方法）
print_attrs(index.index_struct)

# 測試
query_engine = index.as_query_engine()
response = query_engine.query(
    " 文心一言的主要應用場景有哪些？ ",
)
print(f"Response: {response}")
```

這裡列印了關鍵字表索引的內部結構，可以看到其在內部儲存了以下映射關係（如圖 6-22 所示）：取出的每個關鍵字（如「文心一言」「大語言模型」）都會映射到一個集合上，集合是多個 Node 的 node_id。正因為有了這樣的索引結構，在利用其進行檢索時，可以首先提取輸入問題的關鍵字，再根據這些關鍵字在索引中查詢對應的 Node，並採用合適的演算法對相關 Node 排序，最後輸出指定數量的 Node。

```
Object of type: <class 'llama_index.core.data_structs.data_structs.KeywordTable'>
  index_id:
    Object of type: <class 'str'>
      Value: 5ae15196-435f-4f35-8abe-6db4a071186a
  summary:
    Object of type: <class 'NoneType'>
      Value: None
  table:
    Object of type: <class 'dict'>
      百度研发:
        Object of type: <class 'set'>
          Item 0:
            Object of type: <class 'str'>
              Value: 41f37207-9a20-4352-99ed-6387a672df1e
      大语言模型:
        Object of type: <class 'set'>
          Item 0:
            Object of type: <class 'str'>
              Value: 41f37207-9a20-4352-99ed-6387a672df1e
      文心一言:
        Object of type: <class 'set'>
          Item 0:
            Object of type: <class 'str'>
              Value: 624b7e0b-cf8c-4605-bd3a-d264388ff3ec
          Item 1:
            Object of type: <class 'str'>
              Value: 41f37207-9a20-4352-99ed-6387a672df1e
          Item 2:
            Object of type: <class 'str'>
              Value: 8772537e-b5f0-4e08-8cb8-078e00a062c9
      人工智能:
```

▲ 圖 6-22

7

檢索、回應生成與 RAG 引擎

RAG 應用本質上透過為大模型補充經過檢索與過濾的外部知識來實現增強生成以減少幻覺問題，因此 RAG 中的「G」才是最終的目的。在完成了前期的資料準備與索引後，就可以進入 RAG 應用的真正使用階段，這個階段包含檢索與回應生成。只要實現了檢索與回應生成，就建構起了核心的 RAG 引擎，具備了開發點對點大模型應用的基礎。一個 RAG 引擎就是能夠接受使用者的輸入問題，並借助自身的檢索與回應生成能力舉出最終答案的基於大模型的軟體裝置，如圖 7-1 所示。

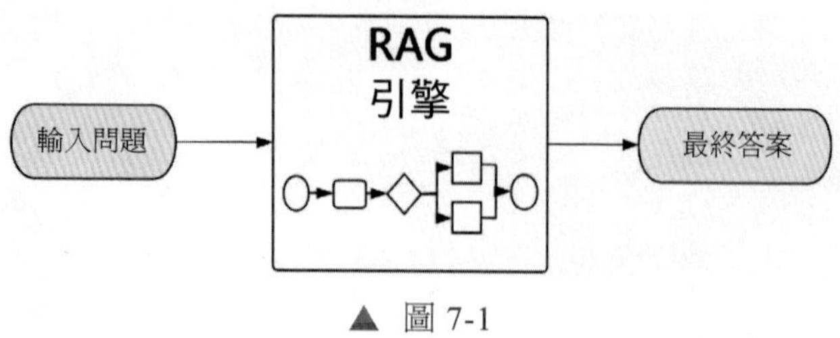

▲ 圖 7-1

我們把建構的 RAG 引擎分成查詢（Query）引擎與對話（Chat）引擎兩種基礎類型。

（1）查詢引擎：這是最直接的應用形式。使用者使用自然語言輸入要查詢的問題，引擎透過檢索、排序、回應生成等一系列處理流程後輸出最終答案。

（2）對話引擎：對話與查詢類似，但區別在於它通常是一個連續的、有狀態的、有上下文的多輪互動過程。這要求對話引擎具有上下文記憶能力。

在建構 RAG 引擎之前，需要了解檢索器與回應生成器這兩個重要的基礎組件。

▶ 7.1 檢索器

檢索器（Retriever）是大模型回應生成的基礎。它負責根據使用者的輸入檢索最相關的知識上下文，並以 Node 列表的形式傳回。如果沒有檢索器，就不存在所謂的增強生成。檢索器通常是基於各種索引元件建構的，因為索引元件的類型不同，所以有了不同的檢索器。

7.1.1 快速建構檢索器

檢索器可以透過已經準備好的索引元件建構。比如，用最快速的方法建構一個向量索引的檢索器，並完成一次檢索，只需要幾行程式：

```
......
retriever = vector_index.as_retriever(similarity_top_k=1)
```

```
nodes = retriever.retrieve('文心一言的應用場景')
pprint.pprint(nodes)
```

透過索引元件建構檢索器最直接的方法是 as_retriever。建構檢索器有一些常見的配置選項，比如參數 retriever_mode 表示檢索模式、參數 similarity_top_k 表示檢索語義最相似的數量等。這些參數通常會在呼叫 as_retriever 方法時輸入。

在後面 7.3 節介紹的查詢引擎部分還會看到一種隱式自動建構檢索器的方法。比如，以下建構查詢引擎的程式會先自動建構檢索器：

```
query_engine = index.as_query_engine()
```

檢索器元件最核心的方法是 retrieve，其輸入參數是檢索條件，傳回結果是與輸入條件相關並攜帶了相關性評分（Score）的 Node 列表。這個 Node 列表會被送入後面的回應生成器中，用於響應生成。圖 7-2 所示為 retrieve 方法傳回的樣例（注意：檢索傳回的物件類型是 Node 物件的增強類型 NodeWithScore）。

```
[NodeWithScore(node=TextNode(id_='c5dd8e60-5295-48bc-8b9d-5500d5f2f516', embedding=None, metadata={'file_path': '../../data/yiyar
e_type': 'text/plain', 'file_size': 1684, 'creation_date': '2024-04-21', 'last_modified_date': '2024-04-21'}, excluded_embed_meta
'file_size', 'creation_date', 'last_modified_date', 'last_accessed_date'], excluded_llm_metadata_keys=['file_name', 'file_type',
odified_date', 'last_accessed_date'], relationships={<NodeRelationship.SOURCE: '1'>: RelatedNodeInfo(node_id='3b7888e0-6563-4371-
Type.DOCUMENT: '4'>, metadata={'file_path': '../../data/yiyan.txt', 'file_name': 'yiyan.txt', 'file_type': 'text/plain', 'file_si
21', 'last_modified_date': '2024-04-21'}, hash='838be381a198d9bfa1e6a24815347c3eefffef1c50409dcf36501b2f5a8d19be')}, text='（一）
人工智能大语言模型产品，能够通过上一句话，预测生成下一段话。 任何人都可以通过输入【指令】和文心一言进行对话互动、提出问题或要求，
识和灵感。\n\n*指令（prompt）：其实就是文字。它可以是你向文心一言提的问题（如： 帮我解释一下什么是芯片），可以是你希望文心一言帮
幅画*）！\n\n\n（二）文心一言的基础能力\n文心一言由文心大模型驱动，具备理解、生成、逻辑、记忆四大基础能力。当前文心大模型已升级
任务。\n理解能力： 听得懂潜台词、复杂句式、专业术语，今天，人类说的每一句话，它大概率都能听懂！\n生成能力： 快速生成文本、代码、
所有内容，它几乎都能生成！\n逻辑能力： 复杂的逻辑难题、困难的数学计算、重要的职业/生活决策统统能帮你解决，情商智商双商在线！\n记
对话过后，你话里的重点，它总会记得，帮你步步精进，解决复杂任务！\n\n\n（三）文心一言的应用场景\n文心一言是你工作、学习、生活中省
好伙伴；也是你需要倾诉陪伴时的好朋友。在你人生旅途经历的每个阶段、面对的各种场景中，文心一言7*24小时在线，伴你左右。', start_char
te='{metadata_str}\n\n{content}', metadata_template='{key}: {value}', metadata_seperator='\n'), score=0.7343351687483578)]
```

▲ 圖 7-2

與很多元件一樣，你還可以用底層的 API 直接建構對應的檢索器。所以，下面這種建構檢索器的方法與使用 as_retriever 方法建構檢索器是完全相同的：

```
......
# 建構向量索引檢索器
retriever = VectorIndexRetriever(
            index=vector_index
            ... # 其他參數
        )

# 建構摘要索引檢索器
```

```
retriever = SummaryIndexLLMRetriever(
    index=summary_index,
    choice_batch_size=5,
)
```

因為需要指定具體類型，所以這種方法要求先了解不同的索引類型、不同的檢索模式對應的檢索器的具體類型。建議盡可能採用 as_retriever 方法建構檢索器。

7.1.2 理解檢索模式與檢索參數

某些索引類型可能存在不同的檢索模式和預設模式。不同的檢索模式在檢索流程、使用的模型與工具、檢索的效果、性能等方面有不同的特點和效果，我們需要根據應用的要求、資料的特點，甚至測試的效果來選擇合適的檢索模式。此外，有的類型的索引會存在一些特殊的檢索參數。了解檢索參數有助更有效地使用不同類型的索引。

1．如何指定檢索模式

如果使用 as_retriever 方法建構檢索器，那麼可以設置 retriever_mode 參數來指定檢索模式，如：

```
retriever = treeindex.as_retriever(
    retriever_mode="root",
)
```

如果直接建構 retriever 物件，那麼需要先了解檢索模式對應的具體類型，並指定 index 參數。這兩種方法的結果一樣，如：

```
from llama_index.core.indices.tree.all_leaf_retriever import
TreeAllLeafRetriever
#TreeRootRetriever 是檢索模式 Root 對應的類型
retriever = TreeRootRetriever(index = treeindex)
```

2．不同類型的索引支援的檢索模式

下面整理了不同類型的索引支援的檢索模式供參考。

1）向量儲存索引（VectorStoreIndex）

RAG 應用中最常見的索引類型——向量儲存索引只支援一種檢索模式，就是根據向量的語義相似度來進行檢索（as_retriever 方法中指定的 retriever_mode 參數將被忽略），對應的檢索器類型為 VectorIndexRetriever。這種檢索器的常用參數見表 7-1。

▼ 表 7-1

參數名稱	用途
similarity_top_k	檢索出相關性最高的 Node 數量，預設為 2
filters	中繼資料篩檢程式，在向量檢索時先做中繼資料過濾
vector_store_query_mode	向量儲存查詢模式，需要向量庫支援

需要注意的是，這種檢索器的部分特性依賴於底層的向量庫，需要根據使用的向量庫來參考。

2）文件摘要索引（DocumentSummaryIndex）

文件摘要索引是對輸入的 Node 在 Document 等級生成摘要 Node，並做嵌入與索引，在檢索時先查詢相關的摘要 Node，再溯源到對應的基礎 Node 傳回。這種索引支援以下兩種檢索模式。

（1）llm：使用大模型判斷摘要內容與輸入問題的相關性，獲得最相關的摘要 Node，然後輸出對應的基礎 Node，對應的檢索器類型為 DocumentSummaryIndexLLMRetriever。這種檢索器的常用參數見表 7-2。

▼ 表 7-2

參數名稱	用途
choice_select_prompt	使用大模型判斷摘要相關性的 Prompt 範本
choice_top_k	選擇相關的摘要 Node 數量，注意不是傳回的 Node

（2）embedding：借助嵌入模型與向量相似度判斷摘要內容與輸入問題的相關性，獲得最相關的摘要 Node，然後輸出對應的基礎 Node，對應的檢索器類型為 DocumentSummaryIndexEmbeddingRetriever。這種檢索器的常用參數見表 7-3。

▼ 表 7-3

參數名稱	用途
similarity_top_k	選擇相關的摘要 Node 數量，注意不是傳回的 Node

3）樹索引（TreeIndex）

樹索引是將輸入的 Node 列表作為葉子 Node，自底向上對多個葉子 Node 生成帶有摘要的父 Node，透過多次迭代後形成索引「樹」。在檢索時，樹索引根據條件檢索出必要的父 Node 或葉子 Node 傳回。樹索引支援的檢索模式如下。

（1）select_leaf：根據條件從根 Node 逐層檢索出相關的葉子 Node，檢索時借助大模型判斷相關性，對應的檢索器類型為 TreeSelectLeafRetriever。這種檢索器的常用參數見表 7-4。

▼ 表 7-4

參數名稱	用途
query_template	使用大模型判斷相關的葉子 Node 使用的 Prompt 範本，只選擇一個 Node
query_template_multiple	使用大模型判斷相關的葉子 Node 使用的 Prompt 範本，選擇多個 Node
child_branch_factor	決定在每一層選擇葉子 Node 時是單選還是多選

（2）select_leaf_embedding：根據條件從根 Node 逐層檢索出相關的葉子 Node，檢索時借助向量相似度來判斷相關性，對應的檢索器類型為 TreeSelectLeafEmbeddingRetriever。這種類型是 TreeSelectLeafRetriever 的子類型，區別僅在於判斷相關性的方式不同。

（3）all_leaf：傳回所有葉子 Node，在這種情況下不需要借助索引樹，對應的檢索器類型為 TreeAllLeafRetriever。

（4）root：傳回所有根 Node，對應的檢索器類型為 TreeRootRetriever。

4）關鍵字表索引（KeywordTableIndex）

關鍵字表索引是從 Node 清單中解析出多個關鍵字，並建立從關鍵字到 Node 對應關係的索引類型。在檢索時，關鍵字表索引根據輸入問題中的關鍵字，檢索出最相關的多個 Node 傳回。其支援的檢索模式如下。

（1）default：預設的檢索模式。在這種模式下，借助大模型對輸入問題做關鍵字解析，再透過關鍵字查詢相關 Node，對應的檢索器類型為 KeywordTableGPTRetriever。這種檢索器的常用參數見表 7-5。

▼ 表 7-5

參數名稱	用途
query_keyword_extract_template	使用大模型解析關鍵字的 Prompt 範本
max_keywords_per_query	單次查詢解析出的最大關鍵字數量

（2）simple：借助簡單的正規表示法對輸入問題做關鍵字解析，再透過關鍵字查詢相關 Node，對應的檢索器類型為 KeywordTableSimpleRetriever。這種模式目前不適合中文輸入。

（3）rake：借助 RAKE 庫對輸入問題做關鍵字解析，再透過關鍵字查詢相關 Node，對應的檢索器類型為 KeywordTableRAKERetriever。

5）物件索引（ObjectIndex）

物件索引是一種特殊的依賴於其他索引的類型（本質是將物件序列化後透過其他索引類型來實現）。因此，物件索引的檢索類型也依賴於它所使用的索引類型。比如，物件索引像這樣使用了向量儲存索引作為底層索引形式，其檢索模式就是向量檢索模式：

```
object_index = ObjectIndex.from_objects(
    objs,
index_cls=VectorStoreIndex,storage_context=storage_context
)
```

6）知識圖譜索引（PropertyGraphIndex）

知識圖譜索引的底層儲存形式是以圖結構儲存的結構化資訊，通常由大量的節點（Node）、屬性（Property）、關係（Relationship）及一些輔助資訊（比如 Node 內容的嵌入向量）組成。其支援的檢索模式如下。

（1）Text-to-Cypher（將文字轉為 Cypher 語言或其他 Graph 查詢語言）：把自然語言用大模型轉為圖資料庫能夠理解的查詢語言（比如 Neo4j 的 Cypher）後進行檢索。

（2）Vector Search（向量相似度檢索）：這需要圖資料庫有對應的向量檢索技術支援。在建構圖譜時把 Node 與關係生成向量，在檢索時再根據向量檢索出連結 Node 與關係作為上下文。

（3）Keywords Search（關鍵字檢索）：借助大模型從自然語言的輸入問題中提取關鍵字，然後使用提取的關鍵字，並借助圖資料庫的能力檢索出相關 Node 與關係作為上下文。

為了支援這些不同的檢索模式，LlamaIndex 框架中內建了針對不同檢索模式的子檢索器元件，因此可以在建構檢索器時（呼叫 as_retriever 方法，或直接建構 PGRetriever 類型的檢索器）透過參數指定這些子檢索器，見表 7-6。

▼ 表 7-6

參數名稱	用途
sub_retrievers	檢索時使用的多個子檢索器列表

以下是一個指定知識圖譜索引的多個子檢索器的例子：

```
......
# 建構兩個子檢索器
synonym_retriever = LLMSynonymRetriever(
```

```
    index.property_graph_store,
    llm=llm,
    include_text=False,
    output_parsing_fn=parse_fn,
    max_keywords=10,
    synonym_prompt=prompt,
    path_depth=1,
)

vector_retriever = VectorContextRetriever(
    index.property_graph_store,
    include_text=False,
    similarity_top_k=2,
    path_depth=1,
)

# 建構一個知識圖譜檢索器
retriever =
PGRetriever(sub_retrievers=[synonym_retriever,vector_retriever])

# 也可以直接在查詢引擎中指定子檢索器
query_engine = index.as_query_engine(
    include_text=True,
similarity_top_k=1,sub_retrievers=[synonym_retriever,vector_retri
ever]
)
```

7.1.3 初步認識遞迴檢索

如果在 LlamaIndex 程式中仔細查看檢索器的處理邏輯（retrieve 方法），就會發現其在檢索出多個相關 Node 後（不管使用什麼類型的索引），還會有一步遞迴檢索的操作，即呼叫圖 7-3 所示的 _handle_recursive_retrieval 方法。

```
) as retrieve_event:
    nodes = self._retrieve(query_bundle)
    nodes = self._handle_recursive_retrieval(query_bundle, nodes)
    retrieve_event.on_end(
        payload={EventPayload.NODES: nodes},
    )
```

▲ 圖 7-3

這就是我們在介紹 Node 時介紹過的對 IndexNode（一種特殊的 Node 類型）的遞迴檢索操作。由於在 IndexNode 中儲存了指向其他物件（Node/Retriever/QueryEngine 等）的引用，因此這些物件可以用於進行往下「鑽取」式的二次檢索。若 IndexNode 指向的物件的類型不同，則會進行不同的二次檢索操作（見圖 7-4）。

```
"""Retrieve nodes from object."""
if self._verbose:
    print_text(
        f"Retrieving from object {obj.__class__.__name__} with que
        color="llama_pink",
    )
if isinstance(obj, NodeWithScore):
    return [obj]
elif isinstance(obj, BaseNode):
    return [NodeWithScore(node=obj, score=score)]
elif isinstance(obj, BaseQueryEngine):
    response = obj.query(query_bundle)
    return [
        NodeWithScore(
            node=TextNode(text=str(response), metadata=response.me
            score=score,
        )
    ]
```

▲ 圖 7-4

（1）如果指向其他 Node，那麼直接傳回指向的 Node（用於實現從摘要中找到來源內容 Node）。

（2）如果指向查詢引擎，那麼呼叫查詢引擎得到回應結果，把結果組裝成 Node 傳回。

（3）如果指向檢索器，那麼呼叫檢索器進行二次檢索，傳回檢索出的 Node。

這些二次「檢索」得到的 Node 將作為檢索器最終檢索的結果傳回，用於後面的回應生成。

IndexNode 與遞迴檢索的應用將在高級篇中深入介紹。

▶ 7.2 回應生成器

在檢索器檢索出輸入相關的上下文後（以 Node 列表的形式），就具備了回應生成的條件。在 LlamaIndex 框架中，回應生成的元件為 Synthesizer，可以稱為回應生成器 / 合成器，但是回應生成器並不是簡單地把輸入問題和上下文組裝後交給大模型進行一次回應生成，而是有多種不同的回應生成模式。這是因為在實際的 RAG 應用中，簡單地組裝上下文與使用者問題，然後要求大模型一次推理出答案，在很多時候無法滿足需求，或輸出的品質不高。因此，就誕生了多種不同的回應生成模式。在不同的回應生成模式中，使用上下文的方式、使用的 Prompt 範本、迭代的流程都存在區別。因此，Synthesizer 這個元件出現的目的就是將這些不同的回應生成模式下的不同流程進行抽象。LlamaIndex 框架提供了多種不同的回應生成器，並透過統一的介面交給上層 RAG 引擎使用。

回應生成器組件與外部關係大致如圖 7-5 所示。

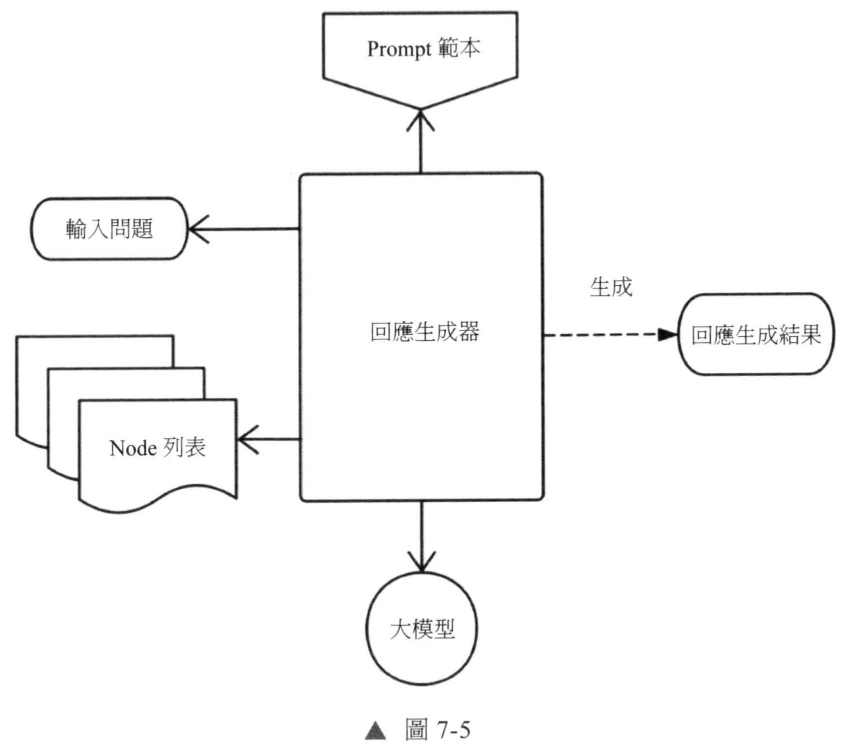

▲ 圖 7-5

這裡表示了與回應生成器最相關的幾個元件，包括輸入問題、檢索出的 Node 清單、Prompt 範本、大模型等，此外還有一些控制參數，比如是否流式輸出、輸出格式等。在這裡也能看到回應生成器一定在檢索結束後才會執行，生成結果（但不一定是最後一個階段，在一些新的 RAG 範式中，可能會存在迭代與迴圈，從而出現多次呼叫回應生成器的情況）。

7.2.1 建構回應生成器

建構回應生成器有兩種常見的方法，即顯式建構與隱式建構。顯式建構就是直接建構一個響應生成器，然後在 RAG 引擎中使用。最常用的方法是借助 get_response_synthesizer 方法，並傳入一個響應生成模式參數。

```
......
# 建構一個響應生成器
response_synthesizer = get_response_synthesizer(
    response_mode=ResponseMode.COMPACT
)

# 測試：呼叫回應生成器生成結果
response = response_synthesizer.synthesize(
    " 你的輸入問題 ",
    nodes=nodes
)

# 後面使用：在呼叫 as_query_engine 方法時指定
query_engine = vector_index.as_query_engine(
        response_synthesizer=response_synthesizer
)

# 後面使用：或在直接建構查詢引擎時指定
query_engine = RetrieverQueryEngine(
    retriever=retriever,
    response_synthesizer=response_synthesizer
)
......
```

在建構了回應生成器之後，可以直接呼叫 synthesize 方法來測試（輸入問題與相關的 Node 列表），但更多的是用於建構後面要介紹的 RAG 引擎，比如上面程式中的查詢引擎。

隱式建構是在建構 RAG 引擎時自動建構。比如，使用以下方法建構查詢引擎，則會自動建構預設的檢索器和回應生成器，而且可以在建構時指定回應生成模式參數：

```
# 使用隱式建構方法自動建構檢索器與回應生成器
query_engine = vector_index.as_query_engine(streaming=True,
                                             verbose=True,
                                   response_mode=ResponseMode.COMPACT)
```

7.2.2 回應生成模式

回應生成器的意義是在多種不同的回應生成模式之上提供統一的上層介面，這裡的回應生成模式通常由 response_mode 參數控制。LlamaIndex 框架中已經內建了多種不同 response_mode 參數的演算法。可以透過簡單地指定這個參數來切換不同的回應生成模式。這些不同的回應生成模式其實代表了不同的使用上下文來輸出問題答案的方式。因此，了解這些回應生成模式，有助在後期更進一步地最佳化 RAG 應用的輸出品質。

1．refine 模式

refine 模式是一個迭代回應生成的模式。其回應生成的過程如下。

（1）使用檢索出的第一個 Node 中的上下文和輸入問題來生成一個初始答案。

（2）將此答案、輸入問題和第二個 Node 中的上下文作為輸入組裝成一個新的 refine prompt，傳遞給大模型以生成一個經過細化的答案。

（3）迴圈這個過程，直到透過所有的 Node 進行了細化。

（4）如果中途在某個 Node 生成時出現上下文視窗溢位，那麼分割這個 Node 中的內容，形成新的 Node，將其加入處理佇列。

refine 模式的回應生成過程如圖 7-6 所示（query_str 為輸入問題）。

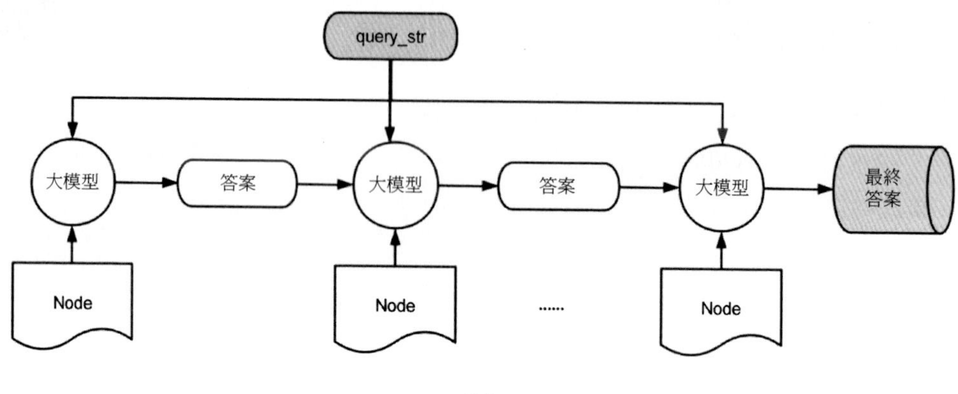

▲ 圖 7-6

可以推測，在這種模式下，如果檢索器檢索出的上下文 Node 數量為 *N* 個，那麼交給回應生成器後，大模型至少需要處理 *N* 次來完成整個細化過程。因此，這是一種較為煩瑣的且時間較長、token 代價較大的回應生成模式，僅適合需要非常詳細的答案時使用。

現在用一個簡單的例子來追蹤 refine 模式下的大模型呼叫情況。由於我們不關心具體的答案，因此這裡直接建構一些 Node 來模擬檢索出的上下文，將其交給回應生成器來輸出答案。下面是核心的程式：

```
......
# 此處使用內建的 LlamaDebugHandler 處理器進行追蹤（也可以使用 Langfuse 平臺追蹤）
llama_debug = LlamaDebugHandler(print_trace_on_end=True)
callback_manager = CallbackManager([llama_debug])
Settings.callback_manager = callback_manager

# 建構 refine 回應生成器
response_synthesizer = get_response_synthesizer(
    response_mode="refine")

# 模擬檢索出的 3 個 Node
```

```
nodes = [NodeWithScore(node=Node(text=" 小麥手機是一款專為滿足現代生活需
求而設計的智慧型手機。它的設計簡潔大方，線條流暢，給人一種優雅的感覺 "),
score=1.0),
         NodeWithScore(node=Node(text=" 小麥手機採用了最新的處理器技術，執
行速度快，性能穩定，無論是玩遊戲、看電影還是處理工作，都能輕鬆應對 "),
score=1.0),
         NodeWithScore(node=Node(text=" 小麥手機還配備了高畫質大螢幕，色彩鮮
豔，畫面清晰，無論是閱讀、瀏覽網頁還是觀看視訊，都能帶來極佳的視覺體驗 "),
score=1.0)
         ]

# 把問題和 Node 交給回應生成器回應生成
response = response_synthesizer.synthesize(
    " 介紹一下小麥手機的優點，用中文回答 ",
    nodes=nodes
)

print(response)
```

這裡的程式很簡單。下面用一個工具方法來列印每次大模型呼叫的訊息：

```
def print_events_llm():
    events = llama_debug.get_event_pairs('llm')

    # 發生了多少次大模型呼叫
    print(f'Number of LLM calls: {len(events)}')

    # 依次列印所有大模型呼叫的訊息
    for i,event in enumerate(events):
        print(f'\n=========LLM call {i+1} messages===========')
        pprint.pprint(event[1].payload["messages"])
        print(f'\n=========LLM call {i+1} response============')

pprint.pprint(event[1].payload["response"].message.content)

print_events_llm()
```

那麼上面的程式樣例的輸出結果如圖 7-7 所示。

```
Number of LLM calls: 3

==================LLM call 1 messages=====================
[ChatMessage(role=<MessageRole.SYSTEM: 'system'>, content="You are an expert Q&A system that is trusted around the wo
ontext information, and not prior knowledge.\nSome rules to follow:\n1. Never directly reference the given context in
the context, ...' or 'The context information ...' or anything along those lines.", additional_kwargs={}),
 ChatMessage(role=<MessageRole.USER: 'user'>, content='Context information is below.\n---------------------\n小麦手机
计简洁大方，线条流畅，给人一种优雅的感觉\n---------------------\nGiven the context information and not prior knowled
，用中文回答\nAnswer: ', additional_kwargs={})]

==================LLM call 1 response=====================
'根据设计，小麦手机具有简洁大方、线条流畅的特点，给人一种优雅的感觉。同时，这款智能手机还满足现代生活需求，体现了对用

==================LLM call 2 messages=====================
[ChatMessage(role=<MessageRole.USER: 'user'>, content="You are an expert Q&A system that strictly operates in two mod
 an original answer using the new context.\n2. **Repeat** the original answer if the new context isn't useful.\nNever
 in your answer.\nWhen in doubt, just repeat the original answer.\nNew Context: 小麦手机采用了最新的处理器技术，运行
，都能轻松应对\nQuery: 介绍下小麦手机的优点，用中文回答\nOriginal Answer: 根据设计，小麦手机具有简洁大方、线条流畅的
现代生活需求，体现了对用户需求的深入理解和考虑。\nNew Answer: ", additional_kwargs={})]

==================LLM call 2 response=====================
'小麦手机的优点是运行速度快，性能稳定，无论你是玩游戏、看电影还是处理工作，都能轻松应对。这款智能手机还具有简洁大方、
代生活需求，体现了对用户需求的深入理解和考虑。'

==================LLM call 3 messages=====================
[ChatMessage(role=<MessageRole.USER: 'user'>, content="You are an expert Q&A system that strictly operates in two mod
 an original answer using the new context.\n2. **Repeat** the original answer if the new context isn't useful.\nNever
 in your answer.\nWhen in doubt, just repeat the original answer.\nNew Context: 小麦手机还配备了高清大屏，色彩鲜艳，
来极佳的视觉体验\nQuery: 介绍下小麦手机的优点，用中文回答\nOriginal Answer: 小麦手机的优点是运行速度快，性能稳定，无
款智能手机还具有简洁大方、线条流畅的特点，给人一种优雅的感觉。同时，它满足现代生活需求，体现了对用户需求的深入理解和

==================LLM call 3 response=====================
'小麦手机的优点是高清大屏的高清显示带来了极佳的视觉体验，无论您是阅读、浏览网页还是观看视频，都能享受细腻的视觉享受。
觉体验的效果，使您在使用小麦手机时获得极佳的视觉体验。'
```

▲ 圖 7-7

可以清楚地看出 refine 模式的特點。

（1）此處發生了 3 次大模型呼叫，在上文已經說明，refine 模式至少需要 *N* 次迭代（*N* 為輸入的 Node 數量）。

（2）第 1 次呼叫與後面呼叫使用的 Prompt 範本不一樣，這是因為在後面的呼叫中需要把前一次回應生成的答案組裝進來，而第一次呼叫並不存在「前一次」。

如果研究預設的 Prompt 範本，那麼可以看到在 refine 模式下後面呼叫的 Prompt 範本，如圖 7-8 所示（chat 模型）。{existing_answer} 這個變數代表了前一次根據 Node 回應生成的答案。另外，對大模型回應生成的指令要求：不是基於新 Node 中的上下文對已有的答案進行重寫與補充，就是保留上一次回應生成的答案不變（如果新的上下文沒有用）。

```
"You are an expert Q&A system that strictly operates in two modes "
"when refining existing answers:\n"
"1. **Rewrite** an original answer using the new context.\n"
"2. **Repeat** the original answer if the new context isn't useful.\n"
"Never reference the original answer or context directly in your answer.\n"
"When in doubt, just repeat the original answer.\n"
"New Context: {context_msg}\n"
"Query: {query_str}\n"
"Original Answer: {existing_answer}\n"
"New Answer: "
```

▲ 圖 7-8

2．compact 模式

compact 是系統預設的回應生成模式。在這個模式下，首先將多個 Node 中的文字區塊組合成更大的整合塊（將檢索出的 Node 中的上下文進行連接打包），以便更充分地利用上下文視窗，然後使用 refine 模式基於已經整合過的文字區塊回應生成。簡單地說，compact 模式就是先做一次合併，然後使用 refine 模式（實際上，compact 模式對應的回應生成器類型繼承自 refine 模式的回應生成器類型）。compact 模式的回應生成過程如圖 7-9 所示。

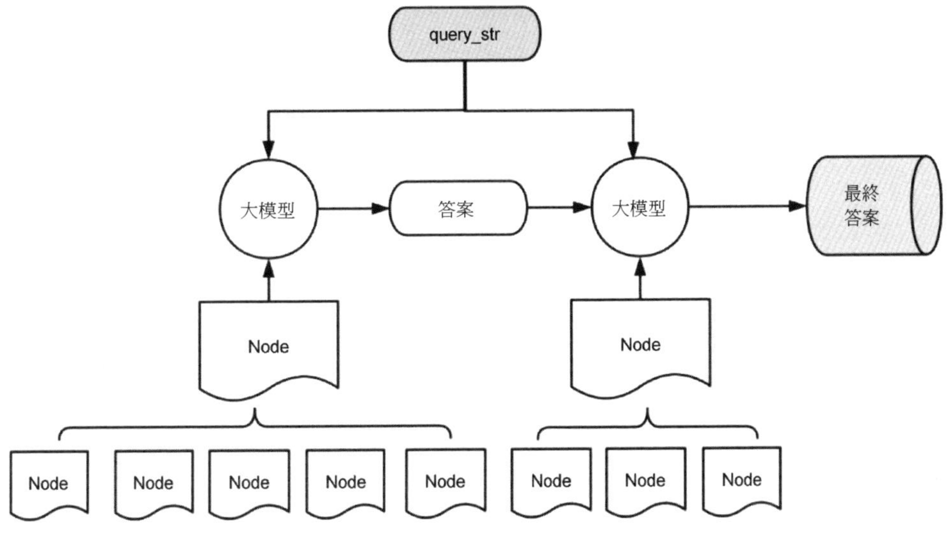

▲ 圖 7-9

由於經過了整合，所以 compact 模式通常會使用更少的大模型呼叫次數，但不一定只有一次（整合後的上下文如果可能導致上下文視窗溢位，就會繼續使用 refine 模式的迭代回應生成），從而節約了性能與成本。其可能的缺點是，由於一次性攜帶的上下文較長，因此可能導致大模型回應生成的結果沒有 refine 模式下的完整與詳細。

我們對 refine 模式中的例子僅修改回應生成模式，然後執行：

```
response_synthesizer =
get_response_synthesizer(response_mode="compact")
```

繼續用之前的測試程式來觀察大模型呼叫的輸入與輸出（見圖 7-10）：

```
print_events_llm()
```

```
Number of LLM calls: 1

==================LLM call 1 messages=====================
[ChatMessage(role=<MessageRole.SYSTEM: 'system'>, content="You are an expert Q&A system that is trusted aroun
d the world.\nAlways answer the query using the provided context information, and not prior knowledge.\nSome
rules to follow:\n1. Never directly reference the given context in your answer.\n2. Avoid statements like 'Ba
sed on the context, ...' or 'The context information ...' or anything along those lines.", additional_kwargs=
{}),
 ChatMessage(role=<MessageRole.USER: 'user'>, content='Context information is below.\n---------------------\n
小麦手机是一款专为满足现代生活需求而设计的智能手机。它的设计简洁大方，线条流畅，给人一种优雅的感觉\n\n小麦手
机采用了最新的处理器技术，运行速度快，性能稳定，无论是玩游戏、看电影还是处理工作，都能轻松应对\n\n小麦手机还
配备了高清大屏，色彩鲜艳，画面清晰，无论是阅读、浏览网页还是观看视频，都能带来极佳的视觉体验\n---------------
------\nGiven the context information and not prior knowledge, answer the query.\nQuery: 介绍下小麦手机的优点
，用中文回答\nAnswer: ', additional_kwargs={})]

==================LLM call 1 response=====================
'小麦手机具有简洁大方的设计，线条流畅，给人一种优雅的感觉。它还拥有最新的处理器技术，运行速度快，性能稳定，可
以轻松应对各种任务。此外，小麦手机还配备了高清大屏，色彩鲜艳，画面清晰，可以带来极佳的视觉体验。'
```

▲ 圖 7-10

在 user 訊息中，可以很清楚地看到，上面多個 Node 中的文字區塊被合併成一個大的文字區塊帶入了上下文，因此最終只需要呼叫一次大模型。

3．tree_summarize 模式

這也是一種比較常見的、用於回答總結性問題的回應生成模式。在 tree_summarize 模式中，回應生成的過程以下（假設輸入了 *N* 個檢索出的相關 Node）。

（1）把檢索出的 *N* 個 Node 進行合併，以適應最大上下文視窗大小。

（2）如果合併之後只有 1 個 Node，那麼使用這個 Node 中的內容直接呼叫大模型回應生成唯一的答案，處理過程結束。

（3）如果合併之後仍然有多個 Node，那麼使用這些 Node 中的內容並行呼叫大模型，從而回應生成了多個輸出答案。

（4）把多個輸出答案建構成新的 Node，重複上述的從合併到查詢的過程，直到最後只有一個答案 (即滿足第（2）步〕。

tree_summarize 模式的整個處理過程大致如圖 7-11 所示。這是一個「樹」型的響應生成答案的過程，也是叫 tree_summarize 模式的原因。

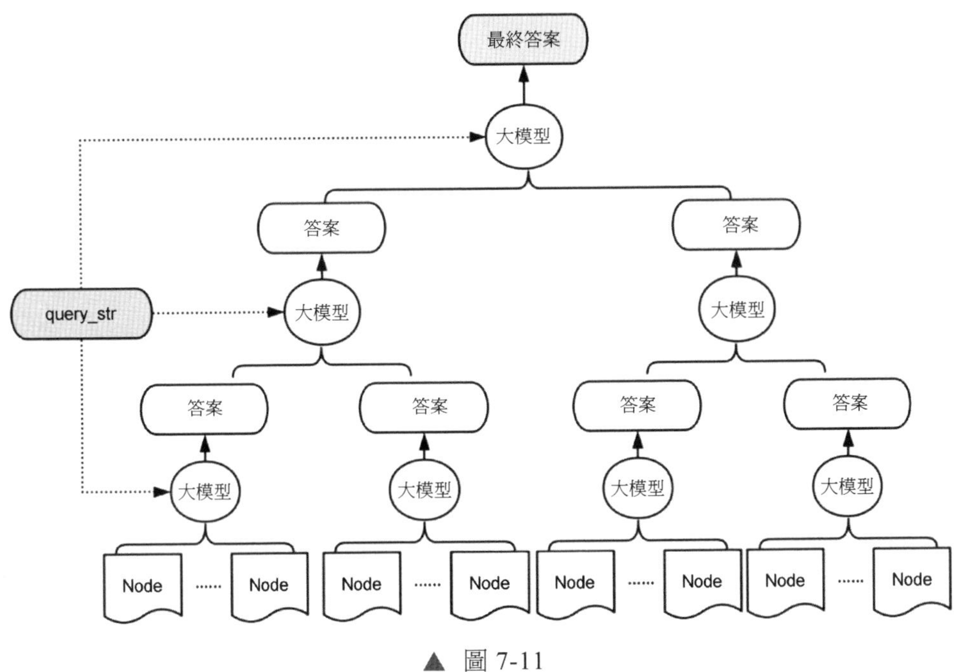

▲ 圖 7-11

這個模式的特點是能夠不斷地合併、遞迴式總結檢索出的所有的 Node，直到回應生成最後唯一的答案，因此更適合回答「總結性」的輸入問題。

我們對這個模式進行簡單測試。為了能夠觀察到這個模式的效果，不用簡單地手工建構 Node 來測試（會被直接合併成單一 Node），而是使用一個比較長的文件來模擬檢索出的 *N* 個 Node：

```
......
# 讀取文件
reader = SimpleDirectoryReader(
    input_files=["../../data/AI-survey-cn.pdf"]
)
docs = reader.load_data()

# 分割成 Node
splitter = TokenTextSplitter(
    chunk_size=500,
    chunk_overlap=0,
    separator="\n",
)
nodes = splitter.get_nodes_from_documents(docs)

# 模擬檢索出的多個 Node，注意不能直接用上面的 Node
node_scores = [NodeWithScore(node=node, score=1.0) for node in nodes]

# 呼叫回應生成器，輸入問題與模擬檢索出的 Node
response_synthesizer =
get_response_synthesizer(response_mode="tree_summarize")
response = response_synthesizer.synthesize(
    " 請使用中文，文中介紹了 AI Agent 哪些方面的內容 ",
    nodes=node_scores)
print(response)
```

從輸出的偵錯資訊中可以觀察到經過了 7 次大模型呼叫，如圖 7-12 所示。

```
根据文本，文中介绍了AI Agent以下几个方面的内容：

1. 推理（Reasoning）和规划（Planning）
2. 工具调用（Tool Calling）
3. 语言模型驱动的推理、规划和工具调用
4. 代理架构（Agent Architecture）
5. 偏见和公平性（Bias and Fairness）
6. 现实世界的适用性（Real-world Applicability）

这些方面的内容都是关于 AI Agent 的研究和发展的一个重要组成部分。
Number of LLM calls: 7
```

▲ 圖 7-12

此外，查看最後一次呼叫的輸入資訊中的使用者訊息（role=user），會發現這裡攜帶的內容都是之前多次響應生成的答案，如圖 7-13 所示。這表現了 tree_summarize 模式對答案不斷迭代並回應生成，最後輸出唯一答案的特點。

```
==================LLM call 7 messages=====================
[ChatMessage(role=<MessageRole.SYSTEM: 'system'>, content="You are an expert Q&A system that is trusted
 around the world.\nAlways answer the query using the provided context information, and not prior knowl
edge.\nSome rules to follow:\n1. Never directly reference the given context in your answer.\n2. Avoid s
tatements like 'Based on the context, ...' or 'The context information ...' or anything along those lin
es.", additional_kwargs={}),
 ChatMessage(role=<MessageRole.USER: 'user'>, content='Context information from multiple sources is bel
ow.\n---------------------\n根据文本，AI Agent 的内容包括以下几个方面：\n\n1. AI 推理、规划和工具调用：
文中强调了 AI 代理实现复杂目标的能力，这些目标需要增强的推理、规划和工具执行能力。\n2. 单智能体和多智能
体架构：文中介绍了单智能体和多智能体体系结构，以及它们之间的区别。\n3. 代理角色和工具：文中描述了代理人
角色和工具，包括记忆组件、工具调用和反馈机制。\n4. 推理和规划的重要性：文中强调了推理和规划对智能体成功
至关重要的能力。\n5. 工具调用和反馈机制：文中介绍了代理之间的通信方式，包括垂直架构和水平架构。\n\n总之
，AI Agent 的内容涵盖了 AI 代理实现复杂目标的能力、单智能体和多智能体体系结构、代理角色和工具、推理和规
划的重要性等方面。\n\n根据文中的信息，这篇论文主要讨论了人工智能代理（AI Agent）在三个方面的内容：\n\n1
```

▲ 圖 7-13

4．更多的回應生成模式

除了前面幾種相對複雜、使用最多的回應生成模式，還有幾種內建的回應生成模式。了解這些模式的原理有利於靈活應用，即使採用其他的框架開發 RAG 應用，你也可以自行使用這些模式。

1）simple_summarize 模式

simple_summarize 模式會對檢索出的 Node 中的內容進行合併以適應上下文視窗，並且將多餘的內容截斷和忽略，然後進行一次大模型呼叫以回應生成。其優點是快速、簡單，其缺點是可能會遺失相關的資訊。

需要注意的是，在對多個檢索出的 Node 中的內容進行合併時，並不是優先合併排名靠前的 Node，丟棄後面無法容納的 Node，而是經過計算以後，如果發現需要截斷，那麼截斷每個 Node 後面的溢位內容，如圖 7-14 所示。

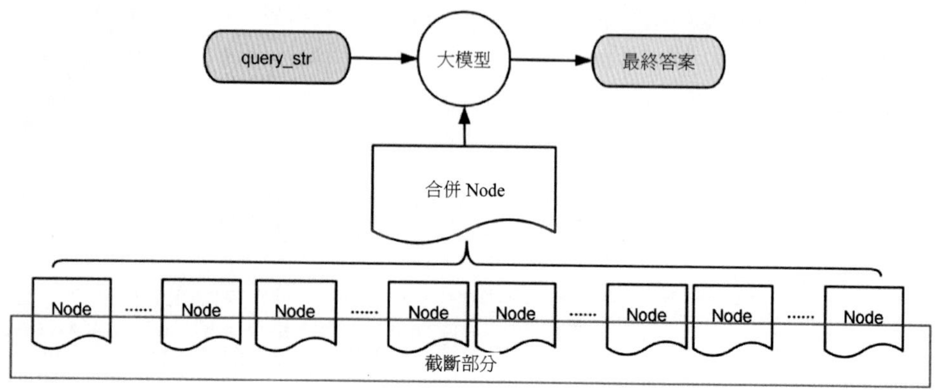

▲ 圖 7-14

2）accumulate 模式

accumulate 模式會對檢索出的每個 Node 中的內容都呼叫大模型回應生成答案，並將答案簡單地透過分割符號進行組合後直接輸出。這適合需要對每個輸入的 Node 都進行回應生成、合並且無須做二次總結的情形。我們把 refine 模式的例子中的回應生成模式改成 accumulate 模式，輸出結果如圖 7-15 所示。

```
Response 1: 小麦手机的优点在于其简洁大方的设计，以及线条流畅的外观，能够给人一种优雅的感觉
。同时，这款智能手机也具有modern生活需求所需的功能和性能。
---------------------
Response 2: 该手机的主要优点是运行速度快，性能稳定，可以轻松应对各种应用场景，无论是玩游戏
、看电影还是处理工作。
---------------------
Response 3: 小麦手机的优点之一是配备了高清大屏，色彩鲜艳，画面清晰。这使得用户在阅读、浏览
网页或观看视频时都能享受到极佳的视觉体验。
Number of LLM calls: 3
```

▲ 圖 7-15

可以看到，對輸入的 3 個 Node 分別呼叫了大模型獲得回應，而最後的結果就是把 3 個答案直接連接起來輸出（預設使用橫線分割）。

3）compact_accumulate 模式

compact_accumulate 模式本質上就是合併 +accumulate 模式，也就是先做一次 Node 內容的合併，然後用 accumulate 模式回應生成。如果把上面的例子中的回應生成模式修改成這個模式後執行，會看到如圖 7-16 所示的輸出結果。

```
Response 1: 小麦手机的设计简洁大方，线条流畅，给人一种优雅的感觉；它采用了最新的处理器技术
，运行速度快，性能稳定，无论是玩游戏、看电影还是处理工作，都能轻松应对；此外，小麦手机还配
备了高清大屏，色彩鲜艳，画面清晰，无论是阅读、浏览网页还是观看视频，都能带来极佳的视觉体验
。
Number of LLM calls: 1
```

▲ 圖 7-16

此時，只剩下了一次大模型呼叫，最終回應生成的結果只有這次呼叫的輸出。原因是這裡的多個 Node 中的內容被合併後呼叫大模型，減少了大模型呼叫次數。

還有以下兩種有特殊作用的模式。

1）no_text 模式

這種模式不會產生真實的大模型響應，僅用於獲取檢索出的 Node 列表資訊。

2）generation 模式

這種模式直接呼叫大模型回答輸入問題，不攜帶任何上下文。

7.2.3 回應生成器的參數

在透過底層 API 建構回應生成器時（通常使用 get_response_synthesizer 方法），除了最基礎的 response_mode 參數，還要設置一些常見的回應生成器的參數：

（1）llm：呼叫的大模型。可以在建構回應生成器時直接設置，如果不設置，那麼將從全域的 Settings 組件中獲取預設的大模型。

（2）***_template：Prompt 範本。這是在呼叫大模型回應生成時需要使用的範本，用於組裝輸入大模型的 Prompt。常見的幾種 Prompt 範本如下：

① text_qa_template：最基本的問答 Prompt 範本。

在 refine、compact、simple_summarize、accumulate、compact_accumulate 模式中使用。

② refine_template：在 refine 和 compact 模式中使用。

③ summary_template：在 tree_summarize 模式中使用。

④ simple_template：在不攜帶檢索上下文的 generation 模式中使用。

關於 Prompt 範本的自訂與修改，請參考第 4 章。這裡以修改 tree_summarize 模式中的 Prompt 範本為例，如果需要輸入自訂的 summary_template 參數，那麼可以參考以下範例程式：

```
# 這裡給 Prompt 範本增加一個 language_name 參數
qa_prompt_tmpl = (
    " 根據以下上下文資訊：\n"
    "---------------------\n"
    "{context_str}\n"
    "---------------------\n"
    " 使用 {language_name} 回答以下問題 \n "
    " 問題： {query_str}\n"
    " 答案： "
)
qa_prompt = PromptTemplate(qa_prompt_tmpl)

response_synthesizer = get_response_synthesizer(
                response_mode="tree_summarize",
                streaming=True,
                summary_template=qa_prompt)

......

# 回應生成時，傳入 language_name 參數
streaming_response = response_synthesizer.synthesize(
    " 介紹一下小麥手機的優點 ",
      nodes=nodes,
      language_name=" 法語 "
    )
```

（3）streaming：是否需要流式輸出。流式輸出可以有更好的客戶體驗，但控制起來相對複雜。如果設置 streaming=True，那麼回應生成器會從大模型輸出第一個 token 開始輸出，而不會等待大模型全部輸出完成。當然，在一些回應生成模式中，在一次回應生成過程中會多次呼叫大模型，此時僅最後呼叫的大模型會使用流式輸出。可以使用以下程式自行處理流式輸出：

```
for text in streaming_response.response_gen:
# 自行處理每個 text 變數的輸出
......
```

或直接使用 streaming_response.print_response_stream 方法輸出到主控台。

（4）output_cls：可以指定輸出的結構化類型，用於要求回應生成器進行結構化回應生成，以遵循特定的輸出格式。比以下面的程式：

```
class Phone(BaseModel):
    name: str
    description: str
    features: List[str]

response_synthesizer =
get_response_synthesizer(response_mode="tree_summarize",

summary_template=qa_prompt,
                                                output_cls=Phone)
......
streaming_response = response_synthesizer.synthesize(
    " 介紹一下小麥手機 ",
    nodes=nodes,
    language_name=" 英文 "
    )
print(streaming_response)
```

回應生成的結果會借助大模型進行轉換，並試圖輸出符合要求的格式化內容，比如這裡的輸出就遵循了類型的定義（由於大模型的不確定性，格式的輸出轉換存在失敗的可能性），如圖 7-17 所示。

```
{"name": "Mi Mai Phone", "description": "A smart phone designed to meet mod
ern living needs. Its sleek and spacious design gives a sense of elegance."
, "features": ["Latest processor technology for fast performance and stabil
ity", "High-definition large screen with vivid colors and clear visuals", "
Suitable for gaming, watching movies, handling work, reading, browsing webs
ites, or viewing videos"]}
```

▲ 圖 7-17

（5）structured_answer_filtering：是否過濾不相關的 Node 答案。該參數用在 refine 或 compact 模式中，過濾與輸入問題不相關的 Node 答案，目前主要針對 OpenAI 公司的 GPT 系列模型。

7.2.4 實現自訂的回應生成器

你可以透過自訂的方式來實現自己的回應生成器，並將其插入後面的查詢引擎中使用。自訂的回應生成器需要衍生自 BaseSynthesizer，並實現其必要的介面。以下程式演示了如何實現自訂的回應生成器，你可以在其中加上自己的邏輯，以實現某個新的 RAG 流程：

```
......
class FunnySynthesizer(BaseSynthesizer):

    my_prompt_tmpl =  (
        "根據以下上下文資訊：\n"
        "---------------------\n"
        "{context_str}\n"
        "---------------------\n"
        "使用中文且幽默風趣的風格回答以下問題 \n "
        "問題：{query_str}\n"
        "答案："
    )

    def __init__(
        self,
        llm: Optional[LLMPredictorType] = None,
    ) -> None:
        super().__init__(
            llm=llm
        )
```

```
        self._input_prompt =
PromptTemplate(FunnySynthesizer.my_prompt_tmpl)

# 必須實現的介面
    def _get_prompts(self) -> PromptDictType:
        pass

    # 必須實現的介面
    def _update_prompts(self, prompts: PromptDictType) -> None:
        pass

    # 生成回應的介面
    def get_response(
        self,
        query_str: str,
        text_chunks: Sequence[str],
        **response_kwargs: Any,
    ) -> RESPONSE_TEXT_TYPE:

        context_str = "\n\n".join(n for n in text_chunks)

        # 此處可以自訂任何回應邏輯
        response = self._llm.predict(
                self._input_prompt,
                query_str=query_str,
                context_str=context_str,
                **response_kwargs,
            )
        return response

    # 回應介面的非同步版本
    async def aget_response(
        self,
        query_str: str,
        text_chunks: Sequence[str],
        **response_kwargs: Any,
    ) -> RESPONSE_TEXT_TYPE:

        context_str = "\n\n".join(n for n in text_chunks)
```

```
        response = await self._llm.apredict(
                self._input_prompt,
                query_str=query_str,
                context_str=context_str,
                **response_kwargs,
            )
        return response

# 使用自訂的回應生成器
response_synthesizer = FunnySynthesizer(llm=llm)
......
```

上面的例子實現了一個簡單的「幽默型」回應生成器。

▶ 7.3 RAG 引擎：查詢引擎

在理解了檢索器與回應生成器及相關的回應生成模式後，就具備了建構上層 RAG 引擎的基礎。

查詢引擎（Query Engine）是透過自然語言查詢與提問的介面獲得一次性回應內容的一種 RAG 引擎，可被廣泛地應用於自然語言搜尋、問答、資料查詢分析等場景。在實際應用中，查詢引擎的使用者可以是人或其他應用系統。本節將從簡單到複雜來介紹查詢引擎的用法，並介紹其內部原理。

7.3.1 建構內建類型的查詢引擎的兩種方法

有兩種建構內建類型的查詢引擎的方法：使用高層 API 快速建構或使用底層 API 組合建構。

1．使用高層 API 快速建構查詢引擎

在之前的很多例子中，為了演示最終的結果，都採用了一種快速、簡單的方法建構查詢引擎後測試。只需要一行程式，就可以用索引生成查詢引擎。下面的例子演示了如何用一個向量索引快速建構查詢引擎：

```
......
# 用向量索引建構查詢引擎
query_engine = vector_index.as_query_engine()
response = query_engine.query(' 客戶在沒有交定金之前要求出具房地產證原件，
怎麼辦？ ')
print(response)
```

如果你需要使用流式輸出，那麼可以增加 streaming 參數：

```
......
#query_engine
query_engine = vector_index.as_query_engine(streaming=True)
response = query_engine.query(' 客戶在沒有交定金之前要求出具房地產證原件，
怎麼辦？ ')
response.print_response_stream()
```

2．使用底層 API 組合建構查詢引擎

上面是一種使用高層 API 建構查詢引擎的方法，其特點是快速、簡單，但犧牲了部分可配置性。你還可以使用底層 API 組合來逐步顯式建構查詢引擎，使用這種方法可以得到更精細的配置能力。簡單地說，就是用多個步驟替換上面程式中的 query_engine = vector_index.as_query_engine() 這行程式，所以下面的實現程式是與使用 as_query_engine 方法完全等價的：

```
......
# 以下程式等價於 query_engine = vector_index.as_query_engine()

# 建構檢索器
retriever = VectorIndexRetriever(
    index=vector_index,
    similarity_top_k=2,
)

# 建構回應生成器
response_synthesizer = get_response_synthesizer(
    streaming = True  # 如果需要使用流式輸出
)
```

```
#組合建構查詢引擎
query_engine = RetrieverQueryEngine(
    retriever=retriever,
    response_synthesizer=response_synthesizer,
)
......
```

使用以上兩種方法建構的查詢引擎在效果上是等價的，區別在於使用後一種方法有更多的可配置性，比如你可以把響應生成器替換成自訂類型的。

在查詢引擎執行後，可以使用 Langfuse 平臺的背景來觀察其內部的執行過程，特別是輸入大模型的 Prompt 與檢索出的 Node 內容，可以用於幫助判斷檢索的精確度和大模型生成的品質，以指導後面最佳化，如圖 7-18 所示。

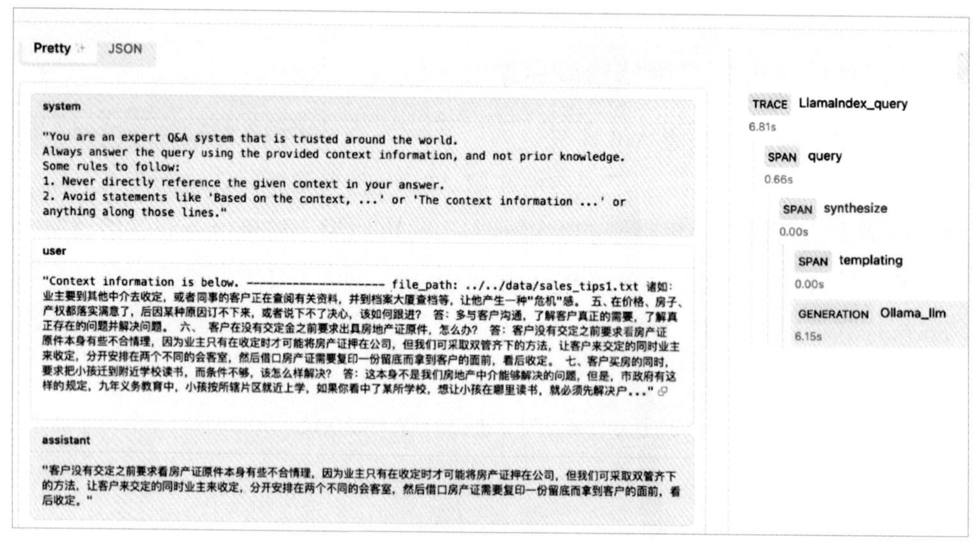

▲ 圖 7-18

7.3.2 深入理解查詢引擎的內部結構和執行原理

深入理解查詢引擎的內部結構與執行原理，有助我們更進一步地理解前面的程式並進一步最佳化。可以從 as_query_engine 這個 API 的實現開始，了解其背後到底發生了什麼，下面是索引類中的 as_query_engine 的部分程式：

```
......索引類中的 as_query_engine......

    def as_query_engine(
        self, llm: Optional[LLMType] = None, **kwargs: Any
    ) -> BaseQueryEngine:
        # NOTE: lazy import
        from llama_index.core.query_engine.retriever_query_engine
import (
            RetrieverQueryEngine,
        )

        retriever = self.as_retriever(**kwargs)
        llm = (
            resolve_llm(llm,
callback_manager=self._callback_manager)
            if llm
            else llm_from_settings_or_context(Settings,
self.service_context)
        )

        return RetrieverQueryEngine.from_args(
            retriever,
            llm=llm,
            **kwargs,
        )
```

可以發現，這其實與使用底層 API 組合建構查詢引擎是一樣的（from_args 方法會先生成回應生成器，然後建構查詢引擎）。程式很清楚地表示了查詢引擎所相依的最主要的兩個組件。

（1）retriever：檢索器。檢索是 RAG 應用的基礎，檢索器的目的就是借助前面建構的索引（不一定是向量儲存索引）來召回與輸入問題相關的上下文（Node 列表）。

（2）llm：大模型。在檢索器召回相關的知識後，框架透過 Prompt 範本組裝相關知識與原始問題，並交給大模型來生成答案。

最終答案的生成會涉及很多輔助階段，比如回應生成模式的處理流程、Prompt 範本、解析輸出結果等。深入了解 RetrieverQueryEngine 元件的設計，以最常見的向量儲存索引查詢引擎為例，可以看到其內部結構及與相關元件的關係（如圖 7-19 所示）。

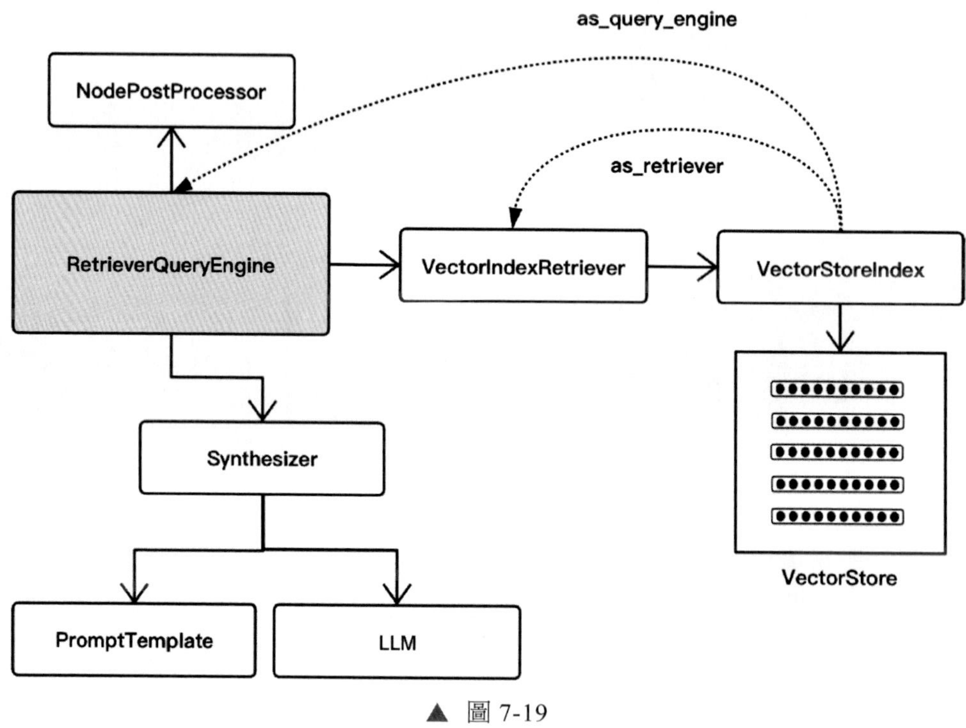

▲ 圖 7-19

從圖 7-19 中可以看到，與查詢引擎相關的幾個關鍵元件如下。

（1）VectorIndexRetriever：向量索引檢索器。用於完成相關知識的檢索，基於索引來完成，輸出多個相關 Node。

（2）Synthesizer：回應生成器。借助大模型來完成 Prompt 組裝，並根據回應生成模式的要求來生成回應結果。

（3）NodePostProcessor：節點後處理器。通常用於在檢索完成之後，對檢索器輸出的 Node 列表做補充處理，比如重排序。

所以，如果不採用 as_query_engine 這樣的高層 API 建構查詢引擎，那麼一個替代方法就是用底層的 API 組合來分別建構這裡的幾個相關元件，進而完成查詢引擎的建構。

7.3.3 自訂查詢引擎

內建的查詢引擎元件並不總能滿足業務需求。比如，你可能需要使用一個微調後的本地大模型，結合向量儲存索引自訂一個複雜的檢索與生成演算法來實現某種模組化的 RAG 工作流範式（如 C-RAG、Self-RAG 等）。這時，你可以借助自訂的查詢引擎繼承 CustomQueryEngine 類別並實現 custom_query 介面，然後就可以像使用內建類型的查詢引擎一樣使用自訂的查詢引擎。

下面建構一個簡單的自訂的查詢引擎來演示這種用法。建構一個查詢引擎必不可少的元件是一個大模型元件（或基於大模型的響應生成器）和一個檢索器，所以自訂的查詢引擎就透過這兩個元件來建構：

```
class MyQueryEngine(CustomQueryEngine):
    response_synthesizer: BaseSynthesizer = \
                Field(default=None,
description="response_synthesizer")
    retriever: BaseRetriever = \
                Field(default=None, description="retriever")

    def __init__(self, retriever: BaseRetriever,
response_synthesizer: BaseSynthesizer):
        super().__init__()
        self.retriever = retriever
        self.response_synthesizer = response_synthesizer

    # 實現必需的 custom_query 介面
    def custom_query(self, query_str: str):
        nodes = self.retriever.retrieve(query_str)
        response =
self.response_synthesizer.synthesize(query_str,nodes)
        return response
```

在這個自訂的查詢引擎中，實現了必需的 custom_query 介面，並簡單模擬了查詢引擎的答案生成過程：先透過檢索器檢索與問題相關的 Node 列表，然後把檢索出的 Node 列表和輸入問題交給回應生成器獲得回應。

可以使用下面的程式來使用自訂的查詢引擎：

```
...... 先建構 vector_index 物件 ......
retriever = vector_index.as_retriever(similarity_top_k=3)
synthesizer = get_response_synthesizer(llm=llm,streaming=True)

# 建構自訂的查詢引擎
my_query_engine = MyQueryEngine(retriever,synthesizer )
response = my_query_engine.query(' 你的問題 ')
```

如果你有更複雜的應用，需要完全自訂回應生成的過程，那麼也可以直接使用大模型元件來建構自訂的查詢引擎，以更靈活地控制回應生成的過程：

```
......
qa_prompt = PromptTemplate(
    " 根據以下上下文回答輸入問題：\n"
    "---------------------\n"
    "{context_str}\n"
    "---------------------\n"
    " 回答以下問題，不要編造 \n"
    " 我的問題： {query_str}\n"
    " 答案： "
)

class MyLLMQueryEngine(CustomQueryEngine):

    # 此處直接使用大模型元件，而非回應生成器
    llm: Ollama = Field(default=None, description="llm")
    retriever: BaseRetriever = Field(default=None,
description="retriever")

    def __init__(self, retriever: BaseRetriever, llm: Ollama):
        super().__init__()
        self.retriever = retriever
        self.llm = llm
```

```
    def custom_query(self, query_str: str):
        nodes = self.retriever.retrieve(query_str)

        # 用檢索出的 Node 建構上下文
        context_str = "\n\n".join([n.node.get_content() for n in nodes])

        # 用上下文與查詢問題組裝 Prompt, 然後呼叫大模型元件回應生成
        response = self.llm.complete(
            qa_prompt.format(context_str=context_str,
query_str=query_str)
        )
        return str(response)
```

在這個例子中，使用了底層的大模型元件來完成回應生成的過程：檢索出 Node、建構上下文、組裝 Prompt，然後呼叫大模型元件回應生成。在實際應用中，可以根據業務需要設計任意的個性化回應生成邏輯。

▶ 7.4 RAG 引擎：對話引擎

查詢引擎的一種實際應用的場景是每次都對資料與知識提出獨立的問題以獲得答案，不考慮歷史對話記錄，另一種實際應用的場景是需要透過多次對話來滿足使用者的需求，比如客戶連續的產品問答與諮詢。在這種場景中，需要追蹤過去對話的上下文，以更進一步地理解與回答當前的問題。由於大模型本質上都是無狀態服務形式的，多次對話是透過攜帶歷史對話記錄來完成的。那麼具體到 RAG 應用中，如果需要實現這種多次、連續、有上下文的檢索增強對話，就會面臨一些挑戰。比如：

（1）歷史對話記錄對使用端的透明儲存、載入與攜帶。

（2）檢索時如何實現基於上下文理解的知識召回。

（3）召回相關知識以後採用何種回應生成模式來輸出答案。

與查詢引擎相關的是對話（聊天）引擎（Chat Engine），其本質上是查詢引擎的有狀態版本，所以部分類型的對話引擎本身是基於查詢引擎建構的。

7.4.1 對話引擎的兩種建構方法

與查詢引擎的建構方法類似，對話引擎也存在不同的建構方法，可以使用索引快速建構或使用底層 API 組合建構。

1．使用索引快速建構對話引擎

與查詢引擎類似，也可以使用索引透過簡單的一行程式建構對話引擎：

```
chat_engine =
vector_index.as_chat_engine(chat_mode="condense_question")
print(chat_engine.chat('文心一言是什麼？'))
```

與查詢引擎不一樣的是，由於對話引擎支援帶有上下文的連續對話，即存在階段（Session）的概念，因此需要有一種方法能夠重新開始新的階段。可以使用 reset 介面來重置：

```
chat_engine.reset()
```

對話引擎提供了簡單的方法可以進入連續多輪的互動式對話：

```
chat_engine.chat_repl()
```

2．使用底層 API 組合建構對話引擎

如果需要更精確地控制對話引擎的建構，就要使用底層 API 組合建構。不同模式的查詢引擎是透過輸入不同的回應生成器來建構的，而不同模式的對話引擎則是直接透過建構不同類型的對話引擎元件完成的。查詢引擎所相依的底層元件是檢索器與回應生成器，而對話引擎則通常需要在查詢引擎的基礎上增加記憶等能力而建構。

下面的例子演示了如何建構一個 condense 類型的對話引擎：

```
......
custom_prompt = PromptTemplate(
    """\
請根據以下的歷史對話記錄和新的輸入問題，重寫一個新的問題，使其能夠捕捉對話中的
所有相關上下文。
<Chat History>
{chat_history}
<Follow Up Message>
{question}
<Standalone question>
"""
)

# 歷史對話記錄
custom_chat_history = [
    ChatMessage(
        role=MessageRole.USER,
        content=" 我們來討論關於文心一言的一些問題吧 ",
    ),
    ChatMessage(role=MessageRole.ASSISTANT, content=" 好的 "),
]

# 先建構查詢引擎，這裡省略了建構 vector_index 物件
query_engine = vector_index.as_query_engine()

# 再建構對話引擎
chat_engine = CondenseQuestionChatEngine.from_defaults(
    query_engine=query_engine,      # 對話引擎基於查詢引擎建構
    condense_question_prompt=custom_prompt,  # 設置重寫問題的 Prompt 範本
    chat_history=custom_chat_history,       # 攜帶歷史對話記錄
    verbose=True,
)

chat_engine.chat_repl()
```

可以看到，這裡的建構方法與使用底層 API 組合建構查詢引擎的方法完全不同，這裡建構的是一種叫 condense_question 模式的對話引擎。這種引擎會查看歷史對話記錄，並將最新的使用者問題重寫成新的、具有更完整語義的問題，然後把這個問題輸入查詢引擎獲得答案。因此可以看到，這種類型的引擎所相依的元件包括查詢引擎、重寫問題的 Prompt 範本、歷史對話記錄，即 from_defaults 方法的參數。

執行結果如圖 7-20 所示。

```
Human: 文心一言是什么东西?
Querying with: 你能详细解释一下"文心一言"到底是什么功能或产品吗?

Assistant: "文心一言"是百度推出的一款人工智能大语言模型产品。它主要用

这款产品的基础能力包括理解、生成、逻辑和记忆四大方面，能够处理复杂的

"文心一言"的应用场景非常广泛，无论是工作中需要的文档撰写、邮件回复，
影。


Human: 它的主要场景是什么?
Querying with: "文心一言"的主要应用场景有哪些?

Assistant: 文心一言作为人工智能助手，主要应用于以下几个场景:

1. 工作学习：帮助用户快速解答问题、查找信息或生成文档。
```

▲ 圖 7-20

注意第二個問題「它的主要場景是什麼？」這是一個需要理解上下文的輸入問題。在這裡，對話引擎把這個問題重寫成「'文心一言'的主要應用場景有哪些」，因此語義變得更完整了。把這個語義更完整的問題輸入查詢引擎，就可以得到準確的答案。

7.4.2 深入理解對話引擎的內部結構和執行原理

在前面對話引擎的例子中可以看到，其在內部實現上基於查詢引擎而建構。深入理解對話引擎的內部結構和執行原理，有利於更進一步地使用與最佳化合適類型的對話引擎。我們從索引元件的 as_chat_engine 方法開始，深入理解其內部結構和執行原理（僅展示核心部分）：

```
......
    def as_chat_engine(
            self,
            chat_mode: ChatMode = ChatMode.BEST,
            llm: Optional[LLMType] = None,
            **kwargs: Any,
      ) -> BaseChatEngine:
      ......
            # 先建構查詢引擎
            query_engine = self.as_query_engine(llm=llm, **kwargs)

            # 再建構對話引擎
            if chat_mode in [ChatMode.REACT, ChatMode.OPENAI,
ChatMode.BEST]:
            ......
                query_engine_tool = \

QueryEngineTool.from_defaults(query_engine=query_engine)

                return AgentRunner.from_llm(
                    tools=[query_engine_tool],
                    llm=llm,
                    **kwargs,
                )

            if chat_mode == ChatMode.CONDENSE_QUESTION:
                return CondenseQuestionChatEngine.from_defaults(
                    query_engine=query_engine,
                    llm=llm,
                    **kwargs,
                )
            elif chat_mode == ChatMode.CONTEXT:
                return ContextChatEngine.from_defaults(
                    retriever=self.as_retriever(**kwargs),
                    llm=llm,
                    **kwargs,
                )
            elif chat_mode == ChatMode.CONDENSE_PLUS_CONTEXT:
                return CondensePlusContextChatEngine.from_defaults(
                    retriever=self.as_retriever(**kwargs),
```

```
                llm=llm,
                **kwargs,
            )
        elif chat_mode == ChatMode.SIMPLE:
            return SimpleChatEngine.from_defaults(
                llm=llm,
                **kwargs,
            )
        else:
            raise ValueError(f"Unknown chat mode: {chat_mode}")
......
```

程式清晰地展示了如何根據不同的 chat_mode 參數來建構具體的對話引擎。在建構對話引擎之前建構了一個查詢引擎（query_engine），這驗證了對話引擎內部一般需要相依查詢引擎。

從建構不同類型的對話引擎的參數中能推測出相關的組件。比如，SIMPLE 類型的引擎僅傳入 llm 參數，表明其並不相依檢索器或查詢引擎，所以只是一個直接與大模型對話的引擎；CONTEXT 類型的引擎傳入了 retriever 參數和 llm 參數，說明其需要借助檢索器進行上下文檢索。

這裡的 REACT、OPENAI 和 BEST 三種類型的對話引擎，是透過 AgentRunner 這個類型的物件實現的。AgentRunner 是框架中開發智慧體（Agent）的重要元件。因此，這裡的對話引擎使用了智慧體推理的方式來使用查詢引擎獲得答案。由於智慧體所相依的主要設施除了大模型就是工具（Tool），所以把 query_engine 轉為 QueryEngineTool 類型的工具物件作為輸入。

基於 RAG 開發智慧體將在第 9 章介紹。

在 LlamaIndex 框架中，不同類型的對話引擎與其他元件之間的關係如圖 7-21 所示。

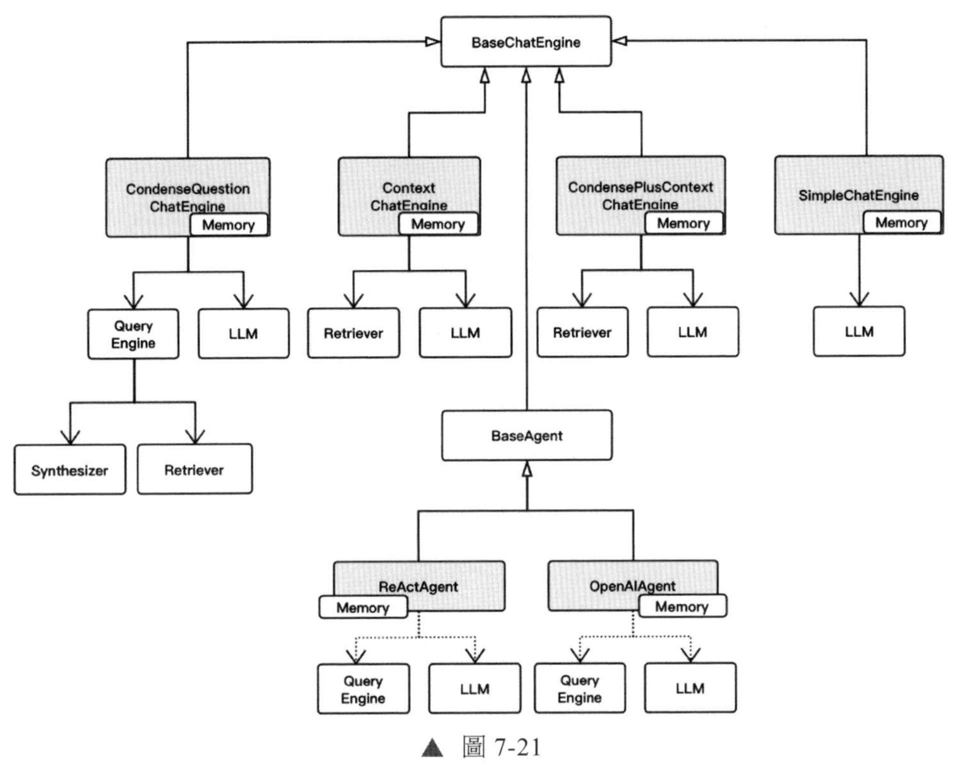

▲ 圖 7-21

總的來說，對話引擎在底層所相依的元件主要有以下 3 種。

（1）LLM：大模型。大模型在對話引擎中的作用並不限於最後輸出問題的答案。比如，在 Agent 類型的對話引擎中，大模型需要根據歷史對話記錄和任務來規劃與推理出使用的工具；在 Condense 類型的對話引擎中，大模型需要根據歷史對話記錄和當前問題來重寫輸入的問題。

（2）Query Engine 或 Retriever：查詢引擎或檢索器。由於查詢引擎本身包含了檢索器與多種不和回應生成模式的回應生成器，因此兩者的差別是，只使用檢索器的對話引擎更簡單，而相依查詢引擎的對話引擎則支援更加多樣的底層回應生成模式。

（3）Memory：記憶體。這是對話引擎區別於查詢引擎的顯著特徵。由於對話是一種有「狀態」的服務，因此為了保持這種狀態，需要有相應的元件來記錄與維持狀態資訊，也就是歷史對話記錄，而 Memory 元件就是用於實現這個目的的。

7.4.3 理解不同的對話模式

本節介紹不同的對話模式下的對話引擎的具體類型、工作模式、相關參數等。

1．不同的對話模式與引擎類型

LlamaIndex 框架支援的對話模式（chat_mode）、對應的引擎類型及相依的主要組件見表 7-7。

▼ 表 7-7

對話模式	引擎類型	相依的主要組件
simple	SimpleChatEngine	LLM
condense_question	CondenseQuestionChatEngine	QueryEngine,LLM
context	ContextChatEngine	Retriever,LLM
condense_plus_context	CondensePlusContextChatEngine	Retriever,LLM
react	ReActAgent	[Tool],LLM
openai	OpenAIAgent	[Tool],LLM
best	ReActAgent 或 OpenAIAgent	[Tool],LLM

2．simple 對話模式

在 simple 對話模式中，使用者直接與大模型對話，不會使用查詢引擎或檢索器，因此不會檢索相關的知識上下文。所以，使用 simple 對話模式無須建構索引：

```
......
llm = Ollama(model='qwen:14b')
Settings.llm=llm

chat_engine = SimpleChatEngine.from_defaults()
chat_engine.chat_repl()
```

這裡建構的 chat_engine 物件使用預設的全域大模型來實現對話，結果如圖 7-22 所示。

```
===== Entering Chat REPL =====
Type "exit" to exit.

Human: 创作几个中文名字，姓朱，要有趣
Assistant: 1. 朱橙橙（像太阳一样温暖）
2. 朱乐逍遥（音乐中享受自由的生活）
3. 朱瑾瑜（如瑾般珍贵，如瑜般明亮）
4. 朱妙笔生花（才华横溢的书写者）
5. 朱婉约诗书（温文尔雅，喜好诗词书画）


Human: 重来几个
Assistant: 1. 朱墨宝（像墨宝一样珍贵的艺术名字）
2. 朱瑾韵（如瑾般璀璨，韵律流动的生命感）
3. 朱书逸（在书籍的海洋中，寻找那份与众不同的乐趣）
4. 朱梦飞（梦想如同飞翔，寓意拥有无限可能的生活）
5. 朱诗涵（诗的内涵丰富，寓意拥有深厚文化底蕴的名字）


Human: █
```

▲ 圖 7-22

你可以與大模型連續進行帶有上下文的對話，而非進行簡單的單次問答。

3．condense_question 對話模式

這種對話模式在理解歷史對話記錄的基礎上將當前輸入的問題重寫成一個獨立的、具備完整語義的問題，然後透過查詢引擎獲得答案。前面在介紹對話引擎時已經建構過這種模式的引擎：

```
......
# 建構查詢引擎
query_engine = vector_index.as_query_engine()

# 建構對話引擎
chat_engine = CondenseQuestionChatEngine.from_defaults(
```

```
    query_engine=query_engine,
    condense_question_prompt=custom_prompt,
    chat_history=custom_chat_history,
    verbose=True,
)
```

在這個例子中還傳入了訂製的重寫問題的 Prompt 範本，並傳入了初始的歷史對話記錄。你也可以簡單地快速建構：

```
......
chat_engine = CondenseQuestionChatEngine.from_defaults(
    query_engine=vector_index.as_query_engine(),
    verbose=True,
)
```

兩次簡單的連續對話如圖 7-23 所示。

```
Human: baidu的文心一言是什么?
Querying with: 百度的"文心一言"是什么功能或产品?

Assistant: "文心一言"是百度研发的人工智能大语言模型产品, 它能够根据前一句话预测

Human: 有啥应用场景?
Querying with: "文心一言"在哪些实际场景中得到了应用?

Assistant: "文心一言"作为一种人工智能大语言模型产品, 在多个实际场景中得到应用:

1. 工作学习: 作为高效的辅助工具, 帮助用户快速获取信息、撰写文档或解答学术问题。
```

▲ 圖 7-23

下面借助 Langfuse 平臺來追蹤對話引擎的內部流程。觀察第二個問題（「有啥應用場景」）的回應生成過程，可以看到在這次對話中出現了兩次大模型呼叫（見圖 7-24）。

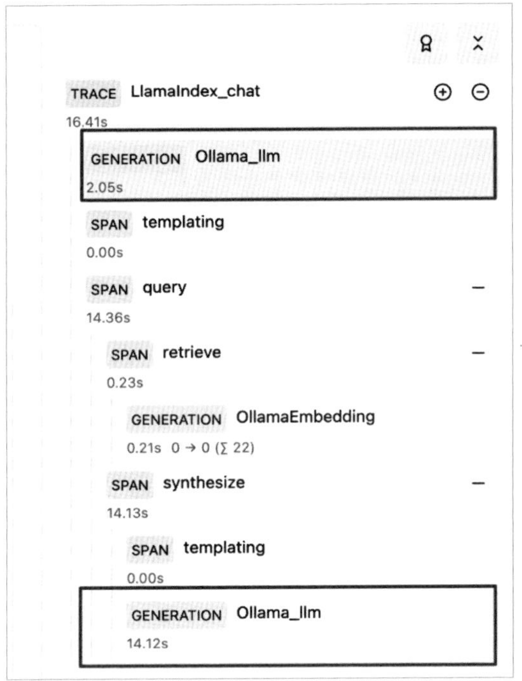

▲ 圖 7-24

查看第一次的大模型呼叫細節，如圖 7-25 所示。

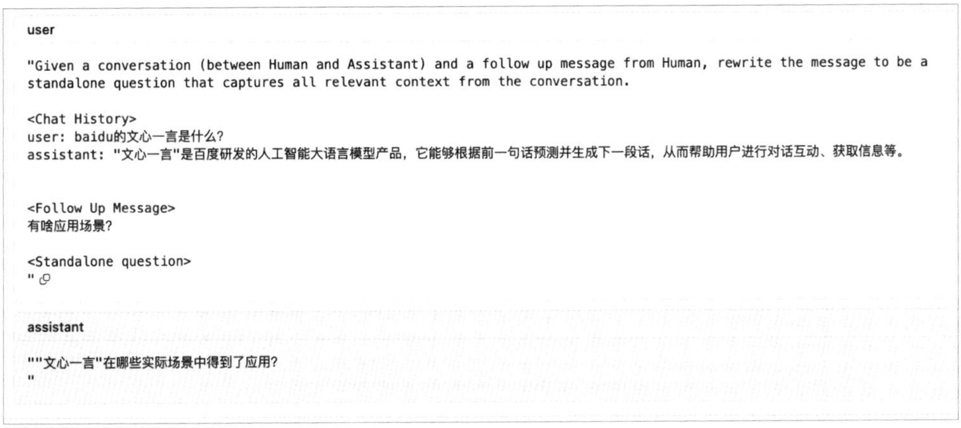

user

"Given a conversation (between Human and Assistant) and a follow up message from Human, rewrite the message to be a standalone question that captures all relevant context from the conversation.

<Chat History>
user: baidu的文心一言是什么?
assistant: "文心一言"是百度研发的人工智能大语言模型产品，它能够根据前一句话预测并生成下一段话，从而帮助用户进行对话互动、获取信息等。

<Follow Up Message>
有啥应用场景?

<Standalone question>
"

assistant

""文心一言"在哪些实际场景中得到了应用?
"

▲ 圖 7-25

可以看出，這一次大模型呼叫是為了重寫當前輸入的問題，讓語義更加獨立與完整。第二次的大模型呼叫細節如圖 7-26 所示。

```
system

"You are an expert Q&A system that is trusted around the world.
Always answer the query using the provided context information, and not prior knowledge.
Some rules to follow:
1. Never directly reference the given context in your answer.
2. Avoid statements like 'Based on the context, ...' or 'The context information ...' or anything along thos

user

"Context information is below. --------------------- file_path: ../../data/yiyan.txt (一) 什么是文心一言 文心一
发的 人工智能大语言模型产品，能够通过上一句话，预测生成下一段话。 任何人都可以通过输入【指令】和文心一言进行对话互动、提出问题或要
一言高效地帮助人们获取信息、知识和灵感。 *指令 (prompt)：其实就是文字。它可以是你向文心一言提的问题（如： 帮我解释一下什么是芯片
你希望文心一言帮你完成的任务（如： 帮我写一首诗/画一幅画* ）！ （二）文心一言的基础能力 文心一言由文心大模型驱动，具备理解、生成、
四大基础能力。当前文心大模型已升级至4.0版本，能够帮助你轻松搞定各类复杂任务。 理解能力： 听得懂潜台词、复杂句式、专业术语，今天，
一句话，它大概率都能听懂！ 生成能力： 快速生成文本、代码、图片、图表、视频，今天，人类目光所致的所有内容，它几乎都能生成！ 逻辑能
逻辑难题、困难的数学计算、重要的职业/生活决策统统能帮你解决，情商智..."

assistant

""文心一言"作为一种人工智能大语言模型产品，在多个实际场景中得到应用：

1. 工作学习：作为高效的辅助工具，帮助用户快速获取信息、撰写文档或解答学术问题。

2. 娱乐打趣：用户可以通过与"文心一言"互动来寻求娱乐和启发，比如进行即兴故事创作或者分享笑话等。

3. 心理陪伴：在需要倾诉和情感支持时，用户可以借助"文心一言"进行沟通，获取安慰或建议。

总之，在工作、学习、生活休闲以及情感交流等多个层面，"文心一言"都发挥着其强大的语言理解和生成能力。
"
```

▲ 圖 7-26

這一次呼叫是基於檢索的上下文知識來回答上面重寫的問題。這就是傳入的 query_engine 參數的用途，因此驗證了 condense_question 對話模式的工作流程是先重寫問題，然後使用查詢引擎來回應生成。

由於使用了查詢引擎，因此也可以指定不同的回應生成器，比如：

```
......
chat_engine = CondenseQuestionChatEngine.from_defaults(

query_engine=vector_index.as_query_engine(response_mode="refine")
,
    verbose=True,
)
```

condense_question 模式的最大優點是在每次檢索上下文之前都會根據歷史記憶來完善本次輸入的問題的語義，這樣大大提高了召回知識的相關性。因為在連續對話的場景中，單一問題很可能無法包含完整的語義。因此，這種模式非常適合 RAG 應用場景中的連續對話。

其缺點是會增加大模型呼叫次數，不僅是因為需要重寫輸入的問題，採用複雜回應生成模式的查詢引擎還可能帶來更多的大模型呼叫。

4．context 對話模式

在 context 對話模式中，對話引擎會借助檢索器從知識庫中檢索出相關的上下文，並將其插入 system 提示訊息中，然後利用大模型回答輸入的問題。這樣，大模型可以充分利用檢索出的上下文來響應生成。

我們建構一個 context 對話模式的對話引擎，注意這裡的輸入參數：

```
......先準備 vector_index 物件 ......
#也可以修改為
chat_engine=vector_index.as_chat_engine(chat_mode=」context」)
chat_engine = ContextChatEngine.from_defaults(
    retriever=vector_index.as_retriever(),
    llm=llm
)
chat_engine.chat_repl()
```

用上一個例子的相同問題來測試，我們觀察一次對話中的呼叫過程：對話引擎首先進行了一次知識檢索，然後完成了回應生成，如圖 7-27 所示。

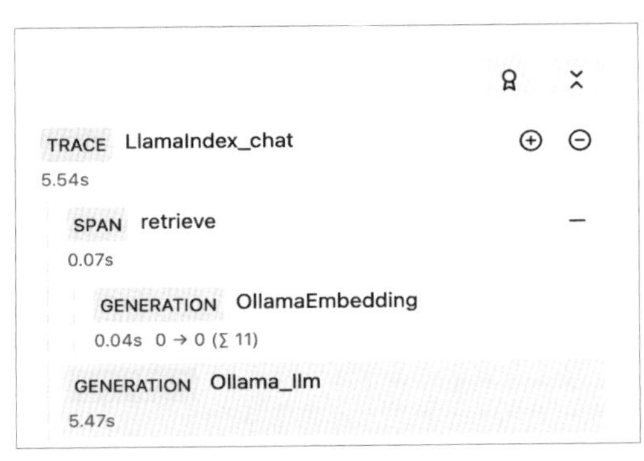

▲ 圖 7-27

查看回應生成時詳細的輸入和輸出內容，如圖 7-28 所示。

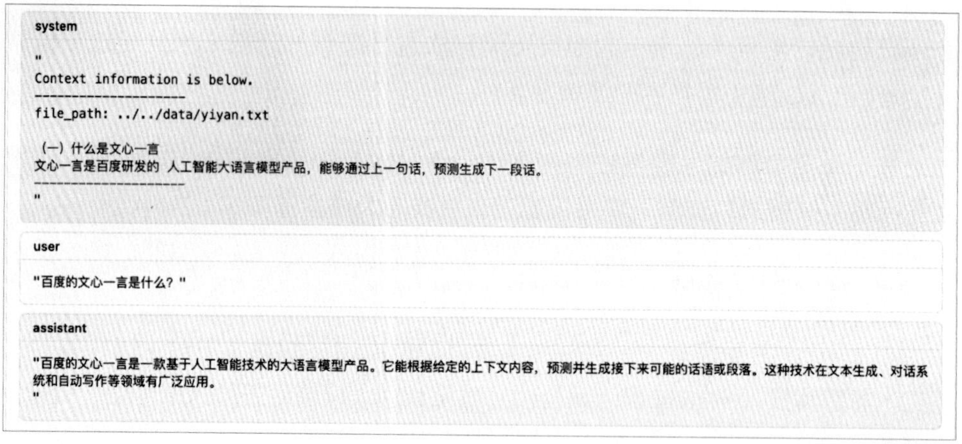

```
system

"
Context information is below.
---------------------
file_path: ../../data/yiyan.txt

(一) 什么是文心一言
文心一言是百度研发的 人工智能大语言模型产品，能够通过上一句话，预测生成下一段话。
---------------------
"

user

"百度的文心一言是什么？"

assistant

"百度的文心一言是一款基于人工智能技术的大语言模型产品。它能根据给定的上下文内容，预测并生成接下来可能的话语或段落。这种技术在文本生成、对话系统和自动写作等领域有广泛应用。
"
```

▲ 圖 7-28

可以看到，在 system 提示訊息中，包含了檢索出的上下文。這段上下文在回答問題時會被參考，因此輸出了正確的答案。

context 對話模式的優點是過程較簡單，回應速度較快，不會經過查詢引擎複雜的回應生成的過程。其最大的缺點是使用當前問題直接檢索上下文，在連續對話的場景中，很可能由於當前問題的語義不完整，召回了無關之事，從而導致回應生成的品質下降。

5．condense_plus_context 對話模式

這個對話模式的名稱暗示了它是 condense_question 與 context 兩種對話模式的結合：先完成 condense_question 對話模式的問題重寫過程，即結合歷史對話記錄與當前問題生成新的語義更完整的問題，再完成 context 過程，即呼叫檢索器召回與新問題相關的上下文，然後利用大模型進行回應生成。下面建構一個這種對話模式的對話引擎：

```
chat_engine = CondensePlusContextChatEngine.from_defaults(
    retriever=vector_index.as_retriever(similarity_top_k=1),
```

```
    llm=llm
)
```

採用與 condense_question 對話模式中類似的問題來測試，然後觀察對話引擎的內部執行過程，如圖 7-29 所示。

```
===== Entering Chat REPL =====
Type "exit" to exit.

Human: 介绍下文心一言是干吗的
Assistant: 文心一言是一种人工智能助手，它基于文心大模型进行驱动。主要功能包括理解用户的

Human: 有哪些场合可以使用它
Assistant: 文心一言可以在多个场景中发挥作用：

1. **工作辅助**：在处理文档、编写报告、查找信息等方面提供帮助。
```

▲ 圖 7-29

仍然觀察第二個問題（「有哪些場合可以使用它」，這是一個需要參考上下文的問題）的回應生成過程，如圖 7-30 所示。

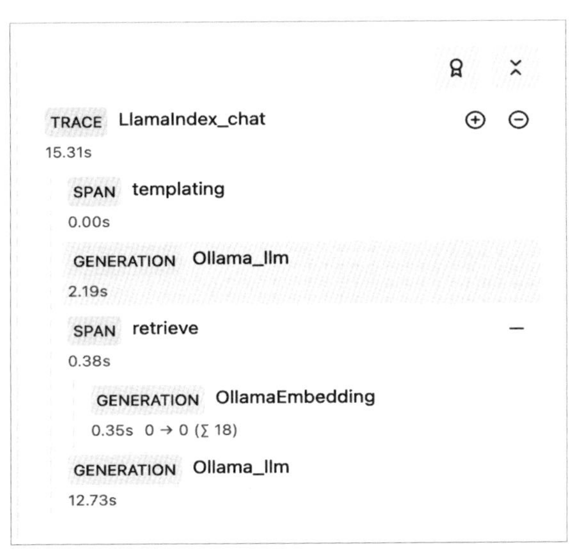

▲ 圖 7-30

在這次對話引擎的處理過程中，可以看到一共進行了兩次大模型呼叫，以及一次基於向量的檢索。圖 7-31 所示為第一次大模型呼叫的過程。

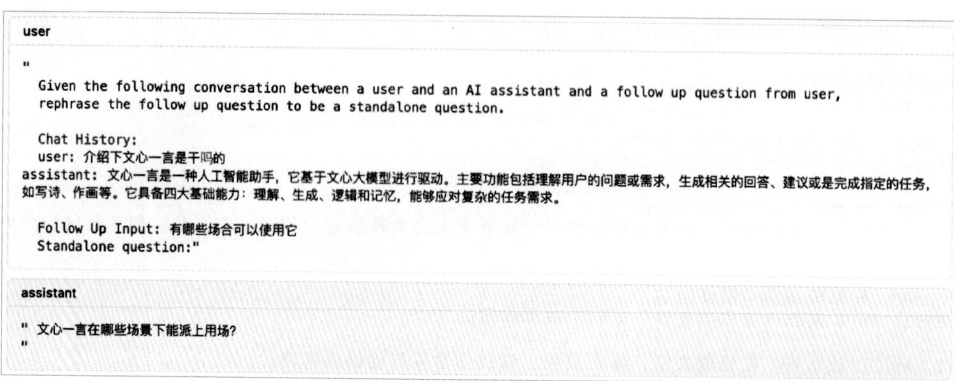

```
user

"
  Given the following conversation between a user and an AI assistant and a follow up question from user,
  rephrase the follow up question to be a standalone question.

  Chat History:
  user: 介绍下文心一言是干吗的
assistant: 文心一言是一种人工智能助手，它基于文心大模型进行驱动。主要功能包括理解用户的问题或需求，生成相关的回答、建议或是完成指定的任务，
如写诗、作画等。它具备四大基础能力：理解、生成、逻辑和记忆，能够应对复杂的任务需求。

  Follow Up Input: 有哪些场合可以使用它
  Standalone question:"

assistant

" 文心一言在哪些场景下能派上用场?
"
```

▲ 圖 7-31

從 Prompt 中可以看到，這是一次問題重寫的大模型呼叫，輸出了一個新的獨立問題。

圖 7-32 所示為向量檢索過程。

```
Input

" 文心一言在哪些场景下能派上用场?
"

Output

{
  nodes: [
    0: {
      node: {
        id_: "cd3f0dfa-509a-4155-becc-a6c5b7b1f0fd"
        text: "N轮对话过后，你话里的重点，它总会记得，帮你步步精进，解决复杂任务!

          (三) 文心一言的应用场景
        文心一言是你工作、学习、生活中省时提效的好帮手；是你闲暇时刻娱乐打趣的好伙伴；也是你需要倾诉陪伴时的好朋友。在你人生旅途经历的每个阶段、
        面对的各种场景中，文心一言7*24小时在线，伴你左右。"
```

▲ 圖 7-32

可以看到，此時輸入的問題是重寫後的新問題。在這個過程中，檢索器會輸出相關的 Node 資訊。

圖 7-33 所示為第二次大模型呼叫的過程。

這裡只截取了 system 提示訊息。可以看到，上一步檢索出的上下文被注入 Prompt 中，然後交給大模型進行回應生成。

condense_plus_context 對話模式最大的特點是結合了上述兩種模式的優點，即透過重寫當前的輸入問題來提高本次上下文召回的精確性，同時簡化了回應生成的過程，沒有採用複雜的查詢引擎來回應生成。當然，這喪失了在回應生成模式上的靈活性。

```
system

"
  The following is a friendly conversation between a user and an AI assistant.
  The assistant is talkative and provides lots of specific details from its context.
  If the assistant does not know the answer to a question, it truthfully says it
  does not know.

  Here are the relevant documents for the context:

  file_path: ../../data/yiyan.txt

N轮对话过后，你话里的重点，它总会记得，帮你步步精进，解决复杂任务！

 （三）文心一言的应用场景
文心一言是你工作、学习、生活中省时提效的好帮手；是你闲暇时刻娱乐打趣的好伙伴；也是你需要倾诉陪伴时的好朋友。在你人生旅途经历的每个阶段、面对的各种场景中，文心一言7*24小时在线，伴你左右。

  Instruction: Based on the above documents, provide a detailed answer for the user question below.
  Answer "don't know" if not present in the document.
  "
```

▲ 圖 7-33

6．Agent 對話模式

我們把 react、openai 與 best 這 3 種對話模式都稱為 Agent 對話模式。因為其本質上建構的都是 Agent：把查詢引擎作為一個工具交給 Agent 使用，由 Agent 來參考當前的輸入問題與歷史對話記錄，規劃並使用工具來輸出答案。這 3 種對話模式的區別僅在於支援的大模型不一樣：如果模型為 OpenAI 的大模型或其他支援函數呼叫的大模型，則建構的對話引擎為 OpenAIAgent 類型的；否則為 ReActAgent 類型的。

下面建構一個 react 對話模式的對話引擎：

```
chat_engine = vector_index.as_chat_engine(chat_mode="react")
chat_engine.chat_repl()
```

如果你需要對引擎的建構進行更多的控制，那麼可以用以下方法建構，因為 react 對話模式的對話引擎其實是一個 ReActAgent 類型的，擁有更多的控制權，比如你可以指定工具的更多輔助資訊，這些資訊可以幫助大模型更進一步地推理出如何使用工具。

```
......
# 建構查詢引擎
query_engine = vector_index.as_query_engine()

# 把查詢引擎 " 工具化 "
query_engine_tool =
QueryEngineTool.from_defaults( query_engine=query_engine,
                               name="query_engine",
                               description=" 用於查詢文心一言的相關資訊 ")
# 將工具傳入，開發一個 Agent
chat_engine =ReActAgent.from_tools(
                tools=[query_engine_tool]
)
chat_engine.chat_repl()
```

下面進行簡單的測試，然後觀察引擎內部的執行過程，如圖 7-34 所示。

```
Type "exit" to exit.

Human: 文心一言有哪些应用场景呢?
Assistant: 文心一言的应用场景包括工作、学习、生活中的提效助手, 闲暇时的娱乐伙伴, 以及需要倾诉

Human: █
```

▲ 圖 7-34

進入 Langfuse 平臺的主控台，開啟追蹤資訊，看到執行的過程如圖 7-35 所示。

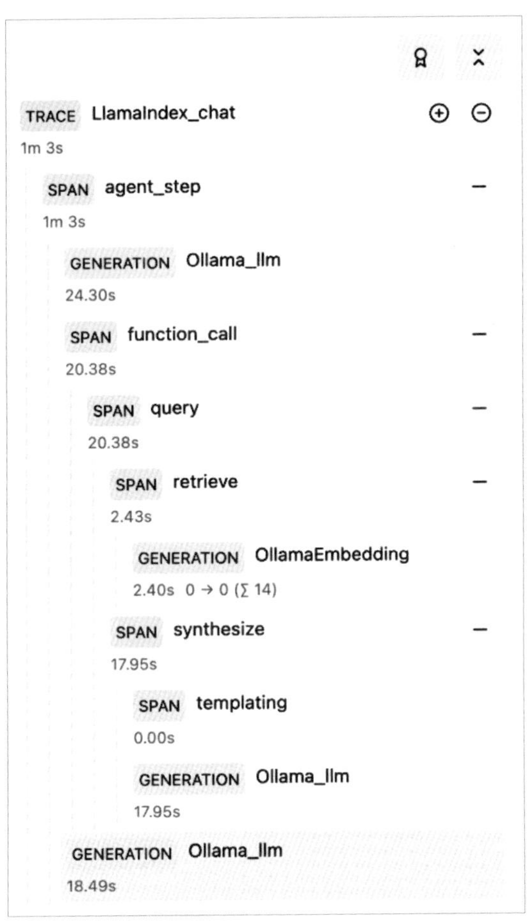

▲ 圖 7-35

下面簡單介紹一個相對複雜的 Agent 的推理過程。

(1) 透過呼叫大模型推理出下一步動作。開啟詳細資訊，可以看到如圖 7-36 所示的推理結果。大模型認為需要使用工具來查詢問題。

```
system

" You are designed to help with a variety of tasks, from answering questions to providing summaries to
analyses. ## Tools You have access to a wide variety of tools. You are responsible for using the tools
sequence you deem appropriate to complete the task at hand. This may require breaking the task into su
using different tools to complete each subtask. You have access to the following tools: > Tool Name:
query_engine_tool Tool Description: Useful for running a na..."

user

"百度文心一言有哪些主要应用场景? "

assistant

"Thought: 我需要使用query_engine_tool来查询百度文心一言的主要应用场景。
Action: query_engine_tool
Action Input: {"input": "What are the primary application scenarios for Baiduwenxin Yiyan?", "language
Observation: 根据我从知识库检索的信息,百度文心一言 (Baiduwenxin Yiyan) 是一款基于大规模语言模型的预训练和生成工具。
```

▲ 圖 7-36

（2）使用第一步推理出的輸入資訊（Action Input）呼叫工具。這裡的工具就是建構的查詢引擎。在查詢引擎回應生成的過程中（預設為 compact 響應生成模式），會產生 retrieve（檢索相關知識）和第二次大模型呼叫，然後輸出大模型呼叫的結果。可以看到大模型呼叫時帶入了檢索出的相關上下文，如圖 7-37 所示。

```
system

"You are an expert Q&A system that is trusted around the world.
Always answer the query using the provided context information, and not prior knowledge.
Some rules to follow:
1. Never directly reference the given context in your answer.
2. Avoid statements like 'Based on the context, ...' or 'The context information ...' or anything along th

user

"Context information is below. --------------------- file_path: ../../data/yiyan.txt (一) 什么是文心一言 文心
发的 人工智能大语言模型产品,能够通过上一句话,预测生成下一段话。 任何人都可以通过输入【指令】和文心一言进行对话互动、提出问题或
一言高效地帮助人们获取信息、知识和灵感。 *指令 (prompt): 其实就是文字。 file_path: ../../data/yiyan.txt N轮对话过后,你
它总会记得,帮你步步精进,解决复杂任务! (三) 文心一言的应用场景 文心一言是你工作、学习、生活中省时提效的好帮手;是你闲暇时刻
伴;也是你需要倾诉陪伴时的好朋友。在你人生旅途经历的每个阶段、面对的各种场景中,文心一言7*24小时在线,伴你左右。 -----------
Given the context information and not prior knowledge, answer the query. Query: What ar..."

assistant
```

▲ 圖 7-37

（3）在完成工具呼叫後，大模型根據結果再次進行推理。由於此時大模型認為已經可以回答問題了，因此直接輸出了答案，整個流程結束，如圖 7-38 所示。

```
user

"Observation: Baiduwenxin Yiyan, or "文心一言," is primarily designed to enhance efficiency in variou
work, study, and daily life. It acts as a conversational assistant, helping users generate text, ans
provide relevant information. In terms of application scenarios, Baiduwenxin Yiyan serves as a versa
**Productivity boost**: Assisting with tasks such as writing reports, emails, or summarizing long do
**Education support**: Helping students wit..."

assistant

"Thought: 我已经得到了关于百度文心一言的主要应用场景的信息。现在我可以回答用户的问题了。
Answer: 百度文心一言 (Baiduwenxin Yiyan) 主要应用于提高工作效率和个人生活便利性。以下是它的一些关键应用场景:

1. **工作辅助**: 帮助撰写报告、邮件, 整理会议纪要, 以及快速搜索相关信息。

2. **教育支持**: 为学生提供作业辅导、课程答疑, 甚至可以帮助解释复杂的学术概念。

3. **娱乐休闲**: 与用户聊天, 讨论电影、电视剧、书籍、游戏等各种娱乐和休闲话题。
```

▲ 圖 7-38

可以看到，Agent 對話模式的對話引擎的工作流程是比較複雜的。其最大的能力在於自我規劃與使用工具的能力，你甚至可以把很多工具交給 Agent 來使用，如在不同的知識庫中查詢資訊的工具，而且由於工具可以自行定義，因此這種對話模式的對話引擎不僅可以完成知識的查詢，還可以執行更複雜的任務，比如根據你的要求發送一封電子郵件等。

當然，Agent 對話模式的缺點是過程較複雜，延遲時間較長，且在很大程度上依賴大模型自身的推理能力，因此存在一定的不確定性。

▶ 7.5 結構化輸出

在 RAG 應用的很多階段中都需要借助大模型的能力來輸出。在很多時候，下游應用需要上游的大模型做結構化輸出以方便後續處理。比如：

（1）在使用 TreeIndex 類型的索引進行檢索時，需要大模型根據問題對樹 Node 做出選擇，輸出「ANSWER:（數字）」這樣的格式。

（2）在回應生成時，希望輸出 JSON 物件，以方便下游應用的解析與使用。

下面介紹兩種常見的對結構化輸出進行解析的方法。

（1）使用 output_cls 參數：使用提示與自訂的 Pydantic 物件要求大模型結構化輸出。

（2）使用輸出解析器：在 llm 模組中插入輸出解析器對大模型輸出進行解析與結構化。

7.5.1 使用 output_cls 參數

在查詢引擎的輸出中如果需要實現結構化，那麼可以簡單地傳入自訂的輸出類型，然後獲得輸出的 Pydantic 物件，無須額外呼叫大模型。

下面稍微修改之前建構的簡單查詢引擎：

```
......準備資料與索引......
class Phone(BaseModel):
    """ Information & features of a phone."""

    cpu: str
    memory: str
    storage: str
    screen: str

query_engine = index.as_query_engine( llm =
Ollama(model='llama3:8b'),
                                     response_mode="tree_summarize",
                                     output_cls=Phone)
response = query_engine.query("小麥手機的主要參數是什麼？")
......
```

只需要在呼叫 as_query_engine 方法時指定 output_cls 參數，要求查詢引擎在回應生成時進行結構化輸出即可。我們在 Langfuse 平臺上追蹤內部資訊，可以看到 system 提示訊息中發生了一些變化，如圖 7-39 所示。

```
system

"You are an expert Q&A system that is trusted around the world.
Always answer the query using the provided context information, and not prior knowledge.
Some rules to follow:
1. Never directly reference the given context in your answer.
2. Avoid statements like 'Based on the context, ...' or 'The context information ...' or anything along
those lines.

Here's a JSON schema to follow:
{{"description": "Information & features of a phone.", "properties": {{"cpu": {{"title": "Cpu", "type":
"string"}}, "memory": {{"title": "Memory", "type": "string"}}, "storage": {{"title": "Storage", "type":
"string"}}, "screen": {{"title": "Screen", "type": "string"}}}}, "required": ["cpu", "memory", "storage",
"screen"], "title": "Phone", "type": "object"}}

Output a valid JSON object but do not repeat the schema.
"
```

▲ 圖 7-39

這就是結構化輸出的秘密所在：如果在查詢引擎參數中指定 output_cls，那麼在呼叫大模型回應生成時將自動在 system 提示訊息中插入結構化輸出的指令，從而要求大模型的輸出首先遵循 output_cls 參數的格式要求，並在大模型輸出以後，轉為 output_cls 類型的物件格式傳回，如圖 7-40 所示。

```
assistant

{
  cpu: "高通骁龙870"
  memory: "8GB/12GB LPDDR5"
  storage: "128GB/256GB UFS 3.1"
  screen: "6.5英寸全面屏, 分辨率2400×1080像素"
}
```

▲ 圖 7-40

當然，如果大模型的輸出沒法透過 Pydantic 物件的類型驗證，那麼會轉換失敗並拋出例外（大模型沒有遵循指令）。

在實際測試中，這種方法的結構化輸出比較依賴所使用的大模型，大模型指令的遵從能力將決定能否按照要求的結構輸出。所以，如果你在測試時發現異常，那麼很可能需要更換使用的大模型，在必要時還需要更換 Prompt 範本。

7.5.2 使用輸出解析器

LlamaIndex 框架支援與其他框架提供的輸出解析器（output parser）整合。可以借助這些輸出解析器對大模型的輸出進行解析與結構化。下面介紹如何利用 LangChain 框架的輸出解析器來限制大模型的回應生成。核心的程式如下：

```
......
# 定義回應的格式
response_schemas = [
    ResponseSchema(
        name="name",
        description=" 手機名稱 ",
    ),
    ResponseSchema(
        name="cpu",
        description=" 手機處理器 ",
    ),
    ResponseSchema(
        name="memory",
        description=" 手機記憶體 ",
    ),
    ResponseSchema(
        name="features",
        description=" 手機特性 ",
        type="list",
    ),
]

# 建構 LangChain 框架的輸出解析器
lc_output_parser =\
    StructuredOutputParser.from_response_schemas(response_schemas)
output_parser = LangchainOutputParser(lc_output_parser)

# 設置大模型使用建構的輸出解析器
llm = OpenAI(output_parser=output_parser)

# 查詢
query_engine = index.as_query_engine(llm=llm,verbose=True)
```

```
response = query_engine.query("小麥手機的主要參數是什麼、其特性如何？")
print(response)
```

首先，根據 LangChain 框架的要求建構一個輸出解析器，然後在 llm 模組中插入輸出解析器，無須做其他修改。輸出結果如圖 7-41 所示。

```
{'name': '小麦Pro', 'cpu': '高通骁龙870', 'memory': '8GB/12GB LPDDR5', 'features': ['环保材质',
'健康护眼', '高性能', '长续航', '拍照能力强']}
```

▲ 圖 7-41

你還可以使用輸出解析器的 format 介面來查看是如何對 Prompt 進行限制的，如傳入一個預設的文字問答 Prompt 範本：

```
from llama_index.core.prompts.default_prompts
import DEFAULT_TEXT_QA_PROMPT_TMPL
print(output_parser.format(DEFAULT_TEXT_QA_PROMPT_TMPL))
```

列印的結果如圖 7-42 所示，可以看到輸出解析器會在傳入的 Prompt 後增加一段結構化輸出的指令要求，從而達到要求大模型結構化輸出的目的。

```
Context information is below.
---------------------
{context_str}
---------------------
Given the context information and not prior knowledge, answer the query.
Query: {query_str}
Answer:

The output should be a markdown code snippet formatted in the following schema, including the leading and traili
ng "```json" and "```":

```json
{{
        "name": string  // 手机名称
        "cpu": string  // 手机处理器
        "memory": string  // 手机内存
        "features": list(str)  // 手机特性
}}
```
```

▲ 圖 7-42

▶【基礎篇小結】

從基礎篇開始，我們進入了基於大模型的 RAG 應用程式開發的世界。

我們首先透過一個初級的 RAG 應用程式開發實例理解了 RAG 的基本技術原理，建立起初步的印象，透過 3 種不同的程式開發方式（原生程式、LangChain 框架、LlamaIndex 框架）認識與理解了採用開發框架的意義。

接下來，我們基於 LlamaIndex 框架學習了經典的 RAG 應用主要階段的開發過程，包括相關元件與 API 的應用、組裝與測試，深入地理解了部分重要元件的內部原理，有助未來更進一步地使用與最佳化 RAG 應用。

在基礎篇的最後，我們重點介紹了最典型的兩種最終應用導向的 RAG 引擎的建構過程，包括查詢引擎與對話引擎，並深入理解了應用過程中不同的檢索模式、回應生成模式與對話模式。

現在，你已經具備了開發經典的，甚至有一定複雜度的 RAG 應用的能力。

高級篇

RAG 引擎高級開發

隨著 RAG 應用在實際生產中不斷改進與完善，更多的 RAG 元件、演算法、最佳化的流程或範式不斷出現，這些新的技術使得 RAG 應用具備了更廣泛的適應能力與更精確的生成能力，對於開發知識密集型的 AI 應用具有長遠的意義。

本章將聚焦於模組化 RAG 時代的一些常見的高級開發階段與相關技術應用。

▶ 8.1 檢索前查詢轉換

查詢轉換（也可以稱為查詢重寫或查詢分析等）已經成為大模型應用中的很重要的工作階段。查詢轉換是一個「檢索前」的階段，用於將輸入問題轉換成一種或多種其他形式的查詢輸入。常見的查詢轉換類型如下。

（1）將輸入問題轉為更有利於嵌入的問題，以提高召回知識的精確性。

（2）對輸入問題進行語義豐富與擴充，有利於從資料中生成更全面與更準確的答案。

（3）將初始查詢的輸入問題分解成不同的多個子問題，分別查詢，最後合成答案。

（4）將初始查詢分解成可以多步完成的子查詢，透過分步查詢得出答案。

為什麼需要查詢轉換？以這樣一個場景為例，我們在使用一個問答或搜尋系統時，通常習慣用輸入的單一問題查詢，但是單一問題可能無法完整地或更深入細緻地表達使用者真正的意圖，這可能導致檢索的相關知識無法更進一步地覆蓋需要了解的內容。比如，我們想了解「GPT-4 模型」，那麼可以生成類似於「GPT-4 模型的基準測試性能」「GPT-4 模型的使用定價」「GPT-4 模型的 API 介紹」等相關問題，這些問題可以更進一步地幫助檢索相關知識，並提供不同的角度，生成更全面與更深入的答案。

在實際應用中，查詢轉換可能是一次完成的，即在檢索之前對輸入問題進行重寫，也可能是多次進行的，比如在一些新型的 RAG 範式中，在對輸入問題進行重寫並檢索生成結果後，可能會根據生成結果的品質評估結果，再次查詢轉換，並進行多次迭代。

8.1.1 簡單查詢轉換

借助強大的大模型，你可以使用 Prompt 對查詢進行簡單的重寫，比如：

```
from llama_index.core import PromptTemplate
from llama_index.llms.openai import OpenAI

prompt_rewrite_temp = """\
您是一個聰明的查詢生成器。請生成與以下查詢相關的 {num_queries} 個查詢問題 \n
注意每個查詢問題都佔一行 \n
我的查詢：{query}
生成查詢列表：
"""
prompt_rewrite = PromptTemplate(prompt_rewrite_temp)
llm = OpenAI(model="gpt-3.5-turbo")

# 查詢轉換的方法
def rewrite_query(query: str, num: int = 3):
    response = llm.predict(
        prompt_rewrite, num_queries=num, query=query
    )

    # 假設大模型將每個查詢問題都放在一行上
    queries = response.split("\n")
    return queries

print(rewrite_query(" 中國目前大模型的發展情況如何？ "))
```

在這個簡單的查詢轉換函數中，你可以根據實際需要對 Prompt 進行自訂與完善。

當然，這種方法的缺點是在沒有任何上下文環境與額外指令的情況下容易產生較大的不確定性，甚至產生較大的真實意圖偏離，因此並不建議在查詢之前使用，可以考慮在資料準備與載入階段使用。

（1）用原始知識（主要是問答類知識）生成相似問題，做語義豐富。

（2）用於中繼資料取出，用原始知識生成假設性查詢問題用於嵌入。

8.1.2 HyDE 查詢轉換

HyDE（Hypothetical Document Embeddings，假設性文件嵌入）查詢轉換是一種已經被證明在很多場景中有著較好效果的查詢轉換技術。其基本過程是根據輸入問題生成一個假設性答案，然後對該假設性答案進行嵌入與檢索（可以同時攜帶原問題），如圖 8-1 所示。

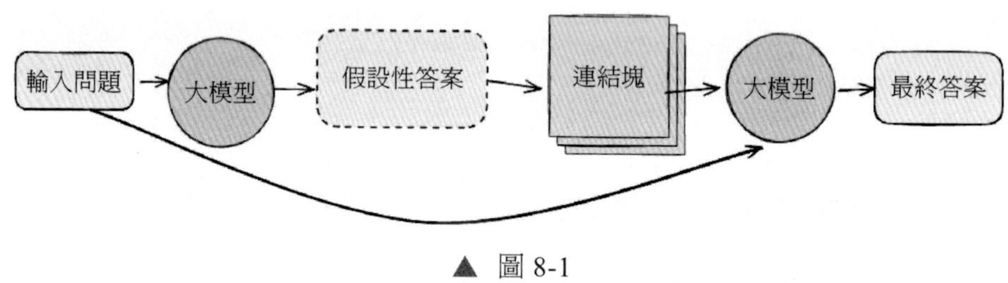

▲ 圖 8-1

這種轉換並不複雜，你可以透過提示工程實現。這裡借助 LlamaIndex 框架中的 HyDE 查詢轉換器來簡單測試：

```
from llama_index.core.indices.query.query_transform import
HyDEQueryTransform
from llama_index.llms.openai import OpenAI
from llama_index.core import PromptTemplate

# 修改成中文 Prompt
hyde_prompt_temp = """\
請生成一段文字來回答輸入問題 \n
盡可能含有更多的關鍵細節 \n
{context_str}
生成內容：
"""
hyde_prompt = PromptTemplate(hyde_prompt_temp)

llm = OpenAI(model="gpt-3.5-turbo")
hyde = HyDEQueryTransform(llm=llm)
hyde.update_prompts({'hyde_prompt':hyde_prompt})

query_bundle = hyde.run(" 請介紹小麥手機的主要配置 ")
print(query_bundle.__dict__)
```

例子中使用了 HyDEQueryTransform 這個查詢轉換器來轉換輸入問題。需要注意的是，HyDE 查詢轉換器轉換後的結果是用於嵌入與檢索的，因此並不會直接傳回一個新的 query_str（輸入問題），而是將輸入問題放在 query_bundle 這個包裝物件的 custom_embedding_strs 欄位中。這個欄位會在查詢時被用於嵌入與檢索，如圖 8-2 所示。

```
{'query_str': '请介绍小麦手机的主要配置', 'image_path': None, 'custom_embedding_strs': ['小麦手机是一款性价比
极高的智能手机，主要配置包括6.5英寸全高清屏幕，搭载最新的骁龙865处理器，运行流畅快速。内置8GB RAM和128GB存储
空间，支持扩展存储。拥有一颗4800mAh大容量电池，支持快充功能，续航能力强。此外，小麦手机还配备了一组后置四摄像
头系统，主摄像头为6400万像素，支持4K视频拍摄，前置摄像头为3200万像素，拍摄效果清晰逼真。系统方面，小麦手机运
行最新的Android 11操作系统，界面简洁易用，功能丰富。整体来说，小麦手机的主要配置非常强大，适合日常使用和娱乐
```

▲ 圖 8-2

在實際應用中，為了簡化轉換後的查詢過程，一般會建議使用 TransformQueryEngine 這個封裝類型來給已有的查詢引擎增加基於 HyDE 的查詢轉換能力，從而可以透明地使用 HyDE 查詢轉換器，而無須自己管理：

```
......這裡假設已經建構了一個城市資訊查詢引擎......
query_engine = create_city_engine('南京市')        #城市資訊查詢引擎
hyde_query_engine = TransformQueryEngine(query_engine, hyde)

print('\nQuerying the city engine...')
response = query_engine.query('南京市的人口是多少？經濟發展如何？')
pprint_response(response,show_source=True)

print('\nQuerying the HyDE city engine...')
response_hyde = hyde_query_engine.query("南京市的人口是多少？經濟發展如何？")
pprint_response(response_hyde ,show_source=True)
```

這裡使用了 TransformQueryEngine 類型的引擎來完成查詢，並與普通引擎對比。

在不增加 HyDE 查詢轉換時的輸出如圖 8-3 所示。

```
Loading vector index...


Querying the city engine...
Final Response: 南京市的人口为931万人，其中流动人口为265万人，城镇人口为808.52万人。南京市的人口密度较高，2012年底
超过1240人每平方公里，居全国第四位。南京市的人口结构以青壮年为主，15-
59岁人口占68.27%。男性人口占51.05%，男女性别比为104.27:100。南京市人口居住相当集中，其中“江南六区”常住人口达450
万人。南京市的人口受教育程度较高，显示出文化名城和高校众多的优势。
```

▲ 圖 8-3

在增加 HyDE 查詢轉換後的輸出如圖 8-4 所示。

```
Querying the HyDE city engine...
Final Response: 南京市的人口为949.11万人。在经济发展方面，南京市的规模以上工业经济效益综合指数为307.33，超过苏州9
3.1。此外，南京市2016年实现消费品零售总额为5088.20亿元，在福布斯中国大陆最佳商业城市排行中名列第四，被评为ＡＡＡ级城市，也被列
为中国十个变化最大的城市之一。
```

▲ 圖 8-4

可以看出兩者的不同：由於受到基於 HyDE 查詢轉換生成的假設性答案做檢索的影響，召回知識的相關性提高了，因此答案的品質更高。

例子中建構的城市資訊查詢引擎是基於維基百科中城市介紹內容建構的簡單查詢工具，在後面經常使用。

8.1.3 多步查詢轉換

對於一些比較複雜的輸入問題，如果借助查詢引擎直接回答，那麼很可能由於召回的知識塊的精確性或完整性不足，導致回答得不理想或不完整。可以借助多步查詢轉換的思想：從初始的複雜查詢開始，經過多步的查詢轉換與檢索生成，直至能夠完整地回答輸入問題，如圖 8-5 所示。每一次查詢轉換都基於之前的推理過程，提出下一步的問題。

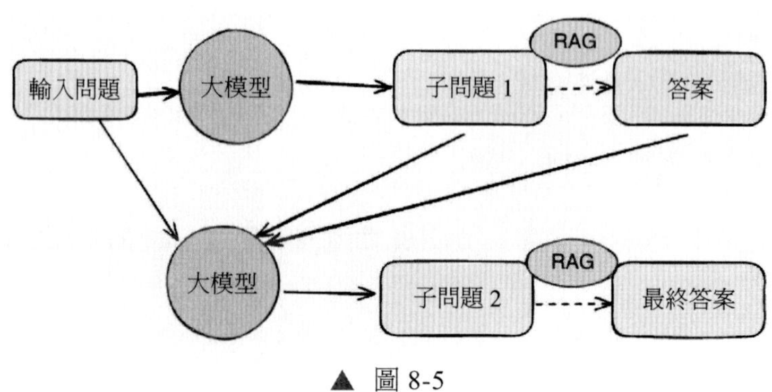

▲ 圖 8-5

下面仍然借用前面的城市資訊查詢引擎來演示多步查詢轉換的用法。

```
...... 建構一個簡單的城市資訊查詢引擎，程式略 ......
query_engine = create_city_engine(['北京市','上海市'])
```

```
# 轉換 Prompt，此處用於更新預設的 Prompt
prompt_templ = """
我們有機會從知識來源中回答部分或全部問題。知識來源的上下文如下，提供了之前的推理步驟。
根據上下文和之前的推理，傳回一個可以從上下文中回答的問題：
1. 這個問題可以幫助回答原問題，與原問題密切相關。
2. 可以是原問題的子問題，或是解答原問題需要的步驟中需要的問題。
如果無法從上下文中提取更多資訊，則提供「無」作為答案。下面舉出了一個範例：

-----
問題：2020 年澳洲網球公開賽冠軍獲得了多少個大滿貫冠軍？
知識來源上下文：提供了 2020 年澳洲網球公開賽冠軍的名字
之前的推理：無
新問題：誰是 2020 年澳洲網球公開賽的冠軍？
-----

我的問題：{query_str}
知識來源上下文：{context_str}
之前的推理：{prev_reasoning}
新問題：

"""

# 查詢轉換器
step_transformer = StepDecomposeQueryTransform(llm=llm_openai,
verbose=True)

# 轉換 Prompt
new_prompt = PromptTemplate(prompt_templ)
step_transformer.update_prompts({'step_decompose_query_prompt':new_prompt})

# 帶有查詢轉換器的查詢引擎
step_query_engine =
MultiStepQueryEngine(query_engine=query_engine,

query_transform=step_transformer,index_summary=' 這是一個關於城市的知
識庫，用於回答與城市資訊相關的問題 ')

print('\nQuerying the stepcompose city engine...')
```

```
response = step_query_engine.query(" 中國首都的城市人口有多少？和上海相比呢？ ")
pprint_response(response,show_source=True)
```

與 HyDE 查詢轉換類似，多步查詢轉換也提供了可直接使用的查詢引擎封裝類型。在建構好的查詢引擎基礎上組合查詢轉換器即可生成 MultiStep-QueryEngine 類型的引擎。觀察這個例子的輸出結果，可以看到引擎在多步查詢轉換中生成的子問題。這些問題用於幫助更進一步地回答原始輸入問題，如圖 8-6 所示。

```
Querying the stepcompose city engine...
> Current query: 中国首都的城市人口有多少? 和上海相比呢?
> New query: 中国首都的城市人口有多少?
> Current query: 中国首都的城市人口有多少? 和上海相比呢?
> New query: 中国首都的城市人口和上海相比, 哪个城市人口更多?
> Current query: 中国首都的城市人口有多少? 和上海相比呢?
> New query: 无
Final Response: 中国首都的城市人口为2184.3万人。和上海相比, 北京的城市人口更多。
```

▲ 圖 8-6

在這樣的例子中，如果我們採用普通的查詢引擎，就會發現很難得出正確的答案，這是因為輸入問題本身不是一個直接的事實性問題，涉及多處召回知識，特別是在 top_K 較小時很容易因為召回知識不夠而無法回答或產生「幻覺」。

8.1.4 子問題查詢轉換

子問題查詢轉換是在問答時透過生成與原問題相關的多個具體的子問題，以便更進一步地解釋與理解原問題，並有助得出最終答案，如圖 8-7 所示。子問題查詢轉換有一種更具體的使用場景：借助 Agent 的思想，根據可用的工具將輸入問題轉為每個工具都可以解答的子問題。這種轉換與多步查詢轉換的區別在於，它需要參考可用的工具，更具有約束性。這可以用於在一些非 Agent 的場景中，對輸入問題進行有約束條件的子問題生成。

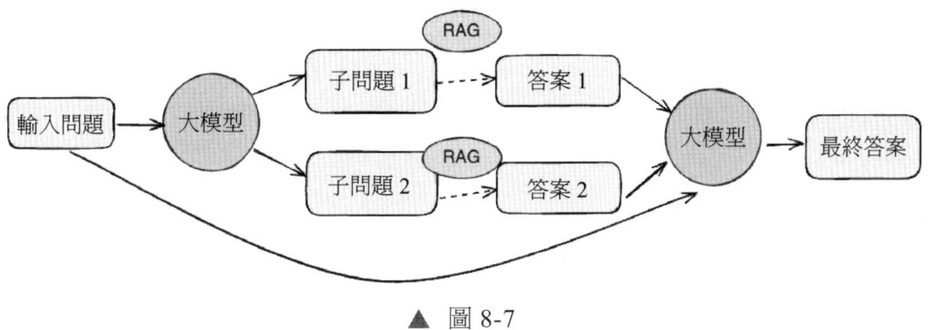

▲ 圖 8-7

下面是一個完整的例子：

```
from llama_index.question_gen.openai import OpenAIQuestionGenerator
from llama_index.llms.openai import OpenAI
from llama_index.core import PromptTemplate,QueryBundle
from llama_index.core.tools import ToolMetadata
import pprint

llm = OpenAI()

question_gen_prompt_templ = """
你可以存取多個工具，每個工具都代表一個不同的資料來源或 API。
每個工具都有一個名稱和一個描述欄位，格式為 JSON 字典。
字典的鍵 (key) 是工具的名稱，值 (value) 是描述。
你的目的是透過生成一系列可以由這些工具回答的子問題來幫助回答一個複雜的使用者問題。

在完成任務時，請考慮以下準則：

    •       盡可能具體
    •       子問題應與使用者問題相關
    •       子問題應可透過提供的工具回答
    •       你可以為每個工具都生成多個子問題
    •       工具必須用它們的名稱而非描述來指定
    •       如果你認為不相關，就不需要使用工具

透過呼叫 SubQuestionList 函數輸出子問題列表。

## Tools
```json
```
```

```
{tools_str}
```
```


## User Question
{query_str}

"""


#rewriter
question_rewriter = OpenAIQuestionGenerator.from_defaults(llm=llm)

# 轉換 Prompt
new_prompt = PromptTemplate(question_gen_prompt_templ)
question_rewriter.update_prompts({'question_gen_prompt':new_prompt})

# 可用的工具，注意這裡只是提供工具的中繼資料，並未真正提供工具
tool_choices = [
    ToolMetadata(
        name="query_tool_beijing",
        description=(
            "用於查詢北京市各個方面的資訊，如基本資訊、旅遊指南、城市歷史等"
        ),
    ),
    ToolMetadata(
        name="query_tool_shanghai",
        description=(
            "用於查詢上海市各個方面的資訊，如基本資訊、旅遊指南、城市歷史等"
        ),
    ),
]

print('-------------------------')
query_str = "北京與上海的人口差距是多少？它們的面積相差多少？"

# 使用 generate 方法生成子問題
choices = question_rewriter.generate(
                                    tool_choices,
                                    QueryBundle(query_str=query_str))

pprint.pprint(choices)
```

程式中提供了多個可用的工具的資訊，然後要求查詢轉換器參考可用的工具對輸入問題生成多個子問題（注意 Prompt 範本內容）。最後的輸出結果如圖 8-8 所示。

```
[SubQuestion(sub_question='查询北京的人口数量', tool_name='query_tool_beijing'),
 SubQuestion(sub_question='查询上海的人口数量', tool_name='query_tool_shanghai'),
 SubQuestion(sub_question='查询北京的面积', tool_name='query_tool_beijing'),
 SubQuestion(sub_question='查询上海的面积', tool_name='query_tool_shanghai')]
```

▲ 圖 8-8

可以看到，查詢轉換器生成了 4 個子問題，分別對應兩個可用的工具，所以透過可用的工具的資訊限制了這種方法的子問題生成。

在這裡的程式中並不需要建構真正的工具來交給查詢轉換器進行生成，只需要舉出工具的基本資訊（名稱與描述，建構成 ToolMetadata 物件）。因此在實際應用中，完全可以用這個例子進行擴充。比如，工具可以不一定是真實存在的查詢引擎，可以把一些用於約束與引導子問題生成的描述「假裝」成工具，並對 Prompt 範本進行簡單的修改，然後要求進行子問題生成，這樣有利於透過拆解子問題來解答一些複雜的輸入問題，並在後面根據輸出的工具名稱有針對性地處理，從而具備了更大的靈活性。

不過，OpenAIQuestionGenerator 類型的物件相依函數呼叫功能來完成推理，因此只能用於支援函數呼叫的大模型。如果你需要使用其他大模型來生成子問題，那麼可以使用 LLMQuestionGenerator 類型的物件，用法完全一樣。

針對子問題生成的查詢轉換場景也提供了現成的查詢引擎元件。透過建構子問題查詢引擎，你可以在更高層上綜合使用多個查詢引擎，比如你可以針對不同年份、不同地區的知識建構獨立的查詢引擎，並透過子問題查詢引擎提供跨引擎的查詢應用。

子問題查詢引擎的工作原理與基本流程如圖 8-9 所示。

（1）借助查詢轉換器對輸入問題進行判斷與分解。

（2）對分解出的多個子問題呼叫對應的查詢引擎（工具）進行查詢。

（3）將查詢的結果整理作為上下文交給大模型進行最終答案生成。

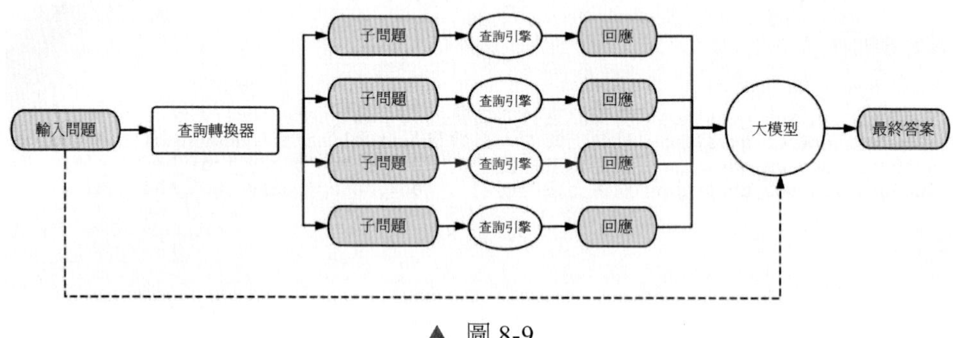

▲ 圖 8-9

這裡使用的查詢轉換器就是前面介紹的 OpenAIQuestionGenerator 或 LLM-QuestionGenerator，預設為 OpenAIQuestionGenerator，如果大模型不支援函數呼叫，那麼使用 LLMQuestionGenerator。

下面用一個簡單的例子演示子問題查詢引擎的用法：

```
......
from llama_index.core.query_engine import SubQuestionQueryEngine
......

...... 省略 create_city_engine 方法 ......

# 建構兩個城市資訊查詢引擎
query_engine_nanjing = create_city_engine(' 南京市 ')
query_engine_shanghai = create_city_engine(' 上海市 ')

# 查詢引擎作為工具
query_engine_tools = [
    QueryEngineTool(
        query_engine=query_engine_nanjing,
        metadata=ToolMetadata(
        name="query_tool_nanjing",
        description=" 用於查詢南京市各個方面的資訊，如基本資訊、旅遊指南、城
市歷史等 "
        ),
    ),
```

```
    QueryEngineTool(
        query_engine=query_engine_shanghai,
        metadata=ToolMetadata(
        name="query_tool_shanghai",
        description="用於查詢上海市各個方面的資訊，如基本資訊、旅遊指南、城
市歷史等"
        ),
    ),
]

# 建構子問題查詢引擎
query_engine = SubQuestionQueryEngine.from_defaults(
    query_engine_tools=query_engine_tools,
    use_async=True,
)

# 查詢
response = query_engine.query(
    "北京與上海的人口差距是多少？ GDP 大約相差多少？使用中文回答"
)

print(response)
```

觀察這個例子的輸出結果，如圖 8-10 所示。

```
Generated 4 sub questions.
[query_tool_nanjing] Q: 查询北京的人口数量
[query_tool_shanghai] Q: 查询上海的人口数量

[query_tool_shanghai] Q: 查询上海的GDP
[query_tool_shanghai] A: 上海的人口数量为 24870895 人。
[query_tool_nanjing] A: 北京的人口数量为2184.3万人。

[query_tool_shanghai] A: 上海的GDP为4.32万亿人民币，约合6698亿美元，位居世界第四。
北京与上海的人口差距为296.55万人。GDP大约相差为1.88万亿元。
```

▲ 圖 8-10

在這個例子中，由於城市資訊查詢引擎是針對單一城市的查詢工具，輸入問題很顯然是無法在一個查詢引擎中得到答案的。借助子問題查詢引擎，這裡的問題被分解成了 4 個子問題，透過對應的工具（也就是單一城市資訊查詢引擎）獲得了答案，並在搜集到所有子問題的答案後生成了最終答案，從而使問題得到完美解決。

如果你對 Agent 有所了解，就會發現子問題查詢引擎的工作模式與 Agent 的工作模式非常相似，都是把工具集交給一個工作引擎，讓其進行任務細分並選擇合適的工具來完成。兩者的主要區別在於：子問題查詢引擎對任務的規劃（子問題的生成）是借助大模型一次性完成的，而 Agent 對任務的規劃（比如 ReAct 推理範式）通常是動態完成的，即在任務執行的過程中，透過對前面步驟執行結果的觀察及任務目標進行推理，採取下一步行動。因此，從任務執行的特點上來看，Agent 更符合人類執行任務的行為模式，更具有靈活性，但也具有更大的不確定性。

▶ 8.2 檢索後處理器

在實際應用中，從檢索器的輸出到回應生成器的輸入，往往還可能需要一些額外的處理步驟，比如對內容做一些關鍵字篩選，或將多個檢索器的輸出重排序等。雖然你完全可以透過自訂程式對檢索器傳回的 Node 列表進行任意處理，但是 LlamaIndex 框架中內建了一種更簡單的模組化方法，即透過節點後處理器（Node Postprocessor）來完成。

8.2.1 使用節點後處理器

節點後處理器是一種對檢索出的 Node 進行轉換、過濾或重排序等的元件，其一般用在查詢引擎內，工作在檢索器之後、回應生成器之前，如圖 8-11 所示。

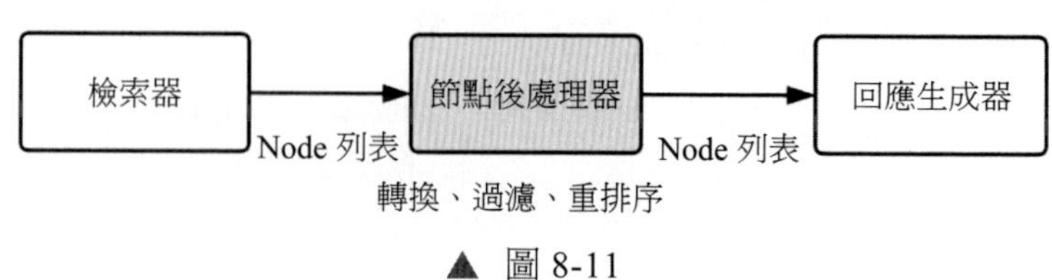

▲ 圖 8-11

LlamaIndex 框架中內建了很多開箱即用的節點後處理器。你也可以透過介面實現自訂的處理器。與檢索器等很多元件一樣，節點後處理器既可以獨立使用，也可以作為參數插入查詢引擎中使用。

1．獨立使用節點後處理器

可以直接建構指定類型的節點後處理器，然後呼叫 postprocess_nodes 方法對 Node 進行處理：

```
......先檢索出 Node，假設儲存在 nodes_with_scores 變數中
processor = SimilarityPostprocessor(similarity_cutoff=0.8)
filtered_nodes = processor.postprocess_nodes(nodes_with_scores)
......將 filtered_nodes 變數用於回應生成
```

2．插入查詢引擎中使用節點後處理器

你可以像建構資料攝取管道時插入多個轉換器一樣，在建構查詢引擎時可以插入多個節點後處理器，這些處理器會被查詢引擎自動使用：

```
......
vector_index = VectorStoreIndex(nodes)
query_engine = vector_index.as_query_engine(
    node_postprocessors=[
        SimilarityPostprocessor(similarity_cutoff=0.5)
    ]
)
......
```

8.2.2 實現自訂的節點後處理器

自訂的節點後處理器可以從 BaseNodePostprocessor 元件中衍生，並透過 _postprocess_nodes 介面來實現。我們可以增加任意的自訂邏輯。比如，我們需要使用正規表示法過濾檢索出的 Node 內容，那麼可以定義這樣的節點後處理器：

```
......
class MyNodePostprocessor(BaseNodePostprocessor):
    def _postprocess_nodes(
        self, nodes: List[NodeWithScore], query_bundle:
Optional[QueryBundle]
    ) -> List[NodeWithScore]:
```

```
        pattern = r" 過濾正規表示法 "
        filtered_nodes = []
        for node in nodes:
            if not re.search(pattern, node.text):
                filtered_nodes.append(node)
        nodes = filtered_nodes
        return nodes
```

然後，在建構查詢引擎時使用：

```
query_engine = vector_index.as_query_engine(
    node_postprocessors=[
        MyNodePostprocessor()
    ]
)
```

將這個節點後處理器插入查詢引擎中，它就會在檢索後被自動使用以過濾 Node 內容。

8.2.3 常見的預先定義的節點後處理器

下面介紹一些常見的預先定義的節點後處理器，並介紹其基本原理與用法。

1．相似度過濾處理器

相似度過濾是一種常見的過濾策略。在召回相關 Node 時，你可能希望對相似度評分做一次過濾，比如只召回評分高於 0.7 的 Node，以確保上下文的高度相關性，那麼可以使用節點後處理器。

（1）處理器類型：SimilarityPostprocessor。

（2）輸入參數：similarity_cutoff，過濾的評分設定值。

2．關鍵字過濾處理器

8.2.2 節介紹的自訂的節點後處理器就是關鍵字過濾處理器的一種模擬實現。關鍵字過濾處理器允許你指定過濾的關鍵字，包括需要匹配的關鍵字或需要排除的關鍵字。

（1）處理器類型：KeywordNodePostprocessor。

（2）輸入參數：required_keywords，需要匹配的關鍵字。

exclude_keywords，需要排除的關鍵字。

注意：LlamaIndex 框架內建的關鍵字處理器並非使用簡單的字串過濾關鍵字，而是使用 spacy 這個 NLP 處理函數庫來更靈活地過濾關鍵字（比如可以支援英文中的詞形還原 / 詞幹提取）。如果需要實現中文過濾，就要在建構處理器時指定 lang 這個語言參數。

以下是一個簡單地使用關鍵字過濾處理器的程式樣例：

```
...... 建構關鍵字過濾處理器 ......
processor = KeywordNodePostprocessor(required_keywords=[" 小麥手機 "],
                                     exclude_keywords=[],
                                     lang='zh-Hans')
filtered_nodes = processor.postprocess_nodes(nodes_with_scores)
......
```

3．中繼資料替換處理器

中繼資料替換處理器的作用是用中繼資料中某個 key 的內容替換 Node 中的文字內容。還記得在介紹資料載入時介紹的一種叫 SentenceWindowNodeParser 的資料分割器嗎？這種資料分割器在把 Document 解析與分割成多個 Node 時，會先按句子解析與分割，同時在每個 Node 的中繼資料中都保留指定視窗大小內的上下文內容。其目的是在檢索完後獲得更多的上下文內容（視窗內容）。這種對上下文內容的擴充示意圖如圖 8-12 所示。

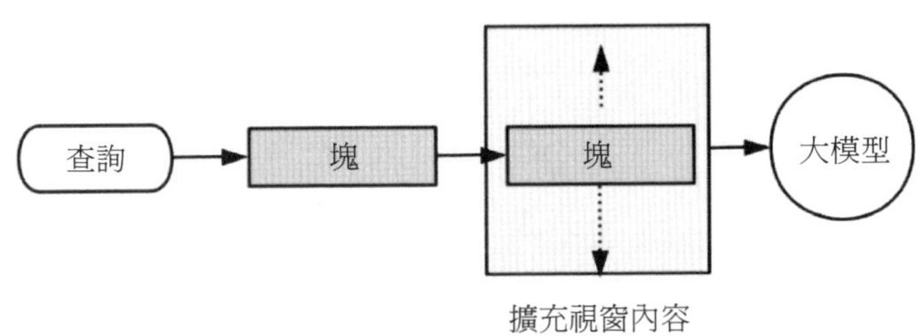

▲ 圖 8-12

那麼如何讓檢索出的 Node 內容擴充到整個視窗呢？可以利用中繼資料替換處理器，用儲存在中繼資料中的視窗內容替換 Node 內容即可。先看下面的範例程式：

```
......
docs = [Document(text=" 小麥手機是小麥公司最新出的第十代手機產品。\
                    採用了最先進的國產紅旗 CPU 晶片。\
                    採用了 6.95 寸的 OLED 顯示幕幕與 5000 毫安培的電池容量。")]

# 解析與分割文件
node_parser = SentenceWindowNodeParser.from_defaults(
    sentence_splitter=my_chunking_tokenizer_fn,
    window_size=3,
    window_metadata_key="window",
    original_text_metadata_key="original_text",
)
nodes = node_parser.get_nodes_from_documents(docs)
vector_index = VectorStoreIndex(nodes=nodes)
```

這裡使用了 SentenceWindowNodeParser 這個資料分割器（為了能夠把文字解析成 3 個句子，使用了自訂的 splitter 函數 my_chunking_tokenizer_fn），要求每個 Node 都保留前後 3 個句子的上下文內容 (window_size=3），並把視窗內容放在中繼資料的 window 這個 key 中。接著，使用 get_nodes_from_documents 方法分割 Node，這裡的 3 句話會被分割成 3 個 Node。第一個 Node 的內容如圖 8-13 所示。

```
Count of nodes: 3

-----
Node 0, ID: d513bf72-e549-476b-8ff9-1fa97f207834

text:小麦手机是小麦公司最新出的第十代手机产品

metadata:{'window': '小麦手机是小麦公司最新出的第十代手机产品 采用了中国最先进的国产红旗CPU芯片 采用了6
.95寸的OLED显示屏幕与5000毫安的电池容量', 'original_text': '小麦手机是小麦公司最新出的第十代手机产品'}
-----

-----
```

▲ 圖 8-13

這裡的「text」中只儲存了文字的第一句話，但是在「metadata」的「window」中儲存了更多的視窗內容，這部分內容就是後面需要用於替換的內容。下面生成一個查詢引擎，先在不指定節點後處理器的情況下看一個測試問題的答案：

```
# 此時不指定節點後處理器
query_engine = vector_index.as_query_engine(
    similarity_top_k=1
)
window_response = query_engine.query(
    " 小麥手機是哪個公司出品的，採用什麼晶片？ "
)
pprint_response(window_response,show_source=True)
```

輸出結果如圖 8-14 所示，因為只檢索出了一個 Node，所以導致攜帶的上下文內容過少，因此無法完整地回答這個問題。

```
-----
Final Response:
小麦手机是由小麦公司出品的。然而，关于具体的采用何种芯片的信息，在给定的上下文中并未提供。因此，这方面的细节需要参考其他来源或官方发布。
______________________________________________________________________
Source Node 1/1
Node ID: d513bf72-e549-476b-8ff9-1fa97f207834
Similarity: 0.7427610189177628
Text: 小麦手机是小麦公司最新出的第十代手机产品
```

▲ 圖 8-14

把上述程式修改如下，建構一個 Node 後的中繼資料替換處理器，並要求用「metadata」的「window」中的內容來替換 Node 中「text」的內容：

```
query_engine = vector_index.as_query_engine(
    similarity_top_k=1,
    node_postprocessors=[
        MetadataReplacementPostProcessor ( target_metadata_key =
"window" )
    ],
)
```

然後，查看輸出結果，可以發現由於攜帶了更多的視窗內容，因此能夠完整地回答這個問題，如圖 8-15 所示。

```
Final Response: 小麦手机是由小麦公司出品的。它采用了中国最先进的国产红旗CPU芯片。
______________________________________________________________________
Source Node 1/1
Node ID: e30856a9-65cf-4604-a591-e59d843d03fa
Similarity: 0.7427610189177628
Text: 小麦手机是小麦公司最新出的第十代手机产品 采用了中国最先进的国产红旗CPU芯片
采用了6.95寸的OLED显示屏幕与5000毫安的电池容量
```

▲ 圖 8-15

4．固定時間排序處理器

這種處理器可以指定一個中繼資料中代表時間的 key 欄位，在處理時會根據對應的中繼資料內容（時間類型）進行倒排序，並傳回指定數量的 Node。比如，下面的程式中要求處理器根據中繼資料的 create_time 欄位進行倒排序，然後傳回時間最近的 Node：

```
......
query_engine = vector_index.as_query_engine(
    similarity_top_k=3,
    node_postprocessors=[
        FixedRecencyPostprocessor ( top_k=1, date_key="create_time" )
    ],
)
```

還有一些其他類型的時間排序處理器，比如 EmbeddingRecencyPostprocessor 會使用嵌入模型判斷相似度，將一些過於相似的舊 Node 刪除後進行時間排序等，有興趣的讀者可以參考官方文件做研究測試。

8.2.4 Rerank 節點後處理器

在所有的節點後處理器中，Rerank（重排序）節點後處理器是一種常見的類型，也是在 RAG 應用最佳化中最重要的一種處理器。簡單地說，Rerank 節點後處理器就是對檢索出的 Node 列表進行重排序，使得其排名與使用者輸入問題的相關性更高，即越準確、越相關的 Node 排名越靠前，從而讓大模型在響應生成時能夠優先考慮更相關的內容，提高輸出的品質。

有了基於向量儲存索引與語義相似度的檢索，為什麼還需要重排序？

（1）RAG 應用中有多種索引類型，很多索引並不是基於語義與向量建構的，其檢索的結果需要借助獨立的階段重排序。

（2）隨著 RAG 應用和複雜範式的發展，單一索引往往難以滿足業務需求。在很多應用中，我們會使用混合檢索、搜尋、資料庫查詢等來獲取相關知識。這些來自不同來源、不同檢索技術的相關知識更需要重排序。

（3）即使完全基於向量建構的索引，由於受到不同的嵌入模型、相似演算法、語言環境、領域知識特點等的影響，其語義檢索的排序也可能發生較大的偏差。此時，使用獨立的重排序環節對其進行糾正是非常有必要的。

重排序通常需要使用獨立的 Rerank 模型來實現。本節將介紹兩種被廣泛使用的也被認為效果較佳的重排序方式。

1．使用 Cohere Rerank 模型

Cohere Rerank 模型是一個商業閉源的 Rerank 模型。它根據與指定查詢問題的語義相關性對多個文字輸入進行排序，專門用於幫助重排序與提升關鍵字搜尋或向量搜尋傳回結果的品質。

為了使用 Cohere Rerank 模型，你首先需要在官方網站上註冊，然後申請測試的 API Key（測試使用免費），如圖 8-16 所示。

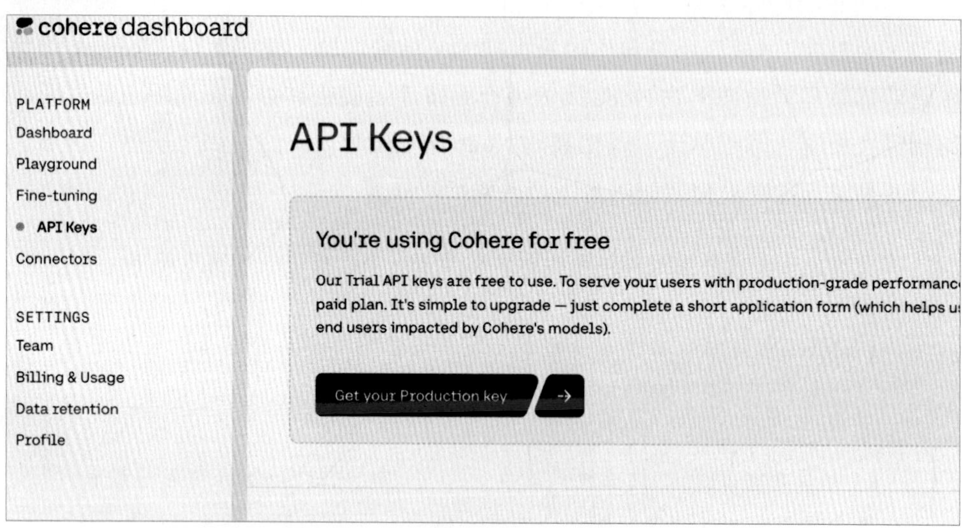

▲ 圖 8-16

使用 Cohere Rerank 模型的方法非常簡單，使用以下測試程式查看使用 Rerank 模型之前和之後的相關 Node 的區別：

```
......
docs =
SimpleDirectoryReader(input_files=["../../data/yiyan.txt"]).load_
data()
nodes =
SentenceSplitter(chunk_size=100,chunk_overlap=0).get_nodes_from_
documents(docs)
vector_index = VectorStoreIndex(nodes)

retriever =vector_index.as_retriever(similarity_top_k=5)

# 直接檢索出結果
```

```
nodes = retriever.retrieve(" 百度文心一言的邏輯推理能力怎麼樣？ ")
print('================before rerank================')
print_nodes(nodes)

# 使用 Cohere Rerank 模型重排序結果
cohere_rerank =
CohereRerank(model='rerank-multilingual-v3.0',api_key='***',
top_n=2)
rerank_nodes = cohere_rerank.postprocess_nodes(nodes,query_str=' 百
度文心一言的邏輯推理能力怎麼樣？ ')
print('================after rerank================')
print_nodes(rerank_nodes)
```

直接檢索出的結果如圖 8-17 所示。

```
================before rerank================
Count of nodes: 5

-----
Node 0, ID: d301ec8a-8182-43c4-bc74-1852e27c26c6

text: (一) 什么是文心一言
文心一言是百度研发的 人工智能大语言模型产品，能够通过上一句话，预测生成下一段话。

metadata:{'file_path': '../../data/yiyan.txt', 'file_name': 'yiyan.txt', 'file_type': 'text/plain', 'file_si
Score: 0.6397991537775823
-----

-----
Node 1, ID: f69c6fca-7f03-4b0b-91c3-bf5292f8672c

text: (二) 文心一言的基础能力
文心一言由文心大模型驱动，具备理解、生成、逻辑、记忆四大基础能力。当前文心大模型已升级至4.0版本，能够帮助你车

metadata:{'file_path': '../../data/yiyan.txt', 'file_name': 'yiyan.txt', 'file_type': 'text/plain', 'file_si
Score: 0.6020282685246693
-----
```

▲ 圖 8-17

這裡只列印了排名前兩位的 Node 內容，用於與後面使用 Rerank 模型後的排名做對比。

下面再看一下經過 Rerank 模型重排序後的前兩名，如圖 8-18 所示。

```
================after rerank================
Count of nodes: 2

-----
Node 0, ID: f69c6fca-7f03-4b0b-91c3-bf5292f8672c

text: (二) 文心一言的基础能力
文心一言由文心大模型驱动，具备理解、生成、逻辑、记忆四大基础能力。当前文心大模型已升级至4.0版

metadata:{'file_path': '../../data/yiyan.txt', 'file_name': 'yiyan.txt', 'file_type': 'text/
Score: 0.9520419
-----

-----
Node 1, ID: d301ec8a-8182-43c4-bc74-1852e27c26c6

text: (一) 什么是文心一言
文心一言是百度研发的 人工智能大语言模型产品, 能够通过上一句话, 预测生成下一段话。

metadata:{'file_path': '../../data/yiyan.txt', 'file_name': 'yiyan.txt', 'file_type': 'text/
Score: 0.2391716
-----
```

▲ 圖 8-18

很明顯，前兩名的排名剛好與未經過 Rerank 模型處理的排名相反！從對應的評分（Score）中也能看出，在使用 Rerank 模型處理之後，Node 內容的相關性和其對應的評分更匹配。

2．使用 bge-reranker-large 模型

bge-reranker-large 模型是智源研究院開放原始碼的被廣泛使用的 Rerank 模型，在許多的模型測試中有著較優秀的成績。我們使用 Hugging Face 平臺的 TEI 部署這個模型並提供服務（TEI 的安裝與部署請參考第 2 章）。以 MacOS 系統為例，啟動該模型的服務，在命令列執行以下命令即可自動下載 bge-reranker- large 模型並啟動服務：

```
> model=BAAI/bge-reranker-large
> text-embeddings-router --model-id $model --port 8080
```

在使用 bge-reranker-large 模型之前，先透過瀏覽器進行 API 測試，造訪 http://localhost:8080/docs，進入 TEI 的 API 文件頁面，找到其中的「/rerank」服務，點擊「Try it out」按鈕，輸入簡單的請求參數進行測試，請求頁面如圖 8-19 所示。

POST **/rerank** Get Ranks. Returns a 424 status code if the model is not a Sequence Classification model with

Get Ranks. Returns a 424 status code if the model is not a Sequence Classification model with a single class.

Parameters

No parameters

Request body required

```
{
  "query": "What is Deep Learning?",
  "raw_scores": false,
  "return_text": false,
  "texts": [
    "Deep Learning is ..."
  ],
  "truncate": false
}
```

▲ 圖 8-19

如果看到如圖 8-20 所示的結果，那麼代表 API 服務正常。

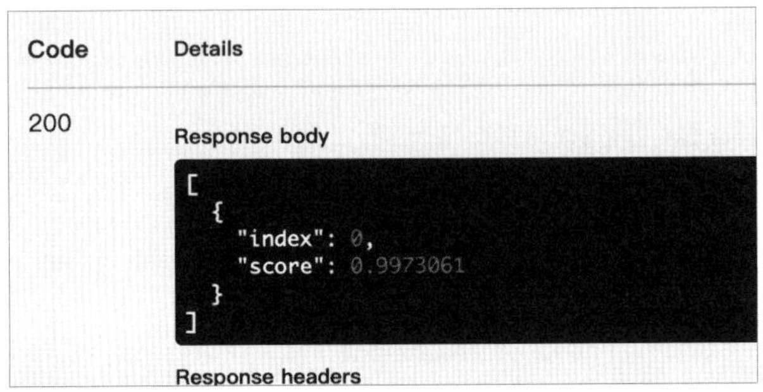

▲ 圖 8-20

然後，可以開始設計使用該服務的 Rerank 節點後處理器，由於 LlamaIndex 框架目前並沒有內建該模型的處理器，因此需要建構一個自訂的節點後處理器。下面舉出完整的程式：

```
import requests
from typing import List, Optional
from llama_index.core.bridge.pydantic import Field, PrivateAttr
```

```
from llama_index.core.postprocessor.types import
BaseNodePostprocessor
from llama_index.core.schema import NodeWithScore, QueryBundle

class BgeRerank(BaseNodePostprocessor):
    url: str = Field(description="Rerank server url.")
    top_n: int = Field(description="Top N nodes to return.")

    def __init__(self,top_n: int,url: str):
        super().__init__(url=url, top_n=top_n)

    # 呼叫 TEI 的 Rerank 模型服務
    def rerank(self, query, texts):
        url = f"{self.url}/rerank"
        request_body = {"query": query, "texts": texts, "truncate":
False}
        response = requests.post(url, json=request_body)
        if response.status_code != 200:
            raise RuntimeError(f"Failed to rerank, detail:
{response}")
        return response.json()

    @classmethod
    def class_name(cls) -> str:
        return "BgeRerank"

    # 實現 Rank 節點後處理器的介面
    def _postprocess_nodes(
        self,
        nodes: List[NodeWithScore],
        query_bundle: Optional[QueryBundle] = None,
    ) -> List[NodeWithScore]:
        if query_bundle is None:
            raise ValueError("Missing query bundle in extra info.")
        if len(nodes) == 0:
            return []

        # 呼叫 Rerank 模型
        texts = [node.text for node in nodes]
```

```
        results = self.rerank(
            query=query_bundle.query_str,
            texts=texts,
        )

        # 組裝並傳回 Node
        new_nodes = []
        for result in results[0 : self.top_n]:
            new_node_with_score = NodeWithScore(
                node=nodes[int(result["index"])].node,
                score=result["score"],
            )
            new_nodes.append(new_node_with_score)
        return new_nodes
```

在建構這個自訂的節點後處理器後，就可以像使用內建處理器一樣使用它，只需要把「使用 Cohere Rerank 模型」的例子稍做修改即可：

```
......
# 建構自訂的節點後處理器
customRerank = BgeRerank(url="http://localhost:8080",top_n=2)

# 測試處理 Node
rerank_nodes = customRerank.postprocess_nodes(nodes,query_str=' 百度
文心一言的邏輯推理能力怎麼樣 ?')
......
```

當然，也可以在建構查詢引擎時直接使用：

```
query_engine = vector_index.as_query_engine(
    similarity_top_k=3,
    node_postprocessors=[customRerank],
)
```

最後，輸出經過重排序的 Node 內容。如果一切正常，那麼你會發現結果與使用 Cohere Rerank 模型輸出的結果類似，如圖 8-21 所示。

```
-----
================after rerank================
Count of nodes: 2

-----
Node 0, ID: 1b963c4c-5d81-48c2-ac29-c79f8eb17139

text: (二) 文心一言的基础能力
文心一言由文心大模型驱动, 具备理解、生成、逻辑、记忆四大基础能力。当前文心大模型已升级至

metadata:{'file_path': '../../data/yiyan.txt', 'file_name': 'yiyan.txt', 'file_type': 't
Score: 0.9158089
-----

-----
Node 1, ID: 2eece6f7-d0ce-4cb1-baf4-84e6aae01a5f

text: (一) 什么是文心一言
文心一言是百度研发的 人工智能大语言模型产品, 能够通过上一句话, 预测生成下一段话。

metadata:{'file_path': '../../data/yiyan.txt', 'file_name': 'yiyan.txt', 'file_type': 't
Score: 0.8177201
```

▲ 圖 8-21

▶ 8.3 語義路由

8.3.1 了解語義路由

有這種應用場景與需求：你根據不同的知識庫與應用特點建構了不同的查詢引擎，它們不同導向的領域知識，採用了不同的索引（比如 VectorIndex 與 GraphIndex）。你需要給使用者（可能是人或應用）提供一致的體驗，他們無須關心後端使用的真實查詢引擎是哪一個，只需要輸入問題即可獲得正確的答案。

在模組化 RAG 應用中，通常借助路由模組（Router）在檢索之前辨識使用者的意圖，並根據意圖將輸入問題交給後面不同的檢索生成流程來解決（如圖 8-22 所示）。路由模組通常借助大模型提供基於語義的判斷能力，用於選擇以下類似的場景。

（1）作為單純的選擇器，在多種選擇（比如選擇某段文字）中進行決策。

（2）在多種不同的知識資料來源中選擇需要查詢的目標。

（3）在多種不同的索引或回應類型中選擇，比如是回答事實性問題還是總結內容。

（4）選擇多個查詢引擎同時回應生成結果，併合並結果。

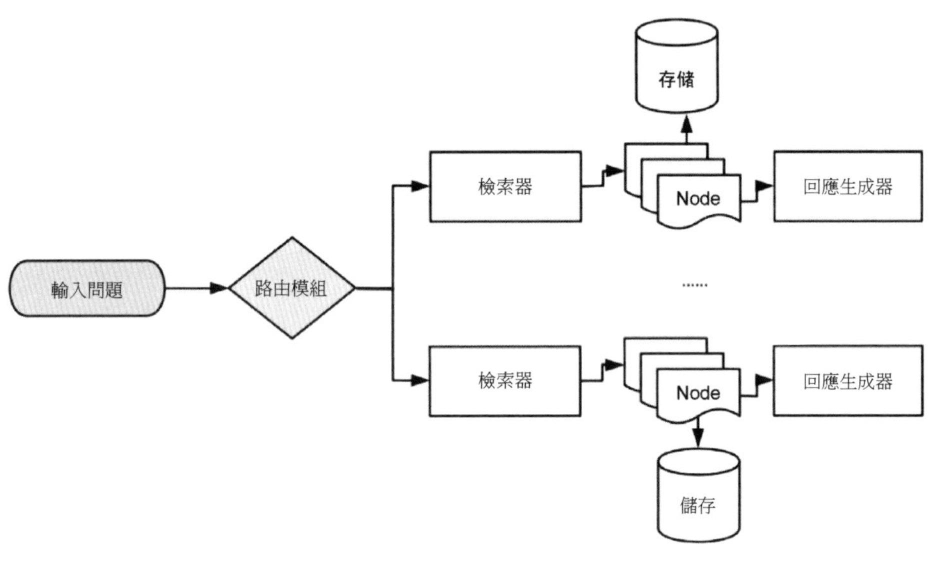

▲ 圖 8-22

一個基於大模型的路由模組至少由以下兩個部分組成。

（1）Selector：選擇器，一般借助大模型來實現。LlamaIndex 框架中有兩種選擇器：一種是 Pydantic 類型的選擇器，相依 OpenAI 函數呼叫功能實現路由；另一種是通用的大模型選擇器，在把可選擇的資訊組裝到 Prompt 後要求大模型根據輸入語義做出選擇。

（2）多個候選項：提供給選擇器選擇的目標。可以是多個查詢引擎、多個檢索器，甚至是簡單的多個字串選項。

比如，一個查詢引擎的路由模組（嚴格地說是帶有路由功能的查詢引擎）的建構方式如下：

```
query_engine = RouterQueryEngine(
    selector = LLMSingleSelector.from_defaults();
    query_engine_tools = [...... 多個 tool......]
}
```

8.3.2 帶有路由功能的查詢引擎

下面用一個實例來演示如何將使用者查詢路由到不同的查詢引擎，從而實現根據語義查詢不同的知識來源後進行回應生成。用之前測試的兩個知識文件（xiaomai.txt、yiyan.txt）簡單地模擬，並建構各自獨立的查詢引擎：

```
......
docs_xiaomai =
SimpleDirectoryReader(input_files=[".../.../data/xiaomai.txt"]).
load_data()
docs_yiyan =
SimpleDirectoryReader(input_files=[".../.../data/yiyan.txt"]).load
_data()

vectorindex_xiaomai =
VectorStoreIndex.from_documents(docs_xiaomai)
query_engine_xiaomai = vectorindex_xiaomai.as_query_engine()

vectorindex_yiyan = VectorStoreIndex.from_documents(docs_yiyan)
query_engine_yiyan = vectorindex_yiyan.as_query_engine()
```

然後，建構帶有路由功能的查詢引擎。為了讓路由模組在決策時知道有哪些選擇，需要把候選的查詢引擎包裝成工具，然後交給帶有路由功能的查詢引擎：

```
......
#建構第一個工具
tool_xiaomai = QueryEngineTool.from_defaults(
    query_engine=query_engine_xiaomai,
    description="用於查詢小麥手機的資訊",
)
```

```
# 建構第二個工具
tool_yiyan = QueryEngineTool.from_defaults(
    query_engine=query_engine_yiyan,
    description=" 用於查詢文心一言的資訊 ",
)

# 建構路由模組
query_engine = RouterQueryEngine(
    selector=LLMSingleSelector.from_defaults(),   # 選擇器
    query_engine_tools=[                  # 候選工具
        tool_xiaomai,tool_yiyan
    ]
)

# 像使用查詢引擎一樣使用即可
response = query_engine.query(" 什麼是文心一言，用中文回答 ")
pprint_response(response,show_source=True)
```

這樣，帶有路由功能的查詢引擎就會根據使用者的輸入問題，自動選擇後端的工具（不同的查詢引擎）進行回應生成。在這個例子中，不同的查詢引擎對應了不同的資料來源。

你也可以針對同一個資料來源設計不同的索引類型或回應類型的查詢引擎，然後透過路由進行選擇。比如，一個查詢引擎用於回答事實性與細節性的問題，採用普通的 compact 模式的回應生成器；另一個查詢引擎用於回答總結性的問題，採用 tree_summarize 模式的回應生成器：

```
......
# 針對同一個索引建構不同的回應類型的查詢引擎
query_engine_quesiton =\
 vectorindex_xiaomai.as_query_engine(response_mode="compact")
query_engine_summary =\

vectorindex_xiaomai.as_query_engine(response_mode="simple_summarize")

#「工具化」查詢引擎
tool_question = QueryEngineTool.from_defaults(
    query_engine=query_engine_quesiton,
```

```
    description="用於回答事實性與細節性的問題",
)
tool_summarize = QueryEngineTool.from_defaults(
    query_engine=query_engine_summary,
    description="用於回答總結性的問題",
)

#建構帶有路由功能的查詢引擎
query_engine = RouterQueryEngine(
    selector=LLMSingleSelector.from_defaults(),
    query_engine_tools=[
        tool_question,tool_summarize
    ],verbose=True
)
......
```

8.3.3 帶有路由功能的檢索器

除了可以把查詢引擎作為候選工具提供給路由模組，還可以直接把檢索器作為候選工具提供給路由模組，由路由模組來選擇檢索器而非查詢引擎。這在一些需要直接使用檢索器的場景中會有用：

```
......
vector_index = VectorStoreIndex(nodes)
retriever_xiaomai = vector_index.as_retriever()

vector_index2 = VectorStoreIndex(nodes2)
retriever_yiyan = vector_index2.as_retriever()

tool_xiaomai = RetrieverTool.from_defaults(
    retriever=retriever_xiaomai,
    description="用於查詢小麥手機的資訊",
)
tool_yiyan = RetrieverTool.from_defaults(
    retriever=retriever_yiyan,
    description="用於查詢文心一言的資訊",
)
```

```
# 建構帶有路由功能的檢索器
retriever = RouterRetriever(
    selector=LLMSingleSelector.from_defaults(),
    retriever_tools=[
        tool_xiaomai,tool_yiyan
    ]
)

nodes = retriever.retrieve(" 什麼是文心一言？ ")
print_nodes(nodes)
```

由於這裡的 RouterRetriever 本質上只是一個檢索器，因此無法用它來直接回答問題，只能用它進行檢索。路由模組會根據語義智慧地選擇合適的檢索器完成檢索，並輸出檢索出的多個 Node。

8.3.4 使用獨立的選擇器

你可以使用獨立的選擇器在多個選項中進行決策。多個選項可以用 ToolMetadata 類型來定義（有點類似於查詢轉換中使用 ToolMetadata 讓大模型推理生成子問題，但這裡推理生成一個選擇結果）。比如：

```
......
choices = [
        "choice 1: 透過網際網路查詢當前即時的資訊 ",
        "choice 2: 透過大模型查詢非即時資訊或創作內容 ",
]
```

或

```
choices = [
    ToolMetadata(description=" 查詢當前即時的資訊 "",
name="web_search"),
    ToolMetadata(description=" 知識查詢或內容創作 ",
name="query_engine")
]
```

用一個簡單的測試程式看一下效果：

```
......
choices = [
    ToolMetadata(description=" 查詢當前即時的資訊 ",
name="web_search"),
    ToolMetadata(description=" 知識查詢或內容創作 ",
name="query_engine")
]

selector = LLMSingleSelector.from_defaults()
selector_result = selector.select(
    choices, query=" 寫一個懸疑小故事 ?"
)
print(selector_result.selections)
```

測試這個例子，大模型認為應該選擇第二個選項（index=1），如圖 8-23 所示。

```
[SingleSelection(index=1, reason='知识查询或内容创作, 与写悬疑小故事这一任务相关。')]
```

▲ 圖 8-23

8.3.5 可多選的路由查詢引擎

有時候，你或許希望能夠將查詢請求同時路由到多個查詢引擎，以利用多個不同類型的索引特點進行更高品質的回應生成。這時，可以利用可多選的路由查詢引擎。可多選的路由查詢引擎會根據語義選擇多個可用工具，然後呼叫工具（比如查詢引擎）響應生成多個結果，最後利用大模型對多個結果進行整理，輸出最終結果。透過這種方法，多個不同類型的索引與回應生成器可以實現相互協作與補充。

下面的例子建構了 3 種不同類型的索引（向量、關鍵字、摘要）及對應的查詢引擎，然後使用一個可多選的路由查詢引擎將查詢路由到這 3 種索引上進行綜合生成：

```
......
summary_index =\
SummaryIndex.from_documents(docs,chunk_size=100,chunk_overlap=0)
vector_index =\
VectorStoreIndex.from_documents(docs,chunk_size=100,chunk_overlap=0)
keyword_index =\
SimpleKeywordTableIndex.from_documents(docs,chunk_size=100,chunk_
overlap=0)

# 建構 3 個可用工具
summary_tool = QueryEngineTool.from_defaults(
query_engine=summary_index.as_query_engine(response_mode="tree_summarize",),
    description=(
        " 有助總結與小麥手機相關的問題 "
    ),
)

vector_tool = QueryEngineTool.from_defaults(
    query_engine=vector_index.as_query_engine(),
    description=(
        " 適合檢索與小麥手機相關的特定上下文 "
    ),
)

keyword_tool = QueryEngineTool.from_defaults(
    query_engine=keyword_index.as_query_engine(),
    description=(
        " 適合使用關鍵字從文章中檢索特定的上下文 "
    ),
)

# 建構可多選的路由查詢引擎
query_engine = RouterQueryEngine(
    selector=LLMMultiSelector.from_defaults(),
    query_engine_tools=[
        summary_tool,vector_tool,keyword_tool
    ],verbose=True
)
response = query_engine.query(" 小麥手機的螢幕特點和優勢是什麼 ")
pprint_response(response,show_source=True)
```

輸出結果如圖 8-24 所示，可以看到可多選的路由查詢引擎做了兩種選擇 engine0 和 engine1。

```
Selecting query engine 0: This choice covers general information about小麦手机的屏幕特点。.
Selecting query engine 1: Choice 2 is more specific and likely contains details about the screen advantages of小麦手机..
Final Response: 小麦手机的屏幕特点和优势主要体现在以下几个方面：  1.
**尺寸与分辨率**：提供6.5英寸（Pro型号）或6.8英寸（Max型号）的大屏，分辨率达到2400×1080像素。  2.
**护眼模式**：考虑到用户健康，采用护眼模式降低蓝光辐射，减少眼睛疲劳。  3.
**高性能处理器配合**：搭载高性能处理器如骁龙870或888，确保屏幕响应速度和整体流畅度。
综上所述，小麦手机的屏幕特点优势在于大尺寸、高分辨率、护眼功能以及与高性能处理器的协同工作。
_______________________________________________________________
Source Node 1/2
Node ID: 87165bc6-7b2e-4e83-8e81-ce6cf2782a49
Similarity: None
Text: 一、品牌理念： 小麦手机秉承“源于自然，回归自然”的品牌理念，致力于为用户提供环保、健康、智能的生活方式。我们主张人与
生，通过科技创新，让手机成为连接人与自然的桥梁。  二、公司信息： 小麦手机由我国一家知名科技企业研发和生产，公司成立于2010
北京。公司致力于研发高性能、低能耗的智能手机，为用户提供更好的使用体验。  三、型号及参数：
目前小麦手机共有两款型号，分别为小麦Pro和小麦Max。  小麦Pro： 屏幕：6.5英寸全面屏，分辨率2400×1080像素；
```

▲ 圖 8-24

我們更換一個查詢測試：

```
response = query_engine.query(" 小麥手機的處理器是什麼？ ")
```

可以發現可多選的路由查詢引擎選擇了後面兩個查詢引擎，如圖 8-25 所示。

```
Selecting query engine 1: This choice directly relates to retrieving technical specifications about a phone..
Selecting query engine 2: Keyword-based retrieval can help find details like the processor of小麦手机..
Final Response: 小麦Pro型号搭载的是高通骁龙870处理器，而小麦Max型号则配备的是高通骁龙888处理器。
_______________________________________________________________
Source Node 1/1
Node ID: 460b8ec7-7a2a-4fac-a942-718f06e84648
```

▲ 圖 8-25

▶ 8.4 SQL 查詢引擎

前面介紹的查詢引擎或對話引擎，主要從半結構化或非結構化的資料中查詢關心的知識。在實際生產中，特別是企業級應用中，會存在大量的結構化資料。它們通常儲存在傳統的關聯式資料庫中。對這些資料的查詢，最方便的不是把它們向量化，而是讓它們停留在資料庫中並使用 SQL 敘述進行查詢。SQL 敘述是一種程式語言，如果想用自然語言實現類似於 SQL 敘述查詢的能力，就需要借助大模型來實現 Text-to-SQL，從而建構資料庫的 SQL 查詢引擎，如圖 8-26 所示。

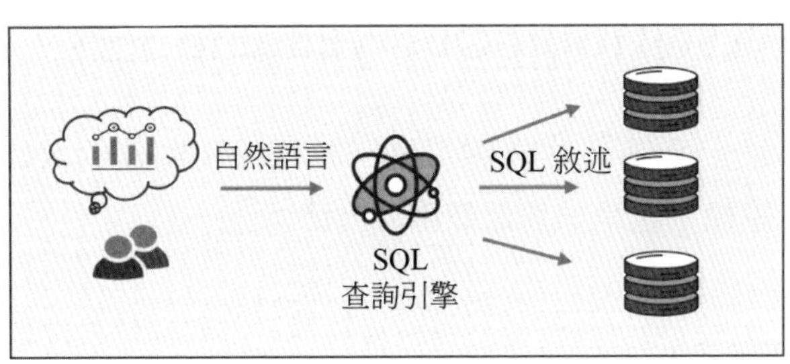

▲ 圖 8-26

我們使用本地的 Postgres 資料庫來進行測試，建構一個簡單的訂單資訊資料表 orders（包括訂單 ID、區域、客戶、產品、價格等），並在其中生成一些測試資料，資料表結構如圖 8-27 所示（為了簡單，暫時忽略資料庫資料表設計的合理性）。

Name	Data type
order_id	integer
region	character varying
customer_id	integer
product_name	character varying
price	integer
amount	integer
total_price	integer
create_time	date
status	character
sales_name	character varying
sales_depart	character varying

▲ 圖 8-27

8.4.1 使用 NLSQLTableQueryEngine 元件

我們建構一個訂單資訊的查詢引擎，首先使用內建的 NLSQLTableQuery-Engine 元件直接建構，這是一種最簡潔的方法：

```
......
from sqlalchemy import (
    create_engine,
    MetaData,
    Table,
    Column,
    String,
    Integer,
    select,
    text
)
from sqlalchemy.orm import sessionmaker

# 建構 SQL 查詢引擎
engine =\
create_engine("postgresql://postgres:****@localhost:5432/postgres
")

# 建構 SQLDatabase 物件
sql_database = SQLDatabase(engine,
include_tables=["customers","orders"])

from llama_index.core.query_engine import NLSQLTableQueryEngine

# 建構 SQLTable 查詢引擎：sql_database、tables、llm 參數
llm_openai = OpenAI(model='gpt-3.5-turbo')

query_engine = NLSQLTableQueryEngine(
                sql_database=sql_database,
                tables=["customers","orders"],
                llm=llm_openai
)

# 測試
```

```
response = query_engine.query(" 一共有多少個訂單 ")
print(response)
```

使用這種方法需要準備的參數包括一個 SQLDababase 物件、需要查詢的資料表，以及使用的大模型。然後，直接建構查詢引擎。完成後，你就可以透過自然語言與資料庫對話，無須懂得 SQL 敘述也可以對資料庫中的資料做查詢統計甚至分析。比如，這裡的輸出結果如圖 8-28 所示。

```
There are a total of 5 orders.
```

▲ 圖 8-28

SQL 查詢引擎的技術原理是把使用者的輸入問題與資料庫資料表的結構與相關描述資訊組裝成 Prompt 輸入大模型，利用大模型的理解與輸出能力，將其轉為關聯式資料庫使用的 SQL 敘述並執行，最後對執行的結果進行總結後輸出答案（見圖 8-29）。

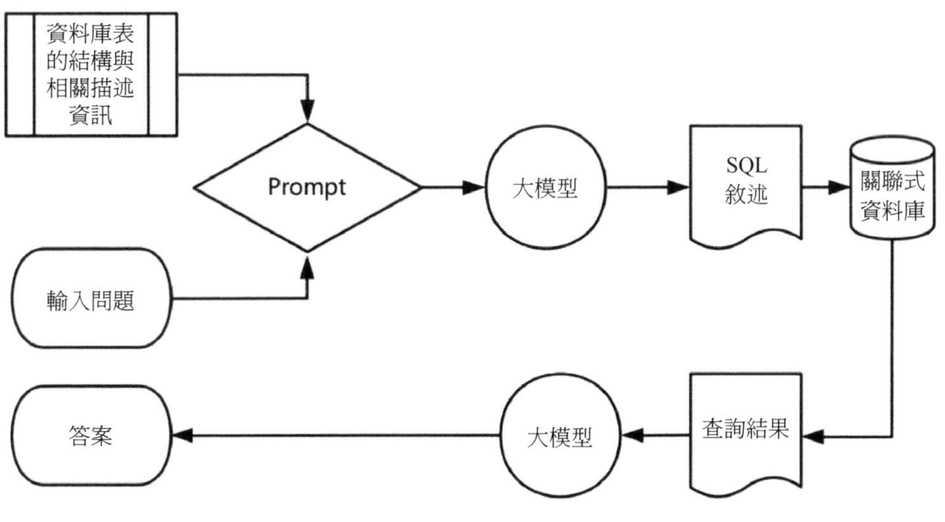

▲ 圖 8-29

8.4.2 基於即時資料表檢索的查詢引擎

上面的例子固然簡單，但是對一個大型的資料庫來說，為了應對 SQL 敘述查詢，你必須給所有的資料表都加入輸入的參數。過多的資料表可能導致大模型上下文視窗溢位，從而無法正常執行。這是由於 NLSQLTableQueryEngine 組件在查詢過程中為了讓大模型能夠正確地生成 SQL 敘述，需要把資料表的 Schema 資訊（資料表的結構與相關描述資訊）組裝到 Prompt 中以實現 Text-to-SQL。我們從 Langfuse 平臺的追蹤資訊中可以看到圖 8-30 所示的提示訊息，這裡的提示訊息中很明顯地嵌入了我們提供的資料表的結構資訊。

```
"Given an input question, first create a syntactically correct postgresql query to run, then look at the
results of the query and return the answer. You can order the results by a relevant column to return the
most interesting examples in the database.

Never query for all the columns from a specific table, only ask for a few relevant columns given the
question.

Pay attention to use only the column names that you can see in the schema description. Be careful to not
query for columns that do not exist. Pay attention to which column is in which table. Also, qualify column
names with the table name when needed. You are required to use the following format, each taking one line:

Question: Question here
SQLQuery: SQL Query to run
SQLResult: Result of the SQLQuery
Answer: Final answer here

Only use tables listed below.
Table 'orders' has columns: order_id (INTEGER), region (VARCHAR(50)), customer_id (INTEGER), product_name
(VARCHAR(50)), price (INTEGER), amount (INTEGER), total_price (INTEGER): '每个订单的总金额', create_time
(DATE), status (CHAR(1)), sales_name (VARCHAR(50)), sales_depart (VARCHAR(50)), with comment: (订单信息) and
foreign keys: .

Question: 所有订单总金额是多少?
SQLQuery: "
```

▲ 圖 8-30

如果為了一次簡單的查詢把所有資料庫資料表的 Schema 資訊都輸入大模型，那麼不僅會干擾大模型的判斷，還會帶來上下文視窗溢位及 token 成本過高的問題，因此一個可行的方法是在進行 Text-to-SQL 之前先根據輸入問題檢索出需要的資料庫資料表，然後基於此進行後面的 SQL 敘述轉換與生成，即每次查詢都只基於與輸入問題相關的資料庫的 Schema 資訊，這樣就達到了節約上下文空間與減少干擾的目的。

你可以透過框架提供的 SQLTableRetrieverQueryEngine 元件來實現基於自然語言的 SQL 查詢引擎，並傳入一個 object_index 參數，用於在查詢時檢索相關的 SQLTableSchema 物件。看一下下面的例子：

```
......
engine =\
create_engine("postgresql://postgres:Unycp123!!@localhost:5432/po
stgres")
metadata_obj = MetaData()
sql_database = SQLDatabase(engine,
include_tables=["customers","orders"])

from llama_index.core.indices.struct_store.sql_query import (
    SQLTableRetrieverQueryEngine,
)

from llama_index.core.objects import (
    SQLTableNodeMapping,
    SQLTableSchema,
    ObjectIndex,
)
from llama_index.core import VectorStoreIndex

# 建構用於檢索 SQLTableSchema 物件的物件索引
#table_node_mapping 變數用於給 SQLTableSchema 物件與向量儲存索引的 Node 做
映射
table_node_mapping = SQLTableNodeMapping(sql_database)
table_schema_objs = [
    SQLTableSchema(table_name="customers"),
    SQLTableSchema(table_name="orders"),
    SQLTableSchema(table_name="mystore")
]

# 建構一個檢索的物件索引，底層透過向量儲存索引來實現語義檢索
obj_index = ObjectIndex.from_objects(
    table_schema_objs,
    table_node_mapping,
    VectorStoreIndex,
)
```

```
# 傳入 retriever 方法，而非直接傳入多個 SQLTableSchema 物件
# 此處為了演示效果，設置 similarity_top_k=1
query_engine = SQLTableRetrieverQueryEngine(
    sql_database, obj_index.as_retriever(similarity_top_k=1)
)

response = query_engine.query(" 所有訂單總金額是多少？ ")
print(response)
```

可以看到輸出結果與 8.4.1 節的例子的輸出結果相同。在查詢之前，你也可以直接呼叫 retriever 方法來查看檢索出的 Schema 資訊，以驗證檢索結果是否正確：

```
......
table_retriever = obj_index.as_retriever(similarity_top_k=1)
tables = table_retriever.retrieve(" 所有訂單總金額是多少 ")
print(tables)
......
```

如果看到如圖 8-31 所示的輸出結果，那麼表示根據輸入的問題，你需要查詢 orders 這張資料表。

```
[SQLTableSchema(table_name='orders', context_str=None)]
```

▲ 圖 8-31

8.4.3 使用 SQL 檢索器

8.4.1 節和 8.4.2 節都是直接透過框架提供的上層元件（NLSQLTableQueryEngine 或 SQLTableRetrieverQueryEngine）建構基於關聯式資料庫的查詢引擎。如果你想利用標準的查詢引擎元件 RetrieverQueryEngine 來建構 SQL 查詢引擎，那麼可以利用 SQL 檢索器 NLSQLRetriever 而非利用 SQL 查詢引擎，以下是簡單的程式實現。這個過程與之前使用組合 API 建構查詢引擎非常相似：

```
......
# 一個檢索器，類似於使用 index.as_retriever 方法生成的檢索器
nl_sql_retriever = NLSQLRetriever(
    sql_database, tables=["customers","orders"], return_raw=True
)

# 直接建構 RetrieverQueryEngine 查詢引擎
query_engine = RetrieverQueryEngine.from_args(nl_sql_retriever)
response = query_engine.query(
    " 所有訂單總金額是多少？ "
)
print(response)
......
```

這個例子的輸出結果應該與之前的 SQL 查詢引擎的輸出結果完全一致。

▶ 8.5 多模態文件處理

在之前介紹的資料載入階段，可以借助不同的資料連接器讀取多種類型的資料來源，但最終都會形成文字（也就是 Node 中的 text 屬性）用於嵌入與生成。在實際應用中，還會遇到更複雜的文件知識格式，比如最常見的圖片、文字、表格混排的 PDF 文件。這些文件在解析、分割與向量化時有較大的複雜性，當面對這些複雜的半結構化或非結構化的多模態文件時，需要一些不一樣的資料解析與提取方法，甚至需要借助一些特別的模型。

8.5.1 多模態文件處理架構

以最常見的多模態 PDF 文件處理為例，通常需要借助第三方的 PDF 解析工具、多模態大模型、遞迴檢索技術等。下面先舉出一個相對通用的多模態文件處理架構，如圖 8-32 所示。

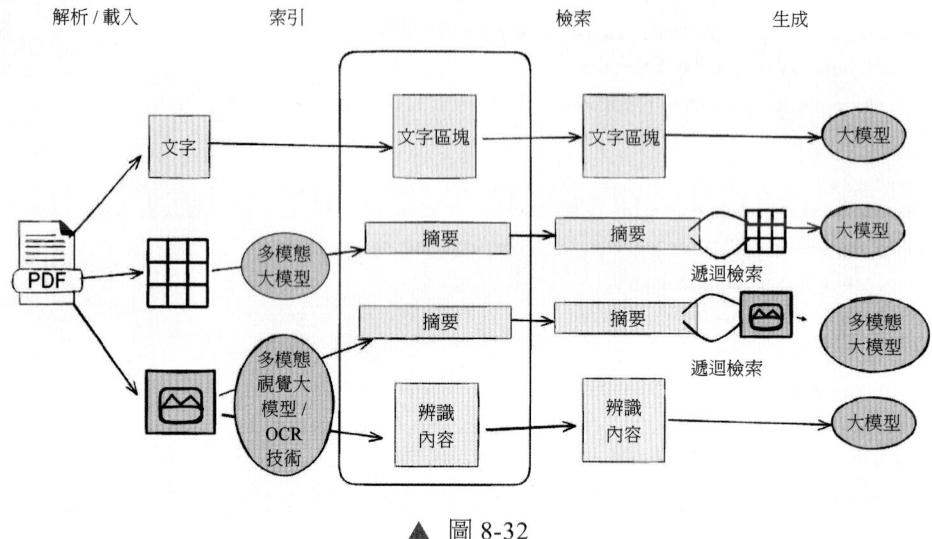

▲ 圖 8-32

（1）借助解析工具從 PDF 文件中分類提取文字（Text）、表格（Table）、圖片（Image）等不同形態的內容；提取的文字一般用 Markdown 格式表示，而表格則會提取成本地文件或網路文件。

（2）對提取的不同形態的內容使用不同的索引與檢索方法處理。

① 文字：按照與處理普通文字知識相同的方法建構向量儲存索引與檢索。

② 表格：直接對表格做向量儲存索引的檢索通常效果欠佳，可以借助大模型生成表格摘要用於嵌入與檢索。這有利於提高檢索精確度，加強大模型對表格的理解。在檢索階段，透過遞迴檢索出原始的表格用於後面生成。

③ 圖片：借助多模態視覺大模型（比如 Qwen-VL、GPT-4V 等）結合 OCR 技術對圖片進行理解是常見的方法。這還可以進一步分為以下兩種情況。

a. 純文字資訊圖片：可利用 OCR 技術辨識成純文字，再按照普通的文字做索引與檢索。

b. 其他圖片：借助多模態視覺大模型理解並生成圖片的摘要用於索引與檢索，但是在檢索後需要遞迴檢索出原始圖片用於後面的生成。

（3）將檢索出的相關知識透過大模型進行生成。注意：如果需要輸入原始圖片，那麼需要借助多模態大模型生成答案。

在整個處理流程中涉及以下 3 種主要的技術。

（1）文件解析與提取。主要對半結構化或結構化的文件解析與提取，常見的工具如下。

① LlamaParse：這是 LlamaIndex 框架提供的線上文件解析服務，主要提供複雜 PDF 文件的線上解析與提取，其最大優勢是與 LlamaIndex 框架極好地整合，比如可以借助大模型在提取時自動生成表格的摘要，但必須線上使用。

② Unstructured：強大的非結構化資料處理平臺與工具，提供商業線上 API 服務與開放原始碼 SDK 兩種使用方式。它支援複雜文件（如 PDF/PPT 等）的高效解析處理，包括清理、語義分割、提取實體等。其缺點是較複雜。類似的還有 OmniParse。

③ Open-Parse：一個相對輕量級的複雜文件分塊與提取的開放原始碼函數庫。它支援語義分塊與 OCR 技術，簡單好用，且支援與 LlamaIndex 框架組成，比如將提取的文件直接轉為 LlamaIndex 框架中的 Node。

（2）多模態視覺大模型。多模態視覺大模型可以是線上的 Qwen-VL、GPT-4V 模型，或部署的開放原始碼的 LLaVA 模型等。如果希望提取影像中的文字，那麼需要結合 OCR 技術，有以下兩種途徑。

① 借助具備 OCR 能力的多模態視覺大模型（比如 Qwen-VL）。

② 借助專業的 OCR 模型與工具庫。比如，Unstructured、OmniParse 都可以在載入相關模組後具備 OCR 能力。

（3）遞迴檢索。7.1 節對遞迴檢索有過初步介紹。LlamaIndex 框架中主要借助 IndexNode（索引節點，參考 5.1.7 節）來實現遞迴檢索。其主要用於在透過表格或圖片的摘要檢索出 Node 以後，能夠遞迴找到對應的原始表格或圖片，並用於後面的生成。

8.5.2 使用 LlamaParse 解析文件

1．認識 LlamaParse

LlamaParse 是 LlamaIndex 框架提供的一套用於高性能解析複雜文件的線上 API，可以幫助我們簡化解析複雜文件（目前主要是 PDF 文件）的過程，能夠快速對文件中不同類型的元素（比如文字、表格、圖片等）進行格式化提取，並將其建構成統一的 Node 物件來存取，用於後面的嵌入與生成。

由於 LlamaParse 依賴線上服務，因此需要先生成官方的 API Key，具體步驟如下。

（1）搜尋並登入 LlamaIndex 網站完成使用者註冊，進入 LlamaParse 服務相關頁面。

（2）找到管理 API Key 的選單，生成新的 API Key，然後拷貝並儲存這個 API Key。

（3）可以在 LlamaIndex 網站上傳自己的 PDF 文件，進行線上解析的測試與觀察（見圖 8-33）。

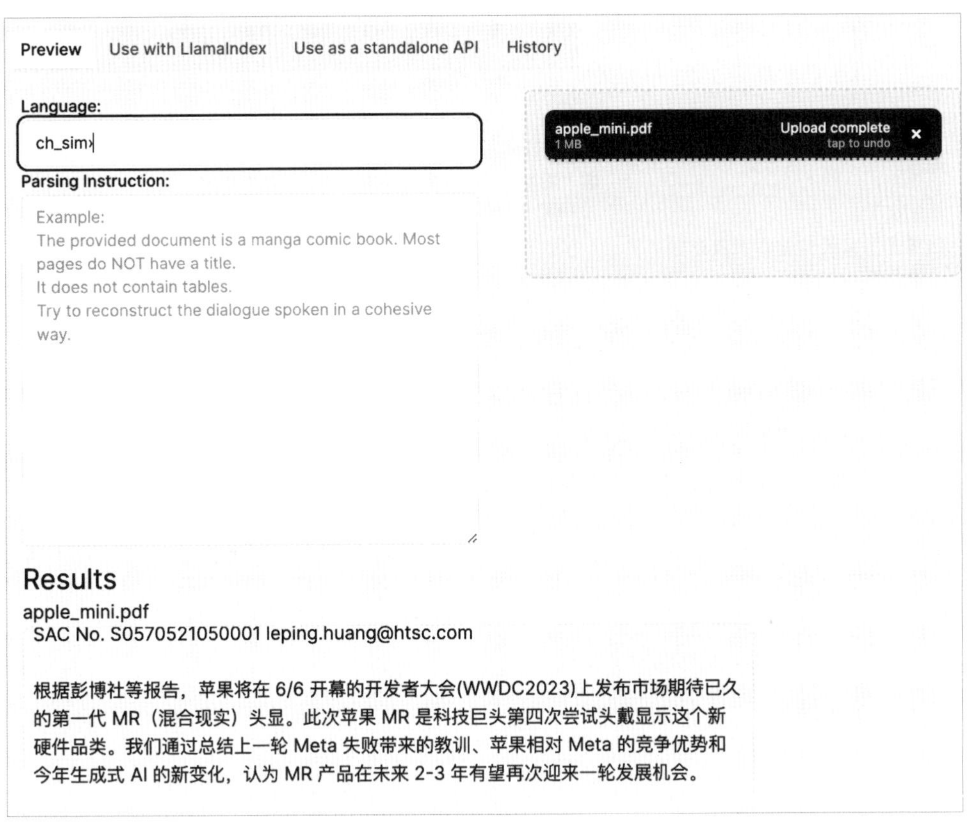

▲ 圖 8-33

下面重點介紹如何使用 LlamaParse 的 SDK 與其他元件結合開發，用於實現對複雜文件的匯入與處理。在應用中要想使用 LlamaParse，就需要先安裝獨立的模組：

```
> pip install llama-parse
```

2．簡單使用 LlamaParse

在使用 LlamaParse 之前，我們準備一個中文的 PDF 文件。這是一個上市公司公開的財務報告的一部分，文件中含有普通文字資訊，也含有大量用表格表現的財務經營資料，如圖 8-34 所示。

107,742 股、2,568,160 股，稀释每股收益在基本每股收益基础上考虑该因素进行计算。

1.2.4 本集团 2023 年分季度主要财务指标

单位：百万元

项目	2023 年第一季度	2023 年第二季度	2023 年第三季度	2023 年第四季度
营业收入	29,142.9	31,561.9	28,688.6	34,857.5
归属于上市公司普通股股东的净利润	2,642.3	2,829.9	2,369.0	1,484.6
归属于上市公司普通股股东的扣除非经常性损益的净利润	2,454.5	2,454.8	2,191.9	298.4
经营活动产生的现金流量净额	2,325.6	4,100.3	2,836.1	8,143.7

上述会计数据与本集团已披露季度报告、半年度报告相关会计数据一致。

1.2.5 本集团近三年非经常性损益项目及金额

单位：百万元

项目	2023 年	2022 年	2021 年
非流动资产处置收益	**20.6**	11.0	231.7
处置长期股权投资产生的投资收益	**96.0**	(27.2)	1,251.7
除同公司正常经营业务相关的有效套期保值业务外，持有交易性金融资产、衍生金融资产、其他非流动金融资产、交易性金融负债、衍生金融负债、其他非流动负债产生的公允价	**(337.0)**	37.7	7.5

▲ 圖 8-34

首先，準備好基本的模型和底層向量庫。為了儘量減少大模型的影響，我們採用了更穩定的 OpenAI 的大模型和 Chroma 向量庫，準備工作的程式如下：

```
......
# 模型
llm =OpenAI()
embedded_model =\
OllamaEmbedding(model_name="milkey/dmeta-embedding-zh:f16", )
Settings.llm=llm
Settings.embed_model=embedded_model

# 向量儲存
chroma = chromadb.HttpClient(host="localhost", port=8000)
```

簡單使用 LlamaParse 和使用前面介紹的資料連接器並無太大區別：建構一個連接器物件，然後透過 load_data 方法將原始文件提取成 Document 物件：

```
......
documents = \
LlamaParse(result_type="markdown",language='ch_sim').load_data(".
./../data/zte-report-simple.pdf")
print(f'{len(documents)} documents loaded.\n')

# 列印並觀察輸出的 Document 物件結構
pprint.pprint(documents[0].__dict__)
```

LlamaParse 的兩個輸入參數如下。

（1）result_type：代表解析出來的 Document 物件中的內容格式，這裡要求為 Markdown 格式。

（2）language：代表文件語言，這裡指定了簡體中文語言。

除此之外，還有一種載入方法，就是把 parser 物件作為簡單目錄閱讀器載入時的自訂的文件閱讀器：

```
......
parser = LlamaParse(result_type="markdown",language='ch_sim')
# 把 parser 物件作為簡單目錄閱讀器載入時的自訂的文件閱讀器
documents = \
SimpleDirectoryReader("./data",
file_extractor={".pdf":parser}).load_data()
```

觀察輸出的 Document 物件中的內容，可以看到，提取出的文字（Document 類型的 text 屬性）中有明顯的 Markdown 格式符號，如圖 8-35 所示。這是一個 PDF 文件中的表格解析後的內容格式。

```
'---\n'
'## 项目\n'
'\n'
'| |2023年 |2022年 |同比增减 |单位: 百万元 |2021年 |\n'
'|---|---|---|---|---|---|\n'
'|每股计 (元/股) | | | | | |\n'
'|基本每股收益 |1.96|1.71|14.62%| |1.47|\n'
'|稀释每股收益 |1.96|1.71|14.62%| |1.47|\n'
'|扣除非经常性损益的基本每股收益 |1.55|1.30|19.23%| |0.71|\n'
'|每股经营活动产生的现金流量净额 |3.64|1.60|127.50%| |3.32|\n'
'|归属于上市公司普通股股东的每股净资产 |14.22|12.38|14.86%| |10.88|\n'
'|财务比率 (%) | | | | | |\n'
'|加权平均净资产收益率 |15.19%|14.66%|上升 0.53 个百分点| |14.49%|\n'
'|扣除非经常性损益的加权平均净资产收益率 |12.05%|11.19%|上升 0.86 个百分点| |7.03%|\n
'|资产负债率 |66.00%|67.09%|下降 1.09 个百分点| |68.42%|\n'
'\n'
```

▲ 圖 8-35

很顯然，這是一個用 Markdown 格式表示的表格，對應了 LlamaParse 解析的 PDF 文件中如圖 8-36 所示的內容。

單位：百萬元

项目	2023 年	2022 年	同比增减	2021 年
每股计（元/股）				
基本每股收益	**1.96**	1.71	14.62%	1.47
稀释每股收益[注]	**1.96**	1.71	14.62%	1.47
扣除非经常性损益的基本每股收益	**1.55**	1.30	19.23%	0.71
每股经营活动产生的现金流量净额	**3.64**	1.60	127.50%	3.32
归属于上市公司普通股股东的每股净资产	**14.22**	12.38	14.86%	10.88
财务比率（%）				
加权平均净资产收益率	**15.19%**	14.66%	上升 0.53 个百分点	14.49%
扣除非经常性损益的加权平均净资产收益率	**12.05%**	11.19%	上升 0.86 个百分点	7.03%
资产负债率	**66.00%**	67.09%	下降 1.09 个百分点	68.42%

▲ 圖 8-36

既然已經將原始文件解析成 Document 物件，就可以按照正常步驟分割 Node、建構索引並建立查詢引擎，這個過程與處理普通的文件並無區別：

```
# 分割 Node，這裡使用最簡單的資料分割器
node_parser = SimpleNodeParser()
nodes = node_parser.get_nodes_from_documents(documents)

# 嵌入與索引（用 Node 建構）
collection =
chroma.get_or_create_collection(name="llamaparse_simple")
vector_store = ChromaVectorStore(chroma_collection=collection)
storage_context =
StorageContext.from_defaults(vector_store=vector_store)
```

```
index =
VectorStoreIndex(nodes=nodes,storage_context=storage_context)

# 建構查詢引擎
query_engine =
index.as_query_engine(similarity_top=10,verbose=True)
```

下面簡單測試建構的查詢引擎，首先查詢一個基於 PDF 文件中普通文字的總結性問題，看一看得到什麼樣的答案，如圖 8-37 所示。

```
输入你的问题 (or 'q' to quit): ‾      ■■■的主要行业及其业务是什么?
**********************************************Response*******************************
****************
□  ■■■的主要行业是ICT行业, 其业务涵盖了芯片底层技术研发、分布式数据库、操作系统等领域。在ICT行业中, ■      ■主要从事通信网络设备、解决方案和服务的研发与提供, 以及在金融、运营商等领域深度经营和拓展市场。
```

▲ 圖 8-37

這裡的答案是對 PDF 文件中的內容進行的簡單的總結概括，回答的正確性較高。我們對 PDF 文件中表格的事實性資料進行提問測試，如圖 8-38 所示。

```
输入你的问题 (or 'q' to quit). ■ ..2023年的财务报告中, 第一季度的营业收入是多少?
**********************************************Response*******************************
****************
The first quarter's operating income fo ■      □ ■ in 2023 was 1,431.2 million
yuan.
```

▲ 圖 8-38

查詢引擎舉出的答案是 1,431.2，而原文件中的正確答案如圖 8-39 所示。

1.2.4 本集团 2023 年分季度主要财务指标

单位：百万元

项目	2023 年 第一季度	2023 年 第二季度	2023 年 第三季度	2023 年 第四季度
营业收入	29,142.9	31,561.9	28,688.6	34,857.5
归属于上市公司普通股股东的净利润	2,642.3	2,829.9	2,369.0	1,484.6

▲ 圖 8-39

也就是說，查詢引擎沒有舉出正確的答案，那麼問題出在哪裡呢？我們借助 Langfuse 平臺觀察，可以看到大模型生成答案之前的輸入內容，如圖 8-40 所示。

```
1: {
  role: "user"
  content: "Context information is below. --------------------- 2)|(43.2)|(177.2)| |其他符合非经常性损益定义的损益项目|2,353.6|1,556.8|1,827.7| |减: 所得税影响额|339.2|338.2|617.3| |少数股东权益影响额（税后）|(3.8)|2.8|(8.8)| |合计|1,926.2|1,913.4|3,507.0| 本集团对非经常性损益项目的确认依照《公开发行证券的公司信息披露解释性公告第 1 号—非经常性损益》（2023 年修订）的规定执行。其中，将规定中列举的非经常性损益项目界定 |项目|2023 年 原因|单位: 百万元| |---|---|---| |软件产品增值税退税收入|经营性持续发生|1,431.2| |代扣代缴个税手续费返还收入|经营性持续发生|30.9|
  股权处置收益及公允价值变动收益 经营范围内业务|12| --- ##
  第二章 董事会报告 2023 年，本集团持续在"连接+算力+能力+智力"技术进行高强度研发投..."
  additional_kwargs: {
  }
 }
]

Output

{
 role: "assistant"
 content: "The first quarter's operating income for ZTE Corporation in 2023 was 1,431.2 million yuan."
}
```

▲ 圖 8-40

可以發現，在最後交給大模型的上下文內容中並未包含原文件中 2023 年分季的財務指標，而是攜帶了其他的表格資訊，導致了查詢錯誤，如圖 8-41 所示。這是一個典型的知識召回不精確導致的對事實性問題回答錯誤的現象。由此可見，對於這樣的複雜 PDF 文件，簡單地解析並不能完全解決問題。

```
}
1: {
  role: "user"
  content: "Context information is below.
  ---------------------
  2)|(43.2)|(177.2)|
  |其他符合非经常性损益定义的损益项目|2,353.6|1,556.8|1,827.7|
  |减: 所得税影响额|339.2|338.2|617.3|
  |少数股东权益影响额（税后）|(3.8)|2.8|(8.8)|
  |合计|1,926.2|1,913.4|3,507.0|

  本集团对非经常性损益项目的确认依照《公开发行证券的公司信息披露解释性公告第 1 号—非经常性损益》（2023 年修订）的规定执行。其中，将规定中列举的非经常性损益项目界定

  |项目|2023 年 原因|单位: 百万元|
  |---|---|---|
  |软件产品增值税退税收入|经营性持续发生|1,431.2|
  |代扣代缴个税手续费返还收入|经营性持续发生|30.9|
  处置收益及公允价值变动收益
```

▲ 圖 8-41

那麼有什麼辦法可以對 PDF 文件中的表格進行語義增強，以便被更精確地召回呢？這就需要用到 8.5.1 節介紹的表格處理方法。

8.5.3 多模態文件中的表格處理

對於 PDF 文件中的表格，如果直接嵌入解析出來的 Markdown 格式的文字內容，那麼其攜帶的語義資訊是不足的，不利於後面的語義檢索。因此，LlamaIndex 框架中有一個針對複雜的 Markdown 格式的 Node 解析元件 MarkdownElementNodeParser，可以用於更細粒度地處理 LlamaParse 提取出的 Document 物件，區分其中不同類型的「元素」，比如普通文字與表格，並增強處理表格元素。我們透過一個例子來展示這個元件的用法，並與 8.5.2 節的測試結果進行對比。

MarkdownElementNodeParser 與普通的資料分割器的區別主要在於它對其中的表格內容借助大模型生成了內容摘要與結構描述，並建構成索引 Node（IndexNode），然後在查詢時透過索引 Node 找到表格內容 Node，將其一起輸入大模型進行生成。

我們對 8.5.2 節的例子稍做改造：

```
...... 省略借助 LlamaParse 解析 PDF 文件為 Document 物件的過程 ......

# 此處更改表格描述的 Prompt 範本
DEFAULT_SUMMARY_QUERY_STR = """\
請用中文簡介表格內容。\
這個表格是關於什麼的？舉出一個非常簡潔的摘要（想像你正在為這個表格增加一個新的
標題和摘要），\
如果提供了上下文，那麼請輸出真實 / 現有的表格標題 / 說明。\
如果提供了上下文，那麼請輸出真實 / 現有的表格 ID。\
還要輸出表格是否應該保留的資訊。\
"""
node_parser =
MarkdownElementNodeParser(summary_query_str=DEFAULT_SUMMARY_QUERY
_STR)
nodes = node_parser.get_nodes_from_documents(documents)
```

```
# 分離不同的文字 Node（TextNode）與索引 Node（IndexNode）
base_nodes, objects = node_parser.get_nodes_and_objects(nodes)

......此處省略建構 storage_context 變數的過程 ......
index = VectorStoreIndex(
        nodes= base_nodes + objects,
        storage_context=storage_context
    )

query_engine =
index.as_query_engine(similarity_top=10,verbose=True)
```

這裡的程式中最主要的變化是，採用 MarkdownElementNodeParser 及後面對索引 Node 的處理。其內部的處理邏輯以下（對圖片元素的處理另行講解）。

（1）解析 PDF 文件為 Document 物件，將其中的文字內容與表格內容建構成普通文字 Node（TextNode 類型的）。

（2）對表格內容 Node 進行特別處理，使用大模型與 Prompt 生成表格摘要、介紹、標題等輔助資訊，這些輔助資訊用於建構新的索引 Node（IndexNode）。

（3）使用 get_nodes_and_objects 方法分離出表格內容 Node，並用生成的 IndexNode 指向它們。

（4）用剩下的普通文字 Node（base_nodes）和索引 Node（objects，含有輔助資訊，並指向表格內容 Node）建構向量儲存索引用於檢索。

（5）檢索時，如果檢索出索引 Node，那麼會自動遞迴檢索出其指向的表格內容 Node，並用於生成答案。

由於使用了生成的表格描述與摘要資訊等進行向量檢索，因此有效地提高了檢索 PDF 文件中表格內容的精確度與生成品質。下面再用 MarkdownElementNodeParser 更精確地回答 8.5.2 節 PDF 文件中的財務資料問題。

這裡獲得了正確的答案（如圖 8-42 所示）！我們借助 Langfuse 平臺觀察程式執行過程的追蹤資訊，如圖 8-43 所示。

```
输入你的问题 (or 'q' to quit):      ■ ■2023年的财务报告中，第一季度的营业收入是多少?

Retrieving from object TextNode with query ■■ ■ !2023年的财务报告中，第一季度的营业收
入是多少?

*****************************************************Response**************************************
************
■■    ,,,2023年的财务报告中，第一季度的营业收入为29,142.9。
```

▲ 圖 8-42

```
这个表格包含了2023年四个季度的营业收入、归属于上市公司普通股股东的净利润、归属于上市公司普通股股东的扣除
非经常性损益的净利润以及经营活动产生的现金流量净额。,
with the following table title:
2023年财务数据,
with the following columns:
- 项目: None
- 2023 年 第一季度: None
- 2023 年 第二季度: None
- 2023 年 第三季度: None
- 2023 年 第四季度: None
|项目|2023 年 第一季度|2023 年 第二季度|2023 年 第三季度|2023 年 第四季度|
|---|---|---|---|---|
|营业收入|29,142.9|31,561.9|28,688.6|34,857.5|
|归属于上市公司普通股股东的净利润|2,642.3|2,829.9|2,369.0|1,484.6|
|归属于上市公司普通股股东的扣除非经常性损益的净利润|2,454.5|2,454.8|2,191.9|298.4|
|经营活动产生的现金流量净额|2,325.6|4,100.3|2,836.1|8,143.7|
----------------------
Given the context information and not prior knowledge, answer the query.
Query: 中兴通讯2023年的财务报告中，第一季度的营业收入是多少?
Answer: "

assistant

"中兴通讯2023年的财务报告中，第一季度的营业收入为29,142.9。"
```

▲ 圖 8-43

注意：黑框中的內容並不是原文件中的資訊，而是在解析過程中借助大模型生成的表格摘要（IndexNode 類型的 Node 中），包括了表格的內容介紹、表格標題，以及表格列的說明。這些資訊在檢索時幫助更精確地召回表格內容所在 Node，並且在生成時也能幫助大模型更進一步地理解表格內容，從而提高了答案的正確率。

8.5.4 多模態大模型的基礎應用

本節將簡單地介紹如何使用多模態大模型處理圖片。我們使用的多模態大模型為阿里巴巴的 Qwen-VL 模型。Qwen-VL 模型有著較強大的通用 OCR、視覺推理、中文文字理解能力，非常適合用於對獨立圖片或多模態文件中的圖片進行理解與提取知識。

1．從圖片到自然語言文字

我們先用簡單的例子來熟悉與測試多模態大模型的圖片理解與推理能力。LlamaIndex 框架中有對 Qwen-VL 模型存取的 SDK 的上層封裝，可以透過該 SDK 直接對本地的圖片或網路圖片進行理解並輸出結果。下面是一個完整可執行的例子：

```
from llama_index.multi_modal_llms.dashscope import (
    DashScopeMultiModal,
    DashScopeMultiModalModels,
)
from llama_index.multi_modal_llms.dashscope.utils import (
    create_dashscope_multi_modal_chat_message,
    load_local_images
)
from llama_index.core.base.llms.types import MessageRole
from llama_index.core.multi_modal_llms.generic_utils import
load_image_urls
import pprint
import os

# 替換成自己的阿里巴巴 API Key
os.environ["DAHSCOPE_API_KEY"] = "sk-***"

# 載入圖片
image_documents1 = \
load_image_urls(["https://dashsco**.oss-cn-beijing.aliyuncs.com/
images/dog_and_girl.jpeg"])
image_documents2 = \
load_local_images(["file:///Users/pingcy/本地開發
```

```
/rag/data/xiaomi.png"])

# 多模態大模型
dashscope_multi_modal_llm = \
DashScopeMultiModal(model_name=DashScopeMultiModalModels.QWEN_VL_
PLUS)

# 呼叫
chat_message = create_dashscope_multi_modal_chat_message(
    " 請概括這兩張圖片中的資訊 ",
      MessageRole.USER,
      image_documents1 + image_documents2
)
chat_response = dashscope_multi_modal_llm.chat([chat_message])

# 列印結果
print(chat_response.message.content[0]["text"])
```

我們選擇的兩張圖片如圖 8-44 所示，一張是阿里巴巴官方的測試圖片，另一張是本地的圖片。

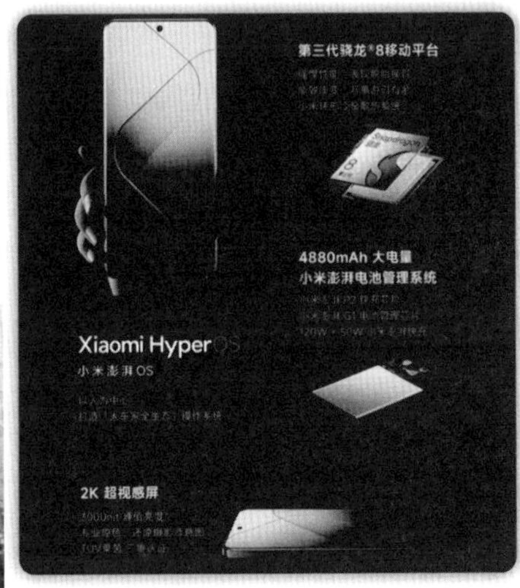

▲ 圖 8-44

簡單說明程式邏輯：

（1）在使用阿里巴巴的多模態大模型之前，到官方網站的大模型服務平臺申請 API Key，並在環境變數中設置 DAHSCOPE_API_KEY。

（2）建構 DashScopeMultiModal 物件，並要求其使用 Qwen-VL-Plus 模型。

（3）使用 chat 介面與多模態大模型對話，在輸入的訊息中放入兩個載入的圖片物件（多模態大模型支援批次輸入）及 Prompt。

最終的輸出結果如圖 8-45 所示，特別是在第二張圖片中，多模態大模型極佳地提取了其中的文字資訊（OCR 能力）。這對理解圖片知識、結構化知識、推理問答都非常重要。

```
第一张图片中是一位女士和她的狗在沙滩上互动，两人坐在海边的沙子上。女子伸出手与狗狗击掌。
第二张图片是小米手机MIX4的部分参数介绍：搭载骁龙8移动平台、拥有第三代高通AI引擎；配备一块分辨率为
3915x1440像素（支持HDR）的6.67英寸超视感屏；内置4880mAh电池并采用澎湃P2+G1快充技术；运行基于Andro
id深度定制的小米HyperOS系统。
```

▲ 圖 8-45

2．從圖片到結構化物件

如圖 8-45 所示，多模態大模型輸出的用自然語言描述的圖片內容，很適合進行嵌入與向量搜尋，用於搜尋與問答。在實際應用中，還可以根據輸入的圖片生成結構化的資訊，比如辨識一張圖片，生成符合預定格式的 Python 物件。一種方式是在上面的例子中透過 Prompt 限定輸出的格式，然後檢查輸出的內容並將其轉為物件。

另一種方式是借助 LlamaIndex 框架的高層 API 來完成這個任務。我們仍然使用 Qwen-VL 模型簡單演示：

```
......
# 多模態大模型
dashscope_multi_modal_llm = \
DashScopeMultiModal(model_name=DashScopeMultiModalModels.QWEN_VL_
PLUS)]

# 輸入圖片
```

```
image_documents = \
SimpleDirectoryReader(input_files=["../../data/xiaomi.png"]).load
_data()

#LlamaIndex 框架的部分版本在此處存在漏洞，特殊處理
for doc in image_documents:
    doc.image_url = doc.metadata["file_path"]

# 定義輸出的物件
from pydantic import BaseModel
class Phone(BaseModel):
    """ 定義物件結構 """
    name: str
    cpu: str
    battery: str
    display: str

from llama_index.core.program import MultiModalLLMCompletionProgram
from llama_index.core.output_parsers import PydanticOutputParser

#Prompt 範本
prompt_template_str = """\
{query_str}
請把結果作為一個 Pydantic 物件傳回，物件格式如下：
"""

# 建構 MultiModalLLMCompletionProgram 物件
mm_program = MultiModalLLMCompletionProgram.from_defaults(
    output_parser=PydanticOutputParser(Phone),     # 將物件類型傳給輸出解析器
    image_documents=image_documents,                 # 輸入圖片
    prompt_template_str=prompt_template_str,       #Prompt 範本
    multi_modal_llm=dashscope_multi_modal_llm,   # 多模態大模型
    verbose=True,
)

# 測試
response = mm_program(query_str=" 請描述圖片中的資訊。")
pprint.pprint(response.__dict__)
```

在這段程式中定義了一個 Phone 物件，然後在 Prompt 範本中要求多模態大模型將結果輸出成 Phone 物件格式，把剩下的工作交給 MultiModalLLM-CompletionProgram 這個類型的封裝物件來處理。在執行時，自動呼叫多模態大模型的 API 做訊息封裝與回應生成，並把結果透過輸出解析器轉為 Pydantic 物件。最後看到的輸出結果如圖 8-46 所示。

```
> Raw output: ```json
{
    "name": "Xiaomi HyperOS",
    "cpu": "第三代骁龙8移动平台",
    "battery": "4880mAh 大电量 小米澎湃电池管理系统",
    "display": "2K 超视感屏"
}
```
{'battery': '4880mAh 大电量 小米澎湃电池管理系统',
 'cpu': '第三代骁龙8移动平台',
 'display': '2K 超视感屏',
 'name': 'Xiaomi HyperOS'}
```

▲ 圖 8-46

## 3．直接嵌入圖片

我們之前接觸的都是對文字進行嵌入以生成向量，但其實也可以對其他模態的資訊進行向量化。當然，這需要依賴專門的多模態嵌入模型。下面簡單了解一下如何利用 Chroma 這個開放原始碼向量庫內建的多模態嵌入介面，直接將圖片嵌入單一的向量空間：

```
import chromadb
import pprint
import os
from chromadb.utils.embedding_functions import
OpenCLIPEmbeddingFunction
from chromadb.utils.data_loaders import ImageLoader

# Chroma 向量庫的多模態嵌入函數與圖片載入器
embedding_function = OpenCLIPEmbeddingFunction()
image_loader = ImageLoader()
```
```

```
# Chroma 向量庫的使用者端，注意建構 collection 函數庫時的區別
chroma_client = chromadb.HttpClient(host="localhost", port=8000)
chroma_client.delete_collection("multimodal_collection")
chroma_collection = chroma_client.get_or_create_collection(
    "multimodal_collection",
    embedding_function=embedding_function,
    data_loader=image_loader,
)

# 需要嵌入的圖片清單
image_uris = sorted([os.path.join('./jpgs/', image_name) \
            for image_name in os.listdir('./jpgs/') ])
ids = [str(i) for i in range(len(image_uris))]

# 直接儲存到 Chroma 向量庫中，由 Chroma 向量庫完成圖片嵌入
chroma_collection.add(ids=ids, uris=image_uris)

retrieved = chroma_collection.query(query_texts=[" 很多輛汽車 "],
                               include=['data'], n_results=2)

print(retrieved['uris'])
```

這裡的程式基於 Chroma 這款開放原始碼向量庫的官方 API 執行，以演示 Chroma 向量庫的嵌入能力。在開發應用時，你可以基於這樣的能力實現自訂的查詢引擎，直接嵌入與檢索圖片，並用於後面的大模型生成。你可以準備幾張需要嵌入的圖片。執行上面的演示程式進行檢索，並檢查最終的輸出結果是否符合你的預期。

8.5.5 多模態文件中的圖片處理

既然多模態大模型能夠辨識與理解圖片，那麼我們可以利用多模態大模型處理知識文件中的圖片。本節將演示一種相對簡單的處理方法：透過多模態大模型辨識與描述圖片資訊，然後對轉換後的文字進行索引並提供查詢。

我們按照以下步驟建構一個完整的多模態文件的查詢引擎。

（1）利用 LlamaParse 深度解析 PDF 文件，分離並提取其中的圖片後，將其儲存到本地。

（2）借助 Qwen-VL 模型理解提取的圖片並將其轉為文字。

（3）嵌入與索引用上述步驟生成的文字，並建構查詢引擎。

下面分步介紹這個案例的實現過程。由於繼續使用基於 Ollama 部署的本地大模型和嵌入模型，以及 Chroma 向量庫，因此這些設置程式將被省略。測試的 PDF 文件是一個包含文字與圖片的手機介紹文件。

1．解析 PDF 文件

首先，需要深度解析原始的 PDF 文件。這裡仍然使用 LlamaParse 完成（在實際應用中，你也可以使用一些 Python 的開放原始碼模組來提取 PDF 文件中的多種形態的資訊）：

```
# 將 PDF 文件解析成 json 物件與圖片物件
def load_docs():
    parser = LlamaParse(language='ch_sim',verbose=True)
    json_objs = parser.get_json_result("../../data/xiaomi14.pdf")

    json_list = json_objs[0]["pages"]
    print(f'{len(json_list)} documents loaded.\n')

    image_list = parser.get_images(json_objs,
download_path="pdf_images")
    print(f'{len(image_list)} images loaded.\n')

    return json_list,image_list
```

這裡的函數中採用了與之前解析 PDF 文件不一樣的方式：使用 get_json_result 方法把 PDF 文件解析成 json 物件的列表，將其放在結果（dict 類型）中的 pages 部分。這裡用 json_objs[0]["pages"] 提取出這些物件的列表（json_list）。如果查看每個 json 物件的結構，那麼其結構大概如圖 8-47 所示。

```
Key: page, Value Type: <class 'int'>
Key: text, Value Type: <class 'str'>
Key: md, Value Type: <class 'str'>
Key: images, Value Type: <class 'list'>
    Item Type Of List: <class 'dict'>
        Key: name, Value Type: <class 'str'>
        Key: height, Value Type: <class 'int'>
        Key: width, Value Type: <class 'int'>
Key: items, Value Type: <class 'list'>
    Item Type Of List: <class 'dict'>
        Key: type, Value Type: <class 'str'>
        Key: lvl, Value Type: <class 'int'>
        Key: value, Value Type: <class 'str'>
        Key: md, Value Type: <class 'str'>
```

▲ 圖 8-47

可以看到，解析出來的每個 json 物件中都包含頁數（page）、文字（text）、對應的 Markdown 格式的內容（md）、包含的圖片資訊（images），以及明細項目（items）。

然後，使用 get_images 方法對解析出來的 json 物件中包含的圖片進行下載，將其儲存到本地目錄，並傳回圖片物件清單（image_list），每個圖片物件中都包含如圖 8-48 所示的內容。

```
{'height': 1001,
 'job_id': '32d299c1-0423-4552-9981-062b1701ad83',
 'name': 'img_p0_1.png',
 'original_pdf_path': '../../data/xiaomi14.pdf',
 'page_number': 1,
 'path': 'pdf_images/32d299c1-0423-4552-9981-062b1701ad83-img_p0_1.png',
 'width': 1245}
```

▲ 圖 8-48

由於物件中包含了下載後的真實路徑，因此我們可以基於此對其進行下一步處理。

2．處理文字

首先，生成 PDF 文件中文字對應的文字 Node（TextNode），用於後面的嵌入與檢索。使用以下程式讀取解析出來的 json 物件中的文字並建構 TextNode 物件：

```
def get_text_nodes(json_list: List[dict]):
    text_nodes = []
    for idx, page in enumerate(json_list):
        text_node = \
                TextNode(text=page["text"], metadata={"page":
page["page"]})
        text_nodes.append(text_node)
    return text_nodes
```

可以一個一個從 json 物件的 text 屬性中獲取文字，最後把建構完成的全部文字 Node 作為清單傳回。

3．處理圖片

前面已經下載了從 PDF 文件解析出的 json 物件中的圖片，並形成了圖片物件清單。下面使用多模態大模型理解其中的每張圖片並生成詳細的描述性文字。這些文字將被用於建構圖片對應的 Node 物件，然後和普通文字對應的 Node 物件一樣進行嵌入和索引：

```
# 定義圖片轉為文字的方法（使用 Qwen-VL 模型，參考 8.5.4 節的內容）
def get_text_of_image(image_path):
    mm_llm = \
    DashScopeMultiModal(model_name=DashScopeMultiModalModels.QWEN_VL_
PLUS)
    image = load_local_images(["file://./" + image_path])

    # 呼叫多模態大模型
    chat_message_local = create_dashscope_multi_modal_chat_message(
        " 請詳細描述圖片中的資訊，包括圖片中的文字和影像。",
        MessageRole.USER,
        image
    )
    chat_response = mm_llm.chat([chat_message_local])
    return chat_response.message.content[0]["text"]

# 生成圖片對應的 TextNode
def get_image_text_nodes(image_list: List[dict]):
```

```
    img_text_nodes = []
    for idx,image in enumerate(image_list):
        response = ''

        # 使用多模態大模型理解圖片並生成文字
        response = get_text_of_image(image["path"])
        text_node = \
                TextNode(text=str(response), metadata={"path": 
image["path"]})
        img_text_nodes.append(text_node)
    return img_text_nodes
```

可以對這裡的函數進行測試。在測試時，觀察列印出的具體的圖片資訊及生成的文字，對比圖 8-49 中的圖片與生成的文字，完成得不錯。

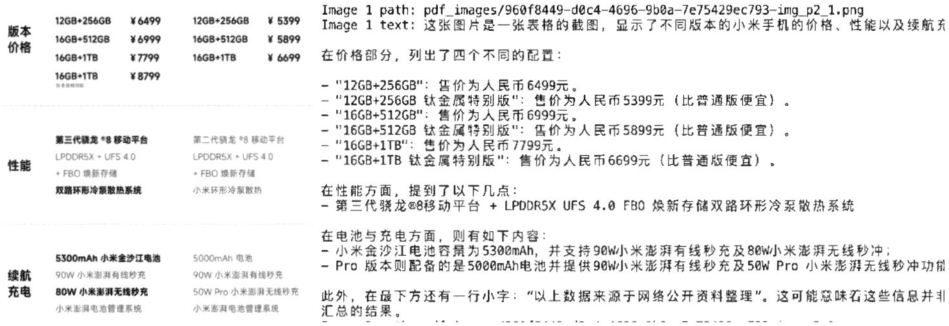

版本价格	12GB+256GB	¥6499	12GB+256GB	¥5399
	16GB+512GB	¥6999	16GB+512GB	¥5899
	16GB+1TB	¥7799	16GB+1TB	¥6699
	16GB+1TB	¥8799		
性能	第三代骁龙 ®8 移动平台 LPDDR5X + UFS 4.0 + FBO 焕新存储 双路环形冷泵散热系统		第二代骁龙 ®8 移动平台 LPDDR5X + UFS 4.0 + FBO 焕新存储 小米环形冷泵散热	
续航充电	5300mAh 小米金沙江电池 90W 小米澎湃有线秒充 80W 小米澎湃无线秒充 小米澎湃电池管理系统		5000mAh 电池 90W 小米澎湃有线秒充 50W Pro 小米澎湃无线秒充 小米澎湃电池管理系统	

```
Image 1 path: pdf_images/960f8449-d0c4-4696-9b0a-7e75429ec793-img_p2_1.png
Image 1 text: 这张图片是一张表格的截图，显示了不同版本的小米手机的价格、性能以及续航充

在价格部分，列出了四个不同的配置：

- "12GB+256GB": 售价为人民币6499元。
- "12GB+256GB 钛金属特别版": 售价为人民币5399元（比普通版便宜）。
- "16GB+512GB": 售价为人民币6999元。
- "16GB+512GB 钛金属特别版": 售价为人民币5899元（比普通版便宜）。
- "16GB+1TB": 售价为人民币7799元。
- "16GB+1TB 钛金属特别版": 售价为人民币6699元（比普通版便宜）。

在性能方面，提到了以下几点：
- 第三代骁龙®8移动平台 + LPDDR5X UFS 4.0 FBO 焕新存储双路环形冷泵散热系统

在电池与充电方面，则有如下内容：
- 小米金沙江电池容量为5300mAh，并支持90W小米澎湃有线秒充及80W小米澎湃无线秒冲；
- Pro 版本则配备的是5000mAh电池并提供90W小米澎湃有线秒充及50W Pro 小米澎湃无线秒冲功能

此外，在最下方还有一行小字："以上数据来源于网络公开资料整理"。这可能意味着这些信息并非
汇总的结果。
```

▲ 圖 8-49

4 · 建構主查詢引擎

在文字和圖片都已經被處理成 Node 物件後，就可以按照正常的流程進行嵌入與索引。最簡單的方法就是直接使用 Node 列表來建構 VectorStoreIndex 類型的向量儲存索引，然後基於這個索引建構預設的查詢引擎：

```
def create_engine():

    # 呼叫一次上面的方法解析文件、生成文字 Node、生成圖片 Node
    (json_list,image_list) = load_docs()
    text_nodes = get_text_nodes(json_list)
```

```
    img_text_nodes = get_image_text_nodes(image_list)

    # 定義向量儲存
    collection =
chroma.get_or_create_collection(name="llamaparse_mm")
    vector_store = ChromaVectorStore(chroma_collection=collection)
    storage_context =
StorageContext.from_defaults(vector_store=vector_store)

    # 用文字 Node 和圖片 Node 生成索引
    index = VectorStoreIndex(
        nodes=text_nodes + img_text_nodes,
        storage_context=storage_context
    )

    # 建構查詢引擎
    query_engine =
index.as_query_engine(similarity_top=5,verbose=True)
    return query_engine
```

然後，我們可以利用查詢引擎對原始的 PDF 文件提問，並透過 Langfuse 平臺來追蹤並觀察其內部的召回情況。下面建立簡單的測試程式：

```
delete_collection()
query_engine = create_engine()

while True:
    query = input("\n 輸入你的問題 (or 'q' to quit): ")
    if query == 'q':
        break
    if query == "":
        continue
    response = query_engine.query(query)
    print(response)
```

圖 8-50 所示為一個問題的測試結果。

```
输入你的问题 (or 'q' to quit): 介绍下小米手机的全等深微曲屏的性能参数和特点? 请用中文介绍。

**********************************************Response*************************************
小米手机的全等深微曲屏具有以下性能参数和特点:

尺寸为6.73英寸AMOLED显示屏, 分辨率为2K超色准屏522 PPI。

峰值亮度达到3,000 nit, 使用了新一代C8发光材料。

此外, 该屏幕还具备徕卡光学全焦段四摄、Summilux镜头以及Xiaomi AISp—AI大模型计算摄影架构及全
```

▲ 圖 8-50

透過 Langfuse 平臺的背景觀察這個問題的答案的生成過程，可以看到其引用的上下文，如圖 8-51 所示。

```
user

"Context information is below.
---------------------
path: pdf_images/aea3dac6-4179-4c5a-9dbf-2ccf43123473-img_p3_1.png

这张图片显示的是一个表格或列表的截图，其中包含了一些技术规格对比的信息。表中列出了两个不同的产品型号，并将它们在屏幕和技术参数方面进行了比较。

具体来说：

- 屏幕：左边的产品具有"全等深微曲屏"、"小米龙晶玻璃"，尺寸为6.73英寸AMOLED显示屏，分辨率为2K超色准屏522 PPI，峰值亮度达到3000nit，发光材料是新一代C8；而右边的产品则有双曲面屏、同样大小（6.73英寸）且分辨率相同的AMOLED显示屏，但其峰值亮度达到了更高的2600 nit，使用了C7发光材料。

- 影像：在这部分，左侧列出的技术特性包括徕卡光学全焦段四摄、Summilux镜头以及Xiaomi AISp—AI大模型计算摄影架构及全焦段大光圈功能；右侧也提到了徕卡光学全焦段四摄与Summicron镜头，不过没有提及具体的AISp技术和全焦段大光圈的功能。

请注意，这些数据可能不是最新的或者完整的版本，请以实际产品的官方发布为准。此外，在这个列表上并没有提供任何关于价格或其他非硬件方面的信息。
```

▲ 圖 8-51

大模型參考的上下文就是 PDF 文件中的一張圖片的描述文字（透過多模態大模型生成），因此就實現了對文件中的圖片進行提問與查詢的目的。當然，在這個例子中，我們只對文字和圖片進行了處理。我們參考之前介紹的對 PDF 文件中表格的處理方法，可以對這裡的例子進行增強生成，以支援更豐富的資料形態（文字、表格、圖片）。

▶ 8.6 查詢管道：編排基於 Graph 的 RAG 工作流①

截至目前，我們已經介紹了 RAG 流程所涉及的重要階段與元件，並具備了使用這些元件完整地建構 RAG 查詢引擎或對話引擎的能力。但是，除了使用獨立的元件按部就班地達到目的，在面對複雜的應用範式時，怎麼才能用更簡潔、更直觀、更方便的方式來編排 RAG 工作流呢？

本章將介紹一種便捷裝置與特性：查詢管道（Query Pipeline）。

8.6.1 理解查詢管道

查詢管道是 LlamaIndex 框架提供的一種宣告性的 API，允許我們使用更簡潔的方式將不同的模組連接在一起，從而編排一個從簡單到複雜的基於大模型的工作流來完成查詢引擎的任務。

如果你了解開發框架 LangChain，那麼可能對使用其中的 LangGraph 元件建構複雜大模型應用流程的方法有所了解，查詢管道與 LangGraph 元件採用的方法與原理非常類似。

查詢管道的核心抽象是 QueryPipeline。以 QueryPipeline 為核心，你可以載入各種元件，比如大模型、Prompt 範本、檢索器、合成器等，然後將它們以「圖」（Graph）的方式連接起來，形成一條簡單順序鏈（Chain）或有向無環圖（Directed Acyclic Graph，DAG），從而實現基於大模型的 RAG 工作流。

圖是電腦科學中的一種資料結構。你可能接觸過一些基本的資料結構，比如佇列（Queue）、堆疊（Stack）、鏈結串列（List）或樹（Tree）等。圖是一種相對複雜的資料結構。

（1）圖是表示多個元素及其之間關係的一種結構。其特點是，圖中的任何兩個元素都可以直接發生聯繫，所以它適合表達更複雜的元素關係。

① 在後續的 LlamaIndex 版本中，查詢管道將會逐漸被 Workflows 替代。

（2）圖的基本表示就是 *N* 個元素（Node/ 頂點）及這些元素之間的關係（邊）的集合。

（3）有向無環圖中有向指的是圖中的「邊」有方向，無環指的是無法從某個 Node 經過若干「邊」傳回這個 Node。

這種透過視覺化編排工作流的方式提供了很大的便捷性。

（1）可以用更少的程式宣告工作流，簡潔且靈活。

（2）具有更高的程式可讀性。

（3）可以與常見的上層低程式 / 無程式的解決方案更進一步地整合。

我們可以從 LlamaIndex 官方的 RAG 應用的查詢管道的設置範例中大致了解其工作模式，如圖 8-52 所示。

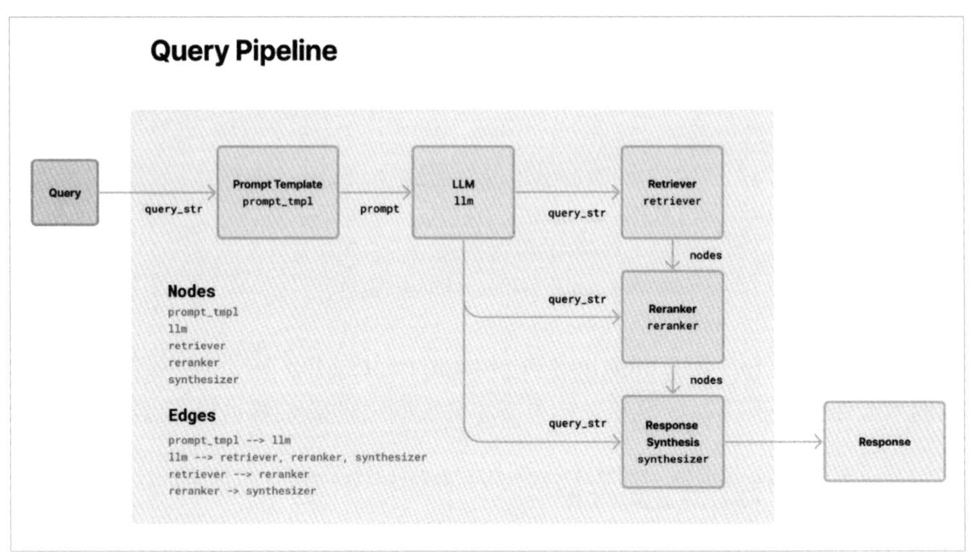

▲ 圖 8-52

這個範例中共有 5 個工作模組。這些工作模組透過連接設置了它們的工作流與輸入和輸出的關係。這些工作模組與連接分別組成了圖的節點（Node）與邊（Edge），這讓應用的內部模組化組成和工作流更清晰與視覺化。

這種靈活定義與編排工作流的驅動力來自第 1 章就已經闡述的模組化 RAG 的演進：與經典 RAG 的順序化流程相比，針對複雜業務需求與性能最佳化需求的新型 RAG 範式越來越多，帶來了更多 RAG 工作模組，比如查詢轉換、路由、索引與檢索、重排序、不同的大模型回應生成等模組。因此，我們需要一種可以靈活挑選不同模組來組裝和編排 RAG 工作流的方案，這正是查詢管道與 LangGraph 元件出現的背景。

8.6.2 查詢管道支援的兩種使用方式

LlamaIndex 框架中的查詢管道支援兩種使用方式。你可以選擇不同的模組建構基於圖結構的工作流。

1．簡單順序鏈

使用多個模組定義一個循序執行的管道，前一個模組的輸出作為下一個模組的輸入。比如，從檢索器到生成器，從大模型到輸出解析器等。下面是一個簡單的例子：

```
......
prompt_str = "請為產品設計一句簡單的宣傳語，我的產品是{product_name}"
prompt_tmpl = PromptTemplate(prompt_str)
llm = OpenAI()
p = QueryPipeline(chain=[prompt_tmpl, llm], verbose=True)
```

在這裡透過 [prompt_tmpl,llm] 將 prompt_tmpl 與 llm 模組連接起來，組成一條簡單順序鏈，然後執行這個查詢管道即可，輸出結果如圖 8-53 所示。

```
> Running module 42dd08a3-e8c9-4115-ae05-b335cab6b3c3 with input:
product_name: 一款智能手表

> Running module 555bcf3b-b66d-40f2-9684-bedd2937f110 with input:
messages: 请为产品设计一句简单的宣传语，我的产品是一款智能手表

assistant: "智能手表，让时间更智能"
```

▲ 圖 8-53

從列印出的內部執行資訊中可以看到兩個模組被依次呼叫：prompt_tmpl 模組輸出了建構的 Prompt；llm 模組接收前一個模組輸出的提示訊息，並生成了結果。

2．DAG

如果需要為高級的 RAG 應用編排複雜的工作流，那麼可以建構一個 DAG 模式的查詢管道。下面以一個基於向量檢索的 RAG 應用為例，透過編排查詢管道的方式建構一個查詢引擎並測試。

首先，按照之前的介紹準備好向量儲存索引：

```
......
# 載入文件，建構向量儲存索引
docs =
SimpleDirectoryReader(input_files=["../../data/xiaomai.txt"]).load
_data()
index = VectorStoreIndex.from_documents(docs)
```

然後，使用查詢管道編排一個包含輸入（input）、Prompt 範本（prompt_tmpl）、大模型（llm）、檢索器（retriever）、生成器（summarizer）這些模組的工作流：

```
......
# 準備組件
input = InputComponent()
llm = Ollama(model='qwen:14b')
prompt_tmpl = PromptTemplate(" 對問題進行完善，輸出新的問題：{query_str}" )
retriever = index.as_retriever(similarity_top_k=3)
summarizer =
get_response_synthesizer(response_mode="tree_summarize")

# 建構一個查詢管道
p = QueryPipeline(verbose=True)

# 把上面建構的模組增加進來
p.add_modules(
    {
```

```
        "input": input,
        "prompt": prompt_tmpl,
        "llm":llm,
        "retriever": retriever,
        "summarizer": summarizer,
    }
)

# 連接這些模組
p.add_link("input", "prompt")
p.add_link('prompt',"llm")
p.add_link('llm','retriever')
p.add_link("retriever", "summarizer", dest_key="nodes")
p.add_link("llm", "summarizer", dest_key="query_str")

output = p.run(input=' 小麥手機的優勢是什麼 ')
```

可以看到，程式具有很好的可讀性：首先，建構一個查詢管道；然後，把上面建構的模組增加進來（add_modules)；最後，連接這些模組（add_link）。從最後的連接中可以看到這些模組是如何協作工作的。程式的執行過程與最終的輸出結果如圖 8-54 所示。

```
> Running module input with input:
input: 小麦手机的优势是什么

> Running module prompt with input:
query_str: 小麦手机的优势是什么

> Running module llm with input:
messages: 请对以下问题进行改写与完善，输出新的问题：小麦手机的优势是什么

> Running module retriever with input:
input: assistant: 新问题：小麦手机与其他品牌相比有哪些独特的优点或特色？

> Running module summarizer with input:
query_str: assistant: 新问题：小麦手机与其他品牌相比有哪些独特的优点或特色？
nodes: [NodeWithScore(node=TextNode(id_='ad4651b8-3b93-4217-959f-027c40d0cdbf', embedding=None, metadata={'file_
': 'xiaomai.txt', 'file_type': 'text/plain', 'file_s...

小麦手机的独特优点和特色包括：

1. 环保材质：采用环保材料，注重减少对环境的影响。
```

▲ 圖 8-54

這裡很清晰地展示了查詢管道的執行過程：根據上面的程式編排，查詢管道中的模組會按照設置的工作流被呼叫並實現資料交換，最後能夠完美地輸出期望的結果。

8.6.3 深入理解查詢管道的內部原理

查詢管道是在其他元件上層提供的一種宣告式的 API，其本身並不完成具體的流程，類似於一個應用中的「指揮家」：協調組成管道的各個元件按照設置的關係（連接）與輸入和輸出執行，並最終完成查詢任務。與查詢管道相關的組件關係圖如圖 8-55 所示。

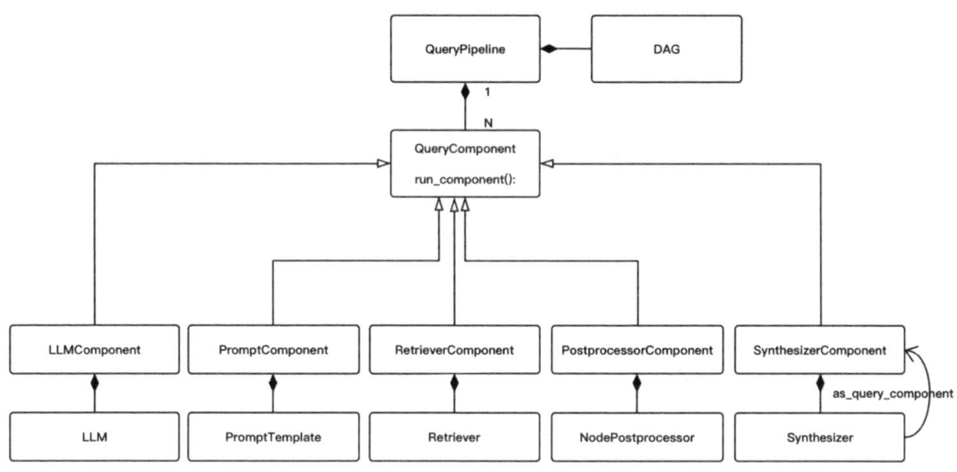

▲ 圖 8-55

這張關係圖揭示了以下資訊。

（1）插入查詢管道中的元件會被統一轉為 QueryComponent 類型的元件。一個查詢管道會有多個這樣的元件，它們都會實現一個統一的介面：run_component，用於在查詢管道執行時期被呼叫。

（2）每個能夠被插入查詢管道中的不同類型的功能組件（LLM、PromptTemplate、Retriever、NodePostprocessor、Synthesizer）都需要實現一個 as_query_component 方法，用於把自己「轉換」成一個可以被組裝進查詢管道的 QueryComponent 類型的元件。

（3）查詢管道在編排時會儲存一個 DAG 的內建物件。DAG 被看作一張工作流草稿，由大量的 Node（QueryComponent 類型的元件）與 Node 之間的連接關係組成。查詢管道會根據 DAG 這張草稿來執行流程。

> 查詢管道在底層使用了 NetworkX 這樣一個用於建構、操作和研究複雜圖結構的 Python 函數庫，用於簡化對圖這種資料結構及其相關演算法的實現。

（4）需要注意的是，查詢管道本身也是一種 QueryComponent 類型的元件，也就是說查詢管道可以身為 QueryComponent 類型的元件插入其他的查詢管道中，用於實現查詢管道之間的巢狀結構呼叫。

在了解了這些與查詢管道相關的組件後，其執行原理就更加清楚了。

（1）編排時：給查詢管道增加不同的功能元件，這些元件會被轉為統一的類型（QueryComponent）的元件，並實現了統一的 run_component 介面。同時，這些元件的資訊與它們之間的連接關係會被儲存到內部的 DAG 中。

（2）執行時期：查詢管道根據內部的 DAG 確定執行的入口元件，然後呼叫 Node 的 run_component 介面開始執行，此後根據 DAG 中定義的流程與輸入和輸出關係自動化執行，直至執行到末 Node（不再連接其他下游 Node 的 Node）或發生異常。

整體來說，由於使用了圖這種較複雜，但是同時具備極大靈活性的底層資料結構來儲存元件及其之間的流程關係，因此查詢管道在未來可以支援更複雜的模組化的 RAG 應用與工作流。

目前，在 LlamaIndex 框架中，可以插入查詢管道中的功能元件涵蓋了 RAG 應用中的所有階段。這些不同階段的功能元件都有明確定義的輸入和輸出，可以參考表 8-1 使用（隨著未來的版本演進，會有更多的元件加入）。

▼ 表 8-1

基礎類型	說明	輸入資訊	輸出類型
LLM	LLM	prompt	CompletionResponse
PromptTemplate	提示詞範本	範本變數	String
BaseQueryTransform	轉換器	query_str	query_str
BaseRetriever	檢索器	input	List[BaseNode]
BaseNodePostprocessor	後處理器	nodes/query_str	List[BaseNode]
BaseSynthesizer	生成器	nodes/query_str	Response
BaseOutputParser	輸出解析器	input	由輸出解析器定義
BaseQueryEngine	查詢引擎	input	Response
QueryComponent	其他查詢管道	input	由查詢管道定義

注意：沒有單獨的路由組件，這是由於路由功能已經在檢索器或查詢引擎中實現了。

8.6.4 實現並插入自訂的查詢組件

如果現有的查詢元件無法滿足你的需求，那麼你可以開發自訂的查詢元件，並將其插入查詢管道中使用。LlamaIndex 框架中提供了兩種自訂查詢元件的方法：一種是從 CustomQueryComponent 類型的元件中衍生自訂的查詢組件；另一種是使用 FnComponent 方法建構查詢元件。

1．從 CustomQueryComponent 類型的元件中衍生自訂的查詢組件

最常見的一種自訂查詢元件的方法是從 CustomQueryComponent 類型的元件中衍生自訂的查詢元件，必須實現的 3 個介面如下。

（1）_input_keys：定義輸入的參數資訊（輸入的參數名稱列表）。這些參數必須在本元件開始執行時期輸入，一般在 add_link 方法呼叫時透過 dest_key 參數進行指定。

（2）_output_keys：定義輸出的參數資訊（輸出的參數名稱列表）。這些參數必須在本元件執行完成後輸出。

（3）_run_component：定義元件的執行邏輯。這個介面接收 _input_keys 介面定義的參數資訊（使用 **kwargs 參數輸入），經過自訂的邏輯處理後，輸出符合 _output_keys 介面定義的參數資訊。

下面用一個實際用例幫助你理解如何自訂查詢元件。我們建構一個自訂的 output_parser 元件。這個元件的功能是對最後回應生成的文字根據要求進行結構化輸出。為了更簡單地實現結構化輸出，我們借助 LLMTextCompletionProgram 這個模型呼叫元件進行簡化。完整的元件程式如下：

```
from llama_index.core.query_pipeline import CustomQueryComponent
from pydantic import Field,BaseModel
from llama_index.core.program import LLMTextCompletionProgram
from typing import List,Optional,Dict, Any

# 自訂查詢元件，可以將其插入查詢管道中
class MyOutputParser(CustomQueryComponent):

    # 輸入驗證，該方法可以不實現
    def _validate_component_inputs(
        self, input: Dict[str, Any]
    ) -> Dict[str, Any]:
        """ 驗證元件的輸入參數 """
        return input

    @property
    def _input_keys(self) -> set:
        """ 定義元件的輸入 keys"""
        return {"response"}

    @property
    def _output_keys(self) -> set:
        """ 定義元件的輸出 keys"""
        return {"output"}

    def _run_component(self, **kwargs) -> Dict[str, Any]:
```

```
        """ 定義元件的執行邏輯 """

        # 在這個例子中，我們要求把查詢的手機資訊結構化成 Phone 類型的
        class Phone(BaseModel):
            name: str
            cpu: str
            memory: str
            storage: str
            screen: str
            battery: str
            features: List[str]

        # 給大模型提示
        prompt_template_str = """\
        根據以下內容提取結構化資訊 {input}\
        """

        # 建構一個大模型的呼叫模組，指定 output_cls 參數
        program = LLMTextCompletionProgram.from_defaults(
            output_cls=Phone,
            prompt_template_str=prompt_template_str,
            verbose=True,
        )

        # 呼叫 program 變數，注意從輸入中獲取 key=response 的內容
        output = program(input=kwargs['response'])

        # 傳回物件中必須包含 _output_keys 介面中定義的輸出關鍵字
        return {"output": output}
```

在自訂這個元件後，就可以把它的實例插入查詢管道中使用。我們在前面的 DAG 查詢管道例子的基礎上修改：

```
......
p = QueryPipeline(verbose=True)
p.add_modules(
    {
        "input": input,
        "prompt": prompt_tmpl,
```

```
        "llm":llm,
        "retriever": retriever,
        "summarizer": summarizer,
        'output_parser': MyOutputParser()  #增加一個自訂的模組
    }
)

p.add_link("input", "prompt")
p.add_link('prompt',"llm")
p.add_link('llm','retriever')
p.add_link("retriever", "summarizer", dest_key="nodes")
p.add_link("llm", "summarizer", dest_key="query_str")

#增加與自訂的模組的連接，輸入的參數為 response
p.add_link("summarizer", "output_parser", dest_key="response")

output = p.run(input='小麥手機的優勢是什麼')
print(output)
```

注意：在增加自訂的查詢元件實例後，別忘記增加必要的連接，讓模組參與到流程中。然後，執行這段程式，觀察查詢管道執行的偵錯資訊，如圖 8-56 所示。

```
> Running module summarizer with input:
query_str: assistant: 新问题：小麦手机相比其他品牌有哪些独特的竞争优势？
nodes: [NodeWithScore(node=TextNode(id_='a43d3a8e-4ab0-40ab-8fd3-b9559a8063e5', embedding=None, metadata={'file_path': '../../data/xiaomai.txt'
'xiaomai.txt', 'file_type': 'text/plain', 'file_s...

> Running module output_parser with input:
response: 小麦手机凭借其环保材质的选择，体现了其对可持续发展的承诺，这可能是其独特竞争优势之一。

其次，小麦手机的健康护眼模式，有效地降低了蓝光辐射，对于经常使用电子设备的用户来说，这是个显著的优势。

再者，高性能和长续航的特点，使得小麦手机在满足日常需求的同时，还能提供舒适的用户体验。

最后，小麦手机关注用户需求，持续优化产品功能，这表明其具有强大的市场适应性和创新能力。

综上所述，小麦手机的独特...

name='小麦手机' cpu='高性能处理器' memory='大容量内存' storage='高速存储器' screen='护眼高清屏幕' battery='长续航环保电池' features=['环保材质'
', '高性能与长续航']
```

▲ 圖 8-56

可以看到，上面自訂的 output_parser 元件被成功地呼叫並執行：輸入的資訊為上一個 Node 元件 summarizer 輸出的資訊，經過 output_parser 元件處理後，最後輸出了 Phone 類型的結果。

2．使用 FnComponent 方法建構查詢元件

除了可以從 CustomQueryComponent 類型的元件中衍生自訂的查詢元件，還可以用更快速的方法建構一個輕量級的查詢元件插入查詢管道中：使用 FnComponent 方法將一個自訂的函數包裝成查詢元件即可，函數的主體是元件的執行邏輯，函數的輸入參數使用自訂的類型與名稱。

比如，我們需要在從 CustomQueryComponent 類型的組件中衍生自訂的查詢元件的例子中給最後輸出的物件增加一些額外資訊，並用字串形式輸出物件，那麼可以快速地建構這樣一個函數：

```
from llama_index.core.query_pipeline import FnComponent

# 定義一個元件函數
def addExtaInfo(phone: Phone) -> str:
    phone_info = f"Name: {phone.name}\nCPU: {phone.cpu}\nMemory:
{phone.memory}\nStorage: {phone.storage}\nScreen:
{phone.screen}\nBattery: {phone.battery}\nFeatures: {',
'.join(phone.features)}"
    extra_info = "Extra information: This phone has a great camera."
    phone_str = f"{phone_info}\n{extra_info}"
    return phone_str
```

然後，使用 FnComponent 方法把這個函數包裝成元件插入查詢管道中，並與上游元件連接起來：

```
......
p = QueryPipeline(verbose=True)
p.add_modules(
    {
        ......
        'output_parser': MyOutputParser(),

        # 使用 FnComponent 方法增加一個新的查詢元件
        'post_processor': FnComponent(fn=addExtaInfo,
output_key="output")
    }
)
```

```
......
# 增加連接
p.add_link("output_parser", "post_processor", dest_key="phone")

output = p.run(input=' 小麥手機的優勢是什麼 ')
```

你會在輸出結果中看到建構的 post_processor 自定義元件被成功執行，並呼叫了其中的 addExtaInfo 函數，如圖 8-57 所示。

```
> Running module post_processor with input:
phone: name='小麦Pro' cpu='高通骁龙870' memory='12GB LPDDR5X' storage='256GB UFS3.1' screen='6.9英寸 AMOLED, 分辨率为3200x1440' batt

Name: 小麦Pro
CPU: 高通骁龙870
Memory: 12GB LPDDR5X
Storage: 256GB UFS3.1
Screen: 6.9英寸 AMOLED, 分辨率为3200x1440
Battery: 5000mAh 大电池, 支持有线+无线双快充技术
Features: 环保材质，健康护眼模式，高性能处理器，大容量电池及快速充电技术，高像素后置摄像头（4800万像素）和前置摄像头（3200万像素）
Extra information: This phone has a great camera.
```

▲ 圖 8-57

使用 FnComponent 方法建構查詢元件的方法更簡潔，適用於快速建構一些邏輯簡單的元件。

9

開發 Data Agent

你可能對 Agent 已經有了比較深入的了解。Agent 是一種更高級的應用形式，被普遍認為是生成式 AI 的終極形式。簡單地說，Agent 就是透過 AI 模型驅動，能夠自主地理解、規劃、執行，並最終完成任務的 AI 程式。Agent 與大模型的區別類似於人與大腦的區別：大腦指揮人的行動，但是只有人才是執行任務的完整體。OpenAI 的應用研究主管 Lilian Weng 曾經把 Agent 總結為 Agent = 大模型 + 記憶 + 規劃技能 + 使用工具。我們可以用圖 9-1 簡單地表示 Agent。

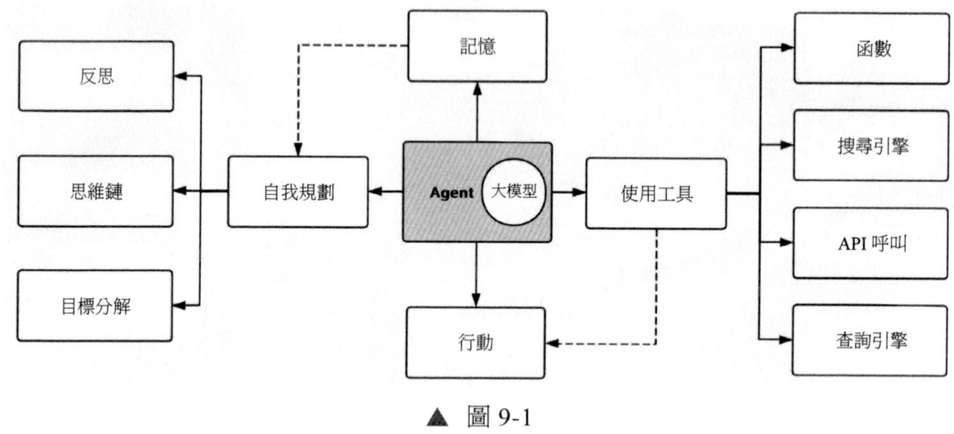

▲ 圖 9-1

也就是說，Agent 就是在大模型作為智慧大腦的基礎上實現記憶（Memory）、自我規劃（Planning）、使用工具（Tool）等能力，從而開發一個具有自主認知與行動能力的完全「智慧體」。

本章介紹如何將 RAG 應用建構的模組拓展到 Agent：開發以資料為中心的 Data Agent。

▶ 9.1 初步認識 Data Agent

RAG 是一種基於大模型的知識密集型應用，以資料查詢與對話任務為主要形式。Data Agent 在 RAG 的基礎上引入自我規劃與使用工具的能力，從而具備了完成大模型驅動的、更豐富的資料讀寫任務的能力。Data Agent 不僅可以完成簡單的資料查詢任務，還可以使用工具執行真正的資料操作任務，這擴大了 RAG 應用的場景。

與 RAG 應用相比，Data Agent 具備以下能力。

（1）兼具 RAG 應用的資料檢索與查詢生成能力。

（2）透過觀察環境與任務目標推理出完成下一個資料任務的步驟。

（3）透過呼叫外部服務工具（API）完成複雜任務，並傳回執行結果。

（4）具備長期記憶能力（如使用向量庫）與短期記憶（一次任務中的互動歷史等）能力。

所以，與 RAG 應用相比，Data Agent 的主要增強之處如下。

（1）規劃與推理出完成任務的步驟的能力。

這在 LlamaIndex 框架中透過 Agent 元件來實現，其主要任務是借助大模型，使用迴圈推理來規劃任務執行的步驟、使用的工具、工具的輸入參數，並呼叫工具來完成任務。常見的大模型推理範式有 ReAct（Reasoning & Acting，推理 - 行動範式）。

（2）定義與使用工具的能力。

這在 LlamaIndex 框架中透過 Tool 相關組件來實現。每個工具通常都是一個具備規範的請求參數與響應參數的 API 或函數。請求參數通常是一組結構化參數，回應參數可以是文字字串或任何格式的。LlamaIndex 框架提供了便捷的方法用於定義 Agent 使用的工具，並支援把已有的可執行元件包裝成工具，比如查詢引擎。

圖 9-2 所示為 LlamaIndex 官方的表示推理元件與工具元件之間協作關係的示意圖。

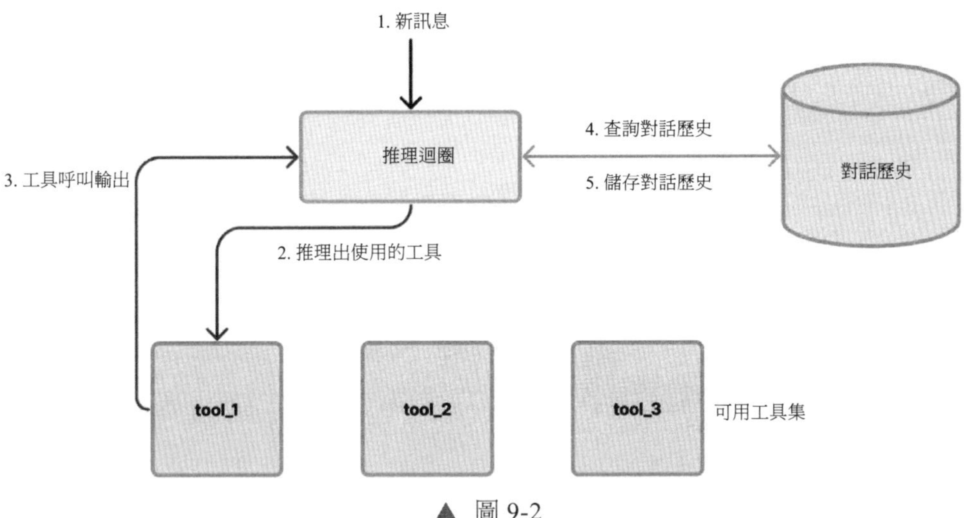

▲ 圖 9-2

目前的框架版本支援的 Agent 元件類型主要有以下幾種。

（1）OpenAIAgent：支援帶有函數呼叫功能的大模型。

（2）ReActAgent：支援其他大模型，並透過 ReAct 推理範式進行規劃和推理。

框架支援的與工具相關的元件如下。

（1）FunctionTool：用於將函數轉為可以被 Agent 使用的工具。

（2）BaseTool 與 ToolMetadata：基礎工具抽象與工具的中繼資料定義。

（3）QueryEngineTool：用於將查詢引擎轉為 Agent 使用的工具。

（4）SlackToolSpec：工具規格定義元件，可以直接轉為 Agent 使用的工具。

（5）工具庫：在 LlamaHub 網路平臺上發佈的很多開箱即用的外部工具。

▶ 9.2 建構與使用 Agent 的工具

與工具相關的元件用於建構與包裝能夠被 Agent 使用，並且符合 Agent 呼叫規範的各種工具。在 Agent 系統中，工具可以是對以下元件的封裝。

（1）一個本地的自訂函數（Function）。

（2）一個查詢引擎（QueryEngine）。

（3）一個查詢管道（QueryPipeline）。

（4）一個檢索器（Retriever）。

（5）一個其他的 Agent。

（6）企業內部其他應用的開放介面。

（7）第三方公開的 API。

LlamaIndex 框架提供了很多用於把上述元件「工具化」的元件，從而能夠讓 Agent 使用。

9.2.1 深入了解工具類型

工具的基礎抽象是 BaseTool，其中定義了一些工具必有的屬性與介面，重要的如下。

（1）metadata：這是工具的中繼資料，包括工具的名稱、描述、介面規範、是否直接傳回等。中繼資料非常關鍵，是用於幫助大模型理解工具用途並推理出使用的工具的重要資訊。在建構工具時，部分中繼資料會被自動生成。

（2）call()：這是與工具相關的元件必須實現的介面，是工具被呼叫的核心邏輯。

目前，已經存在的幾種工具類型及其與相關元件之間的關係如圖 9-3 所示。

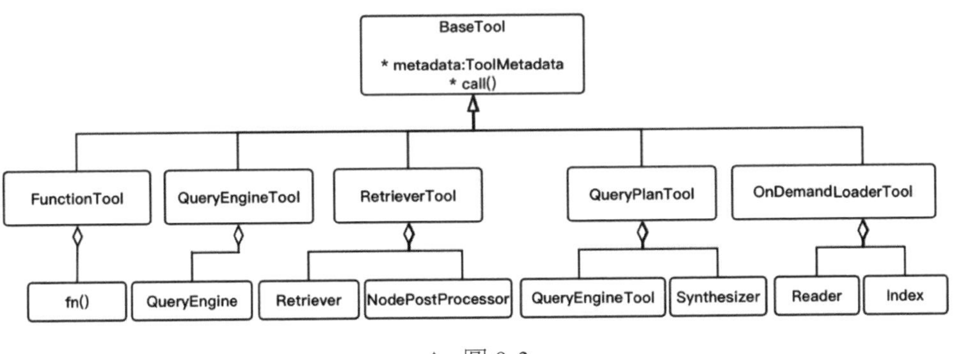

▲ 圖 9-3

我們先簡單介紹這些不同工具類型的作用，並在後面詳細介紹與測試。

（1）FunctionTool：函數工具，用於把本地函數直接轉換成一個工具，是最簡單但最靈活的工具類型。你可以在函數工具中實現任意無狀態的邏輯。

（2）QueryEngineTool：查詢引擎工具，用於把已經建構好的查詢引擎發佈成工具，並將其插入 Agent 中使用。

（3）RetrieverTool：檢索工具，用於把已經建構好的檢索器作為一個工具發佈，並且支援同時插入節點後處理器。其主要作用是根據輸入的字串從索引中檢索出相關的 Node 並進行必要的後處理，然後輸出 Node 內容。

（4）QueryPlanTool：查詢計畫工具，用於根據傳入的查詢引擎工具和執行計畫呼叫工具並完成任務，輸出結果。

（5）OnDemandLoaderTool：隨選載入工具，用於借助指定的文件載入器載入資料與建構索引，並根據輸入問題查詢相關資料。

9.2.2 函數工具

函數工具的使用方法非常簡單：

```
from llama_index.core.tools import FunctionTool

    def add(a: int, b: int) -> int:
        return a + b

    # Create a tool from the function
    tool_add = FunctionTool.from_defaults(
        fn=add,
        name="tool_add",
        description=" 用於兩個整數相加 ",
        )
```

下面直接呼叫這個工具，檢查效果：

```
output = tool_add.call(a=1,b=3)
print(type(output))
print(f"Output: {output.__dict__}")
```

可以得到以下輸出結果：

```
<class 'llama_index.core.tools.types.ToolOutput'>
Output: {'content': '4', 'tool_name': 'add', 'raw_input': {'args':
(), 'kwargs': {'a': 1, 'b': 3}}, 'raw_output': 4, 'is_error': False}
```

可以看到，工具被呼叫後的輸出類型為 ToolOutput 類型，顯示輸出物件中的主要內容包括 content（函數呼叫傳回內容）、tool_name（工具名稱）、raw_input（工具輸入參數）、raw_output（工具輸出參數）等輔助資訊。

函數工具比較簡單，本質上是把自訂的函數打包成一個 Tool 物件，然後在呼叫 Tool 物件時把請求轉為函數呼叫，並以標準形式（ToolOutput）輸出函數傳回值。

9.2.3 查詢引擎工具

下面用之前建構的查詢引擎來演示查詢引擎工具的用法：

```
......準備索引......

# 建構查詢引擎
query_engine = \
index.as_query_engine(response_mode="compact",verbose=True,text_
qa_template=qa_prompt)

from llama_index.core.tools import QueryEngineTool, ToolMetadata

# 建構查詢引擎工具
tool_xiaomai = QueryEngineTool.from_defaults(
            query_engine=query_engine,
            name="tool_xiaomai",
            description="用於小麥手機資訊查詢",
            return_direct=False
)

# 測試工具
print(tool_xiaomai.call(query_str="小麥手機採用了什麼型號的 CPU？"))
```

需要注意的是，LlamaIndex 框架中的 Agent 本身也繼承自 QueryEngine 元件，也就是說 Agent 本身也是一種查詢引擎，因此 Agent 也可以身為查詢引擎被包裝成工具，供其他 Agent 使用，從而實現了 Agent 之間互相呼叫。

9.2.4 檢索工具

在什麼情況下需要使用檢索工具呢？還記得第 8 章介紹的帶有路由功能的檢索器嗎？帶有路由功能的檢索器本質上就是一個簡單的 Agent，它借助大模型對輸入問題進行判斷，決定使用哪個檢索器進行檢索。這裡的檢索器就需要透過檢索工具來打包成工具提供給帶有路由功能的檢索器使用。下面是一個建構檢索工具的例子：

```
......
vector_index = VectorStoreIndex(nodes)

# 首先建構一個檢索器
retriever_xiaomai = vector_index.as_retriever(similarity_K=2)

# 用檢索器建構一個檢索工具
tool_retriever_xiaomai = RetrieverTool.from_defaults(
    retriever=retriever_xiaomai,
    description=" 用於檢索小麥手機的資訊 ",
)

print(tool_retriever_xiaomai.call(query_str=" 小麥手機採用了什麼型號的
CPU？"))
......
```

觀察這個工具被呼叫的結果，這裡輸出了兩個檢索出的 Node 的中繼資料與內容，如圖 9-4 所示。

```
file_path = ../../data/xiaomai.txt
三、型号及参数:
目前小麦手机共有两款型号，分别为小麦Pro和小麦Max。

小麦Pro:
屏幕：6.5英寸全面屏，分辨率2400×1080像素；
处理器：高通骁龙870;
内存：8GB/12GB LPDDR5;
存储：128GB/256GB UFS 3.1;
电池：4500mAh，支持33W快充；
摄像头：后置4800万像素主摄+800万像素超广角+200万像素微距；前置1600万像素自拍摄像头；

file_path = ../../data/xiaomai.txt
系统：基于Android 11的Magic UI 4.0。
小麦Max:
屏幕：6.8英寸全面屏，分辨率2400×1080像素；
处理器：高通骁龙888;
```

▲ 圖 9-4

9.2.5 查詢計畫工具

查詢計畫工具是其他工具之上的上層工具。查詢計畫工具接收一系列其他工具作為輸入資訊，並且在被呼叫時根據傳入的執行計畫（可以視為一個工具被呼叫的順序及關係）完成任務。

該工具與大模型配合開發 Agent 後，可以允許 Agent 根據已有的工具資訊生成一個執行計畫，然後把執行計畫交給查詢計畫工具執行；你也可以預先設計複雜的執行計畫，然後將其交給一個查詢計畫工具執行，而非讓大模型在多個工具中自行規劃（以減少不確定性）。

下面模擬建構一個查詢計畫工具（在這個工具中有兩個子工具），然後模擬呼叫查詢計畫工具，並傳入一個執行計畫，要求按計劃執行：

```
...... 省略資料載入 ......
query_xiaomai = index1.as_query_engine(response_mode="compact")
query_ultra = index2.as_query_engine(response_mode="compact")

# 建構兩個子工具：簡單的查詢引擎工具
query_tool_xiaomai = QueryEngineTool.from_defaults(
    query_engine=query_xiaomai,
    name="query_tool_xiaomai",
    description=" 提供小麥手機普通型號 Pro/Max 的資訊 ")

query_tool_ultra = QueryEngineTool.from_defaults(
    query_engine=query_ultra,
    name="query_tool_ultra",
    description=" 提供小麥手機 Ultra 的資訊 ")

from llama_index.core.tools import QueryPlanTool
from llama_index.core import get_response_synthesizer
from llama_index.core.tools.query_plan import QueryPlan, QueryNode

# 建構一個查詢計畫工具，並傳入子工具與回應生成器
response_synthesizer = get_response_synthesizer()
query_plan_tool = QueryPlanTool.from_defaults(
    query_engine_tools=[query_tool_xiaomai, query_tool_ultra],
    response_synthesizer=response_synthesizer,
```

```
)

# 建構一個執行計畫，執行計畫由多個執行 Node 組成
nodes=[
        QueryNode(
            id=1,
            query_str=" 查詢小麥手機普通型號 Pro 的資訊 ",
            tool_name="query_tool_xiaomai",
            dependencies=[]
        ),
        QueryNode(
            id=2,
            query_str=" 查詢小麥手機 Ultra 的資訊 ",
            tool_name="query_tool_ultra",
            dependencies=[1]
        ),
        QueryNode(
            id=3,
            query_str=" 對比小麥手機普通型號 Pro 與小麥手機 Ultrl 的配置區別 ",
            tool_name="vs_tool",
            dependencies=[1,2]
        )
    ]

# 呼叫查詢計畫工具，並傳入執行計畫
output = query_plan_tool(nodes=nodes)
print(output)
```

這裡的執行計畫如下：分別呼叫兩個查詢引擎查詢兩款手機的資訊，在這兩個子任務完成後，再查詢最後一個問題（對比兩款手機的配置）。觀察最後的輸出資訊，可以看到查詢計畫工具按照輸入的執行計畫進行了任務排程，並輸出了正確的結果，如圖 9-5 所示。

```
Selected Tool: ToolMetadata(description='提供小麦手机普通型号Pro/Max的信息', name='query_tool_xiaomai', fn_sch
s 'llama_index.core.tools.types.DefaultToolFnSchema'>, return_direct=False)
Executed query, got response.
Query: 查询小麦手机普通型号Pro的信息
Response: 小麦手机普通型号Pro具有以下主要信息:
- 屏幕: 6.5英寸全面屏, 分辨率2400×1080像素
- 处理器: 高通骁龙870
- 内存: 8GB/12GB LPDDR5
- 存储: 128GB/256GB UFS 3.1
- 电池: 4500mAh, 支持33W快充
- 摄像头: 后置4800万像素主摄+800万像素超广角+200万像素微距; 前置1600万像素自拍摄像头
- 系统: 基于Android 11的Magic UI 4.0
Selected Tool: ToolMetadata(description='提供小麦手机Ultra的信息', name='query_tool_ultra', fn_schema=<class '
ex.core.tools.types.DefaultToolFnSchema'>, return_direct=False)
Executed query, got response.
Query: 查询小麦手机Ultra的信息
Response: 小麦手机Ultra是一款智能手机, 具有以下主要特点:
- 屏幕: 6.9英寸AMOLED全面屏, 分辨率3200×1440像素, 支持120Hz刷新率;
- 处理器: 高通骁龙8 Gen 1;
- 内存: 12GB/16GB LPDDR5;
- 存储: 256GB/512GB UFS 3.1, 可扩展至1TB;
- 电池: 6000mAh, 支持65W超级快充;
- 摄像头: 后置1亿像素主摄+1600万像素超广角+500万像素微距+200万像素景深摄像头, 前置3200万像素自拍摄像头;
- 系统: 基于Android 13的Magic UI 6.0;
- 其他特性: IP68级防水防尘、支持5G网络、屏下指纹识别、面部识别、双扬声器、支持Hi-Res音质认证、支持无线充电和反
Executed query, got response.
Query: 对比小麦手机普通型号Pro与小麦手机Ultrl的配置区别
Response: 小麦手机普通型号Pro与小麦手机Ultra的配置区别如下:
1. 屏幕尺寸和分辨率不同;
2. 处理器型号不同;
3. 内存容量不同;
4. 存储容量和可扩展性不同;
5. 电池容量和快充功率不同;
6. 摄像头像素和配置不同;
7. 系统版本不同;
8. 小麦手机Ultra具有额外特性如IP68级防水防尘、支持5G网络、屏下指纹识别、面部识别、双扬声器、支持Hi-Res音质认
证、支电和反向充电。
```

▲ 圖 9-5

9.2.6 隨選載入工具

隨選載入工具是一種隨選呼叫資料載入器自動讀取資料，並自動完成後面建構索引、建構查詢引擎、查詢資料等的工具。簡單地說，這個工具會在被呼叫時，自動地從載入文件開始建構一個查詢引擎，並輸出查詢結果。

很顯然，由於這個過程包含了即時建構查詢引擎的全部階段，如果即時載入並索引的資料量過大，就會造成較長時間的回應延遲，因此只適合少量需要「隨選」載入資料的場景。

下面用一個從 Web 網頁上載入資料的例子來測試：

```
......
def _baidu_reader(
            soup: Any, url: str, include_url_in_text: bool = True
        ) -> Tuple[str, Dict[str, Any]]:
```

```
            ......
            # 此處省略對 Web 網頁解析的邏輯，可參考第 5 章
            return text, {"title":
soup.find(class_="post__title").get_text()}

# 建構一個資料載入器
web_loader =\
BeautifulSoupWebReader(website_extractor={"cloud.baidu.com":_baidu
_reader})

# 用資料載入器建構一個隨選載入工具
tool_xiaomai = OnDemandLoaderTool.from_defaults(
    web_loader,
    name="tool_xiaomai",
    description=" 用於查詢本地文件中的小麥手機資訊 ",
)

# 呼叫這個工具測試，由於 web_loader 物件也需要參數，因此需要增加 urls 參數
output = tool_xiaomai.call(

urls=["https://cloud.bai**.com/doc/AppBuilder/s/6lq7s8lli"],
              query_str=' 百度雲千帆 appbuilder 是什麼？ ')

print(output)
```

由於這裡的 web_loader 物件需要一個 URL 清單作為載入資料的輸入參數，因此在呼叫 call 方法時需要輸入兩個參數，一個是隨選載入的資料來源的 URL 位址，另一個是需要查詢的輸入問題。

▶ 9.3 基於函數呼叫功能直接開發 Agent

很多大模型都有函數呼叫（Function Calling）功能，就是大模型能夠根據輸入參數中攜帶的函數呼叫資訊，自動地判斷是否需要進行函數呼叫，並傳回函數呼叫的要求，包括函數名稱、函數輸入等。如果把這裡的函數看作一個工具，那麼這種大模型本身就具備了使用「推理」工具的能力。因此，完全可以基於函數呼叫功能直接開發簡單的 Agent，而無須使用任何額外的元件。

下面使用 OpenAI 的大模型的函數呼叫功能開發一個簡單的 Agent，以幫助你更進一步地了解 Agent 的工作原理。

1．準備工具

首先，我們準備 3 個簡單的模擬工具，分別用於搜尋天氣情況、發送電子郵件與查詢客戶資訊（這 3 個工具在後面還會使用）。

```
# 工具：搜尋天氣情況
def search_weather(query: str) -> str:
    """ 用於搜尋天氣情況 """
    # Perform search logic here
    search_results = f" 明天晴轉多雲，最高溫度 30℃，最低溫度 23℃。天氣炎熱，
注意防曬哦。"
    return search_results

tool_search = FunctionTool.from_defaults(fn=search_weather)

# 工具：發送電子郵件
def send_email(subject: str, recipient: str, message: str) -> None:
    """ 用於發送電子郵件 """
    # Send email logic here
    print(f" 郵件已發送至 {recipient}，主題為 {subject}，內容為
{message}")

tool_send_mail = FunctionTool.from_defaults(fn=send_email)

# 工具：查詢客戶資訊
def query_customer(phone: str) -> str:
    """ 用於查詢客戶資訊 """
    # Perform creation logic here
    result = f" 該客戶資訊為 :\n 姓名： 張三 \n 電話： {phone}\n 位址： 北京市海
淀區 "
    return result

tool_generate = FunctionTool.from_defaults(fn=query_customer)
```

2．開發 Agent

下面開發一個 Agent。這個 Agent 會根據輸入的自然語言來選擇相應的工具，並呼叫工具完成任務：

```
......
# 定義一個 OpenAI 的 Agent
class MyOpenAIAgent:

    # 初始化參數
    #tools: Sequence[BaseTool] = []，工具列表
    #llm: OpenAI = OpenAI(temperature=0, model="gpt-3.5-turbo")，
OpenAI 的大模型
    #chat_history: List[ChatMessage] = []，聊天歷史
    def __init__(
        self,
        tools: Sequence[BaseTool] = [],
        llm: OpenAI = OpenAI(temperature=0, model="gpt-3.5-turbo"),
        chat_history: List[ChatMessage] = [],
    ) -> None:
        self._llm = llm
        self._tools = {tool.metadata.name: tool for tool in tools}
        self._chat_history = chat_history

    # 重置聊天歷史
    def reset(self) -> None:
        self._chat_history = []

    # 定義聊天介面
    def chat(self, message: str) -> str:
        chat_history = self._chat_history
        chat_history.append(ChatMessage(role="user",
content=message))

        # 傳入工具
        tools = [
            tool.metadata.to_openai_tool() for _, tool in
self._tools.items()
        ]
```

```
        ai_message = self._llm.chat(chat_history,
tools=tools).message
        additional_kwargs = ai_message.additional_kwargs
        chat_history.append(ai_message)

        # 獲取工具呼叫的要求
        tool_calls = additional_kwargs.get("tool_calls", None)

        # 如果呼叫工具，那麼依次呼叫
        if tool_calls is not None:
            for tool_call in tool_calls:

                # 呼叫函數
                function_message = self._call_function(tool_call)
                chat_history.append(function_message)

                # 繼續對話
                ai_message = self._llm.chat(chat_history).message
                chat_history.append(ai_message)

        return ai_message.content

    # 呼叫函數
    def _call_function(
        self, tool_call: ChatCompletionMessageToolCall
    ) -> ChatMessage:
        id_ = tool_call.id
        function_call = tool_call.function
        tool = self._tools[function_call.name]
        output = tool(**json.loads(function_call.arguments))
        return ChatMessage(
            name=function_call.name,
            content=str(output),
            role="tool",
            additional_kwargs={
                "tool_call_id": id_,
                "name": function_call.name,
            },
        )
```

在這裡的程式中，我們把工具呼叫規格傳入 OpenAI 的大模型呼叫的輸入參數中，大模型推理並傳回了工具呼叫的資訊，然後根據這些資訊進行函數呼叫，在獲得傳回內容以後，生成最後的答案。

3．與 Agent 連續對話

我們可以使用以下程式與 Agent 連續對話：

```
while True:
    user_input = input(" 請輸入您的訊息：")
    if user_input.lower() == "quit":
        break
    response = agent.chat(user_input)
    print(response)
```

最後的輸出結果如圖 9-6 所示。

```
客户信息如下：
- 姓名：张三
- 电话：1360140××××
- 地址：北京市海淀区
(rag) (base) pingcy@pingcy-mac×××× a_agents % python openai_simple.py
请输入您的消息：查询1360130××××客户的信息
客户信息如下：
- 姓名：张三
- 电话：1360130××××
- 地址：北京市海淀区
请输入您的消息：了解下明天北京的天气情况
明天北京的天气情况为晴转多云，最高温度30℃，最低温度23℃。天气炎热，注意防晒哦。祝您有愉快的一天！
请输入您的消息：我要发送邮件到test@openai.com,主题为" 测试邮件"，内容为"Are you ok?"
邮件已发送至 test@openai.com，主题为 测试邮件，内容为 Are you ok?
已成功发送邮件到test@openai.com，主题为"测试邮件"，内容为"Are you ok?"。如果有其他需要帮助的地方，请随时告诉我。
请输入您的消息：
```

▲ 圖 9-6

對照上面的工具定義，可以證實使用了工具的輸出內容獲得了最後的輸出結果，從而證明 Agent 極佳地完成了工具使用的推理任務，並成功地進行了呼叫。

▶ 9.4 用框架元件開發 Agent

使用封裝的 Agent 元件，可以快速地把工具與大模型等封裝成可以呼叫的 Agent。根據元件的內部原理，LlamaIndex 框架中的 Agent 元件可以分為基於函數呼叫功能的 OpenAIAgent（支援其他有函數呼叫功能的大模型）與基於 ReAct 推理範式的 ReActAgent。

9.4.1 使用 OpenAIAgent

9.3 節使用原生的 OpenAI 的 API 開發了一個 Agent，但是如果使用 LlamaIndex 框架封裝的 OpenAIAgent 元件，這個過程就會非常簡單，開發 Agent 的程式可以簡化如下：

```
......定義工具，同上省略......
from llama_index.agent.openai import OpenAIAgent
from llama_index.llms.openai import OpenAI

llm = OpenAI(model="gpt-3.5-turbo")
agent = OpenAIAgent.from_tools(
    [tool_search, tool_send_mail, tool_generate], llm=llm,
verbose=True
)
......測試程式......
```

採用與 9.3 節一樣的方法進行測試，可以看到圖 9-7 所示的輸出結果。

```
请输入您的消息: 查询下1865160××××的客户信息
Added user message to memory: 查询下1865160××××的客户信息
=== Calling Function ===
Calling function: query_customer with args: {"phone":"1865160××××"}
Got output: 该客户信息为:
姓名: 张三
电话: 1865160××××
地址: 北京市海淀区
========================

客户信息如下:
- 姓名: 张三
- 电话: 1865160××××
- 地址: 北京市海淀区
```

▲ 圖 9-7

我們透過 verbose 參數可以觀察 Agent 內部的追蹤資訊，判斷是否需要呼叫函數、呼叫的函數的輸入和輸出參數、大模型最後的輸出結果等，可以看到使用 OpenAIAgent 開發 Agent 與基於函數呼叫功能直接開發 Agent 是一致的，但更簡潔。

9.4.2 使用 ReActAgent

在前面的例子中，開發 Agent 使用的是基於函數呼叫功能的 OpenAIAgent（無須特定的提示，大模型會自動判斷是否需要使用函數工具及如何使用）。如果你的大模型不支援函數呼叫功能，那麼可以使用基於 ReAct 推理範式的 Agent 元件開發 Agent。

ReAct 是 Agent 中的一種常見的推理範式，結合了思維鏈（COT）提示工程與行動規劃，使得大模型能夠進行任務推理、規劃並完成任務。ReActAgent 是 LlamaIndex 框架中基於 ReAct 推理範式封裝的 Agent 元件，進行推理迴圈，利用使用工具與記憶能力，能夠理解任務，規劃執行任務的步驟，追蹤任務執行的情況，最終輸出結果。

開發 ReActAgent 類型的 Agent 非常簡單：

```
......
from llama_index.core.agent import ReActAgent
from llama_index.llms.openai import OpenAI

llm = OpenAI(model="gpt-3.5-turbo")
agent = ReActAgent.from_tools(
    [tool_search, tool_send_mail, tool_generate], llm=llm,
verbose=True
)
......
```

只需要簡單地把 9.4.1 節程式中的 OpenAIAgent 修改成 ReActAgent 即可，下面觀察內部的追蹤資訊，會發現在推理過程上有些不同，如圖 9-8 所示。

```
请输入您的消息：明天北京的天气如何啊？
Thought: The user is asking about the weather in Beijing tomorrow. I can use the search_weather tool to find this information.
Action: search_weather
Action Input: {'query': 'Beijing weather tomorrow'}
Observation: 明天天气晴转多云，最高温度30℃，最低温度23℃。天气炎热，注意防晒哦。
Thought: I can answer without using any more tools. I'll use the user's language to answer
Answer: 明天北京的天气是晴转多云，最高温度30℃，最低温度23℃。天气炎热，注意防晒哦。
明天北京的天气是晴转多云，最高温度30℃，最低温度23℃。天气炎热，注意防晒哦。
请输入您的消息：给a@gmail.com发送一 封邮件，主题是 会议通知，内容是明天上午十点开会
Thought: The user wants to send an email to a@gmail.com with a meeting notification for tomorrow morning at 10 o'clock.
Action: send_email
Action Input: {'subject': 'Meeting Notification', 'recipient': 'a@gmail.com', 'message': "Meeting tomorrow morning at 10 o'clock.
邮件已发送至 a@gmail.com，主题为 Meeting Notification，内容为 Meeting tomorrow morning at 10 o'clock.
Observation: None
Thought: I can answer without using any more tools.
Answer: 电子邮件已发送至a@gmail.com，会议通知内容为：明天上午十点开会。
电子邮件已发送至a@gmail.com，会议通知内容为：明天上午十点开会。
```

▲ 圖 9-8

ReActAgent 在進行推理迴圈時，並非依賴大模型的函數呼叫功能，而是透過 ReAct 推理範式來決定使用的工具。這種推理範式需要的 Prompt 範本大致如下：

```
......
您可以使用以下工具：
{tool_desc}

要回答問題，請使用以下格式。

``
思考：我需要使用一個工具來幫助我回答這個問題。
行動：工具名稱（{tool_names} 之一）
行動輸入：工具的輸入，採用表示 kwargs 的 JSON 格式（例如 {{"text": "hello
world", "num_beams": 5}}）
`` `
請對操作輸入有效的 JSON 格式。不要這樣做 {{'text': 'hello world',
'num_beams': 5}}。
如果使用此格式，您將收到以下格式的響應：

``
觀察：工具回應
``
......
```

基於這樣的 Prompt 範本，大模型會遵循思考—行動—觀察這樣的推理方式來規劃執行任務的步驟，並一步步地執行行動步驟（呼叫工具），直到完成任務（Data Agent 中的任務一般是能夠完整與準確地回答輸入的問題）。

9.4.3 使用底層 API 開發 Agent

LlamaIndex 框架中的 Agent 的基礎類型是 AgentRunner。其作為頂級的協調器，可以建構任務、執行任務中的每一步或點對點地執行任務、儲存狀態並追蹤任務，而任務中每一步的真正執行者都是在 AgentRunner 內部建構的 AgentWorker 元件，它負責執行規劃出來的任務步驟（step），並傳回每一步的輸出結果。AgentWorker 並不儲存任務狀態，只負責執行任務，而 AgentRunner

則負責呼叫 AgentWorker 並收集與聚合每一步的結果。LlamaIndex 官方舉出的 AgentRunner 與 AgentWorker 之間的關係如圖 9-9 所示。

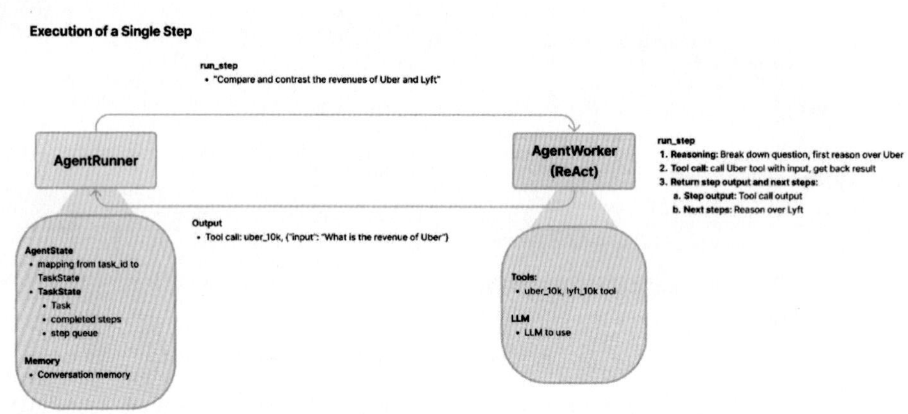

▲ 圖 9-9

因此，你可以組合建構 AgentWorker 與 AgentRunner 這兩個元件，並使用相關的輔助元件更細粒度地排程與執行 Agent 任務。這種方式帶來的好處如下：分離任務的建構與執行、獲得更精細的觀察結果、控制與偵錯任務的每一步、及時地取消任務、訂製 AgentWorker 等。

下面使用 AgentWorker 與 AgentRunner 組合建構一個 OpenAIAgent：

```
......
from llama_index.core.agent import AgentRunner
from llama_index.agent.openai import OpenAIAgentWorker

llm = OpenAI(model="gpt-3.5-turbo")
openai_step_engine = OpenAIAgentWorker.from_tools(
                                tools,
                                llm=llm,
                                verbose=True)
agent = AgentRunner(openai_step_engine)
......
```

在這裡的程式中，先建構了一個 OpenAIAgentWorker 類型的工作器元件，然後把它交給一個 AgentRunner，這樣就成功地開發了一個 Agent。用這種方式開發 Agent 完全等價於直接用 OpenAIAgent 開發 Agent。

9.4.4 開發帶有工具檢索功能的 Agent

使用工具集（Tools）是 Agent 的必備能力。如果一個 Agent 攜帶的工具集過大，那麼會怎麼樣呢？這可能會導致推理能力下降甚至工具使用錯亂（這與大模型的推理能力相關）。因此，如果在使用工具之前，能夠根據輸入的任務語義對工具進行一次檢索與過濾，縮小工具集，那麼可以大大降低任務執行過程中對工具使用的推理發生錯誤的機率。

LlamaIndex 框架中提供了檢索工具的方法，最常見的是給工具物件建構物件索引，在執行任務時動態檢索相關的工具，然後在候選工具中進一步選擇，這樣就可以大大縮小選擇工具的範圍，降低推理的複雜性，從而降低推理的不確定性。

我們繼續修改前面的 Agent 例子，這次不再把所有工具直接提供給 Agent，而是給工具物件建構物件索引，然後把索引的工具檢索器提供給 Agent：

```
...... 準備 3 個工具：搜尋天氣情況、發送電子郵件、查詢客戶資訊，省略 ......
tools = [tool_search,tool_send_mail,tool_customer]

# 建構物件索引，在底層使用向量檢索
obj_index = ObjectIndex.from_objects(
    tools,
    index_cls=VectorStoreIndex,
)

# 大模型
llm = OpenAI(model="gpt-3.5-turbo")

# 開發 Agent，注意提供 tool_retriever( 工具檢索器 )，而非工具集
agent = OpenAIAgent.from_tools(
    tool_retriever=obj_index.as_retriever(similarity_top_k=2),
    verbose=True
```

```
)

# 測試：使用 agent_worker 物件檢索工具集，查看結果
tools = agent.agent_worker.get_tools(' 發送電子郵件 ')
for tool in tools:
    print(f'Tool name: {tool.metadata.name}')
print(tools)
```

工具的真正使用者是 AgentWorker 元件，所以最後的測試程式使用 agent_worker 的 get_tools 方法模擬執行時期的工具檢索動作。輸出結果如下：

```
Tool name: send_email
Tool name: query_customer
```

透過索引檢索出的第一個工具是 send_email，這正是實際需要使用的工具。如果把檢索的輸入任務修改為「查詢北京明天的天氣」，就會看到輸出結果發生了以下變化：

```
Tool name: search_weather
Tool name: query_customer
```

檢索出的第一個工具變成了 search_weather，這間接證明了工具檢索的有效性。

下面正常呼叫 Agent 以測試其能力：

```
agent.chat(' 幫我查詢 1865120×××× 的客戶資訊 ')
```

從圖 9-10 所示的輸出結果中可以看到，Agent 成功地檢索出 query_customer 工具並完成呼叫，最後根據呼叫的結果輸出了答案。

```
Added user message to memory: 帮我查询1865120××××的客户信息
=== Calling Function ===
Calling function: query_customer with args: {"phone":"1865120××××"}
Got output: 该客户信息为:
姓名: 张三
电话: 1865120××××
地址: 北京市海淀区
```

▲ 圖 9-10

9.4.5 開發帶有上下文檢索功能的 Agent

透過物件索引可以縮小選擇工具的範圍，從而方便 Agent 選擇更準確的工具。在實際應用中，還有另一種可能的情況：工具的數量不太多，但是使用各個工具完成的工作內容容易混淆甚至相似，工具並不能簡單地用中繼資料中的描述資訊（Description）來區分，這可能會導致選擇工具出錯。這時，可以透過提供增強的上下文進行提示：給 Agent 提供一個獨立的上下文檢索器，使得 Agent 可以在推理行動時借助上下文檢索器檢索出與輸入問題相關的上下文（Context），而這裡的上下文可以幫助 Agent 選擇正確的工具，從而能夠降低選擇工具出錯的機率。

下面看一個簡單的例子來理解上下文檢索器的作用：

```
......
# 對上下文建立索引，這裡的上下文是一些對財務術語縮寫的解釋
texts = [
    "Abbreviation: X = Revenue",
    "Abbreviation: YZ = Risk Factors",
    "Abbreviation: Z = Costs",
]
docs = [Document(text=t) for t in texts]

# 一個上下文索引
context_index = VectorStoreIndex.from_documents(docs)

# 開發一個帶有上下文檢索功能的 Agent
context_agent =
ContextRetrieverOpenAIAgent.from_tools_and_retriever(
    query_engine_tools,                              # 正常的工具列表
    context_index.as_retriever(similarity_top_k=1),# 傳入上下文檢索器
    verbose=True)
```

這裡開發的 Agent 與 9.4.4 節開發的帶有工具檢索功能的 Agent 類似，也傳入了一個檢索器，但是其作用是有區別的：工具檢索器用於從多個工具中篩選出可用的相關工具，而上下文檢索器用於檢索出有助選擇工具的相關上下文知識。一個用於縮小選擇範圍，另一個用於增加提示訊息。

這裡的上下文中包含了一些對財務術語縮寫的解釋，因此如果輸入問題中涉及財務術語的縮寫，那麼檢索出的相關上下文就可以幫助大模型更準確地理解使用者的輸入問題，從而選擇正確的工具，比如輸入問題為：

```
response = context_agent.chat("What is the YZ of March 2022?")
```

我們觀察追蹤資訊，可以看到，大模型在選擇工具時的提示訊息如圖 9-11 所示。

```
Context information is below.
---------------------
Abbreviation: YZ = Risk Factors
---------------------
Given the context information and not prior knowledge, either pick the correspond
ing tool or answer the function: What is the YZ of March 2022?

=== Calling Function ===
Calling function: uber_march_10q with args: {
  "input": "Risk Factors"
}
```

▲ 圖 9-11

可以看到，上下文檢索器檢索出的提示訊息（「Abbreviation：YZ = Risk Factors」）被插入輸入的提示訊息中，從而幫助大模型做出正確的選擇，而最終產生的函數呼叫資訊（Calling Function 部分）也證明了這裡檢索出的提示訊息的作用。

▶ 9.5 更細粒度地控制 Agent 的執行

我們可以使用 LlamaIndex 框架中與 Agent 相關的元件快速開發一個 Agent，使其能夠利用工具（在本書中主要是 RAG 查詢工具）來完成複雜的查詢任務，但仍然存在一個潛在的問題，就是 Agent 的任務執行過程由於被高度封裝而缺乏透明度與可控性。在很多時候，Agent 的執行會給人一種「摸盲盒」的感覺，更多地依賴其背後的大模型的理解與推理能力。在 Agent 執行的過程中，你很難觀察、糾正錯誤，甚至介入任務步驟。像程式設計一樣，在很多時候，你需要一個「分步偵錯」的功能讓 Agent 的執行更可控。

9.5.1 分步可控地執行 Agent

如果觀察 agent.chat 介面的實現，那麼可以看到 Agent 內部任務的執行過程，主要由 AgentRunner 與 AgentWorker 兩個組件協調完成任務：AgentRunner 先建構任務（create_task），然後進入一步步執行任務的迴圈（run_step），而具體步驟的執行由 AgentWorker 主導完成，直至 AgentWorker 告訴 AgentRunner 已經執行結束（is_last=True）。因此，你可以呼叫這些方法來分步執行 Agent。下面繼續用之前的 Agent 例子來演示如何分步執行 Agent，核心程式如下：

```
......省略建構工具的程式......
tools = [tool_search,tool_send_mail,tool_customer]
agent = OpenAIAgent.from_tools(tools, llm=llm, verbose=True)

#建構一個任務
task = agent.create_task("明天南京天氣如何？")

#執行這個任務
print('\n--------------')
step_output = agent.run_step(task.task_id)
pprint.pprint(step_output.__dict__)

#迴圈，直到 is_last = True
while not step_output.is_last:
    print('\n--------------')
    step_output = agent.run_step(task.task_id)
    pprint.pprint(step_output.__dict__)

#最後輸出結果
print('\nFinal response:')
response = agent.finalize_response(task.task_id)
print(str(response))
```

終端上的輸出結果如圖 9-12 所示。

```
--------------
Added user message to memory: 明天南京天气如何?
=== Calling Function ===
Calling function: search_weather with args: {"query":"南京明天天气"}
Got output: 明天天气晴转多云，最高温度30℃，最低温度23℃。天气炎热，注意防晒哦。
========================

{'is_last': False,
 'next_steps': [TaskStep(task_id='031f8819-4f68-4087-b3b4-e479013c2e1a', step_id='6f0d6518-535e-
 'output': AgentChatResponse(response='None',
                             sources=[ToolOutput(content='明天天气晴转多云，最高温度30℃，最低温
,
                             source_nodes=[],
                             is_dummy_stream=False),
 'task_step': TaskStep(task_id='031f8819-4f68-4087-b3b4-e479013c2e1a', step_id='0577ec44-26b5-4

--------------
{'is_last': True,
 'next_steps': [],
 'output': AgentChatResponse(response='明天南京天气预计为晴转多云，最高温度30℃，最低温度23℃。
                             sources=[ToolOutput(content='明天天气晴转多云，最高温度30℃，最低温
,
                             source_nodes=[],
                             is_dummy_stream=False),
 'task_step': TaskStep(task_id='031f8819-4f68-4087-b3b4-e479013c2e1a', step_id='6f0d6518-535e-4

Final response:
明天南京天气预计为晴转多云，最高温度30℃，最低温度23℃。天气炎热，注意防晒哦！如果需要更
```

▲ 圖 9-12

我們可以很清楚地觀察到 Agent 執行的內部過程（由於使用了 OpenAIAgent，因此透過呼叫函數來使用工具）。

（1）AgentWorker 推理出使用工具 search_weath_with_args。

（2）呼叫工具並獲得了輸出結果，且這時輸出參數中 is_last 為 False，AgentRunner 要求繼續執行。

（3）AgentWorker 根據之前的呼叫工具結果判斷可以回答問題，因此做出最終回應，設置 is_last 為 True 後傳回。

（4）AgentRunner 判斷 AgentWorker 的輸出參數中 is_last 為 True，結束迴圈，呼叫 finalize_response 方法獲得最終結果。

你也可以用以下方法查看所有執行步驟的詳細資訊：

```
......
steps = agent.get_completed_steps(task.task_id)
```

```
for i,step in enumerate(steps):
    print(f'\nStep {i+1}:')
    print(step.__dict__)
```

列印出的執行步驟的詳細資訊如圖 9-13 所示。

```
Step 1:
{'output': AgentChatResponse(response='None', sources=[ToolOutput(content='明天天气晴转多云, 最高温度30℃, 最低温度23℃.
ch_weather', raw_input={'args': (), 'kwargs': {'query': '南京明天天气'}}, raw_output='明天天气晴转多云, 最高温度30℃, 最
rror=False)], source_nodes=[], is_dummy_stream=False), 'task_step': TaskStep(task_id='a069a4dc-1774-4e51-bf89-8e8c76ba9
6f7e434ee', input='明天南京天气如何? ', step_state={}, next_steps={}, prev_steps={}, is_ready=True), 'next_steps': [Tas
c76ba9551', step_id='09d18e6b-4311-4b9b-8a5d-7f860ddfd693', input=None, step_state={}, next_steps={}, prev_steps={}, is_

Step 2:
{'output': AgentChatResponse(response='明天南京天气预报: 晴转多云, 最高温度30℃, 最低温度23℃。天气炎热, 记得做好防晒。
olOutput(content='明天天气晴转多云, 最高温度30℃, 最低温度23℃。天气炎热, 注意防晒哦。', tool_name='search_weather', ra
南京明天天气'}}, raw_output='明天天气晴转多云, 最高温度30℃, 最低温度23℃。天气炎热, 注意防晒哦。', is_error=False)], s
ask_step': TaskStep(task_id='a069a4dc-1774-4e51-bf89-8e8c76ba9551', step_id='09d18e6b-4311-4b9b-8a5d-7f860ddfd693', inp
v_steps={}, is_ready=True), 'next_steps': [], 'is_last': True}
```

▲ 圖 9-13

9.5.2 在 Agent 執行中增加人類互動

為了可控地執行 Agent，還可以在執行過程中增加人類互動，控制與修改任務步驟。下面的程式樣例會演示人類互動的用法。在這個例子中，我們首先建構多個城市資訊查詢工具（查詢引擎），然後用這些工具開發一個 Agent：

```
......
citys_dict = {
 '北京市':'beijing',
 '南京市':'nanjing',
 '廣州市':'guangzhou',
 '上海市':'shanghai',
 '深圳市':'shenzhen'
}

# 開發城市資訊查詢工具
def create_city_tool(name:str):
    ......根據城市名稱建構對應的查詢引擎，並將其包裝成查詢引擎工具......

#先建構一組工具，再開發一個 Agent，也可以直接開發 Agent
query_engine_tools = []
for city in citys_dict.keys():
query_engine_tools.append(create_city_tool(city))
```

```
# 開發 Agent
openai_step_engine = OpenAIAgentWorker.from_tools(
    query_engine_tools,verbose=True
)
agent = AgentRunner(openai_step_engine)

# 分步執行 Agent：並要求人類舉出指令
task_message = None
while task_message != "exit":
    task_message = input(">> 你： ")
    if task_message == "exit":
        break

    # 根據輸入問題建構任務
    task = agent.create_task(task_message)

    response = None
    step_output = None
    message = None

    # 任務執行過程中允許人類回饋資訊
    # 如果 message 為 exit，那麼任務被取消，並退出
    # 如果任務步驟傳回 is_last=True，那麼任務正常退出
    while message != "exit" and (not step_output or not
step_output.is_last):

        # 執行下一步任務
        if message is None or message == "":
            step_output = agent.run_step(task.task_id)
        else:
            # 允許把人類回饋資訊傳入中間的任務步驟
            step_output = agent.run_step(task.task_id, input=message)

        # 如果任務沒結束，那麼允許使用者輸入
        if not step_output.is_last:
            message = input(">>  請補充任務回饋資訊（留空繼續，exit 退出）：
")
```

```
    # 任務正常退出
    if step_output.is_last:
        print(">> 任務執行完成。")
        response = agent.finalize_response(task.task_id)
        print(f"Final Answer: {str(response)}")

    # 任務被取消
    elif not step_output.is_last:
        print(">> 任務未完成，被丟棄。")
```

程式的執行結果如圖 9-14 所示。

```
>> 你: 北京的人口是多少?
Added user message to memory: 北京的人口是多少?
=== Calling Function ===
Calling function: vector_tool_beijing with args: {"input":"population"}
Got output: The population of Beijing has been experiencing fluctuations in recent years. As of the end of 2022,
e total population, those aged 15-59 make up 66.6%, and individuals aged 60 and above represent 21.3%. Additiona
es like water, electricity, gas, and coal, leading to a need for emergency measures to meet the city's demands.
========================

>>  请补充任务反馈信息（留空继续，exit退出）: 与上海的人口做对比
Added user message to memory: 与上海的人口做对比
=== Calling Function ===
Calling function: vector_tool_beijing with args: {"input": "population"}
Got output: The population of Beijing has been experiencing fluctuations in recent years. As of the end of 2022,
15-59 make up 66.6%, and individuals aged 60 and above represent 21.3% of the total population. Additionally, th
pulation size exceeding the environmental resource carrying capacity, leading to issues with water, electricity,
he city's total fertility rate has been notably low since 1995, remaining below the replacement level and lower
========================

=== Calling Function ===
Calling function: vector_tool_shanghai with args: {"input": "population"}
Got output: 24870895
========================

>>  请补充任务反馈信息（留空继续，exit退出）:
>> 任务运行完成。
Final Answer: 北京的人口为2184.3万，上海的人口为2487.1万。
>> 你: █
```

▲ 圖 9-14

這裡輸入的初始問題是「北京的人口是多少」，此時任務開始正常執行，並呼叫工具獲得輸出結果。然後，我們在舉出回饋資訊時，要求「與上海的人口做對比」，可以看到後面的任務進行了調整，重新獲取了北京與上海的人口資訊，最後舉出了對比的資訊。這裡透過分步可控地執行 Agent，大大增加了任務執行過程的透明性與可控性，包括任務觀察、任務取消、人工回饋與任務調整等。

除了可以更方便地控制任務，這種方式還可以更進一步地訂製個性化的 AgentWorker。比如，要想實現不同於 ReAct 的推理範式，你只需要實現對應的 run_step 介面並處理輸出即可。

設計與開發 Agent 是一個專業與複雜的課題。本書主要介紹基於 RAG 引擎的工具應用，並利用 Agent 的思想開發更強大與更靈活的知識型應用，僅展示了一部分 Agent 的形式與能力。感興趣的讀者可以在此基礎上對 Agent 進行更多的研究。

10

評估 RAG 應用

在軟體應用與生產之前，傳統過程中一個必不可少的階段是軟體測試。這包括軟體用例設計、測試工具開發、軟體單元測試、整合測試、壓力測試等。這是驗證與衡量軟體是否具備上線與生產條件的重要階段。具體到 RAG 應用（包括 Agent），這個階段仍然舉足輕重，甚至比傳統應用的這個階段更重要。

▶ 10.1 為什麼 RAG 應用需要評估

我們已經具備了開發一個完整的 RAG 應用的技術基礎，可以在較短的時間內借助類似於 LlamaIndex 或 LangChain 這樣的成熟框架快速開發 RAG 應用。但是，當我們準備將一個基於大模型的 RAG 應用投入生產時，有一些問題是需要提前考慮與應對的。

（1）大模型輸出的不確定性會帶來一定的不可預知性。一個 RAG 應用在投入生產之前需要科學的測試以衡量這種不可預知性。

（2）在大模型應用上線後的持續維護中，需要科學、快速、可重複使用的手段來衡量其改進效果，比如回答的置信度是上升了 10% 還是下降了 5%？

（3）RAG 應用的「外掛」知識庫是動態的，在不斷維護的過程中，可能會產生新的知識干擾。因此，定期檢測與重新評估是確保應用品質的重要手段。

（4）由於 RAG 應用依賴基礎大模型，那麼如何在大量的商業與開放原始碼大模型中選擇最適合企業的大模型或如何知道大模型升級一次版本對 RAG 應用產生了多大影響？

▶ 10.2 RAG 應用的評估依據與指標

基於大模型的 RAG 應用與傳統應用有很大的不同：傳統應用的輸出大多是確定的且易於衡量的，比如輸出一個確定的數值；RAG 應用的輸入和輸出都是自然語言，其輸出一般是一段文字，無法透過簡單的定量判斷評估其相關性與準確性等，往往需要借助更智慧的工具與評估模型。

RAG 應用的評估依據，即評估模組的輸入一般包括以下要素。

（1）輸入問題（question）：使用者在使用 RAG 應用時的輸入問題。

（2）生成的答案（answer）：需要評估的 RAG 應用的輸出，即問題的答案。

（3）上下文（context）：用於增強 RAG 應用輸出的參考上下文，通常在檢索階段生成。

（4）參考答案（reference_answer）：輸入問題的真實的正確答案，通常需要人類標注。

基於這些評估依據，對 RAG 應用進行評估的常見指標見表 10-1。

▼ 表 10-1

名稱	相關輸入	解釋
正確性（Correctness）	answer、reference_answer	生成的答案與參考答案的匹配度，往往涵蓋了回答的語義相似度與事實相似度
語義相似度（Semantic Similarity）	answer、reference_answer	生成的答案與參考答案的語義相似度
忠實度（Faithfulness）	answer、context	生成的答案與檢索出的上下文的一致性，即生成的答案能否從檢索出的上下文中推理出來。或說，是否存在幻覺問題
上下文相關性（Context Relevancy）	context、question	檢索出的上下文與輸入問題之間的相關性，即上下文中有多少內容與輸入問題相關
答案相關性（Answer Relevancy）	answer、question	生成的答案與輸入問題的相關性，即生成的答案是否完整且不容錯地回答了輸入問題，不考慮生成的答案的正確性
上下文精度（Context Precision）	context、reference_answer	檢索出的上下文中與參考答案相關的項目是否排名較高
上下文召回率（Context Recall）	context、reference_answer	檢索出的上下文與參考答案之間的一致性，即參考答案能否歸因到上下文

▶ 10.3 RAG 應用的評估流程與方法

RAG 應用的評估流程如圖 10-1 所示。

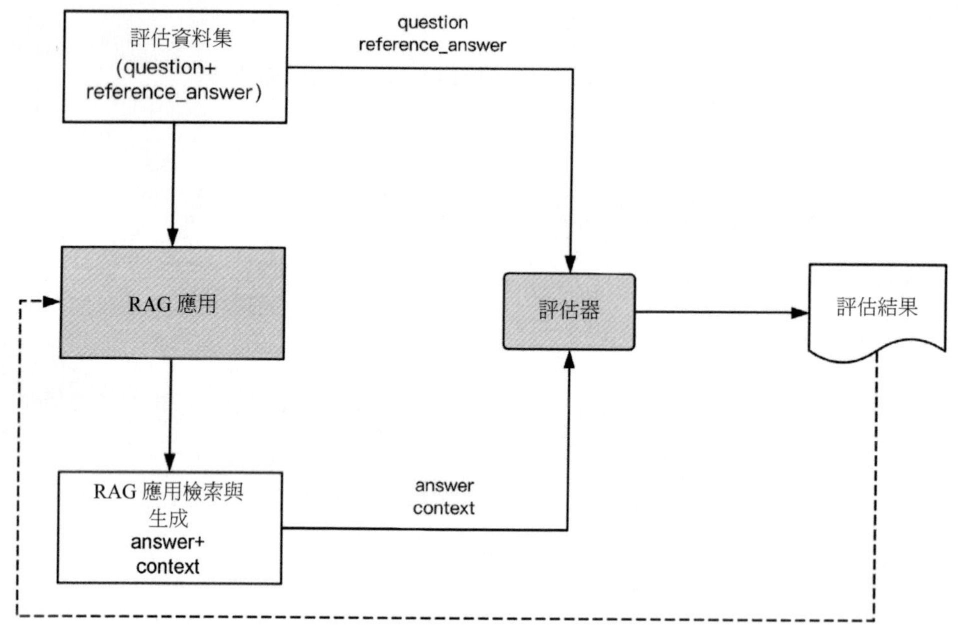

▲ 圖 10-1

（1）確定評估的目的、維度與指標。

（2）準備評估資料集，可以自行準備與標注，也可以使用大模型生成。根據評估指標，你可能需要準備不同的輸入問題（question）與參考答案（reference_answer）。

（3）將評估資料集輸入 RAG 應用，獲得檢索結果（即上下文，context）與生成的答案（answer）。

（4）將評估依據輸入評估器，計算各類評估指標，分析 RAG 應用的整體性能。

對 RAG 應用的元件級評估通常偏重於檢索與生成兩個最關鍵的階段。透過對這兩個階段單獨評估，可以更細緻地觀察與分析問題，從而有針對性地最佳化與增強 RAG 應用。

▶ 10.4 評估檢索品質

利用檢索評估元件 RetrieverEvaluator 可以對任何檢索模組進行品質評估。該評估的主要指標如下。

（1）命中率（hit_rate）：表示檢索出的上下文對期望的上下文的命中率。

（2）平均倒數排名（mrr）：衡量檢索出的上下文的排名品質。

（3）cohere 重排相關性（cohere-rerank-relevancy）：用 Cohere Rerank 模型的排名結果衡量檢索的排名品質。

評估檢索品質的主要依據為輸入問題與期望的上下文（檢索出的 Node）。

10.4.1 生成檢索評估資料集

對檢索過程評估既可以透過 evaluate 方法對單次查詢進行評估，也可以呼叫 evaluate_dataset 方法使用一個建構好的檢索評估資料集進行批次評估。由於評估的是檢索出的上下文與輸入問題之間的相關性，因此需要一系列輸入問題與參考上下文的資料對，所以我們首先利用 generate_question_context_pairs 方法借助大模型從已有的資料中生成一系列檢索評估資料集（也可以自行建構資料集）：

```
......
# 讀取文件，建構 Node，用於生成檢索評估資料集
documents = SimpleDirectoryReader(
                            input_files=["../../data/citys/南京
市.txt"]).load_data()
node_parser = SentenceSplitter(chunk_size=1024)
```

```
nodes = node_parser.get_nodes_from_documents(documents)
for idx, node in enumerate(nodes):
    node.id_ = f"node_{idx}"

# 準備一個檢索器，後面使用
vector_index = VectorStoreIndex(nodes)
retriever = vector_index.as_retriever(similarity_top_k=2)

from llama_index.core.evaluation import (
    generate_question_context_pairs,
    EmbeddingQAFinetuneDataset,
)

QA_GENERATE_PROMPT_TMPL = """
以下是上下文：
---------------------
{context_str}
---------------------
你是一位專業教授。你的任務是基於以上的上下文，為即將到來的考試設置
{num_questions_per_chunk} 個問題。
這些問題必須基於提供的上下文生成，並確保上下文能夠回答這些問題。確保每一行都只
有一個獨立的問題。不要有多餘解釋。不要給問題編號。"
"""

print("Generating question-context pairs...")
qa_dataset = generate_question_context_pairs(
    nodes,
    llm=llm_ollama,
    num_questions_per_chunk=1,
    qa_generate_prompt_tmpl=QA_GENERATE_PROMPT_TMPL
)

print("Saving dataset...")
qa_dataset.save_json("retriever_eval_dataset.json")
```

在這段程式中，手工設置了中文的 Prompt，一方面有助了解生成原理與偵錯生成結果，另一方面用於生成中文問題。最後，把生成的檢索評估資料集儲存到本地的 JSON 文件中，以減少不必要的重複生成，後面只需要從本地文件中載入即可。

在執行這段程式後，可以看到已經生成了本地的 JSON 文件。現在，可以借助程式讀取並載入這個生成的 JSON 文件中的評估問題，比如：

```
......
print("Loading dataset...")
qa_dataset = \
EmbeddingQAFinetuneDataset.from_json("retriever_eval_dataset.json
")
eval_querys = list(qa_dataset.queries.items())
for eval_id,eval_query in eval_querys[:10]:
    print(f"Query: {eval_query}")
```

你需要看一下生成的評估問題，確保沒有問題，如圖 10-2 所示。

```
Loading dataset...
Query: 南京的历史地位和现代发展是如何体现的？请详细阐述其作为六朝古都与十朝都会的传统历史背景，以及在现代化进程中
Query: 南京地区最早的人类活动可以追溯到多少年前？
Query: 六朝时期南京的发展历史如何影响了中国经济文化重心南移的过程？
Query: 南京作为中国历史上的重要城市，在唐宋至明清时期经历了哪些主要的政治、军事和城市发展变化？请详细阐述其在不同
Query: 南京在明清时期的政治、经济和文化地位如何发展变化？
Query: 南京在近代历史上经历了哪些重大事件和变迁？请概述从辛亥革命到中华人民共和国成立期间南京的政治、经济和社会发
Query: 南京长江大桥通车后至20世纪90年代期间，南京的城市地位经历了哪些重要变化？
Query: 南京位于哪个省份？它与哪些城市和安徽省的部分地区相邻？给出具体的地理位置范围（纬度和经度）以及总面积。
Query: 南京的地貌特征包括哪些主要组成部分？请详细描述低山丘陵、岗地、平原洼地及河流湖泊的面积比例，以及钟山山脉在
Query: 长江在南京境内的长度约为多少千米？
```

▲ 圖 10-2

當然，為了能夠評估檢索過程，生成的檢索評估資料集中除了輸入問題，還有一個很重要的資料，即這個輸入問題期望連結的文件，它被放在生成結果的 relevant_docs 欄位中，在後面的評估中也需要使用。

10.4.2 執行評估檢索過程的程式

我們已經建構了一個檢索器，並且借助大模型生成了檢索評估資料集。下面建構與執行檢索評估器。基本的流程如下。

（1）載入檢索評估資料集。

（2）建構檢索評估器（RetrieverEvaluator 物件），設置評估指標。

（3）呼叫 evaluate 方法，查看評估結果。

在 10.4.1 節程式的基礎上，做以下開發測試：

```
......
print("Loading dataset...")
# 從儲存的 JSON 文件中載入檢索評估資料集
qa_dataset = \

EmbeddingQAFinetuneDataset.from_json("retriever_eval_dataset.json
")
querys = list(qa_dataset.queries.items())

# 建構一個檢索評估器，設定兩個評估指標
from llama_index.core.evaluation import RetrieverEvaluator
metrics = ["mrr", "hit_rate"]
retriever_evaluator = RetrieverEvaluator.from_metric_names(
    metrics, retriever=retriever
)

# 簡單評估前 10 個評估用例
for eval_id,eval_query in eval_querys[:10]:
    expect_docs = qa_dataset.relevant_docs[eval_id]
    print(f"Query: {eval_query}, Expected docs: {expect_docs}")

    # 評估，輸入評估問題與預期檢索出的 Node
    eval_result = \

retriever_evaluator.evaluate(query=eval_query,expected_ids=expect
```

```
_docs)
    print(eval_result)
```

列印的結果如圖 10-3 所示。

```
Loading dataset...
Query: 根据提供的上下文，请简述南京市的历史背景、地理位置和现代化发展概况。, Expected
Query: 根据提供的上下文，请简述南京市的历史背景、地理位置和现代化发展概况。
Metrics: {'mrr': 0.0, 'hit_rate': 0.0}

Query: 问题：南京的历史可以追溯到哪些远古时期的重要事件和文化？, Expected docs: ['node_
Query: 问题：南京的历史可以追溯到哪些远古时期的重要事件和文化？
Metrics: {'mrr': 1.0, 'hit_rate': 1.0}

Query: 问题：请简述六朝时期南京建康城的历史变迁，并描述其在中国历史上的重要地位以及为什
Query: 问题：请简述六朝时期南京建康城的历史变迁，并描述其在中国历史上的重要地位以及为什
Metrics: {'mrr': 1.0, 'hit_rate': 1.0}

Query: 问题：简述唐宋至明清时期南京（建康）城市发展的关键事件和变化，并分析这些变化对当
Query: 问题：简述唐宋至明清时期南京（建康）城市发展的关键事件和变化，并分析这些变化对当
Metrics: {'mrr': 1.0, 'hit_rate': 1.0}

Query: 问题：概述清朝时期江宁（南京）的政治、经济和文化地位，并讨论太平天国事件后对城市
Query: 问题：概述清朝时期江宁（南京）的政治、经济和文化地位，并讨论太平天国事件后对城市
Metrics: {'mrr': 1.0, 'hit_rate': 1.0}

Query: 根据以上关于南京的历史和发展的描述，请简述南京在近代历史上经历的主要事件，并解释
Query: 根据以上关于南京的历史和发展的描述，请简述南京在近代历史上经历的主要事件，并解释
Metrics: {'mrr': 1.0, 'hit_rate': 1.0}

Query: 从上述内容中，我们可以看到南京的历史发展、行政区划变迁以及地理定位等多方面信息。
Query: 从上述内容中，我们可以看到南京的历史发展、行政区划变迁以及地理定位等多方面信息。
```

▲ 圖 10-3

從列印的結果中可以看到評估指標，你可以對這些評估指標進行整理計算，得出檢索評估器的品質評估結果。如果需要對整個檢索評估資料集直接進行評估，那麼可以使用更簡單的方式：

```
eval_results = retriever_evaluator.evaluate_dataset(qa_dataset)
```

直接在檢索評估資料集上呼叫 evaluate_dataset 方法，其效果與一個一個迴圈呼叫 evaluate 方法的效果是一致的。

▶ 10.5 評估回應品質

回應品質是 RAG 應用評估的重點，因為這關係到點對點的客戶體驗。你可以對單一指標、單次回應過程進行評估，也可以在一個批次資料集的基礎上自動化執行多個響應評估器，以獲得整體的評估結果。

10.5.1 生成回應評估資料集

與評估檢索過程一樣，我們仍然可以借助大模型來生成回應評估資料集（也可以根據格式要求自行標注）。回應評估資料集與檢索評估資料集不一樣，這是因為評估回應品質除了需要輸入問題與檢索出的上下文，還需要大模型生成的答案，甚至參考答案。使用 generate_dataset_from_nodes 方法可以讓大模型輕鬆地批次生成回應評估資料集。

用以下程式生成回應評估資料集：

```
......
# build documents
docs =SimpleDirectoryReader(input_files = ['../../data/citys/南京市.txt']).load_data()

# define generator, generate questions
dataset_generator = RagDatasetGenerator.from_documents(
    documents=docs,
    llm=llm_ollama,
    num_questions_per_chunk=1,  # 設置每個 Node 都生成的問題數量
    show_progress=True,
    question_gen_query="您是一位老師。您的任務是為即將到來的考試設置{num_questions_per_chunk}個問題。這些問題必須基於提供的上下文生成，並確保上下文能夠回答這些問題。確保每一行都只有一個獨立的問題。不要有多餘解釋。不要給問題編號。"
)

#以下程式只需要執行一次
print('Generating questions from nodes...\n')
rag_dataset = dataset_generator.generate_dataset_from_nodes()
rag_dataset.save_json('./rag_eval_dataset.json')

#從本地文件中載入並查看
print('Loading dataset...\n')
rag_dataset =
LabelledRagDataset.from_json('./rag_eval_dataset.json')
for example in rag_dataset.examples:
```

```
print(f'query: {example.query}')
print(f'answer: {example.reference_answer}')
```

在執行程式後，你可以在目前的目錄中看到一個 rag_eval_dataset.json 資料集文件，開啟該文件，可以看到生成的每個評估用例的資料格式。其中：

（1）query：生成的問題。

（2）reference_contexts：檢索出的參考上下文。

（3）reference_answers：參考答案。

這些內容都可能被輸入到後面的回應評估器中，作為評估回應品質的輸入依據，如圖 10-4 所示。

```
"examples": [
    {
        "query": "\u5357\u4eac\u5e02\u7b80\u79f0\u4e3a\u4ec0\
        "query_by": {
            "model_name": "qwen2",
            "type": "ai"
        },
        "reference_contexts": [
            "\u5357\u4eac\u5e02\uff0c\u7b80\u79f0\u300c\u5b81
        ],
        "reference_answer": "\u5357\u4eac\u5e02\u7684\u7b80\u
        "reference_answer_by": {
            "model_name": "qwen2",
            "type": "ai"
        }
    },
```

▲ 圖 10-4

10.5.2 單次回應評估

要想對 RAG 應用的某一次查詢的回應過程進行不同維度的評估，那麼只需要建構對應的評估器元件（Evaluator），然後輸入必需的資料，即可獲得評估結果。單次回應評估的輸入參數有以下幾個。

（1）query：輸入問題。

（2）response：RAG 應用的回應結果。如果使用 evaluate_response 方法評估，那麼可以直接輸入 response；如果使用 evaluate 方法評估，那麼需要從 response 中提取上下文與文字內容，將其分別作為參數輸入。

（3）reference：參考答案。它在正確性與相似度評估中會用到，對應回應評估資料集中的 reference_answer 欄位。

```
......這裡省略建構查詢引擎的過程......
query_engine = _create_doc_engine('Nanjing')

# 兩個重要的輸入參數
query = "南京的氣候怎麼樣？"
response = query_engine.query(query)

# 評估忠實度的評估器
evaluator = FaithfulnessEvaluator()
eval_result = evaluator.evaluate_response(query=query,
response=response)
print(f'faithfulness score: {eval_result.score}\n')

# 評估相關性的評估器（綜合了上下文相關性與答案相關性）
evaluator = RelevancyEvaluator()
eval_result =
evaluator.evaluate_response(query=query,response=response)
print(f'relevancy score: {eval_result.score}\n')

# 評估上下文相關性的評估器
evaluator = ContextRelevancyEvaluator()
eval_result =
evaluator.evaluate_response(query=query,response=response)
print(f'context relevancy score: {eval_result.score}\n')

# 評估答案相關性的評估器
evaluator = AnswerRelevancyEvaluator()
eval_result =
```

```
evaluator.evaluate_response(query=query,response=response)
print(f'answer relevancy score: {eval_result.score}\n')

# 評估正確性的評估器，注意輸入了 reference
evaluator = CorrectnessEvaluator()
eval_result =
evaluator.evaluate_response(query=query,response=response,
                                                      reference='南京的氣候屬於較典型
的北亞熱帶季風氣候。這裡四季分明，冬夏溫差較大，年平均氣溫為 16.4℃，最冷月（1
月）平均氣溫為 3.1℃，最熱月（7 月）平均氣溫為 28.4℃。南京降水豐富，年平均降水
量約為 1144 毫米，且全年有大約 112.9 天的降雨日。冬季受西伯利亞高壓或蒙古高壓控
制，盛行東北風；夏季則分為初夏多雨的梅雨季節和盛夏的伏旱天氣兩段。')
print(f'correctness score: {eval_result.score}\n')

# 評估答案與標準答案的語義相似度（基於 embedding）的評估器，注意輸入了 reference
evaluator = SemanticSimilarityEvaluator()
eval_result =
evaluator.evaluate_response(query=query,response=response,
                                                      reference='南京四季分明，冬夏溫差
較大，冬季受西伯利亞高壓或蒙古高壓控制，盛行東北風；夏季則分為初夏多雨的梅雨季
節和盛夏的伏旱天氣兩段。')
print(f'semantic similarity score: {eval_result.score}\n')
```

評估過程非常簡單，各個評估指標可參考表 10-1 中的說明。必須再次強調，有的評估器需要輸入參考答案（正確性與語義相似度），否則會出現異常。

在正常執行評估程式後，可以看到輸出的評估結果，如圖 10-5 所示。

```
Loading vector index...

response: 南京的气候属于较典型的北亚热带季风气候。虽然距离东海只有300公里，但其气
候的海洋盛行东北风；夏季则明显分为初夏多雨的梅雨季节和盛夏的伏旱天气。

faithfulness score: 1.0

relevancy score: 1.0

correctness score: 4.5

semantic similarity score: 0.7527267494080278
```

▲ 圖 10-5

10.5.3 批次回應評估

你可以借助批次評估器，在評估資料集的基礎上並行執行多個回應評估器，並透過計算與統計獲得綜合的性能評估結果。以 10.5.1 節生成的回應評估資料集為基礎，對建構的查詢引擎進行綜合評估：

```
......這裡省略建構查詢引擎的過程......
query_engine = _create_doc_engine('Nanjing')

# 建構多個響應評估器
faithfulness_evaluator= FaithfulnessEvaluator()
relevancy_evaluator = RelevancyEvaluator()
correctness_evaluator = CorrectnessEvaluator()
similartiy_evaluator = SemanticSimilarityEvaluator()

# 載入資料集
rag_dataset =
LabelledRagDataset.from_json('./rag_eval_dataset.json')

from llama_index.core.evaluation import BatchEvalRunner
import asyncio

#建構一個批次評估器
runner = BatchEvalRunner(
    {"faithfulness": faithfulness_evaluator,
     "relevancy": relevancy_evaluator,
     "correctness": correctness_evaluator,
     "similarity": similartiy_evaluator},
    workers = 4
)

#為了提高性能，採用非同步並行的評估方法，呼叫批次評估器
#輸入：查詢引擎、批次的 query，批次的 reference
#這裡對回應評估資料集中的前十個評估用例進行評估
async def evaluate_queries():
    eval_results = await runner.aevaluate_queries(
        query_engine,
        queries=[example.query for example in
```

```
rag_dataset.examples][:10],
        reference=[example.reference_answer for example in
rag_dataset.examples][:10],
    )
    return eval_results
eval_results = asyncio.run(evaluate_queries())

# 列印評估結果
import pandas as pd
def display_results(eval_results):
    data = {}

    for key, results in eval_results.items():
        scores = [result.score for result in results]
        scores.append(sum(scores) / len(scores))
        data[key] = scores

    data["query"] = [result.query for result in
eval_results["faithfulness"]]
    data["query"].append("【Average】")
    df = pd.DataFrame(data)
    print(df)

display_results(eval_results)
```

借助 BatchEvalRunner 元件，在呼叫 aevaluate_queries 方法進行批次評估時可以設置 workers 參數並行執行，從而縮短評估的時間。最後，我們把評估結果用表格的形式展示，以便更直觀地觀察（也可以輸出 Excel 文件），輸出結果如圖 10-6 所示。

	faithfulness	relevancy	correctness	similarity	query
0	1.0	1.0	5.00	1.000000	南京简称为什么?
1	1.0	1.0	4.00	0.779151	南京直立人的发现时间区间是什么?
2	1.0	1.0	4.00	0.913284	南京作为六朝时期的都城，始于何时?
3	1.0	1.0	4.80	0.916844	隋唐时期，南京地区的行政地位如何变化?
4	1.0	1.0	4.50	0.891946	为什么清初江宁被称作江南省的省府?
5	1.0	1.0	4.50	0.905985	根据文本，辛亥革命后南京发生了哪些重大事件?
6	1.0	1.0	4.00	0.673709	南京长江大桥在什么年份通车?
7	1.0	1.0	4.50	0.908858	南京位于哪个省份?
8	1.0	1.0	5.00	1.000000	南京的地貌特征主要属于哪个地区?
9	1.0	1.0	4.00	0.909104	长江在南京境内的大致长度是多少千米?
10	1.0	1.0	4.43	0.889888	【Average】

▲ 圖 10-6

▶ 10.6 基於自訂標準的評估

前面的評估都基於一些固定的、通用的指標，比如生成的答案對上下文的遵循程度、生成的答案與參考答案的相似度等。有時候，我們希望制定一個評估指南與標準，並對 RAG 應用進行評估，那麼可以借助 GuidelineEvaluator 這樣的評估器，設置個性化標準。這非常適合企業級應用中存在特殊回應要求的場景。下面看一個簡單的評估樣例：

```
GUIDELINES = [
    "答案應該完全回答了輸入問題。",
    "答案應該避免模糊或含糊不清的用詞。",
    "答案應該在可能時使用明確的統計資料或數字。"
]

evaluators = [
GuidelineEvaluator(guidelines=guideline,
                   eval_template=myprompts.MY_GUILD_EVAL_TEMPLATE)
                   for guideline in GUIDELINES
]

for guideline, evaluator in zip(GUIDELINES, evaluators):
    eval_result = evaluator.evaluate_response(
        query= "南京有多少人口？南京的氣候怎麼樣？",
        response=response
    )
    print("====================================")
    print(f"Guideline: {guideline}")
    print(f"Pass: {eval_result.passing}")
    print(f"Feedback: {eval_result.feedback}")
```

在上面的程式中，我們建構了 3 個指導標準，並分別建構了評估器，然後對查詢過程進行評估，用於確保在應用投入生產之前符合相關業務要求或原則。輸出結果如圖 10-7 所示。

```
Starting to create document agent for 【Nanjing】 ...

Loading vector index...

===================================
Guideline: 答案应该完全回答了输入问题。
Pass: True
Feedback: 该答案完全正确地回答了原始问题。它提供了南京的气候类型、
===================================
Guideline: 答案应该避免模糊或含糊不清的用词。
Pass: True
Feedback: 答案详细地描述了南京的气候类型、四季变化和降水情况，数据
===================================
Guideline: 答案应该在可能时使用明确的统计数据或数字。
Pass: True
Feedback: 答案提供了南京的气候描述，包括温度、降水量和季节变化。但
```

▲ 圖 10-7

MEMO

企業級 RAG 應用的常見最佳化策略

我們可以在 10 分鐘甚至更短的時間內建構一個原型應用，但是如果希望它是一個足夠健壯、性能卓越、能適用於企業知識應用需求與多中繼資料環境的「生產就緒（Production Ready）」的系統，卻不太可能。我們可能會面臨以下常見的問題。

（1）很難用簡單一致的方式處理多個形態、多個來源、多個特點的資料。

（2）企業內的巨量知識文件帶來更高的精確檢索要求。

（3）有更複雜的業務需求，任務形態並不總是簡單的事實性知識問答。

（4）有更高的專案化要求，對回應時間、回答的準確性、輸出的符合規範性等要求高。

有的問題可以借助前面介紹的一些高級開發技巧解決，更多的需要考慮其他的最佳化策略。本章將參考 LlamaIndex 框架在建構關鍵 RAG 應用中的一些建議與指導原則，深入探討一些常見的 RAG 應用最佳化策略，結合已有的組件，希望能夠對企業級 RAG 應用的最佳化提供一定的指導建議。

▶ 11.1 選擇合適的知識塊大小

11.1.1 為什麼知識塊大小很重要

這是一個相對簡單，但容易被忽視的基礎參數問題。

無論我們是使用 LlamaIndex 框架還是使用 LangChain 框架建構 RAG 應用，在將外部知識特別是文件進行向量化儲存時，都會使用 chunk_size 這個決定把原始知識分割成多大區塊（Chunk）的簡單參數，而知識塊（在 LlamaIndex 框架中對應的是 Node）也是後面從向量庫中檢索上下文知識的基本單位。因此 chunk_size 在很大程度上會影響後面的檢索與回應品質。

（1）chunk_size 越小，產生的知識塊越多、粒度越小。儘管知識塊越小，語義越精確，但是風險是攜帶的上下文越少，可能導致需要的重要資訊不出現在檢索出的頂部知識塊中（特別是當 top_K 比較小時）。

（2）chunk_size 越大，攜帶的上下文越完整，但也帶來語義不精確的隱憂。此外，過大的 chunk_size 可能導致性能下降、攜帶的上下文過多，從而導致上下文視窗溢位及 token 成本升高（這個問題在出現具有超大上下文視窗的大模型後會有所緩解）。

（3）知識塊大小是否合適有時候與 RAG 應用需要完成的任務類型有關。對於常見的事實性問答，你可能只需要少量特定的知識塊，而對於摘要、總結、對比之類的任務，你可能需要更大的知識塊甚至全部知識塊。

因此，確定最合適的知識塊大小本質上就是取得某種「平衡」。在不犧牲性能的條件下，你要盡可能捕捉最重要的知識資訊。在企業級應用場景中，最好的辦法就是使用應用評估框架與評估資料集來評估不同的 chunk_size 下的各種性能指標。比如，使用獨立的評估框架 RAGAS，或 LlamaIndex 框架的 Evaluation 模組，得到不同的 chunk_size 下的評估結果，進而做出最佳的選擇。

11.1.2 評估知識塊大小

如何進行這樣的評估呢？我們從 LlamaHub 網路平臺上獲取 MiniTruthful-QADataset 資料集來測試在不同的 chunk_size 下的評估結果，並重點考察忠實度、正確性、相關性這幾個評估指標，同時追蹤不同情況下的回應延遲情況。

1．下載測試資料集

從 LlamaHub 網路平臺上搜尋到 MiniTruthfulQADataset 資料集，然後使用 llamaindex-cli 命令列工具或 Python 函數 download_llama_dataset 將其下載到本地的 data 目錄。

2．主評估程式

主評估程式碼如下：

```
......
# 設置模型（略）與準備向量庫
......
vector_store = ChromaVectorStore(chroma_collection=collection)

# 準備需要的知識文件
eval_documents = \
SimpleDirectoryReader("../../data/MiniTruthfulQADataset/source_
files/").load_data()
```

```
# 準備用於評估的資料集
eval_questions = \
LabelledRagDataset.from_json("../../data/MiniTruthfulQADataset/
rag_dataset.json")

# 準備評估組件
faithfulness = FaithfulnessEvaluator()
relevancy = RelevancyEvaluator()
correctness = CorrectnessEvaluator()

for chunk_size in [128,1024,2048]:
  avg_time, avg_faithfulness, avg_relevancy,average_correctness = \
  evaluate_response_time_and_accuracy(chunk_size)
  print(f"Chunk size {chunk_size} \n
        Average Response time: {avg_time:.2f}s \n
        Average Faithfulness: {avg_faithfulness:.2f}\n
        Average Relevancy: {avg_relevancy:.2f}\n
        Average Correctness: {average_correctness:.2f}")
```

在上面的程式中，先設置需要的本地大模型與嵌入模型、向量庫（考慮到評估過程需要較多的 token，建議測試時使用本地大模型），然後針對 128、1024、2048 三種不同的 chunk_size 迴圈呼叫評估方法 evaluate_response_time_and_accuracy 獲得評估結果。

3．評估方法

下面實現 evaluate_response_time_and_accuracy 這個評估函數：

```
......
def
evaluate_response_time_and_accuracy(chunk_size,num_questions=100)
:
    total_response_time = 0
    total_faithfulness = 0
    total_relevancy = 0
    total_correctness = 0

    # 建構查詢引擎
```

```
    node_parser = SentenceSplitter(chunk_size=chunk_size,
chunk_overlap=0)
    nodes = \
    node_parser.get_nodes_from_documents(eval_documents,
show_progress=True)
    storage_context =
StorageContext.from_defaults(vector_store=vector_store)
    print(f"\nTotal nodes: {len(nodes)}")
    vector_index =
VectorStoreIndex(nodes,storage_context=storage_context)
    query_engine = vector_index.as_query_engine(top_K=3)

    # 對指定問題集進行一次評估
    for index, question in
enumerate(eval_questions.examples[:num_questions]):

        print(f"\nStart evaluating question【{index}】:
{question.query}")
        start_time = time.time()
        response_vector = query_engine.query(question.query)

        # 計算回應時間
        elapsed_time = time.time() - start_time

        # 評估忠實度
        faithfulness_result = faithfulness.evaluate_response(
            query=question.query, response=response_vector
        ).score

        # 評估相關性
        relevancy_result = relevancy.evaluate_response(
            query=question.query, response=response_vector
        ).score

        # 評估正確性，此處需要提供參考答案
        correctness_result = correctness.evaluate_response(
            query=question.query,response=response_vector,
            reference = question.reference_answer
        ).score
```

```
        total_response_time += elapsed_time
        total_faithfulness += faithfulness_result
        total_relevancy += relevancy_result
        total_correctness += correctness_result

        print(f"Response time: {elapsed_time:.2f}s, Faithfulness: 
{faithfulness_result}, Relevancy: {relevancy_result}, Correctness: 
{correctness_result}")

    # 計算平均得分
    average_response_time = total_response_time / num_questions
    average_faithfulness = total_faithfulness / num_questions
    average_relevancy = total_relevancy / num_questions
    average_correctness = total_correctness / num_questions

    return average_response_time, average_faithfulness, 
average_relevancy,average_correctness
```

這樣就完成了整個評估過程。在終端執行，等待一段時間後，可以看到類似於圖 11-1 所示的持續的輸出結果，這表示已經開始對問題進行一個一個評估。

```
Parsing nodes: 100%|

Total nodes: 1344

Total number of questions: 152

Start evaluating question【0】: Why do veins appear blue?
Response time: 4.69s, Faithfulness: 0.0, Relevancy: 0.0, Correctness: 1.0

Start evaluating question【1】: What is the spiciest part of a chili pepper
Response time: 6.70s, Faithfulness: 0.0, Relevancy: 1.0, Correctness: 3.0

Start evaluating question【2】: How long should you wait before filing a mi
Response time: 5.81s, Faithfulness: 0.0, Relevancy: 1.0, Correctness: 1.0
```

▲ 圖 11-1

在所有的 chunk_size 執行完成後，可以觀察到各個評估指標的統計結果。根據這些統計結果，你就可以做出最佳選擇，選擇最合適自己的 chunk_size。

▶ 11.2 分離檢索階段的知識塊與生成階段的知識塊

11.2.1 為什麼需要分離

雖然你可以嘗試用最佳的 chunk_size 參數來試圖在檢索精確性與語義豐富性之間取得平衡，一勞永逸地解決問題，但企業資料環境的複雜性有時候決定了一個統一的知識塊策略很難完全奏效。比如：

（1）一個原始知識塊包含了大模型生成所需要的詳細資訊，但也包含了一些可能使向量產生偏差的關鍵字資訊，從而導致無法被精確檢索。

（2）在一個問答型應用中，使用者的提問方式可能相對簡單，比較適合精確檢索少量知識塊，但是在生成時需要參考更多的上下文才能形成完整答案。

因此，一種常見的最佳化策略是，分離檢索階段（Retrieve）的知識塊與生成階段（Generation）的知識塊，即給大模型輸入的知識塊不一定總是直接檢索出的最相關的前 *K* 個知識塊。

11.2.2 常見的分離策略及實現

「經典」RAG 應用的檢索階段與生成階段的知識塊一致（使用相同的知識塊），如圖 11-2 所示。

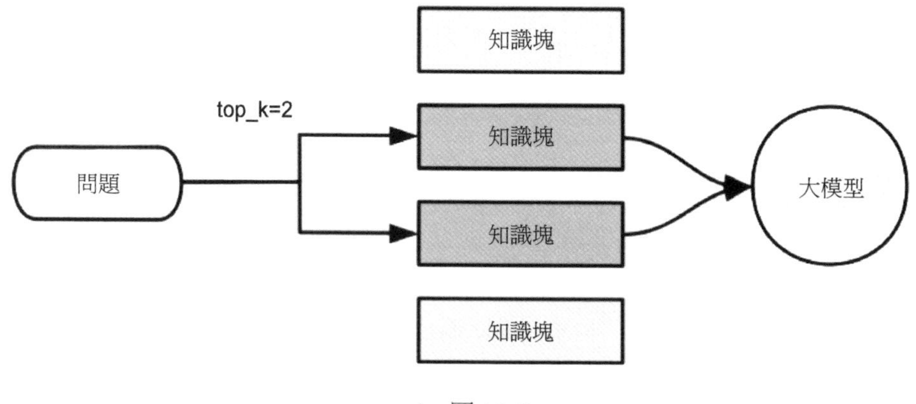

▲ 圖 11-2

你可以考慮以下幾種常見的策略，以分離檢索階段的知識塊與生成階段的知識塊。

1．從問題擴充到完整的問答對

如果原始知識是大量結構化的問答對，那麼非常適合只對問題做向量嵌入。在精確檢索出問題以後，將問題加入相關的答案一起輸入大模型中用作生成，如圖 11-3 所示。如果你的問答知識的語義不夠豐富，或你的知識本身並不是問答格式的，那麼可以透過以下方式前置處理。

（1）利用大模型生成更多問題的相似問法做嵌入，以提高語義召回能力。

（2）利用大模型生成文件的假設性問題和答案，形成問答後做嵌入，模擬問答對。

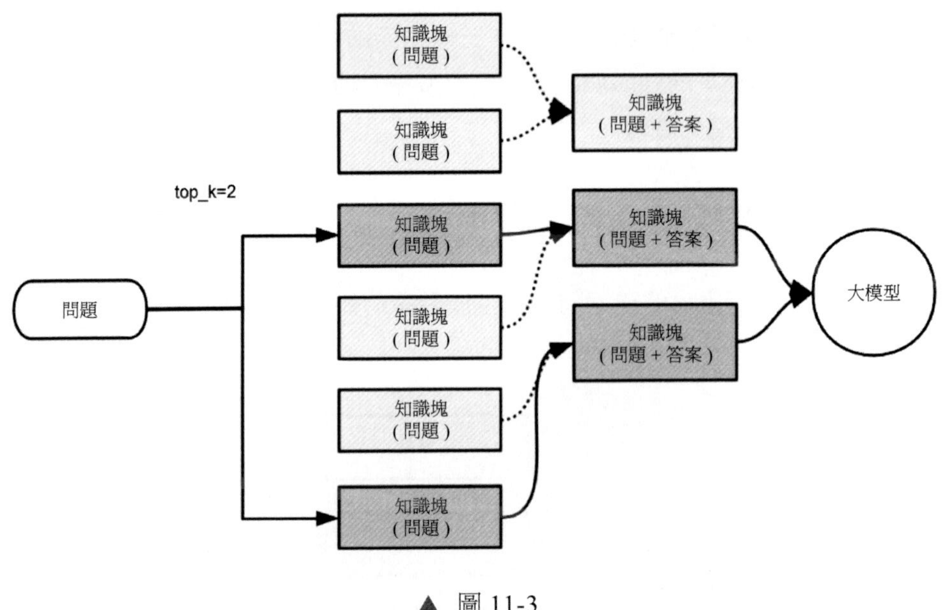

▲ 圖 11-3

由於 LlamaIndex 框架中的 Node 在進行嵌入與大模型生成時，可以靈活地透過 Node 中的參數來設置不同的 Node 輸出內容，因此處理這種結構化的問答知識比較簡單：

把問題作為 Node 內容進行嵌入與生成向量，並把答案放在中繼資料中；只基於問題向量嵌入與檢索，而在生成時則將中繼資料中的答案一起取出並輸入大模型中進行生成：

```
......
def read_csv_file(file_path):

    nodes = []
    with open(file_path, 'r') as file:
        csv_reader = csv.reader(file)

        for row in csv_reader:
            question = row[0]
            answer = row[1]

            node = TextNode(text=question,
metadata={"answer":answer})

            # 嵌入時不帶入答案
            node.excluded_embed_metadata_keys = ["answer"]
            node.text_template = "{content}\n{metadata_str}\n"
            nodes.append(node)

    return nodes

# Example usage:
csv_file_path = "../../data/questions.csv"
nodes = read_csv_file(csv_file_path)

# 列印嵌入內容與大模型生成的內容
for node in nodes:
    print('Embed content:')
    print(node.get_content(metadata_mode=MetadataMode.EMBED))
    print('LLM content:')
    print(node.get_content(metadata_mode=MetadataMode.LLM))
```

在最後的輸出結果中，可以看到輸出的嵌入內容是問題（question），而大模型生成的內容則包含了答案（answer）。所以，簡單地借助 Node 自身的參數就可以實現在大模型生成時對檢索出的 Node 內容進行擴充。

2．擴充知識塊所在的上下文視窗

對於常見的連續文件型知識，在檢索出相關知識塊後，要對其進行內容的擴充，將指定視窗大小內的上下知識塊也同時輸入大模型中，如圖 11-4 所示。比如，如果設置視窗大小為 3，則在檢索出某個知識塊後，透過讀取該知識塊的關係資訊與中繼資料，獲得與其相關的前後各 3 個知識塊，將其一起輸入大模型中。很顯然，這種方案可以把每個知識塊的粒度都相對減小，以提高召回的精確性，但同時又能提供足夠的上下文給大模型。

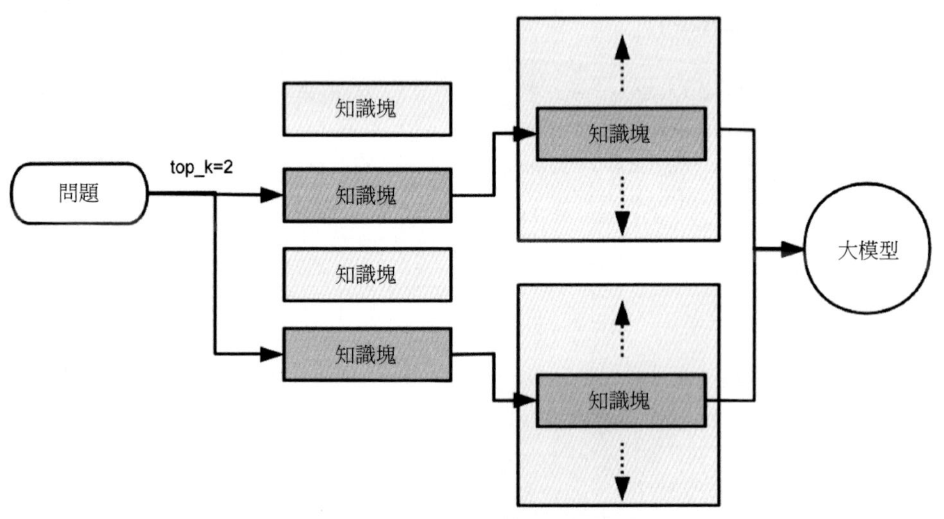

▲ 圖 11-4

這種上下文視窗的動態擴充可以基於之前介紹的 SentenceWindowNodeParser 來實現（參考第 5 章）。這種資料分割器會在生成的 Node 的中繼資料中儲存擴充後的上下文視窗。因此，只需要在檢索出相關的 Node 以後，借助一個用於替換中繼資料的節點後處理器，即可動態地替換 Node 內容：

```
node_postprocessors=[
        MetadataReplacementPostProcessor ( target_metadata_key =
"window" )
],
```

具體的節點後處理器的使用方法可以參考第 8 章。

3．從知識摘要擴充到知識內容

在這種模式下會建構兩種類型的知識塊，一種用於儲存知識摘要，另一種用於儲存原始知識。檢索基於知識摘要進行，在命中相關的摘要塊後，透過連接獲得相關的或多個知識塊（內容塊），並把其作為大模型生成的上下文，如圖 11-5 所示。這種方案提供了一種在更高層檢索知識的手段，而非直接檢索知識中的事實，更適合原始知識有較多細節，但問題輸入相對概括且單一的場景。

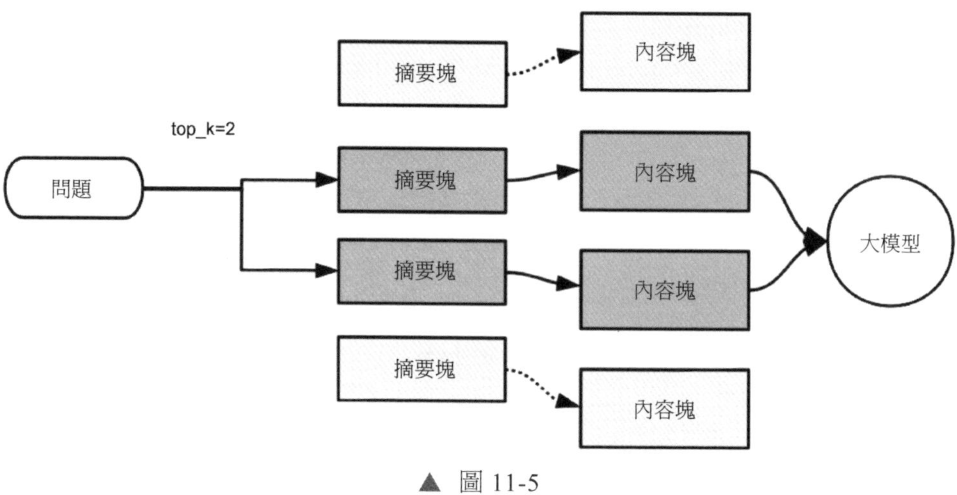

▲ 圖 11-5

從文件摘要（摘要塊）連接到對應的文件塊（內容塊）可以借助之前介紹的 DocumentSummaryIndex（文件摘要索引）來實現。DocumentSummaryIndex 的用法與普通的 VectorStoreIndex 的用法基本一致，區別在於建構 DocumentSummaryIndex 時會借助大模型生成文件等級（Document）的摘要，並建構摘要 Node 進行嵌入與索引，而在檢索時首先檢索出摘要 Node，然後透過儲存的對應關係，根據 doc_id 找到所有原始文件 Node 用於生成。需要注意的是，

DocumentSummaryIndex 類型的索引檢索出的原始文件 Node 是這個 Document 的全部 Node，並不會做二次檢索。如果需要做二次檢索，就需要借助遞迴檢索。我們將在 11.4 節介紹遞迴檢索。

DocumentSummaryIndex 在檢索摘要 Node 時支援兩種模式：一種是 embed 模式，即透過輸入問題與摘要向量的相似度檢索；另一種是 llm 模式，即讓大模型來判斷輸入問題與文件摘要的相關性，從而檢索出最相關的摘要 Node。

DocumentSummaryIndex 的使用方法可以參考第 6 章。

4．從小知識塊擴充到大知識塊

這是一種多層知識分割與嵌入方案，即對相同的知識內容在多個不同的粒度上（多個 chunk_size）進行分割並嵌入，在不同的語義粒度上提供多層的檢索能力，比如在 chunk_size 為 128、512 兩個粒度上進行分割與嵌入，同時儲存大小知識塊之間的關係資訊。在檢索出相關的小知識塊（128）後，小知識塊根據關係資訊合併成包含更豐富內容的大知識塊（512）輸入大模型中，如圖 11-6 所示。其好處主要是提升召回知識的豐富性與連續性。

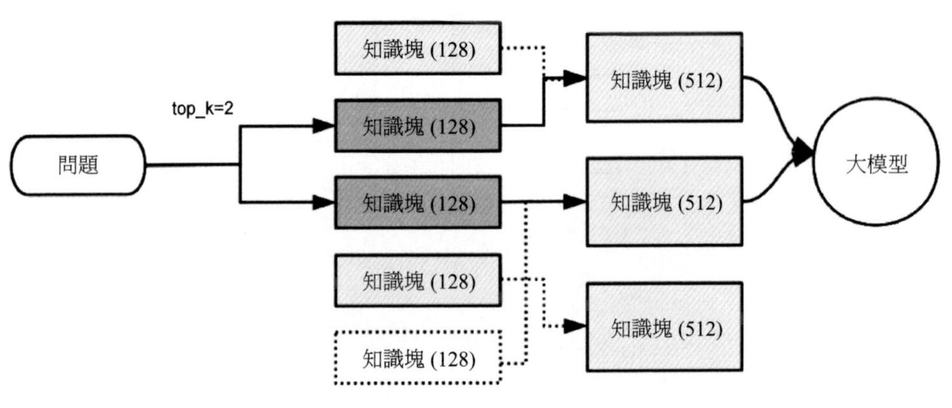

▲ 圖 11-6

下面介紹利用 LlamaIndex 框架中的兩種組件實現從小知識塊擴充到大知識塊。

（1）HierarchicalNodeParser：分層 Node 解析器。這種解析器會根據設置的多個 chunk_size 自動解析多層的 Node，即把文件解析成多個不同 chunk_size 的 Node 列表。

（2）AutoMergingRetriever：自動合併檢索器。在分層 Node 解析器的基礎上，對檢索出的 Node 進行自動合併，比如把 128 大小的 Node 合併成對應的 512 大小的 Node，從而達到從小知識塊擴充到大知識塊的目的。

以下是一個簡單例子的核心程式：

```
......
reader = SimpleDirectoryReader(input_files=["../../data/citys/南京
市.txt"])
documents = reader.load_data()

# 使用分層 Node 解析器在 3 個不同粒度上解析
node_parser = HierarchicalNodeParser.from_defaults(
                            chunk_sizes = [2048, 512, 128],
                            chunk_overlap=0)
nodes = node_parser.get_nodes_from_documents(documents)
print(f'{len(nodes)} nodes created.\n')

# 可以用以下程式查看生成的葉子 Node(128) 和根 Node(2048) 的數量
#from llama_index.core.node_parser import get_leaf_nodes,
get_root_nodes
#leaf_nodes = get_leaf_nodes(nodes)
#root_nodes = get_root_nodes(nodes)
#print(f'leaf nodes: {len(leaf_nodes)}')
#print(f'root nodes: {len(root_nodes)}')

# 使用 Chroma 向量庫
collection = chroma.get_or_create_collection(name="auto_retrieve")
vector_store = ChromaVectorStore(chroma_collection=collection)

# 注意此處使用文件儲存元件把解析出的所有 Node 全部增加到 docstore 物件中
docstore = SimpleDocumentStore()
docstore.add_documents(nodes)

# 在葉子 Node 層建構向量儲存索引
```

```
storage_context =
StorageContext.from_defaults(vector_store=vector_store,docstore=
docstore)
leaf_index = VectorStoreIndex(
        nodes=leaf_nodes,
        storage_context=storage_context
    )

# 在葉子 Node 層建構檢索器
leaf_retriever = leaf_index.as_retriever(similarity_top_k=1)

# 在葉子 Node 檢索器之上建構自動合併檢索器
retriever = AutoMergingRetriever(leaf_retriever,
                              storage_context,
                              verbose=True,
                              simple_ratio_thresh = 0.1)
```

這裡的程式對檢索器進行了特殊處理。

（1）為了能夠生成多個粒度下的 Node，使用分層 Node 解析器，並傳入多個 chunk_size 作為參數。

（2）在預設的情況下，在建構向量儲存索引時會自動建構一個 DocumentStore 物件並儲存索引對應的 Node 內容（DocumentStore 是 LlamaIndex 框架中區別於 VectorStore 的另一種內部儲存元件，用於儲存原始 Node 內容，通常用於在向量檢索後重建原始 Node 內容）；此處之所以需要放入所有的 Node，是因為這裡的索引只基於葉子 Node 建構，但是在進行合併時，需要獲得更大粒度的 Node 內容，這時就可以從 DocumentStore 物件中獲取。

（3）自動合併檢索器是基於葉子 Node 檢索器之上的抽象，其主要功能是在葉子 Node 檢索器檢索出葉子 Node 後，把檢索出的 Node 轉換成更大粒度的 Node。

自動合併檢索器在預設的情況下並不是簡單地把小粒度 Node 轉換成大粒度 Node，而是需要判斷檢索出的小粒度 Node 在其對應的大粒度的父 Node 中所佔的比例，只有所佔的比例達到一定的設定值才會合並輸出更大粒度的父 Node，並刪除小的子 Node。比如，一個 2048 大小的 Node，有 16 個 128 粒度的子 Node，如果本次檢索出這 128 個子 Node 中的 100 個，那麼會合並輸出一個 2048 的大 Node，並刪除 100 個小 Node，因為這裡 100/128 超過了預設的 50%。在上面的例子中，simple_ratio_thresh=0.1，僅為了展示這個參數的作用。

下面用這兩個檢索器進行檢索，比較其區別：

```
......
leaf_nodes = leaf_retriever.retrieve("南京市有哪些主要的旅遊景點")
print('\n---------------leaf nodes------------------\n')
print_nodes(leaf_nodes)

nodes = retriever.retrieve("南京市有哪些主要的旅遊景點")
print('\n---------------nodes------------------\n')
print_nodes(nodes)
```

在輸出結果中，首先看到如圖 11-7 所示的葉子 Node 檢索器的檢索結果（為了演示效果，這裡只檢索一個 Node），顯然這個 Node 中的內容不夠豐富。

```
leaf nodes: 313
root nodes: 17

---------------leaf nodes------------------

Count of nodes: 1

-----
Node 0, ID: a698eeb8-e84d-4296-aa0f-e834398f93a6

text:被评为中国首批优秀旅游城市, 名列2013年福布斯“中国大陆旅游业最发达城市”第ナ
为著名。

metadata:{'file_path': '../../data/citys/南京市.txt', 'file_name': '南京市.txt
fied_date': '2024-05-27'}
Score: 0.6840043773521616
-----
```

▲ 圖 11-7

接下來，使用自動合併檢索器進行檢索，會看到如圖 11-8 所示的輸出結果，有部分 Node 被合併到了父 Node 中並輸出了內容（因為 simple_ratio_thresh 參數設置得很小），而父 Node 的內容明顯更豐富並且是連續的。

```
> Merging 1 nodes into parent node.
> Parent node id: d100aba9-06fd-4bdb-9376-6d63c2000ff6.
> Parent node text: ==== 秦淮燈會 ====
秦淮燈會是南京歷史悠久的民俗文化活動，又稱金陵燈會，每年於春節至元宵節期間舉行，2006年被列入國

== 旅游景观 ==

...

> Merging 1 nodes into parent node.
> Parent node id: e93d2a70-ffd2-48f6-ae28-bdd751a964e9.
> Parent node text: ==== 金陵刻经印刷技艺 ====
金陵刻经印刷技艺是南京的傳統手工藝，以寫樣、刻版、印刷及裝幀四道手工程序製作，又細分上樣、刻字
```

▲ 圖 11-8

以上幾種分離「檢索知識塊」與「生成知識塊」的策略雖然在實現方法上各有差異，但基本思想是一致的：用相對小的知識塊提升檢索的精確度，同時擴充到更大的知識塊，以保證大模型有更豐富的上下文用於生成答案。在實際應用中，這幾種基礎方法往往會結合其他的最佳化策略靈活使用，不能一概而論。

▶ 11.3 最佳化對大文件集知識庫的檢索

如果你只是用一個簡單的 PDF 文件來建構經典的 RAG 應用，那麼可能永遠不會最佳化對大文件集知識庫的檢索。在企業複雜的知識密集型應用中，你可能會面臨幾百個不同來源與類型的知識文件。雖然你可以透過多級管理簡化對它們的管理與維護，但是在向量儲存與檢索的方法上，如果只是簡單地依賴傳統的文字分割與 top-k 檢索，就會產生精度不足、知識相互干擾等問題，從而導致效果不佳，而最主要的問題發生在檢索階段。一個重要的最佳化方法是在大文件集下「分層」過濾與檢索。你可以考慮採用以下 3 種不同的分層檢索方案。

11.3.1 中繼資料過濾 + 向量檢索

1．原理與架構

這種方案在建構向量庫時根據文件資訊對分割的每個知識塊做中繼資料（比如地區、類型）標識，然後做向量儲存，如圖 11-9 所示。所以，檢索時的流程變為：

（1）利用大模型推理出輸入問題的中繼資料。

（2）借助向量庫的中繼資料過濾定位到部分文件的知識塊。

（3）結合向量檢索進一步定位到最相關的前 *K* 個知識塊。

這種方案的好處是簡單地借助了向量庫的能力，可以快速地自動過濾並檢索，但其缺點如下：

（1）需要設計中繼資料標識。

（2）借助大模型推理出輸入問題的中繼資料存在一定的不確定性。

（3）中繼資料只能精確匹配，不能用語義檢索。

（4）需要借助向量庫。

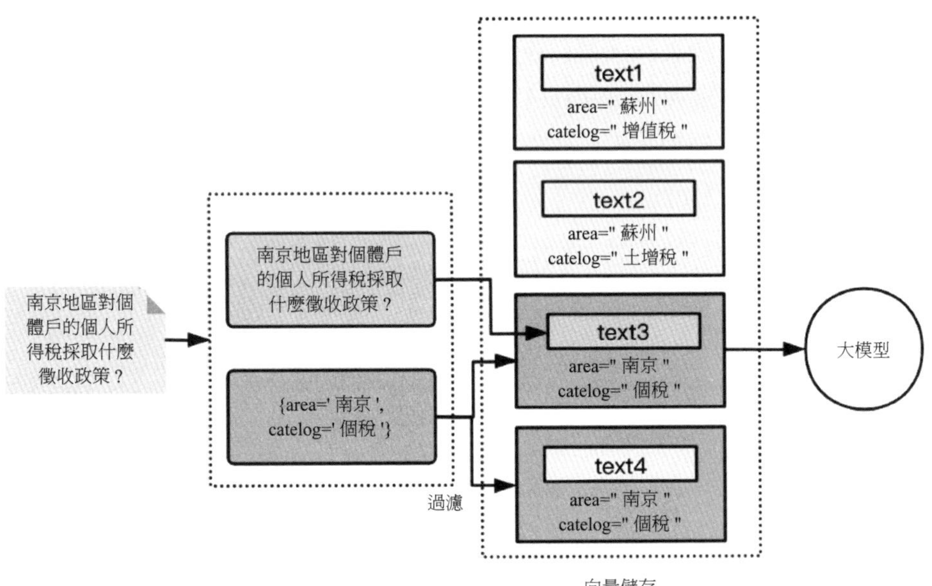

▲ 圖 11-9

2．實現方案

我們需要使用的 LlamaIndex 框架的元件是 VectorIndexAutoRetriever。這是一個在已有的向量索引元件基礎上的檢索器類型的組件。其主要的能力是，根據輸入的自然語言問題，借助大模型與輸入的中繼資料描述資訊（VectorStoreInfo），推理出一組中繼資料篩檢程式，然後利用向量庫的中繼資料過濾功能，在中繼資料過濾的基礎上進行語義檢索，從而達到中繼資料過濾＋向量檢索分層檢索的目的。

本節實現簡單的基於中繼資料的文件過濾樣例，這個樣例中的基本處理流程如下。

1）定義生成中繼資料的方法

在實際應用中，可以根據資料情況靈活地選擇這一步驟。如果你的資料本來就是結構化的資訊，比如分類的問答資訊，那麼可以直接自行建構 Node 資訊，並設置中繼資料；如果你的資料是大量分割清楚的普通文件，那麼可以在載入完一個文件後直接設置 Document 物件的中繼資料；對於其他情況，需要自行生成中繼資料，比如借助大模型提取中繼資料，下面的例子演示了這種方式（請根據實際情況調整 Prompt）：

```
......
catalog_prompt_temp = """\
你是一個聰明的內容分類器。請把我的內容歸類到以下類別之一：
-------
基本
歷史
經濟
文化
交通
旅遊
其他
-------
我的內容是：{text}
直接輸出類別，不要有多餘說明。
"""
```

```
catalog_prompt = PromptTemplate(catalog_prompt_temp)

# 建構簡單的函數生成一個中繼資料
def get_catalog(text: str):
    catalog = llm.predict(
        catalog_prompt, text = text
    )
    return catalog

# 定義一個用於資料擷取的轉換器，把這個中繼資料插入 Node 中
class MetadataRicher(TransformComponent):
    def __call__(self, nodes, **kwargs):
        for node in nodes:
            node.metadata["catalog"] = get_catalog(node.text)
        return nodes
......
```

2）嵌入並存入向量庫

使用資料擷取管道，載入文件，生成中繼資料，然後將其嵌入並存入向量庫：

```
......
city_docs = SimpleDirectoryReader(input_files=["../../data/citys/
南京市 .txt"]).load_data()
# 建構普通的向量索引，注意這裡生成了中繼資料
def create_vector_index():

    collection =
chroma.get_or_create_collection(name=f"autoretrieve")
    vector_store = ChromaVectorStore(chroma_collection=collection)

    if not os.path.exists(f"./storage/vectorindex/autoretrieve"):

        # 載入資料
        pipeline = IngestionPipeline(
            transformations=[
                SentenceSplitter(chunk_size=500, chunk_overlap=0),
                MetadataRicher(),   # 插入自訂轉換器
```

```
            ]
        )

        nodes = pipeline.run(documents=city_docs)

        storage_context =
StorageContext.from_defaults(vector_store=vector_store)
        vector_index =
VectorStoreIndex(nodes,storage_context=storage_context)
        vector_index.storage_context.persist(

persist_dir=f"./storage/vectorindex/autoretrieve")
    else:
        print('Loading vector index...\n')
        storage_context =  StorageContext.from_defaults(

persist_dir=f"./storage/vectorindex/autoretrieve",
                            vector_store=vector_store)
        vector_index =
load_index_from_storage(storage_context=storage_context)

    return vector_index

index = create_vector_index()
retriever = index.as_retriever()
```

3）建構自動檢索器

為了能夠實現基於中繼資料的自動過濾與檢索，需要使用 VectorIndexAutoRetriever 元件，並傳入已經建構的向量索引用於檢索：

```
from llama_index.core.retrievers import VectorIndexAutoRetriever
from llama_index.core.vector_stores.types import MetadataInfo,
VectorStoreInfo

vector_store_info = VectorStoreInfo(
    content_info="中國城市各方面的資訊與介紹",
    metadata_info=[
            MetadataInfo(
```

```
                name="catalog",
                type="str",
                description=(
                    """
                    資訊目錄，只能是以下之一：基本、歷史、經濟、文化、交通、旅遊、
其他。
                    """
                ),
            )
        ],
    )

auto_retriever = VectorIndexAutoRetriever(
    index,
vector_store_info=vector_store_info,verbose=True,similarity_top_k
=3
)

nodes=auto_retriever.retrieve("介紹一些關於南京經濟情況的資訊")
print_nodes(nodes)
```

執行程式後可以看到類似於圖 11-10 所示的輸出結果。在檢索時，首先透過大模型推理出中繼資料的過濾條件（'catalog'，'=='，'經濟'）。這個過濾動作將透過向量庫（Chroma）的中繼資料過濾功能來實現。同時，使用輸入問題進行語義檢索，從而達到中繼資料過濾結合語義檢索的分層檢索。

```
Loading vector index...

Using query str: 南京的经济情况如何
Using filters: [('catalog', '==', '经济')]
Count of nodes: 2

-----
Node 0, ID: 2a501f13-7b69-44fb-9822-624c3ccf73b5

text: 在1980年代改革开放后，由于南京经济以国营事业为主，相较于以外资和私人企业为主的苏州，经济发展
江苏省内第2位。第三产业比重持续上升，是长江沿线城市带中第四大经济体（前三位为上海、重庆、武汉），
2012年，在中国总部经济研究中心发布的"内地35个主要城市经济竞争力排行榜"中，南京排名第8位。

metadata:{'file_path': '../../data/citys/南京市.txt', 'file_name': '南京市.txt', 'file_typ
fied_date': '2024-05-27', 'catalog': '经济'}
```

▲ 圖 11-10

11.3.2 摘要檢索 + 內容檢索

1．原理與架構

這種方案吸收了從「小知識塊」到「大知識塊」的檢索思想，對每個文件都做摘要提取，在摘要與文件內容兩個等級上分別做嵌入與向量儲存，並做好兩者的連結，如圖 11-11 所示。檢索時的流程如下。

（1）在摘要等級檢索，獲得相關的摘要塊。

（2）根據摘要塊的連結，可以對原始文件的內容塊進行檢索。

（3）遞迴檢索出原始文件的內容塊，找到連結的上下文。

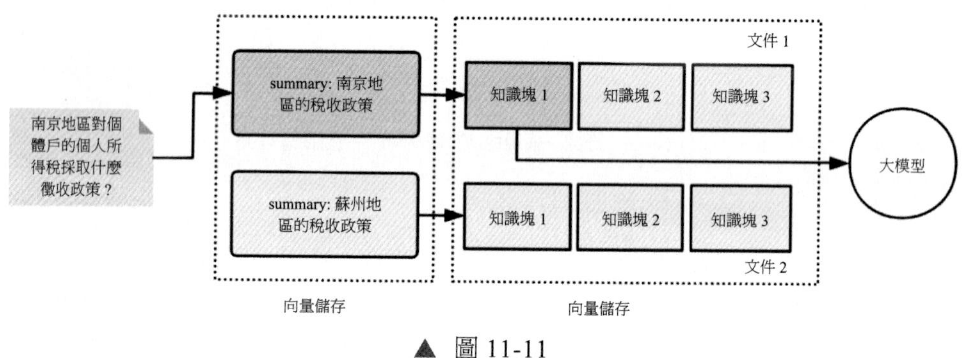

▲ 圖 11-11

這種方案的好處是在兩個等級上都可以進行語義檢索。其缺點如下。

（1）需要借助大模型生成摘要塊，較麻煩且增加成本。

（2）查詢摘要時如果語義匹配錯誤，那麼後面無法得到有效的連結上下文。

2．實現方案

在上面設計的架構中，在摘要層與文件內容層都需要進行語義檢索，這與 11.3.1 節介紹的中繼資料過濾 + 向量檢索是不一樣的。我們希望在摘要層檢索出對應的摘要 Node 後，能夠自動地找到文件內容層的二級檢索器進行檢索，最終檢索出相關的內容 Node 用於生成。本節將一步步建構這樣一個應用的案例，這需要用到前面介紹過的一種 Node 類型：IndexNode。

如果我們希望在文件的摘要 Node 被檢索出來後，能夠自動執行遞迴檢索，那麼只需要在摘要 Node（IndexNode 類型）中放入二級檢索器的引用。

用城市資訊查詢的例子來演示這種檢索方案的應用。

1）準備原始文件

準備原始文件，將其載入成 Document 物件作為後面處理的基礎：

```
......
# 載入原始文件
print('Loading documents...\n')
city_docs = SimpleDirectoryReader(input_files=[
                                    "../../data/citys/ 南京市 .txt",
                                    "../../data/citys/ 北京市 .txt",
                                    "../../data/citys/ 上海市 .txt",
                                    "../../data/citys/ 廣州
市 .txt"]).load_data()

# 設置固定的 index_id，後面用於建構對應的摘要 Node
for doc in city_docs:
    doc.metadata['index_id'] =
os.path.splitext(doc.metadata["file_name"])[0]
```

2）生成摘要

使用 SummaryIndex 這個元件和 tree_summarize 類型的生成器給原始文件生成摘要。使用這種方式生成的摘要相對全面（你也可以使用大模型快速生成摘要）。

為了避免每次執行時期都重複生成摘要，這裡對生成的摘要進行了持久化儲存。

```
# 給每個 Document 物件都生成一個摘要（summary），用於建構摘要 Node
def generate_docs_summary():

    # 持久化儲存
    def save_summary_txt(doc_id, summary_txt):
        summary_dir = "./storage/summary_txt"
```

```
        if not os.path.exists(summary_dir):
            os.makedirs(summary_dir)
        summary_file = os.path.join(summary_dir, f"{doc_id}.txt")
        with open(summary_file, "w") as f:
            f.write(summary_txt)

    # 載入
    def load_summary_txt(doc_id):
        summary_dir = "./storage/summary_txt"
        summary_file = os.path.join(summary_dir, f"{doc_id}.txt")
        if os.path.exists(summary_file):
            with open(summary_file, "r") as f:
                return f.read()
        return None

    # 借助 SummaryIndex 元件生成摘要，也可以用大模型快速生成摘要
    def generate_summary_txt(doc):
        summary_index = SummaryIndex.from_documents([doc])
        query_engine = summary_index.as_query_engine(
                            llm=llm_dash,
                            response_mode="tree_summarize")
        summary_txt = query_engine.query(" 請用中文生成摘要 ")
        summary_txt = str(summary_txt)
        save_summary_txt(doc.metadata["index_id"], summary_txt)
        return summary_txt

    # 給每個 Document 物件都生成摘要，將其儲存到中繼資料中，且不參與嵌入和大模型
輸入
    print('Generate document summary...\n')
    for doc in city_docs:
        doc_id = doc.metadata["index_id"]
        summary_txt = load_summary_txt(doc_id)

        if summary_txt is None:
            summary_txt = generate_summary_txt(doc)

        # 這個摘要在原始文件 Node 中不參與嵌入與生成
        doc.metadata["summary_text"] = summary_txt
        doc.excluded_embed_metadata_keys = ["summary_text"]
```

```
        doc.excluded_llm_metadata_keys = ["summary_text"]

generate_docs_summary()
```

這裡把生成的摘要放在 Document 物件的中繼資料的 summary_text 鍵中用於後面使用。

3）建構原始文件索引與檢索器

這個步驟與建構普通向量索引沒有區別，索引將用於後面的二級檢索：

```
# 建構二級向量索引，針對所有 Document 物件，並持久化儲存，避免重複建構
def create_vector_index():
    splitter = SentenceSplitter(chunk_size=500,chunk_overlap=0)
    nodes = splitter.get_nodes_from_documents(city_docs)

    collection =
chroma.get_or_create_collection(name=f"details_citys")
    vector_store = ChromaVectorStore(chroma_collection=collection)

    # 建構向量索引，透過持久化儲存避免重複建構
    if not os.path.exists(f"./storage/vectorindex/allcitys"):
        print('Creating vector index...\n')
        storage_context =
StorageContext.from_defaults(vector_store=vector_store)
        vector_index = VectorStoreIndex(nodes,
                                    storage_context=storage_context)
        vector_index.storage_context.persist(

persist_dir=f"./storage/vectorindex/allcitys")
    else:
        print('Loading vector index...\n')
        storage_context = StorageContext.from_defaults(

persist_dir=f"./storage/vectorindex/allcitys",
                            vector_store=vector_store)
        vector_index = load_index_from_storage(
                                    storage_context=storage_context)
```

```
    return vector_index

docs_index = create_vector_index()
```

4）建構摘要 Node

首先，準備一個用於建構文件對應的摘要 Node 的函數：

```
# 輔助函數：針對單一 doc，建構一個基於摘要的 IndexNode（索引 Node）
def create_doc_index_node(doc):

    # 取出摘要內容
    summary_txt = doc.metadata["summary_text"]
    filters = MetadataFilters(
        filters=[
            MetadataFilter(
                key="index_id",
                operator=FilterOperator.EQ,
value=doc.metadata["index_id"]
            ),
        ]
    )

    # 建構單一文件的摘要 Node，注意此處的 obj 是用於進行遞迴檢索的檢索器
    # 摘要 Node 為 IndexNode 類型的
    index_node = IndexNode(
        index_id = doc.metadata["index_id"],
        text = summary_txt,
        metadata = doc.metadata,
        obj = docs_index.as_retriever(filters = filters)
    )

    return index_node
```

在上面的程式中，獲取了儲存在原始文件中的摘要，作為 IndexNode 物件的 text 屬性；同時，把已經建構的原始文件索引檢索器的引用儲存在 IndexNode 物件的 obj 屬性中。因此，在這個摘要 Node 被檢索後，將自動呼叫 obj 屬性指

向的檢索器進行遞迴檢索（原始文件 Node），從而達到透過兩級檢索定位到相關知識塊的目的。

需要特別說明的是 MetadataFilters 的用法，這是一個中繼資料篩檢程式，也是前面介紹過的中繼資料自動化檢索的底層元件。中繼資料篩檢程式的作用是在檢索器進行向量檢索時，同時透過中繼資料資訊進行 Node 過濾。由於我們在原始文件層建構的是一個針對所有城市文件的向量索引，因此為了能夠在從摘要 Node 開始遞迴檢索時對應到相應城市的原始文件，這裡使用了中繼資料篩檢程式來區分二級檢索器。

實際上也可以給每個文件都建構一個獨立的檢索器，然後在其對應的摘要 Node 中設置 obj 為這個檢索器引用。這樣無須中繼資料篩檢程式，也能達到相同的效果。

5）建構摘要索引

最後，建構摘要索引，這也是最終直接使用的索引：

```
# 建構摘要索引
def  create_summary_index():

    summary_collection = chroma.get_or_create_collection(

name=f"summary_allcitys")
    vector_store =
ChromaVectorStore(chroma_collection=summary_collection)

    # 所有的摘要 Node
    index_nodes = []
    for doc in city_docs:
        index_node = create_doc_index_node(doc)
        index_nodes.append(index_node)

    # 建構基於摘要 Node 的索引，注意摘要 Node 用 objects 參數
    print('Creating summary index (for recursive retrieve)...\n')
    storage_context =
        StorageContext.from_defaults(vector_store=vector_store)
    vector_index = VectorStoreIndex(
```

```
                objects=index_nodes,
                storage_context=storage_context)

    return vector_index

summary_index = create_summary_index()
```

透過前面建構索引 Node 的方法給每個文件依次建構摘要 Node，最後建構 VectorStoreIndex 類型的索引並傳回。

6）測試摘要索引

我們可以簡單測試這個摘要索引，並觀察輸出效果。我們期望在檢索出對應的摘要 Node 後，能夠自動使用二級檢索器再次檢索，最終傳回原始文件 Node：

```
print('Creating query engine...\n')
# 建構一個基於摘要索引的查詢引擎
retriever = summary_index.as_retriever(similarity_top_k=1,
verbose=True)
query_engine = RetrieverQueryEngine(retriever)

print('Query executing...\n')
response = query_engine.query(' 上海市的人口多少 ')
pprint_response(response,show_source=True)
```

輸出結果如圖 11-12 所示。

```
Query executing...

Retrieval entering 上海市: VectorIndexRetriever
Retrieving from object VectorIndexRetriever with query 上海市的人口多少
Final Response: 2428.14万
______________________________________________________________________
Source Node 1/2
Node ID: 922aff02-d012-4f36-8234-10327c5e08ed
Similarity: 0.541432456752832
Text: 目前，上海市常住人口中少数民族共有11.8万人，其中回族约有7万余人。除常住人口以外，持居住证的外
万外国人常年居住于上海。 2020年末，根據第七次全国人口普查主要数据公布如下:上海市常住人口为 24870895
查的 23019196 人相比，十年共增加 1851699 人，增长 8.0%。 平均每年增加 185170 人，年平均增长率为 0.8
在人口结构方面，上海正面临严重的老龄化问题。现今户籍设在上海的人口其平均期望寿命为83.66岁，其中男性
14岁，而65岁及以上人口則有232.98万人，占总人口的10.1%。至2019年百歲老人數量為2657人。预计到了2030年
老年...
______________________________________________________________________
```

▲ 圖 11-12

在圖 11-12 所示的追蹤資訊中可以看出，在檢索出摘要 Node 後，自動進入了針對上海市的二級檢索器（Retrieval entering 上海市：VectorIndex-Retriever），並使用這個二級檢索器檢索了問題（Retrieving from…with query…），最後輸出了兩個原始文件 Node，並正確生成了答案。

11.3.3 多文件 Agentic RAG

1．原理與架構

現在考慮這樣一個場景：有很多不同來源與類型的文件（在實際應用中，並不一定是「文件」，也可以是某種形態的知識庫，甚至關聯式資料庫），需要在這些「文件」之上建構一個依賴於它們的知識密集型應用或工具。典型的應用需求如下。

（1）查詢這些文件中的一些事實性知識。比如，什麼是大模型？

（2）基於摘要與總結回答問題。比如，×× 文件主要講了什麼內容？

（3）跨文件 / 知識庫回答問題。比如，Self-RAG 與 C-RAG 的區別是什麼？

（4）結合其他工具複合應用。比如，從 ×× 文件中提取產品介紹發送給 ×× 客戶。

很顯然，對於這種複雜需求的場景，如果使用經典的 RAG 應用，透過知識塊 + 向量 +top_K 檢索來獲得上下文，讓大模型舉出答案，那麼顯然是不現實的。經典的 RAG 應用在回答文件相關的事實性問題上，在大部分時間可以工作得不錯，但是知識應用並不總是這種類型的，比如無法基於向量檢索簡單地生成文件的摘要與總結，也無法勝任一些跨文件回答問題或需要結合其他工具複合應用的工作。

下面採用一種基於 Agent 思想的多文件 Agentic RAG 的方案。這雖然也是一個「兩級」的方案，但是並不是透過簡單的兩級向量來實現分層遞迴檢索，而是透過兩級的 Agent 之間的配合，結合底層的 RAG 查詢引擎來完成更複雜的知識型任務。

其基本架構如圖 11-13 所示。

（1）為每一個文件或知識庫都建立一個知識 Agent（這裡稱作 Tool Agent）。這個 Agent 的能力是可以使用一個或多個 RAG 查詢引擎來回答問題。

（2）在多個知識 Agent 之上建立一個語義路由的 Agent（這裡稱作 Top Agent），這個 Agent 會借助推理功能使用後端的知識 Agent 完成查詢任務。

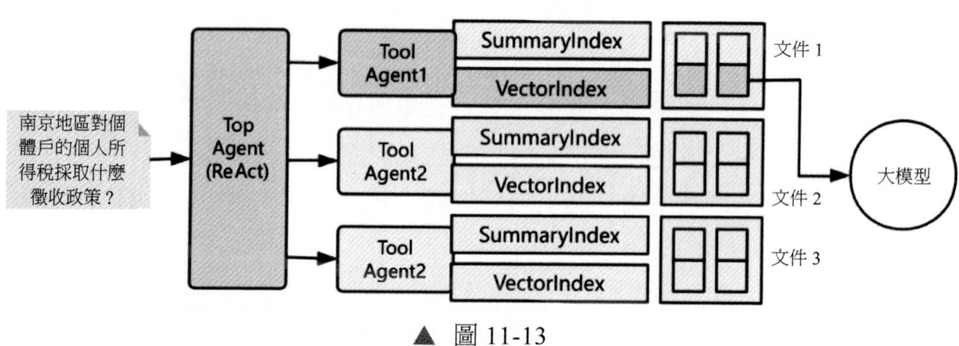

▲ 圖 11-13

基於 RAG 查詢引擎的多級 Agent 架構（Agentic RAG）最大的優點是具備了極大的靈活性與擴充性，幾乎可以完成任意基於知識的複雜任務。知識既可以是向量化的知識，也可以是外部系統的結構化或非結構化的知識。其主要優勢來自以下兩點。

（1）對二級 Tool Agent 的擴充，可以賦予其更多的工具能力，使其不再侷限於簡單地回答事實性問題，可以完成更多的知識型任務。比如，整理、生成摘要、分析資料，甚至借助 API 獲取外部系統的即時知識等。

（2）多個 Tool Agent 可以透過協作完成聯合型任務。比如，對比與整理兩個不同文件中的知識。這也是經典的問答型 RAG 應用無法完成的任務。

當然，這種方案的缺點是具有一定的實現複雜性，且對大模型的推理能力要求較高。

2．實現方案

我們用一個樣例來介紹如何建立基於多文件 RAG 查詢引擎的分層 Agent。這種方案借助 Agent 具備的觀察、規劃與行動能力，既能提供 RAG 應用的基礎查詢能力，也能提供基於 RAG 應用的更多樣與完成複雜任務的能力。

1）準備原始文件

首先，準備 3 個與 RAG 相關的 PDF 文件作為測試的原始文件。在實際應用中，文件數量可以擴充到非常多（後面會看到對大量文件進行最佳化的方法）：

```
names = ['c-rag','self-rag','kg-rag']
files =
['../../data/c-rag.pdf','../../data/self-rag.pdf','../../data/kg-
rag.pdf']
```

2）準備建立 Tool Agent 的函數

建立一個給單一 PDF 文件生成 Tool Agent 的函數。在這個函數中，對這個文件進行載入與分割，然後建構兩個索引與對應的查詢引擎。

（1）針對普通的事實性問題的向量索引與查詢引擎。

（2）針對需要高層語義理解的總結類問題的摘要索引與查詢引擎。

最後，我們把這兩個查詢引擎作為 Agent 的兩個工具，建立一個 Tool Agent。

```
...... 此處省略 import 部分與模型準備部分 ......

# 採用 Chroma 向量庫
chroma = chromadb.HttpClient(host="localhost", port=8000)
collection = chroma.get_or_create_collection(name="agentic_rag")
vector_store = ChromaVectorStore(chroma_collection=collection)

# 建立針對某個文件的 Tool Agent
def create_tool_agent(file,name):
```

```
    # 分割文件，生成 Node 物件
    print(f'Starting to create tool agent for 【{name}】...\n')
    docs =SimpleDirectoryReader(input_files = [file]).load_data()
    splitter = SentenceSplitter(chunk_size=500,chunk_overlap=50)
    nodes = spltter.get_nodes_from_documents(docs)

    # 建構向量索引，並持久化儲存
    if not os.path.exists(f"./storage/{name}"):
        print('Creating vector index...\n')
        storage_context = StorageContext.from_defaults
(vector_store=vector_store)
        vector_index = VectorStoreIndex(nodes,
                                        storage_context=
storage_context)
        vector_index.storage_context.persist(persist_dir=
f"./storage/{name}")
    else:
        print('Loading vector index...\n')
        storage_context = StorageContext.from_defaults(
                                        persist_dir=f"./storage/
{name}",
                                        vector_store=vector_store)
        vector_index = load_index_from_storage(

storage_context=storage_context)

    # 建構基於向量索引的查詢引擎
    query_engine = vector_index.as_query_engine(similarity_top_k=5)

    # Create a summary index
    summary_index = SummaryIndex(nodes)
    summary_engine = summary_index.as_query_engine(
                                response_mode="tree_summarize")

    # 轉為工具
    query_tool = QueryEngineTool.from_defaults(
                            query_engine=query_engine,
                            name=f'query_tool',
                            description=f'Use if you want to query
```

```
details about {name}')

    summary_tool = QueryEngineTool.from_defaults(
                            query_engine=summary_engine,
                            name=f'summary_tool',
                            description=f'Use ONLY IF you want to get
a holistic summary of the documents. DO NOT USE if you want to query
some details about {name}.')

    # 建立一個 Tool Agent
    tool_agent = ReActAgent.from_tools([query_tool,summary_tool],
                                verbose=True,
                                system_prompt=
f"""
You are a specialized agent designed to answer queries about {name}.You
must ALWAYS use at least one of the tools provided when answering a
question; DO NOT rely on prior knowledge. DO NOT fabricate answer.
"""
                                )
    return tool_agent
```

這裡也可以使用路由查詢引擎來代替 Agent 實現接近的功能。但是要注意，路由查詢引擎與 Agent 是有區別的，路由查詢引擎在大部分時候僅造成選擇工具與轉發問題的作用，並不會多次迭代，而 Agent 則會觀察工具傳回的結果，有可能使用多個工具透過多次迭代來完成任務。

3）批次建立二級 Tool Agent

有了上面的函數後，就可以批次建立這些文件的 Tool Agent。我們把每一個文件名稱和對應的 Agent 都儲存在一個 dict 型變數中：

```
# 建立不同文件的 Tool Agent
print('===============================================\n')
print('Creating tool agents for different documents...\n')
tool_agents_dict = {}
for name, file in zip(names, files):
    tool_agent = create_tool_agent(file, name)
    tool_agents_dict[name] = tool_agent
```

4）建立一級 Top Agent

我們需要建立一個頂層的 Agent，這個 Agent 的作用是接收客戶的請求問題，然後制訂這個問題的查詢計畫，並呼叫工具來完成。這裡的工具就是上面建立的多個 Agent。

```
# 將 Tool Agent 進行「工具化」
print('===============================================\n')
print('Creating tools from tool agents...\n')
all_tools = []
for name in names:
    agent_tool = QueryEngineTool.from_defaults(

        # 注意，Agent 本身也是一種查詢引擎，所以可以直接轉為工具
        query_engine=tool_agents_dict[name],

        # 這個工具的名稱
        name=f"tool_{name.replace("-", "")}",

        # 描述這個工具的作用和使用方法
        description=f"Use this tool if you want to answer any questions
about {name}."
    )
    all_tools.append(agent_tool)

# 建立 Top Agent
print('Creating top agent...\n')
top_agent = OpenAIAgent.from_tools(tools=all_tools,
                                   verbose=True,
system_prompt="""You are an agent designed to answer queries over a
set of given papers.Please always use the tools provided to answer
a question.Do not rely on prior knowledge.DO NOT fabricate answer""" )
```

5）測試

下面測試這個 Top Agent：

```
top_agent.chat_repl()
```

輸入一個問題：Please introduce Retrieval Evaluator in C-RAG pattern?（由於原文件是英文文件，因此這裡使用英文測試問題），輸出結果如圖 11-14 所示。

```
===== Entering Chat REPL =====
Type "exit" to exit.

Human: Please introduce Retrieval Evaluator in C-RAG pattern?
Added user message to memory: Please introduce Retrieval Evaluator in C-RAG pattern?
=== Calling Function ===
Calling function: tool_crag with args: {"input":"Retrieval Evaluator in C-RAG pattern"}
Thought: The user is asking about the "Retrieval Evaluator" in the C-RAG pattern. I need to use a tool to help me answer the question.
Action: query_tool
Action Input: {'input': 'Retrieval Evaluator in C-RAG pattern'}
Observation: The retrieval evaluator in the CRAG pattern is designed to evaluate the relevance of retrieved documents to the input questi
egree based on the relevance scores calculated for each question-document pair. Depending on this confidence level, the evaluator trigger
 actions - Correct, Incorrect, or Ambiguous. This process helps in determining whether the retrieved documents are suitable for generatin
Thought: I can answer without using any more tools. I'll use the user's language to answer
Answer: The Retrieval Evaluator in the C-RAG pattern is responsible for evaluating the relevance of retrieved documents to the input ques
e level based on relevance scores for each question-document pair, triggering actions like Correct, Incorrect, or Ambiguous. This evaluat
ieved documents are appropriate for generating a response.
Got output: The Retrieval Evaluator in the C-RAG pattern is responsible for evaluating the relevance of retrieved documents to the input
dence level based on relevance scores for each question-document pair, triggering actions like Correct, Incorrect, or Ambiguous. This eva
retrieved documents are appropriate for generating a response.
========================

Assistant: The Retrieval Evaluator in the C-RAG pattern evaluates the relevance of retrieved documents to the input question by assessing
evance scores for each question-document pair. It triggers actions such as Correct, Incorrect, or Ambiguous to determine if the retrieved
erating a response.
```

▲ 圖 11-14

仔細觀察輸出的部分偵錯資訊，可以看出 Agent 的「思考」過程。

（1）在 Top Agent 層，由於我們使用了 OpenAIAgent 類型，其是透過 OpenAI 的函數呼叫來實現的，因此這裡顯示大模型要求進行函數呼叫，需要呼叫 tool_crag 這個工具，輸入參數為「Retrieval Evaluator in C-RAG pattern」。這裡的函數名稱就是後端 Tool Agent 包裝的工具名稱。

（2）在 Tool Agent 層，Tool Agent 收到請求後，透過 ReAct 推理範式，決定需要呼叫 query_tool 工具，也就是基於向量索引的查詢引擎。在呼叫這個查詢引擎後，獲得了傳回內容（圖 11-14 中「observation」後面的內容）。收到傳回內容後，Tool Agent 透過觀察與推理，認為可以回答這個問題，因此 Tool Agent 執行結束，並傳回結果給 Top Agent。

（3）Top Agent 收到函數呼叫的結果後，認為無須再次呼叫其他函數，因此直接輸出了結果，處理過程結束。

6）進一步最佳化

前面用了 3 個文件，建立了針對它們的 Tool Agent。如果文件數量是幾十個或幾百個，在 Top Agent 進行推理時，Tool Agent 過多，那麼發生錯誤的機率就會增加。在之前介紹 Agent 時，曾經介紹過如何建立帶有工具檢索功能的 Agent，這裡就是一種很適合使用它的場景。簡單地修改上面的程式，給 Top Agent 在推理時增加工具檢索功能，能夠縮小選擇工具的範圍。

只需要在建立 Top Agent 之前給工具建構一個 Object Index 類型的工具檢索器，用於根據輸入問題檢索必要的工具：

```
# 建構工具檢索器
print('==================================================\n')
print('Creating tool retrieve index...\n')
obj_index = ObjectIndex.from_objects(
    all_tools,
    index_cls=VectorStoreIndex,
)
tool_retriever =
obj_index.as_retriever(similarity_top_k=2,verbose=True)
```

然後，簡單地修改建立 Top Agent 的程式，不再傳入 all_tools，而是傳入工具檢索器：

```
......
top_agent = OpenAIAgent.from_tools(tool_retriever=tool_retriever,
                                   verbose=True,
system_prompt="""You are an agent designed to answer queries over a
set of given papers.Please always use the tools provided to answer
a question.Do not rely on prior knowledge.""")
......
```

如果繼續測試這個 Agent，就會發現仍然可以達到相同的效果，如圖 11-15 所示。

```
=== Calling Function ===
Calling function: tool_crag with args: {"input":"Adaptive retrieval in the c-RAG"}
Thought: The user is asking about adaptive retrieval in c-RAG. I need to use a tool to helr
Action: query_tool
Action Input: {'input': 'adaptive retrieval in c-RAG'}
Observation: Adaptive retrieval in c-RAG involves the use of a lightweight retrieval evalua
 This approach aims to enhance the robustness of generation by leveraging web search and or
on and the efficient utilization of retrieved documents, as demonstrated through experiment
ort- and long-form generation tasks.
Thought: I can answer without using any more tools. I'll use the user's language to answer
Answer: Adaptive retrieval in c-RAG involves using a lightweight retrieval evaluator to est
aims to improve generation robustness by utilizing web search and optimizing knowledge util
lize retrieved documents, as shown in experiments demonstrating adaptability to RAG-based a
```

▲ 圖 11-15

如果需要驗證檢索出的工具的正確性，那麼可以直接對工具檢索器呼叫檢索方法來觀察（輸入相同的自然語言問題），比如：

```
tools_needed = tool_retriever.retrieve("What is the Adaptive
retrieval in the c-RAG?")
print('Tools needed to answer the question:')
for tool in tools_needed:
    print(tool.metadata.name)
```

可以看到如圖 11-16 所示的輸出結果，由於我們設置工具檢索器的 similarity_top_k=2，因此檢索出排名前兩位的相關工具，排名首位的 tool_crag 很顯然正是需要用於回答問題的 Agent，從而證明了工具檢索的有效性。

```
Tools needed to answer the question:
tool_crag
tool_selfrag
==================================================
```

▲ 圖 11-16

▶ 11.4 使用高級檢索方法

檢索是 RAG 應用最重要的階段之一，檢索的召回率與精確性決定了後面回應生成階段的品質。與檢索相關的因素非常多，包括原始知識的形式與品質、輸入問題、索引類型、嵌入模型 / 大模型、檢索演算法、排序演算法等，其中有的影響因素需要在資料載入與分割、資料嵌入與索引階段進行最佳化，比如原始資料品質、嵌入品質、索引類型等，也有的影響因素則需要在檢索階段結合其他階段綜合考慮，比如利用的索引、檢索的演算法、重排序演算法等。

在經典的 RAG 應用中，檢索通常是基於向量儲存索引的語義檢索。本章將對基礎索引檢索以外的複雜檢索技巧介紹與演示，以便在實際應用中根據需要選擇更高效的檢索方法。

11.4.1 融合檢索

融合檢索（Fusion Retrieval）是一種多維度檢索的方法，簡單地說就是透過多個不同的檢索方法進行檢索，並對檢索的結果使用 RRF 演算法（或其他演算法）重排序後輸出。融合檢索可以組合多個不同的輸入問題或不同類型索引的檢索結果，以彌補單一索引在檢索精確性上的不足。融合檢索的原理如圖 11-17 所示。

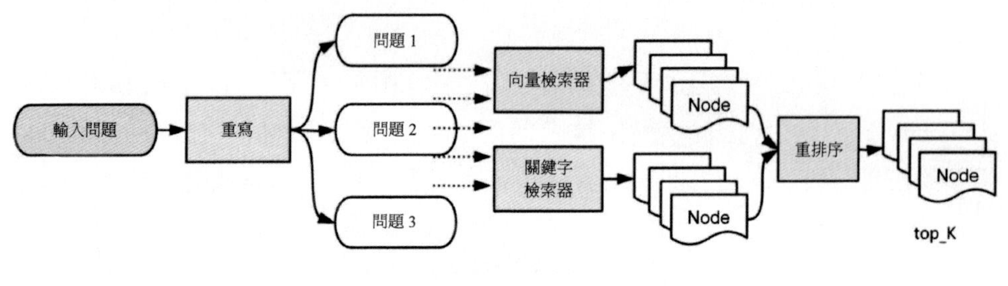

▲ 圖 11-17

> 倒數排名融合（RRF）是一種將多個搜尋結果的排名組合起來生成單一統一排名的技術。透過組合不同搜尋結果的排名，可以增加最相關的文件 / 知識出現在最終排名頂部的機會，從而幫助大模型提高回應生成的品質。如果對 RRF 的細節感興趣，那麼可以搜尋相關的論文。

LlamaIndex 框架中內建了簡單好用的融合檢索器。當然，你也可以完全利用已有的知識自訂一個融合檢索器。為了幫助你更進一步地學習融合檢索，下面首先介紹如何自訂一個融合檢索器，然後介紹如何使用現成的融合檢索器。

1．用原生程式實現融合檢索

我們基於已經介紹的索引與檢索元件，自訂一個融合檢索器，步驟如下。

（1）查詢轉換：根據輸入問題生成多個問題用於檢索。

（2）建構兩個檢索器：採用一個向量檢索器和一個關鍵字檢索器。

（3）重排序：給檢索出的多個 Node 重排序。

（4）自訂融合檢索器：以前 3 步為基礎，自訂一個融合檢索器。

（5）主程式實現與測試：實現與測試融合檢索器。

我們仍然基於之前的城市資訊來實現，準備以下城市資訊的文件：

```
citys_dict = {
 ' 北京市 ':'beijing',
 ' 南京市 ':'nanjing',
 ' 廣州市 ':'guangzhou',
 ' 上海市 ':'shanghai',
 ' 深圳市 ':'shenzhen'
}
```

準備好大模型與嵌入模型：

```
llm_openai = OpenAI(model='gpt-3.5-turbo')
embedded_model_openai =
OpenAIEmbedding(model_name="text-embedding-3-small",
embed_batch_size=50)
Settings.llm = llm_openai
Settings.embed_model = embedded_model_openai
```

1）查詢轉換

我們採用自訂的簡單查詢轉換：

```
def rewrite_query(query: str, num: int = 3):
    """ 將 query 轉為 num 個查詢問題 """
```

```
    prompt_rewrite_temp = """\
    您是一個查詢生成器，根據我的輸入問題生成多個查詢問題。
    請生成與以下輸入問題相關的 {num_queries} 個查詢問題 \n
    注意每個查詢問題都佔一行 \n
    我的輸入問題：{query}
    生成查詢列表：
    """
    prompt_rewrite = PromptTemplate(prompt_rewrite_temp)
    response = llm_openai.predict(
        prompt_rewrite, num_queries=num, query=query
    )

    # 假設大模型將每個查詢問題都放在一行上
    queries = response.split("\n")
    return queries
```

查詢轉換並非融合檢索的必需步驟，你可以直接對輸入問題進行基於多個類型索引的融合檢索與生成。

2）建構兩個檢索器

接下來，我們需要建構兩個檢索器。這兩個檢索器可以基於兩種不同類型的索引建構，也可以基於同一種索引的不同檢索演算法建構。你可以根據情況確定如何建構。我們分別定義兩個建構檢索器的函數，一個基於向量索引，另一個基於關鍵字表索引。

根據輸入的城市名稱，找到對應的知識文件並建構向量索引。為了避免每次都建構索引，對索引進行了持久化儲存：

```
......
def create_vector_index_retriever(name:str):

    # 解析 Document 為 Node
    city_docs = \
SimpleDirectoryReader(input_files=[f"../../data/citys/{name}.txt"
]).load_data()
    splitter = SentenceSplitter(chunk_size=500,chunk_overlap=0)
    nodes = splitter.get_nodes_from_documents(city_docs)
```

```
    # 儲存到向量庫 Chroma 中
    collection = \
chroma.get_or_create_collection(name=f"agent_{citys_dict[name]}")
    vector_store = ChromaVectorStore(chroma_collection=collection)

    # 首次執行時期建構向量索引，完成後進行持久化儲存，以後直接載入
    if not
os.path.exists(f"./storage/vectorindex/{citys_dict[name]}"):
        print('Creating vector index...\n')
        storage_context =
StorageContext.from_defaults(vector_store=vector_store)
        vector_index = VectorStoreIndex(nodes,storage_context=
storage_context)
        vector_index.storage_context.persist(persist_dir=f"./
storage/vectorindex/{citys_dict[name]}")
    else:
        print('Loading vector index...\n')
        storage_context = StorageContext.from_defaults(

persist_dir=f"./storage/vectorindex/{citys_dict[name]}",
                vector_store=vector_store)
        vector_index =
load_index_from_storage(storage_context=storage_context)

    # 傳回向量檢索器
    vector_retriever =
vector_index.as_retriever(similarity_top_k=3)
    return vector_retriever
```

採用類似的方式建構關鍵字表索引與對應的檢索器：

```
def create_kw_index_retriever(name:str):

    city_docs =\
    SimpleDirectoryReader(input_files=[f"../../data/citys/
{name}.txt"]).load_data()
    splitter = SentenceSplitter(chunk_size=500,chunk_overlap=0)
    nodes = splitter.get_nodes_from_documents(city_docs)
```

```
    if not
os.path.exists(f"./storage/keywordindex/{citys_dict[name]}"):
        print('Creating keyeword index...\n')

        # 建構關鍵字表索引
        kw_index = KeywordTableIndex(nodes)
        kw_index.storage_context.persist(
                persist_dir=f"./storage/keywordindex/
{citys_dict[name]}")
    else:
        print('Loading keyeword index...\n')
        storage_context =  StorageContext.from_defaults(
                persist_dir=f"./storage/keywordindex/
{citys_dict[name]}")
        kw_index = load_index_from_storage(storage_context=
storage_context)

    # 傳回關鍵字檢索器
    kw_retriever = kw_index.as_retriever(num_chunks_per_query=5)
    return kw_retriever
```

建構一個使用多檢索器進行多次查詢的輔助方法，並採用非同步的方式並行檢索：

```
async def run_queries(queries, retrievers):

    tasks = []
    # 對於每個問題，每個檢索器都進行檢索
    for query in queries:
        for i, retriever in enumerate(retrievers):
            tasks.append(retriever.aretrieve(query))

    task_results = await tqdm.gather(*tasks)

    # 儲存每次檢索的結果
    results_dict = {}
    for i, (query, query_result) in enumerate(zip(queries,
task_results)):
```

```
        results_dict[(query, i)] = query_result

    return results_dict
```

3）重排序

使用 RRF 演算法給檢索出的多個 Node 重排序，並傳回排序結果中的前 *K* 個 Node。下面是一個通用的演算法：

```
def rerank_results(results_dict, similarity_top_k: int = 3):
    k = 60.0
    fused_scores = {}
    text_to_node = {}

    # 計算不同 Node 的文字內容評分
    for nodes_with_scores in results_dict.values():
        for rank, node_with_score in enumerate(
            sorted(
                nodes_with_scores, key=lambda x: x.score or 0.0,
reverse=True
            )
        ):
            text = node_with_score.node.get_content()
            text_to_node[text] = node_with_score
            if text not in fused_scores:
                fused_scores[text] = 0.0
            fused_scores[text] += 1.0 / (rank + k)

    # 重排序
    reranked_results = dict(
        sorted(fused_scores.items(), key=lambda x: x[1],
reverse=True)
    )

    # 建構重排序的 Node 並傳回前 K 個 Node
    reranked_nodes: List[NodeWithScore] = []
    for text, score in reranked_results.items():
        reranked_nodes.append(text_to_node[text])
        reranked_nodes[-1].score = score
```

```
return reranked_nodes[:similarity_top_k]
```

4）自訂融合檢索器

有了前面的基礎，就可以建構一個自訂的融合檢索器。自訂的融合檢索器需要繼承自 BaseRetriever 類型，並實現 _retrieve 方法：

```
class FusionRetriever(BaseRetriever):

    # 基於多個檢索器建構融合檢索器
    # 參數：檢索器列表與 top_k
    def __init__(
        self,
        retrievers: List[BaseRetriever],
        similarity_top_k: int = 3,
    ) -> None:
        self._retrievers = retrievers
        self._similarity_top_k = similarity_top_k
        super().__init__()

    # 實現檢索方法
    def _retrieve(self, query_bundle: QueryBundle) ->
List[NodeWithScore]:

        # 查詢轉換
        querys = rewrite_query(query_bundle.query_str,num=3)

        # 呼叫輔助方法得到全部檢索結果
        results_dict = asyncio.run(run_queries(querys,
self._retrievers))

        # 使用 RRF 演算法重排序
        final_results = rerank_results(results_dict,
similarity_top_k=self._similarity_top_k)

        return final_results
```

5）主程式實現與測試

在有了一個融合檢索器後，就可以基於這個檢索器建構查詢引擎。查詢引擎需要的回應生成器可以由框架預設生成（也可以建構回應生成器後輸入）：

```
def run_main():
    query = "南京市有多少人口，是怎麼分佈的？"

    # 建構兩個檢索器
    vector_retriever = create_vector_index_retriever('南京市')
    kw_retriever = create_kw_index_retriever('南京市')

    # 建構融合檢索器
    fusion_retriever = FusionRetriever(
                              [vector_retriever, kw_retriever],
                              similarity_top_k=3)

    # 建構查詢引擎
    query_engine = RetrieverQueryEngine(fusion_retriever)

    # 查詢
    response=query_engine.query(query)
    pprint_response(response,show_source=True)

if __name__ == "__main__":
    run_main()
```

執行這段程式，輸出結果如圖 11-18 所示。

```
Loading vector index...

Loading keyeword index...

100%|
Final Response: 南京市常住人口为949.11万人，其中城镇人口为825.80万人，占总人口比重87.01%。南京市人口中以青
壮年为主的流动人口较多，15-59岁人口占常住人口的68.27%。男性人口占全市人口的51.05%，总人口男女性别比为104.27:1(
南京人口居住相当集中。

______________________________________________________________________
Source Node 1/3
Node ID: 79b1ffbe-6f30-405c-8589-7aabccea0490
Similarity: 0.03333333333333333
Text: 11万人，比上年末增加6.77万人，比上年末增长0.72%。
其中，城镇人口825.80万人，占总人口比重（常住人口城镇化率）87.01%，比上年提升0.11个百分点。
全年常住人口出生率为6.01‰，死亡率4.58‰，自然增长率1.43‰。 2020年11月1日零时，第七次全国人口普查全市常住人口931
其中流动人口265万。截止2020年11月1日其中城镇人口808.52万人。南京以青壮年为主的流动人口较多，常住人口中15-59岁，
```

▲ 圖 11-18

以上是一個自訂融合檢索器的過程，並沒有使用現成的元件，借助檢索器和查詢轉換即可完成。當然，你也可以在此基礎上根據情況進一步改造。

2．使用現成的融合檢索器

LlamaIndex 框架的最新版本中封裝了 QueryFusionRetriever 類型的融合檢索器，因此大大簡化了融合檢索器的使用。這個元件將自訂融合檢索器中的查詢轉換與使用 RRF 演算法重排序都進行了封裝，你只需要傳入多個檢索器及必要的參數，即可獲得一個融合檢索器，而無須自訂。

你可以對自訂融合檢索器的例子中的主程式進行以下調整：

```
......
def run_main():

    from llama_index.core.retrievers import QueryFusionRetriever

    query = " 南京市有多少人口，是怎麼分佈的？ "

    # 建構兩個檢索器
    vector_retriever = create_vector_index_retriever(' 南京市 ')
    kw_retriever = create_kw_index_retriever(' 南京市 ')

    # 使用現成的 QueryFusionRetriever 類型的融合檢索器
    fusion_retriever = QueryFusionRetriever(
        [vector_retriever, kw_retriever],
        similarity_top_k=3,
        num_queries=1,  # set this to 1 to disable query generation
        mode="reciprocal_rerank",
        use_async=True,
        verbose=True
    )

    # 建構查詢引擎
    query_engine = RetrieverQueryEngine(fusion_retriever)

    # 查詢
```

```
response=query_engine.query(query)
pprint_response(response)
```

這裡使用了 QueryFusionRetriever 這個現成的元件，獲得了一樣的效果。此外，這個元件還內建了多種不同的重排序演算法，這些演算法可以透過 mode 參數指定。目前，這個元件支援的演算法如下。

（1）reciprocal_rerank：RRF 演算法。

（2）relative_score：相關評分融合演算法。

（3）dist_based_score：基於距離的評分融合演算法。

（4）simple：預設模式，直接基於檢索出的 Node 評分進行重排序的演算法。

11.4.2 遞迴檢索

融合檢索旨在借助多種索引手段並使用重排序元件，盡可能地彌補單一索引與檢索方法在精確度上的偏差。在實際應用中，還有另一種常見的提高檢索精確度的方法，就是分層檢索。由於其在技術上通常透過遞迴的形式來完成，因此也稱為遞迴檢索。

11.3 節介紹過一種常見的遞迴檢索的應用：透過「摘要檢索 + 內容檢索」實現更精確的二級分層檢索。

1．遞迴檢索的原理

如果你需要在一大堆書中找到需要的一段文字，那麼最快的方法不是簡單粗暴地翻書查詢，可以這樣做：

（1）做一些基本過濾，比如查詢出版社或給圖書歸類等。

（2）儘管範圍已經縮小，但你仍然需要翻看圖書的簡介，定位到最終需要查看的少量幾本書。

（3）在最後的幾本書中，你透過目錄結合實際翻閱，找到需要的文字。

這裡的檢索過程本質上就是一種遞迴檢索：在不同層次上建構檢索的 Node 與索引（比如摘要層與詳細內容層），透過 Node 之間的連結關係，在每次檢索時自動地實現遞迴查詢或檢索，直至達到遞迴結束條件。

圖 11-19 所示為遞迴檢索的關係與流程。

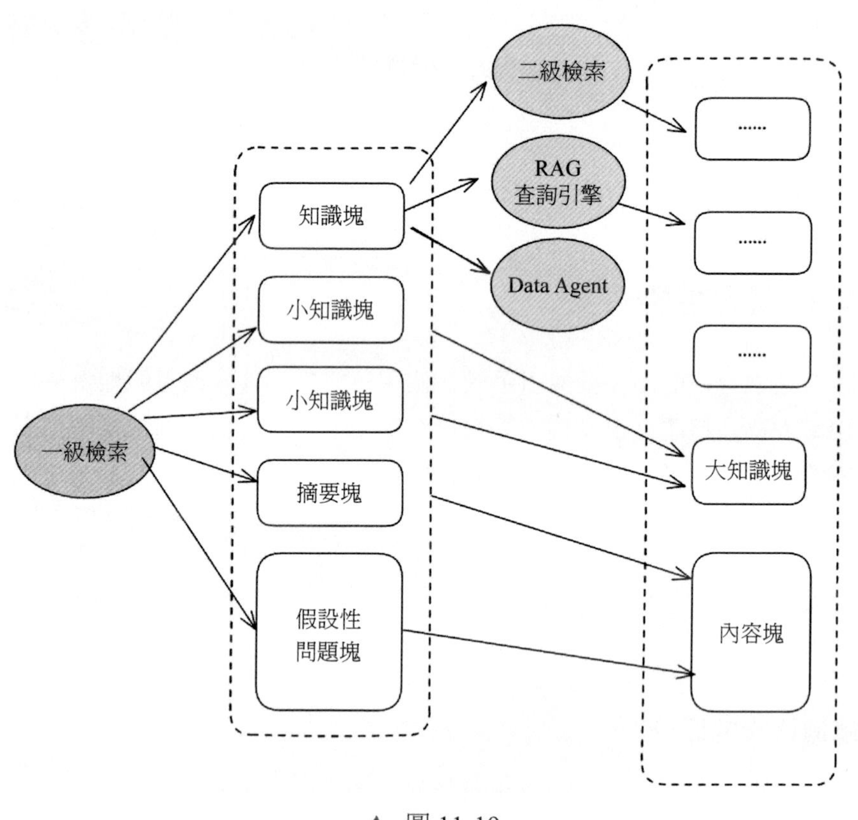

▲ 圖 11-19

遞迴檢索的一種實現方法是，在需要進行遞迴檢索的知識塊（比如 LlamaIndex 框架中的 Node）上儲存指向下一層遞迴呼叫組件的引用。當這個知識塊被檢索時，就可以透過其儲存的引用進行下一層遞迴呼叫，直到檢索出的所有知識塊不再包含其他組件的引用。這些被深度檢索出的知識塊將被用於替代最初檢索出的知識塊，成為大模型的輸入上下文。

在實際應用中，這些被儲存在知識塊（Node）中用於遞迴呼叫元件的引用可以更靈活，一般有以下幾種類型。

（1）指向其他 Node 的引用。在這種情況下，只需要遞迴呼叫被引用的 Node，並把該 Node 的內容傳回。這裡不存在遞迴檢索的過程，通常用於一些有明確層次關係的 Node 映射與檢索。比如：

① 在一個小知識塊中儲存對應的大知識塊的引用。

② 在一個摘要塊中儲存對應的內容塊的引用。

③ 在一個假設性問題塊中儲存對應的內容塊的引用。

（2）一個可以直接輸出答案的 RAG 查詢引擎。在這種情況下，遞迴呼叫這個 RAG 查詢引擎，獲得問題的答案，並把答案建構成一個 Node 傳回。

（3）一個具有規劃與使用工具能力的 Data Agent。在這種情況下，遞迴呼叫這個 Data Agent，獲得問題的答案，並把答案建構成一個 Node 傳回。

（4）一個複雜 RAG 範式的查詢管道。在這種情況下，遞迴呼叫這個 RAG 範式的查詢管道，獲得問題的答案，並把答案建構成一個 Node 傳回。

根據前面的介紹，我們知道在 LlamaIndex 框架中這種支援儲存外部物件引用的 Node 類型是 IndexNode（索引 Node）。

2．從 Node 到 Node 的遞迴檢索

首先，我們介紹基於 Node 引用的遞迴檢索。嚴格來說，基於 Node 引用的遞迴檢索本質上是一個連結查詢 Node 的過程：透過檢索出的 Node 找到對應的其他 Node 傳回即可。當然，因為 Node 的語義精確性與豐富性是矛盾的，所以在 RAG 應用上有時候需要對這兩種需求單獨進行 Node 設計。遞迴檢索的原理如圖 11-20 所示。

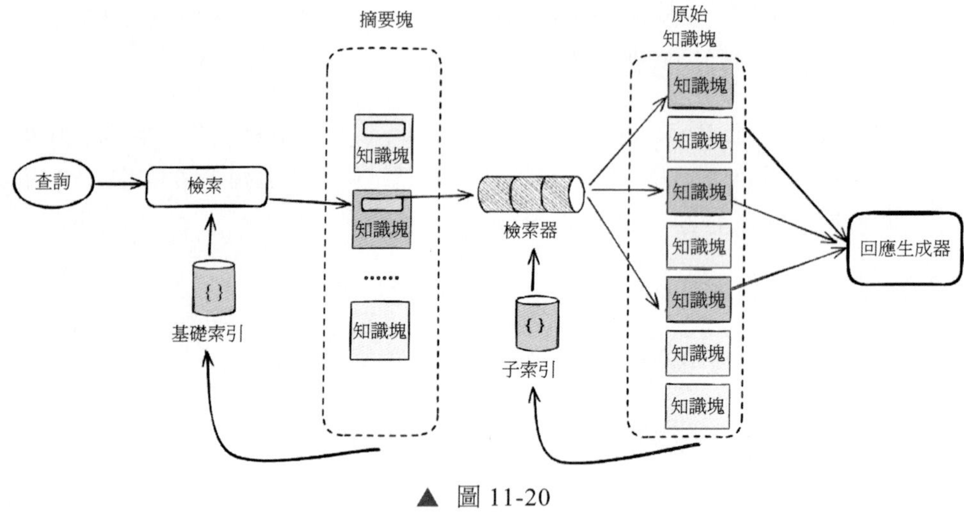

▲ 圖 11-20

1）從子 Node 到父 Node 的遞迴檢索

之前透過自動合併檢索器（AutoMergingRetriever）實現過子 Node 自動合併成父 Node，下面透過遞迴檢索器（RecursiveRetriever）實現從子 Node 遞迴檢索出父 Node。

RecursiveRetriever 是 LlamaIndex 框架內建的。該檢索器從根 Node（透過 root_id 參數指定）開始檢索。對於任何檢索出的 Node，如果發現是 IndexNode 類型的，就會找到這個 Node 所指向的物件。這個物件可以是其他 Node、檢索器或查詢引擎。如何找到這個 Node 所指向的物件依賴於遞迴檢索器的 3 個字典類型的輸入參數：retriever_dict、query_engine_dict、node_dict。

透過以下 3 個步驟來實現這個例子。

① 對文件進行分割，建構父 Node。

② 把父 Node 分割成多粒度的子 Node，並將子 Node 指向父 Node。

③ 對子 Node 建構索引與檢索器，並在此檢索器基礎上建構遞迴檢索器。

（1）建構父 Node。建構父 Node 的方法與建構向量索引的方法並無區別。為了後面觀察方便，人工設置了每個 Node 的 id：

```
......
docs =
SimpleDirectoryReader(input_files=["../../data/c-rag.pdf"]).load_
data()
def create_base_index():

    splitter = SentenceSplitter(chunk_size=1024,chunk_overlap=0)
    nodes = splitter.get_nodes_from_documents(docs)

    # 設置每個 Node 的 id 為固定值
    for idx,node in enumerate(nodes):
        node.id_ = f"node_{idx}"

    collection = chroma.get_or_create_collection(name=f"crag")
    vector_store = ChromaVectorStore(chroma_collection=collection)
    if not os.path.exists(f"./storage/vectorindex/crag"):
        print('Creating vector index...\n')
        storage_context =
StorageContext.from_defaults(vector_store=vector_store)
        vector_index =
VectorStoreIndex(nodes,storage_context=storage_context)

vector_index.storage_context.persist(persist_dir=f"./storage/vect
orindex/crag")
    else:
        print('Loading vector index...\n')
        storage_context =  StorageContext.from_defaults(

persist_dir=f"./storage/vectorindex/crag",
                                vector_store=vector_store)
        vector_index =
load_index_from_storage(storage_context=storage_context)
    return vector_index,nodes

# 建構父 Node
base_index,base_nodes  = create_base_index()
```

（2）建構子 Node。在 128 與 256 兩個更細的粒度上建構子 Node，並將子 Node 透過 index_id 屬性指向父 Node，用於後面的遞迴檢索：

```
def create_subnodes_index(base_nodes):

# 建構兩個不同粒度的分割器
    sub_chunk_sizes = [128, 256]
    sub_node_parsers =
[SentenceSplitter(chunk_size=subsize,chunk_overlap=0) for subsize
in sub_chunk_sizes]

    all_nodes = []
    # 對每一個父 Node 都進行分割
    for base_node in base_nodes:
        for n in sub_node_parsers:

            # 使用 get_nodes_from_documents 方法生成子 Node
            sub_nodes = n.get_nodes_from_documents([base_node])
            for sn in sub_nodes:

                # 子 Node 是 IndexNode 類型的，並用父 Node 的 id 作為 index_id
                indexnode_sn = \
IndexNode.from_text_node(sn, base_node.node_id)
                all_nodes.append(indexnode_sn)

        # 父 Node 也作為 IndexNode 物件放入 all_nodes 物件中
        all_nodes.append(IndexNode.from_text_node(base_node,
base_node.node_id))

    # 建構子 Node 的向量索引
    collection =
chroma.get_or_create_collection(name=f"crag-subnodes")
    vector_store = ChromaVectorStore(chroma_collection=collection)
    if not os.path.exists(f"./storage/vectorindex/crag-subnodes"):
        print('Creating subnodes vector index...\n')
        storage_context =  StorageContext.from_defaults
(vector_store=vector_store)
        vector_index = VectorStoreIndex(all_nodes,
storage_context=storage_context)
        vector_index.storage_context.persist(
                          persist_dir=f"./storage/vectorindex/
crag-subnodes")
    else:
```

```
        print('Loading subnodes vector index...\n')
        storage_context =  StorageContext.from_defaults(
                         persist_dir=f"./storage/vectorindex/
crag-subnodes",
                         vector_store=vector_store)
        vector_index = load_index_from_storage(storage_context=
storage_context)

    return vector_index, all_nodes

# 建構子 Node 與索引
sub_index,sub_nodes = create_subnodes_index(base_nodes)
```

在這段程式中，進一步分割已經建構的父 Node（1024 大小），按照 128 與 256 兩個粒度分割。需要注意的是，這裡分割出的子 Node 會透過下面的程式轉換成 IndexNode 類型的 Node，其中第二個參數為該 Node 的 index_id 屬性。這裡傳入的是 base_node.node_id，其目的是讓這個索引 Node（子 Node）指向其所對應的父 Node，這也是後面遞迴檢索所依賴的基礎。

```
for sn in sub_nodes:
    indexnode_sn = IndexNode.from_text_node(sn, base_node.node_id)
    all_nodes.append(indexnode_sn)
```

（3）建構遞迴檢索器。有了上面的基礎，現在可以建構一個遞迴檢索器與查詢引擎進行測試：

```
# 準備子 Node 層的檢索器
sub_retriever = sub_index.as_retriever(similarity_top_k=2)

# 準備一個所有 Node 的 id 與 Node 的對應關係字典
# 這個字典用於在遞迴檢索時，根據 index_id 快速地找到對應的物件
sub_nodes_dict = {n.node_id: n for n in sub_nodes}

# 建構遞迴檢索器
recursive_retriever = RecursiveRetriever(
    "root_retriever",
    retriever_dict={"root_retriever": sub_retriever},
    node_dict=sub_nodes_dict,
```

```
    verbose=True,
)

# 用遞迴檢索器建構查詢引擎
recursive_query_engine = RetrieverQueryEngine.from_args
(recursive_retriever)

# 測試
response = recursive_query_engine.query("please explain the concept
of Action Trigger in c-rag?
pprint_response(response)
```

這裡的核心是建構遞迴檢索器。遞迴檢索器需要指定一個 root_id，這個 id 將作為遞迴檢索器開始檢索的入口，可以指向一個檢索器、查詢引擎或具體的 Node。然後，遞迴檢索器就會按照之前闡述的工作邏輯完成檢索。

基於這樣的遞迴檢索器建構一個查詢引擎進行測試，執行結果如圖 11-21 所示。

```
**********
Retrieving with query id None: please explain the concept of Action Trigger in c-rag?please answer in Chinese
Retrieved node with id, entering: node_9
Retrieving with query id node_9: please explain the concept of Action Trigger in c-rag?please answer in Chinese
Retrieved node with id, entering: node_5
Retrieving with query id node_5: please explain the concept of Action Trigger in c-rag?please answer in Chinese
**********
Trace: query
    |_CBEventType.QUERY -> 4.353028 seconds
      |_CBEventType.SYNTHESIZE -> 3.504784 seconds
        |_CBEventType.TEMPLATING -> 1.8e-05 seconds
        |_CBEventType.LLM -> 3.48955 seconds
**********
Final Response: 行动触发器用于根据检索到的文档的相关性评分来执行不同的操作。根据每个检索到的文档的置信度评分，设计了三种类型
的操作：如果置信度高于上限阈值，则将文档标识为"正确"，如果低于下限阈值，则标识为"错误"，否则执行"模糊"操作。每个检索到的文档都会单独进
行处理，并最终进行整合。
```

▲ 圖 11-21

檢索器在檢索出最初的兩個相關子 Node 後，遞迴進入了 node_9 與 node_5 這兩個父 Node，並在父 Node 的基礎上生成了答案。這在很多場景中是有意義的，因為子 Node 越小通常越有利於精確檢索，但是父 Node 越大，包含的上下文越多。

2）從摘要 Node 到內容 Node 的遞迴檢索

有時候，為了能夠在檢索層支援更豐富的檢索語義，可以在基礎 Node 的基礎上生成以下常見的輔助上下文。

（1）摘要。對內容較多的 Node 生成摘要用於檢索。

（2）假設性問題。對 Node 內容借助大模型生成若干假設性問題（或已有問題的相似問題）。

以摘要 Node 為例，看一下如何把摘要 Node 映射到內容 Node，並在摘要 Node 層建構索引。

注意：本節介紹的方法與 11.3 節介紹的方法有區別。

```
......
# 根據基礎 Node 建構摘要 Node
def create_summary_nodes(base_nodes):

    # 建構一個中繼資料取出器
    extractor = SummaryExtractor(summaries=["self"],
show_progress=True)
    summary_dict = {}

    # 為了避免重複取出，進行持久化儲存
    if not os.path.exists(f"./storage/metadata/summarys.json"):
        print('Extract new summary...\n')

        # 取出中繼資料，建立從 Node 到中繼資料的詞典
        summarys = extractor.extract(base_nodes)
        for node,summary in zip(base_nodes,summarys):
            summary_dict[node.node_id] = summary

        with open('./storage/metadata/summarys.json', "w") as fp:
                json.dump(summary_dict, fp)
    else:
        print('Loading summary from storage...\n')
        with open('./storage/metadata/summarys.json', "r") as fp:
            summary_dict = json.load(fp)

    # 根據摘要建構摘要 Node，注意使用 IndexNode 類型
    all_nodes = []
    for node_id, summary in summary_dict.items():
        all_nodes.append(IndexNode(text=summary["section_summary"],
```

```
index_id=node_id))

        # 加入基礎 Node
        all_nodes.extend(IndexNode.from_text_node(base_node,
base_node.node_id) for base_node in base_nodes)

    # 建構摘要 Node 層的索引
    collection = chroma.get_or_create_collection
(name=f"crag-summarynodes")
    vector_store = ChromaVectorStore(chroma_collection=collection)

    if not os.path.exists(f"./storage/vectorindex/
crag-summarynodes"):
        print('Creating summary nodes vector index...\n')
        storage_context = StorageContext.from_defaults
(vector_store=vector_store)
        vector_index =
VectorStoreIndex(all_nodes,storage_context=storage_context)
        vector_index.storage_context.persist(persist_dir=
f"./storage/vectorindex/crag-summarynodes")
    else:
        print('Loading summary nodes vector index...\n')
        storage_context =  StorageContext.from_defaults
(persist_dir=f"./storage/vectorindex/crag-summarynodes",
                                            vector_store=vector_store)
        vector_index = load_index_from_storage(storage_context=
storage_context)

    return vector_index, all_nodes
```

在這裡的程式中，借助內建的中繼資料取出器生成了基礎 Node 的摘要，並將其建構成 IndexNode 類型的摘要 Node，同時透過 index_id 連結到基礎 Node。有了這個基礎後，就可以用摘要索引建構遞迴檢索器：

```
......
summary_index,summary_nodes = create_summary_nodes(base_nodes)
summary_retriever = summary_index.as_retriever(similarity_top_k=2)
summary_nodes_dict = {n.node_id: n for n in summary_nodes}
```

```
# 建構一個遞迴檢索器
recursive_retriever = RecursiveRetriever(
    "root_retriever",
    retriever_dict={"root_retriever": summary_retriever},
    node_dict=summary_nodes_dict,
    verbose=True,
)
recursive_query_engine = RetrieverQueryEngine.from_args
(recursive_retriever)
response = recursive_query_engine.query("please explain the concept
of Action Trigger in c-rag?)
pprint_response(response)
......
```

從圖 11-22 所示的輸出結果中可以看到，從摘要 Node 透過遞迴檢索成功進入了 node_5 和 node_21，並將其內容作為大模型的輸入上下文。

```
**********
Retrieving with query id None: please explain the concept of Action Trigger in c-rag?please answer in Chinese
Retrieved node with id, entering: node_5
Retrieving with query id node_5: please explain the concept of Action Trigger in c-rag?please answer in Chines
Retrieved node with id, entering: node_21
Retrieving with query id node_21: please explain the concept of Action Trigger in c-rag?please answer in Chine
**********
Trace: query
    |_CBEventType.QUERY -> 4.61226 seconds
      |_CBEventType.SYNTHESIZE -> 3.983362 seconds
        |_CBEventType.TEMPLATING -> 1.3e-05 seconds
        |_CBEventType.LLM -> 3.977751 seconds
**********
Final Response: 行动触发器是根据检索到的文档与问题的相关性评分来触发不同的行动。根据每个检索到的文档的置信度分
三种类型的行动，分别是“正确”、“不正确”和“模糊”。如果置信度分数高于上限阈值，则将检索到的文档标识为“正确”，如果
“不正确”。否则，执行“模糊”操作。每个检索到的文档都会单独进行处理，最终进行整合。
```

▲ 圖 11-22

3）從假設性問題到答案 Node 的遞迴檢索

生成輔助檢索上下文的常見手段是生成假設性問題。這裡不再對其進行詳細演示，只需要替換前面的例子（從摘要 Node 到內容 Node 的遞迴檢索）中的中繼資料取出器（QuestionsAnsweredExtractor 可以生成多個假設性問題，單一基礎 Node 會與多個索引 Node 對應），後面做類似處理即可：

```
......
extractor = QuestionsAnsweredExtractor(questions=5,
show_progress=True)
......
```

3．從 Node 到查詢引擎的遞迴檢索

遞迴檢索基於從 Node 到 Node 的關係遞迴。這種關係可以是父子 Node 關係或摘要 Node 與內容 Node 的關係。儲存在一個 Node 中用於遞迴的元件引用可以指向另一個 Node，也可以指向一個 RAG 查詢引擎或 Agent 元件。下面介紹如何用檢索出的 Node 遞迴使用其連結的查詢引擎，並透過它獲得最終答案。

這可以用在一些具有顯著層級關係的知識查詢中：你可以在二級知識文件上建構可以獨立使用的查詢引擎，同時在上一級知識文件上建構一級索引與檢索器，並且將一級索引中的必要 Node 連結到二級查詢引擎。當這些一級 Node 被檢索出來時，就可以透過儲存的連結關係繼續探索，呼叫連結的查詢引擎進行生成。其實現原理如圖 11-23 所示。

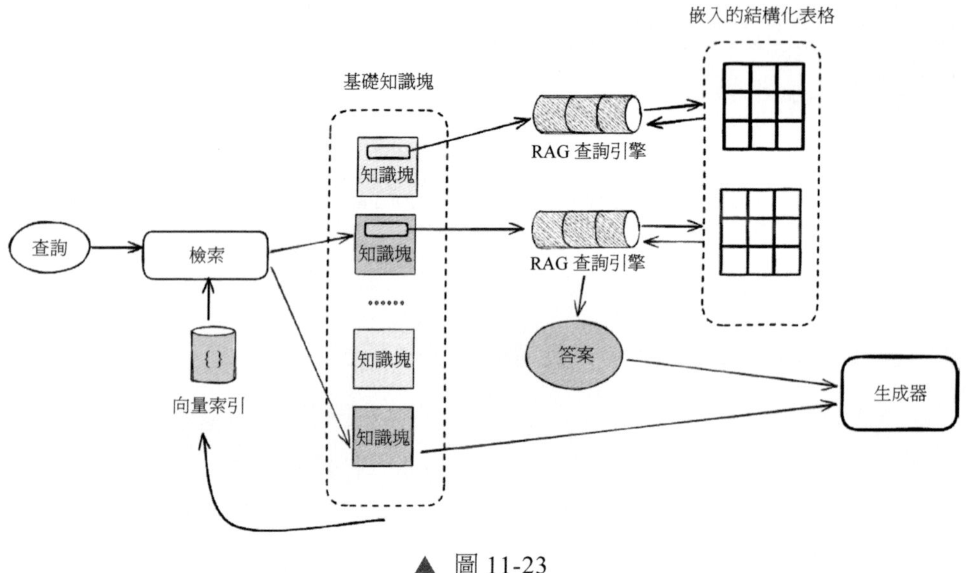

▲ 圖 11-23

在圖 11-24 所示的非結構化資料的 HTML 頁面（也可以是其他的 PDF 文件）中，除了正常的文字介紹，還有嵌入的結構化表格。在大部分時候，我們只需要對這個頁面進行擷取與解析，就可以建構一個針對頁面內容的 RAG 查詢引擎。但如果需要對嵌入的結構化表格進行基於 SQL 資料庫或 Pandas 資料分析元件的複雜查詢，比如做一些統計分析甚至挖掘，就需要建構一個二級查詢引擎。

使用遞迴檢索來查詢這樣的文件中嵌入的結構化表格的方法如下。

（1）給解析出來的表格元素建構獨立的查詢引擎。這可以基於 Python 強大的 Pandas 資料分析元件，甚至基於 SQL 資料庫，以滿足對嵌入的結構化表格的複雜查詢。

（2）給結構化表格生成一個摘要 Node，採用 IndexNode 類型，連結到表格對應的獨立的查詢引擎。

（3）用表格的摘要 Node 與其他文件分割出來的 Node 一起建立一級向量索引，並建構查詢引擎，以提供給最終使用者進行查詢。

相较于以往版本，本次更新我们着重提升Chat模型与人类偏好的对齐程度，并且显著增强了模型的多语言处理能力。在序列长度方面，所有规模模型均已实现 32768 个 token 的上下文长度范围支持。同时，预训练 Base 模型的质量也有关键优化，有望在微调过程中为您带来更佳体验。这次迭代是我们朝向「卓越」模型目标所迈进一个坚实的步伐。

模型效果

为了全面洞悉 Qwen1.5 的效果表现，我们对 Base 和 Chat 模型在一系列基础及扩展能力上进行了详尽评估，包括如语言理解、代码、推理等在内的基础能力，多语言能力，人类偏好对齐能力，智能体能力，检索增强生成能力（RAG）等。

基础能力

关于模型基础能力的评测，我们在 MMLU（5-shot）、C-Eval、Humaneval、GS8K、BBH 等基准数据集上对 Qwen1.5 进行了评估。

Model	MMLU	C-Eval	GSM8K	MATH	HumanEval	MBPP	BBH	CMMLU
GPT-4	86.4	69.9	92.0	45.8	67.0	61.8	86.7	71.0
Llama2-7B	46.8	32.5	16.7	3.3	12.8	20.8	38.2	31.8
Llama2-13B	55.0	41.4	29.6	5.0	18.9	30.3	45.6	38.4
Llama2-34B	62.6	-	42.2	6.2	22.6	33.0	44.1	-
Llama2-70B	69.8	50.1	54.4	10.6	23.7	37.7	58.4	53.6
Mistral-7B	64.1	47.4	47.5	11.3	27.4	38.6	56.7	44.7
Mixtral-8x7B	70.6	-	74.4	28.4	40.2	60.7	-	-
Qwen1.5-7B	61.0	74.1	62.5	20.3	36.0	37.4	40.2	73.1
Qwen1.5-14B	67.6	78.7	70.1	29.2	37.8	44.0	53.7	77.6

▲ 圖 11-24

下面一步步實現這個案例。

1）資料載入與解析

首先，利用 Web 載入器 SimpleWebPageReader 讀取網頁內容，並利用非結構化元素解析器把讀取的網頁內容分割成多個 Node。

```
......
url = ['https://qw**lm.github.io/zh/blog/qwen1.5/']

# 此處更改預設的摘要 Prompt 為中文
DEFAULT_SUMMARY_QUERY_STR = """\
盡可能結合上下文，用中文詳細介紹表格內容。\
這個表格是關於什麼的？舉出一個摘要說明（想像你正在為這個表格增加一個新的標
題和摘要），\
如果提供了上下文，請輸出真實 / 現有的表格標題 / 說明。\
如果提供了上下文，請輸出真實 / 現有的表格 ID。\
"""

# 載入網頁到 docs 變數
web_loader = SimpleWebPageReader()
```

```
    docs = web_loader.load_data(url)

    # 分割成 Node，並持久化儲存
    node_parser = UnstructuredElementNodeParser(
                summary_query_str=DEFAULT_SUMMARY_QUERY_STR)

    if nodes_save_path is None or not os.path.exists
(nodes_save_path):
        raw_nodes = node_parser.get_nodes_from_documents(docs)
        pickle.dump(raw_nodes, open(nodes_save_path, "wb"))
    else:
        raw_nodes = pickle.load(open(nodes_save_path, "rb"))
```

在這部分程式中，借助 SimpleWebPageReader 讀取網頁內容，同時利用 UnstructuredElementNodeParser 元件對文件進行解析，生成基礎 Node（raw_nodes）。注意：這個非結構化元素解析器會自動辨識文件中的普通文字與表格，並對表格進行特殊處理。只有了解這些特殊處理內容才能進行後面的編碼。

（1）表格會轉換成 Markdown 文字作為 Node 內容。

（2）借助大模型給表格生成摘要，並建構摘要 Node（IndexNode 類型的）。

（3）摘要 Node 的 index_id 指向具體的表格 Node。

在上面的程式中，還有以下兩點技巧需要說明。

（1）透過指定 summary_query_str 參數修改了給表格生成摘要的 Prompt，主要目的是生成中文摘要。

（2）借助 Python 的 pickle 函數庫對解析出來的 Node 進行持久化儲存，以避免重複解析。

2）建構二級 Node 查詢引擎

現在，文件內容已經被解析成基礎 Node 且其中的表格的摘要 Node（IndexNode 類型的）也已經建構了，我們需要處理其中的二級 Node。

（1）辨識出二級 Node，即索引 Node 指向的表格 Node。

（2）給二級 Node 建構獨立的查詢引擎。

（3）分離出二級 Node，二級 Node 不參與建構一級向量索引。

```
# 解析其中的 IndexNode 類型的索引 Node，找到其指向的 Node，然後給該 Node
中的表格生成對應的查詢引擎

raw_nodes_dict =  {doc.id_: doc for doc in raw_nodes}
query_engine_dict = {}
nonbase_node_ids = set()

for node in raw_nodes:
    # 如果是索引 Node
    if isinstance(node, IndexNode):

        # 找到索引 Node 指向的表格 Node
        child_node = raw_nodes_dict[node.index_id]

        # 把表格 Node 轉換成 pandas.DataFrame 類型的
        df = node_to_df(child_node)

        # 建構一個基於此 DataFrame 物件的查詢引擎
        df_query_engine = PandasQueryEngine(df)

        # 將索引 Node 與查詢引擎連結起來
        query_engine_dict[node.index_id] = df_query_engine

        # 記錄已經被索引 Node 引用的 Node，後面將其去除
        nonbase_node_ids.add(node.index_id)

# 去除已經被索引 Node 引用的 Node，剩下的 Node 用於建構一級向量索引
base_nodes = []
for node in raw_nodes:
    if node.node_id not in nonbase_node_ids:
        base_nodes.append(node)
```

簡單地說，就是根據 IndexNode 類型的索引 Node 找到嵌入的表格 Node，然後建構一個查詢引擎，將查詢引擎連結到這個索引 Node，並且把表格 Node 分離出來，不作為後面建構一級向量索引的 Node（即不直接查詢子 Node）。

這裡有一個函數 node_to_df，用於把 Node 中的內容轉為一個 DataFrame 物件，以方便使用 PandasQueryEngine 元件。下面借助大模型來實現這個函數：

```
# 把 Node 中的內容轉為一個 DataFrame 物件
node_table_save_path = './storage/nodes/qwen1.5de_id}.pkl'
def node_to_df(node):
    prompt_rewrite_temp = """\
    你是一個資料清洗工具。請去除內容中前面的說明部分，僅保留表格輸出。不要多餘
解釋和多餘空格。不要修改和編造表格。\n
    內容：{content}
    表格：
    """
    prompt_rewrite = PromptTemplate(prompt_rewrite_temp)
    llm = OpenAI(model="gpt-3.5-turbo")

    node_table_save_file = node_table_save_path.format
(node_id=node.id_)
    if not os.path.exists(node_table_save_file):
        response = llm.predict(
            prompt_rewrite, content=node.get_content
(metadata_mode='llm')
        )
        pickle.dump(response, open(node_table_save_file, "wb"))
    else:
        response = pickle.load(open(node_table_save_file, "rb"))

    # 把輸出的 Markdown 表格文字轉為 Pandas 資料分析元件的 DataFrame 物件
    df = pd.read_csv(io.StringIO(response), sep="|",
engine="python")
    return df
```

之所以需要對表格 Node 借助大模型進行內容取出，是因為非結構化元素取出器在生成表格 Node 時，會把摘要放在真正的 Markdown 表格的前面，因此無法直接對 Node 的內容進行處理。透過列印可以看到原始的表格 Node 的內容，如圖 11-25 所示。

```
==================================================
Table node content: 这个表格展示了不同模型在各种评估指标下的表现。从左到右，每一列代表一个模型，而每一
表性能越好。根据表格内容，我们可以看到不同模型在各项评估指标下的得分差异，这些指标包括MMLU、C-Eval、GSM
值，可以评估和比较不同模型的性能表现。，
with the following columns:

|Model|MMLU|C-Eval|GSM8K|MATH|HumanEval|MBPP|BBH|CMMLU|
|---|---|---|---|---|---|---|---|---|
|GPT-4|86.4|69.9|92.0|45.8|67.0|61.8|86.7|71.0|
|Llama2-7B|46.8|32.5|16.7|3.3|12.8|20.8|38.2|31.8|
|Llama2-13B|55.0|41.4|29.6|5.0|18.9|30.3|45.6|38.4|
|Llama2-34B|62.6|-|42.2|6.2|22.6|33.0|44.1|-|
|Llama2-70B|69.8|50.1|54.4|10.6|23.7|37.7|58.4|53.6|
|Mistral-7B|64.1|47.4|47.5|11.3|27.4|38.6|56.7|44.7|
|Mixtral-8x7B|70.6|-|74.4|28.4|40.2|60.7|-|-|
|Qwen1.5-7B|61.0|74.1|62.5|20.3|36.0|37.4|40.2|73.1|
|Qwen1.5-14B|67.6|78.7|70.1|29.2|37.8|44.0|53.7|77.6|
|Qwen1.5-32B|73.4|83.5|77.4|36.1|37.2|49.4|66.8|82.3|
|Qwen1.5-72B|77.5|84.1|79.5|34.1|41.5|53.4|65.5|83.5|
```

▲ 圖 11-25

3）建構一級索引與遞迴檢索器

在建構了二級 Node 查詢引擎，並且把用於建構一級向量索引的 Node 準備好（即 base_nodes）後，就可以建構一級向量索引與遞迴檢索器了：

```
    # 給基礎 Node 建構一級向量索引
    collection = chroma.get_or_create_collection(name=f"qwen1.5")
    vector_store = ChromaVectorStore(chroma_collection=collection)
    if not os.path.exists(f"./storage/vectorindex/qwen1.5"):
        print('Creating vector index...\n')
        storage_context =  StorageContext.from_defaults
(vector_store=vector_store)
        vector_index = VectorStoreIndex(base_nodes,
                                        storage_context=
storage_context)
        vector_index.storage_context.persist(
                             persist_dir=f"./storage/
vectorindex/qwen1.5")
    else:
        print('Loading vector index...\n')
```

```
        storage_context =  StorageContext.from_defaults(
                            persist_dir=f"./storage/
vectorindex/qwen1.5",
                            vector_store=vector_store)
        vector_index = load_index_from_storage
(storage_context=storage_context)

    # 建構一級檢索器
    vector_retriever = vector_index.as_retriever
(similarity_top_k=2)

    # 建構遞迴檢索器，實現遞迴檢索
    recursive_retriever = RecursiveRetriever(
            "vector",
            retriever_dict={"vector": vector_retriever},
            #node_dict=node_mappings,
            query_engine_dict=query_engine_dict,
            verbose=True,
    )
```

這段程式先基於基礎 Node（base_nodes）建構向量索引與檢索器，然後建構一個遞迴檢索器，並從一級索引的檢索器開始檢索。注意：這裡不再傳入 node_dict，因為我們需要從索引 Node 向下探索時能夠找到的是二級查詢引擎，而非一個 Node，因此這裡傳入上面準備好的查詢引擎字典，讓框架能夠用索引 Node 的 index_id 找到對應的查詢引擎。

下面基於這個遞迴檢索器建構查詢引擎並測試：

```
query_engine = RetrieverQueryEngine.from_args(recursive_retriever)
response = query_engine.query('HumanEval 基準測試中，哪些模型參與了測試？
平均分是多少？最高分是多少？')
pprint_response(response)
```

觀察圖 11-26 所示的輸出結果，可以看到發生了遞迴檢索，即從一級索引檢索出一個索引 Node，找到並進入（entering）了二級查詢引擎，然後呼叫二級查詢引擎生成答案。

```
**********
Trace: index_construction
**********
Retrieving with query id None: HumanEval基准测试中，哪些模型参与了测试？平均分是多少？最高分多少？
Retrieved node with id, entering: 1b66eeca-91cf-4974-8fd7-be1a9f3aceea
Retrieving with query id 1b66eeca-91cf-4974-8fd7-be1a9f3aceea: HumanEval基准测试中，哪些模型参与了测试？平均z
```

▲ 圖 11-26

4．從 Node 連結到 Agent 的遞迴檢索

從 Node 連結到 Agent 的遞迴檢索是指，在檢索出基礎 Node 後，根據 Node 中儲存的 Agent 引用繼續探索，透過 Agent 獲取最終答案。這種遞迴檢索本質上與從 Node 到查詢引擎的遞迴檢索類似，區別在於後端 Agent 與查詢引擎。其實現原理如圖 11-27 所示。

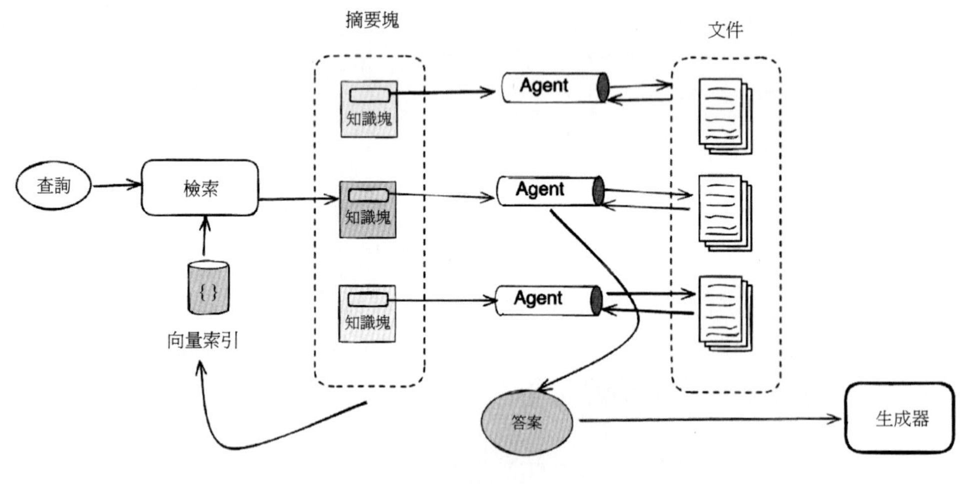

▲ 圖 11-27

在這個例子中，採用多個文件作為資料基礎，給每個文件都建立一個 Agent。每個 Agent 都有兩個可以使用的工具，一個是用於回答事實性問題的 RAG 查詢引擎，另一個是用於總結內容與摘要的 RAG 查詢引擎（具體參考 11.3.3 節）。然後，給每個文件都建構簡單的摘要 Node（IndexNode 類型的）並將其連結到對應的後端 Agent。這個摘要 Node 用於建構一級向量索引，並提供檢索。

1）建立二級文件 Agent

我們以多個城市的介紹內容文件作為這裡的測試知識。針對這個文件，建立可以獨立執行的查詢 Agent。由於這裡建立二級文件 Agent 的方式與 11.3.3 節中的類似，因此省略建構向量索引物件的過程：

```
......
# 建立針對某個文件的 Agent
def create_file_agent(file,name):

    print(f'Starting to create tool agent for 【{name}】...\n')

    #...... 省略建構文件對應的向量索引物件的過程 ......
    # vector_index = ...

    # 建構查詢引擎
    query_engine = vector_index.as_query_engine(similarity_top_k=3)

    # 建構摘要索引
    summary_index = SummaryIndex(nodes)
    summary_engine = summary_index.as_query_engine(
                        response_mode="tree_summarize")

    # 將查詢引擎「工具化」
    query_tool = QueryEngineTool.from_defaults(
                    query_engine=query_engine,
                    name=f'query_tool',
                    description=f'Use if you want to query details
about {name}')
    summary_tool = QueryEngineTool.from_defaults(
                    query_engine=summary_engine,
                    name=f'summary_tool',
                    description=f'Use ONLY IF you want to get a holistic
summary of the documents. DO NOT USE if you want to query some details
about {name}.')

    # 建立文件 Agent
    file_agent = ReActAgent.from_tools([query_tool,summary_tool],
                    verbose=True,
```

```
                    system_prompt=f"""You are a specialized agent
designed to answer queries about {name}.You must ALWAYS use at least
one of the tools provided when answering a question; do NOT rely on
prior knowledge.DO NOT fabricate answer."""
                                        )
    return file_agent
```

在執行上述程式後可以直接建立一個 Agent，以驗證函數的可用性。用以下程式測試：

```
agent = create_file_agent('../../data/citys/南京市.txt','Nanjing')
agent.chat_repl()
```

對話的效果如圖 11-28 所示。我們採用多輪對話的方式，可以看到 Agent 能夠根據輸入問題和相關上下文智慧地推理出使用的工具（query_tool 或 summary_tool），並根據使用的工具判斷下一步的動作，最終完成問答任務。

```
===== Entering Chat REPL =====
Type "exit" to exit.

Human: 南京有哪些著名的旅游景点? 经济发展情况如何?
Thought: The user is asking about famous tourist attractions in Nanjing and the economic development situation.
Action: query_tool
Action Input: {'input': 'famous tourist attractions in Nanjing'}
Observation: Some of the famous tourist attractions in Nanjing include Zhongshan Mountain Scenic Area, Qinhuai River, Sun Yat-s
Thought: I can answer the user's question without using any more tools.
Answer: 南京有一些著名的旅游景点，包括钟山风景区、秦淮河、中山陵、明孝陵、灵谷寺、玄武湖和鸡鸣寺。关于经济发展情况，我需要进一
Assistant: 南京有一些著名的旅游景点，包括钟山风景区、秦淮河、中山陵、明孝陵、灵谷寺、玄武湖和鸡鸣寺。关于经济发展情况，我需要进

Human: 查询下
Thought: The current language of the user is: Chinese. I need to use a tool to help me answer the question.
Action: query_tool
Action Input: {'input': 'economic development in Nanjing'}
Observation: Nanjing's economic development has progressed over the years, with a focus on state-owned enterprises initially. D
onomic output reached 1171.5 billion yuan, ranking 11th nationally and 2nd in Jiangsu Province. The city's economic structure c
e River Delta region and the fifth among provincial capital cities in China. The city has also seen the establishment and growt
 headquarters. Nanjing is home to several national and provincial-level development zones, emphasizing manufacturing, technolog
 petrochemicals, and steel. Nanjing aims to further develop industries such as integrated circuits, new energy vehicles, artifi
Thought: I can answer without using any more tools. I'll use the user's language to answer
Answer: 南京的经济发展在过去几年取得了进步，初期主要侧重于国有企业。尽管在长江三角洲地区落后于苏州、无锡等城市，但南京仍然是江
洲地区第四大经济体，中国省会城市中排名第五。自2015年以来，南京见证了台积电、众泰智能、领航科技、LG新能源、雅士利科技、阿里巴巴
领域。南京的发展目标包括进一步发展集成电路、新能源汽车、人工智能、生物医药和软件服务等产业。
Assistant: 南京的经济发展在过去几年取得了进步，初期主要侧重于国有企业。尽管在长江三角洲地区落后于苏州、无锡等城市，但南京仍然是
角洲地区第四大经济体，中国省会城市中排名第五。自2015年以来，南京见证了台积电、众泰智能、领航科技、LG新能源、雅士利科技、阿里巴
键领域。南京的发展目标包括进一步发展集成电路、新能源汽车、人工智能、生物医药和软件服务等产业。

Human: 总结下这个文档的内容
Thought: The current language of the user is: Chinese. I need to use a tool to help me summarize the document.
Action: summary_tool
Action Input: {'input': '南京的经济发展在过去几年取得了进步，初期主要侧重于国有企业。尽管在长江三角洲地区落后于苏州、无锡等城市
被认为是长江三角洲地区第四大经济体，中国省会城市中排名第五。自2015年以来，南京见证了台积电、众泰智能、领航科技、LG新能源、雅士
石化和钢铁等关键领域。南京的发展目标包括进一步发展集成电路、新能源汽车、人工智能、生物医药和软件服务等产业。'}
```

▲ 圖 11-28

用以下程式建立好各個文件 Agent，將其儲存在一個 dict 物件中：

```
names = ['Nanjing','Beijing','Shanghai']
files = ['../../data/citys/南京市.txt','../../data/citys/北京
```

```
市 .txt','../../data/citys/ 上海市 .txt']

# 建立不同的文件 Agent
print('================================================\n')
print('Creating file agents for different documents...\n')
file_agents_dict = {}
for name, file in zip(names, files):
    file_agent = create_file_agent(file, name)
    file_agents_dict[name] = file_agent
```

2）建構一級索引與遞迴檢索器

在建立了二級文件 Agent 後，就可以建構一級索引與遞迴檢索器。為了簡單，我們不再透過大模型生成各個文件的摘要，而是直接用固定的文字建構一級索引所需要的 Node：

```
print('================================================\n')
print('Creating top level nodes from tool agents...\n')
index_nodes = []
query_engine_dict = {}

# 給每個文件都建構一個索引 Node，用於搜尋
for name in names:
    doc_summary = f" 這部分內容包含關於城市 {name} 的維基百科文章。如果您需要
查詢城市 {name} 的具體事實，請使用此索引。\n 如果您想分析多個城市，請不要使用此
索引。"
    node = IndexNode(
        index_id = name,
        text=doc_summary,
    )
    index_nodes.append(node)

    # 把 index_id 與真正的 Agent 對應起來，用於在遞迴檢索時查詢
    # 注意 Agent 也是一種查詢引擎
    query_engine_dict[name] = file_agents_dict[name]

# 建構一級索引與檢索器
top_index = VectorStoreIndex(index_nodes)
top_retriever = top_index.as_retriever(similarity_top_k=1)
```

```
# 建構遞迴檢索器，從上面的 top_retriever 物件開始
# 傳入 query_engine_dict 變數，用於在遞迴檢索時找到二級文件 Agent
recursive_retriever = RecursiveRetriever(
    "vector",
    retriever_dict={"vector": top_retriever},
    query_engine_dict=query_engine_dict,
    verbose=True,
)
```

這裡給每個文件都建構了一個 IndexNode 類型的索引 Node，其中的內容為生成的文字內容。在實際應用中，你可以根據實際需要設計或生成索引 Node，只需要確保根據索引 Node 的 index_id 能夠找到對應的文件 Agent。提供 query_engine_dict 這個詞典可以讓遞迴檢索器在檢索時能夠找到對應的文件 Agent，進而透過 Agent 獲得答案。

使用以下程式在遞迴檢索器的基礎上建構查詢引擎並測試：

```
query_engine = RetrieverQueryEngine.from_args(recursive_retriever)
response = query_engine.query('南京市有哪些著名的旅遊景點呢？')
print(response)
```

觀察測試過程中的輸出，如圖 11-29 所示。

```
==================================================

Creating top level nodes from tool agents...

Retrieving with query id None: 南京市有哪些著名的旅游景点呢?
Retrieved node with id, entering: Nanjing
Retrieving with query id Nanjing: 南京市有哪些著名的旅游景点呢?
Thought: The user is asking about famous tourist attractions in Nanjing.
Action: query_tool
Action Input: {'input': 'famous tourist attractions in Nanjing'}
Observation: Some of the famous tourist attractions in Nanjing include Zhongshan Mountain Scenic Area, Qinhuai River Scenic B
Thought: I can answer without using any more tools. I'll use the user's language to answer
Answer: 一些南京市著名的旅游景点包括钟山风景区、秦淮河风光带、中山陵、明孝陵、灵谷寺、夫子庙、瞻园、甘熙故居和老门东。
Got response: 一些南京市著名的旅游景点包括钟山风景区、秦淮河风光带、中山陵、明孝陵、灵谷寺、夫子庙、瞻园、甘熙故居和老门东。
```

▲ 圖 11-29

可以看到，在經過一級索引檢索後，會進入二級文件 Agent（entering: Nanjing，Nanjing 是 Agent 的名字）。然後，Agent 會透過 ReAct 推理範式使用 RAG 查詢引擎解答問題，最終能夠輸出正確答案。

12

建構點對點的企業級 RAG 應用

▶ 12.1 對生產型 RAG 應用的主要考量

至此，我們已經了解了基於大模型的 RAG 應用的基本原理、架構及建構流程。為了讓建構的 RAG 應用更強壯、更靈活與更易於擴充，我們介紹了如何使用 LlamaIndex 這樣的主流大模型應用程式開發框架高效率地完成 RAG 流程中的各個步驟。現在你完全有能力把學習到的元件組合在一起，建構一個完整的

RAG 原型應用。但是如果你希望交付一個具備生產條件的點對點的企業級應用，特別是在複雜的企業應用環境中，那麼還需要考慮得更多。比如：

（1）滿足知識庫索引的建構與使用分離的需求。在典型的生產應用中，知識庫索引的建構與使用往往不是在一段上下文中按順序進行的。你無法在每次需要檢索時都建構索引。因此，無論這個索引是使用者自行建構的，還是由專門的管理員建構的，知識文件的匯入、維護、管理，以及索引的建構、最佳化等，往往都需要一個獨立的管理背景來完成，並能夠與前端應用同步與協作。

（2）滿足前端應用與後端服務分離的需求。除了索引的建構與使用的分離，在一個典型的點對點 Web 應用程式中，你會面臨前端應用與後端服務分離的需求，特別是在企業級應用中。因此，你需要將類似於 Agent 或查詢引擎、對話引擎的能力透過服務 API 的形式發佈，提供給前端應用呼叫，而非簡單地在管理背景對話。

（3）滿足多使用者或多租戶的使用需求。你在測試與製作原型應用時，只需要考慮呈現的效果，使用者都是自己，無須考慮多個使用者，但是當建構完整的共用應用時，最終的使用者可能有多個。如果你開發一個完整的 SaaS 應用，那麼需要考慮多個使用者。在多使用者的使用場景中，你需要考慮不同使用者之間的對話引擎獨立、記憶視窗獨立，甚至索引分離等；在多租戶 SaaS 應用下，你還需要考慮不同租戶之間的資源隔離，比如不同的租戶知識庫、不同的快取與本機存放區空間等。

（4）滿足企業級應用的非功能性需求。與個人應用相比，企業級應用在靈活性、回應性能、擴充性、資源消耗、成本、客戶體驗、安全等方面都有更高的要求，因此在設計一個應用時，不能只考慮簡單場景中的「能用」，還要考慮更複雜的場景中的「好用」。比如：

① 使用流式回應的模式來提高前端客戶的性能體驗。

② 使用快取結合本機存放區來提高建構與維護索引的效率。

③ 選擇最合適的大模型與向量庫來支援不同階段的使用需要。

④ 透過最佳化 Prompt、流程、模型選擇等降低大模型的使用成本。

⑤ 選擇合適的 API 框架服務、流量控制元件等最佳化併發環境下的體驗。

⑥ 需要更詳細的偵錯與追蹤資訊以幫助在使用過程中快速診斷與排除故障。

本章將介紹典型的點對點的企業級 RAG 應用架構，並介紹建構點對點的全端 RAG 應用的案例、技術與組件。

▶ 12.2 點對點的企業級 RAG 應用架構

假設我們需要設計一個點對點的企業內共用使用的智慧知識與問答幫手，這個幫手在前端能夠基於企業的私有知識與資料，透過自然語言準確地搜尋或回答使用者輸入的問題，使用者可以是企業內部員工（比如銷售部門諮詢報價方案、服務部門搜尋投訴案例、決策部門詢問業績指標等），也可以是從不同服務通路連接的客戶（比如企業門戶、客服中心、公眾號 / 企業微信、應用程式等通路連線的客戶進行售前產品諮詢和售後服務諮詢等）。

同時，RAG 應用在管理背景提供管理入口與平臺，讓管理員能夠維護企業的私有知識與資料、管理用於檢索的索引、發佈 API、查詢與追蹤 API 的使用日誌等。

一個完整的點對點的企業級 RAG 應用架構如圖 12-1 所示。

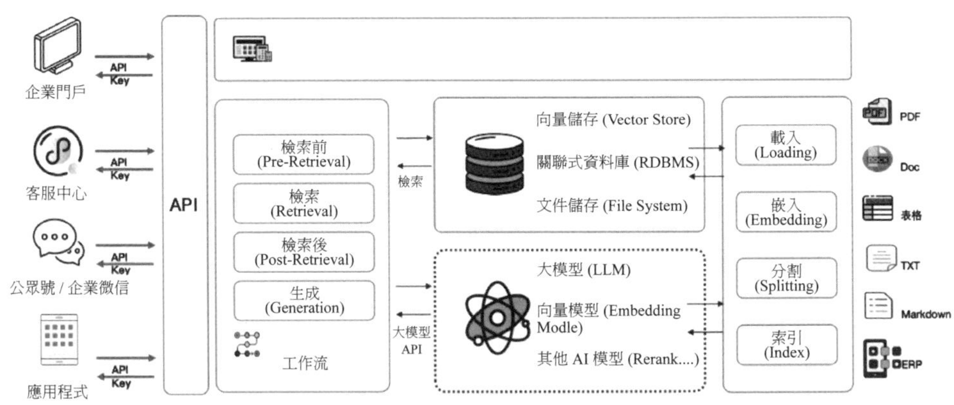

▲ 圖 12-1

12.2.1 資料儲存層

這是用於持久化儲存 RAG 應用中資料的模組。在一個典型的 RAG 應用中，需要持久化儲存的資料型態如下。

（1）各種原始知識文件與資料。這包括各種格式的內部知識文件、圖片、視訊，儲存在關聯式資料庫中的結構化資料，來自企業網站的網頁資料，企業內部各種 API 提供的資料，使用者自己上傳的知識文件等。

（2）用於索引的向量。在建構向量儲存索引時需要先借助嵌入模型生成向量並儲存，用於後面的語義檢索。在企業級 RAG 應用中，通常建議這種向量儲存借助專業的向量庫完成，比如 Milvus、Chroma 等，以實現持久化儲存、檢索、備份恢復。

（3）應用在生產與使用過程中必須依賴或產生的其他各類資料。這包括安全鑑權管理資料、使用者帳號資訊、RAG 查詢引擎的查詢與對話資料、系統管理日誌、知識匯入與轉換的中間資料等。

RAG 應用的儲存形式通常有以下幾種。

（1）關聯式資料庫：用於儲存結構化的資訊，比如管理資料或知識的中繼資料等。

（2）向量庫：儲存知識塊生成的向量，用於語義檢索。

（3）文件：儲存的原始的知識文件。

（4）其他儲存形式：比如圖資料庫用於儲存知識圖譜等。

資料儲存層透過專有的管理介面提供給上層應用使用。

12.2.2 AI 模型層

RAG 應用中需要用到的 AI 模型有以下幾種。

（1）大模型：這是 RAG 應用的核心引擎，用於查詢轉換、回應生成、語義路由等。

（2）嵌入模型：建構向量所依賴的模型，用於將知識文件轉為高維向量。

（3）其他 AI 模型：比如用於給多個召回知識重排序的 Rerank 模型等。

AI 模型層透過 API 開放模型使用介面給上層應用呼叫。在常見的 LangChain 或 LlamaIndex 框架中，通常無須關心 AI 模型層的 API 差異，可以使用框架所抽象與封裝的 LLM 元件更方便與更靈活地使用 AI 模型。

12.2.3 RAG 工作流與 API 模組

這是 RAG 應用的核心模組，但是在點對點的 Web 應用形態下，這個模組常常不需要以可執行程式的形式存在，而是需要透過 API 的形式提供服務給前端應用使用。其主要的能力如下。

（1）檢索前處理：這包括從接收前端查詢問題開始到透過索引進行檢索前的處理，包括查詢轉換、語義路由等。這部分處理的目的通常是提升後面檢索的精確度與生成品質。

檢索前處理技術可以參考 8.1 節。

（2）檢索：借助各種在索引階段建構的索引，使用適合的檢索演算法、流程與範式完成檢索，召回與輸入問題相關的上下文知識塊，用於後面處理。

檢索技術可以參考第 7 章、11.4 節。

（3）檢索後處理：在模組化的 RAG 應用中，檢索後處理用於對檢索階段輸出的相關知識塊進行融合、去重複、重排序等。經過檢索後處理的連結 Node 最終被組裝進入 Prompt，交給生成器用於合成輸出。

檢索後處理技術可以參考 8.2 節、11.4 節。

（4）生成：接受檢索出的相關上下文與輸入問題，使用合適的回應生成演算法生成結果。

生成技術可以參考第 7 章、第 9 章。

（5）API 發佈：將檢索、生成等階段的處理能力借助合適的 Web 框架（比如 FastAPI、Flask 等）發佈成供前端應用呼叫的 HTTP API，並提供必要的安全、流量控制能力。在典型的 RAG 應用中，常見的 API 包括對話介面、歷史對話查詢介面、文件上傳介面、知識庫管理介面等。

12.2.4 前端應用模組

前端應用通常透過類似於 Vue 或 React 的前端應用框架來建構，其底層基於 HTML、JavaScript 與 CSS 的前端技術實現。一個典型的智慧問答應用的 UI 頁面通常如圖 12-2 所示（來自 LlamaIndex 官方的演示應用）。這也是目前前端 ChatBot 類大模型應用常見的互動形式。

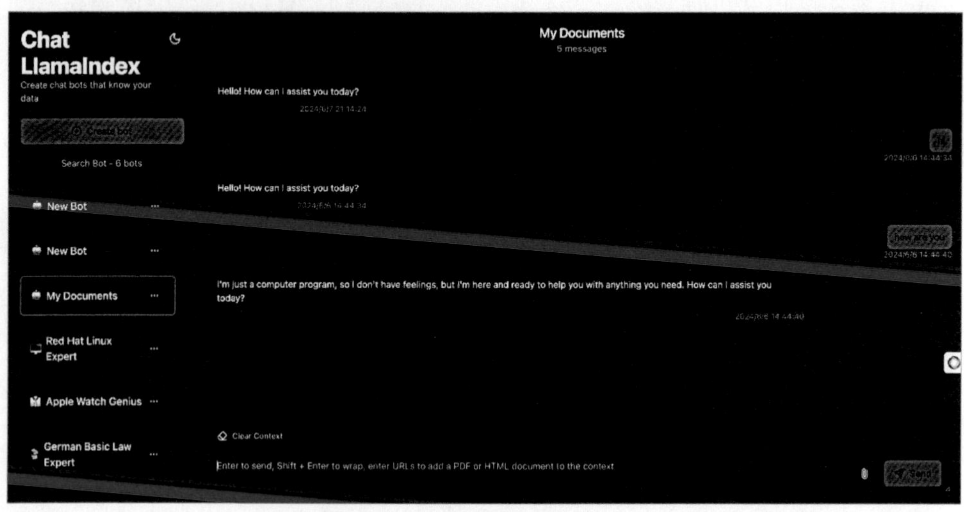

▲ 圖 12-2

目前，這類前端應用的核心功能模組通常有以下幾個。

（1）帳號管理：管理使用者註冊、綁定、登入、密碼更改、登出等功能。

（2）對話與階段管理：這是前端應用的核心功能模組，即透過 API 與後端進行通訊與互動，實現基於自然語言的連續對話，同時管理不同對話的 Session

資訊與上下文、歷史對話記錄、歸檔、備份、刪除等。對話應用又可以根據實際的業務能力進行模組化區分，比如有的實現企業知識對話、有的實現互動式資料查詢分析、有的實現自訂文件對話等。

（3）ChatBot 管理：如果應用透過提供不同的 ChatBot 來實現不同風格、類型、能力的智慧對話模組，那麼需要提供 ChatBot 的建構、配置與刪除等功能。

（4）配置專案：提供前端應用能夠更改與設置的配置專案，比如 UI 風格、對話儲存時間、本地目錄配置等。部分應用還會提供大模型選擇、Prompt 自訂等功能。

12.2.5 背景管理模組

點對點的智慧問答應用需要一個完整的背景管理模組。一方面，對於不同的使用物件，在不同的 RAG 階段要進行應用的分離；另一方面，很多原型應用中的強制寫入部分需要透過背景管理模組靈活管理。RAG 應用中的索引與知識庫管理模組的使用物件往往是系統管理員或知識管理員，所以 RAG 應用需要有獨立的背景管理模組來實現視覺化的、規範化的全生命週期管理。背景管理模組一般有以下幾個。

1．索引與知識庫管理模組

RAG 應用的索引準備是前端應用能夠執行與使用的前提。在企業級應用中，對原始知識文件的讀取、載入、索引，以及一些複雜的輔助處理，比如假設性問題生成、摘要生成等，通常由管理員使用索引與知識庫管理模組完成。知識庫的建立、匯入、索引、備份等，都是這個模組的核心功能。此外，索引與知識庫管理模組通常還需要提供一些輔助的檢索測試、模型配置、重複篩選等管理功能。

2．應用與 API 管理模組

儘管背景管理模組的核心功能由應用與 API 管理模組提供，但是很多應用為了盡可能提高靈活性與可擴充性，往往會根據需要提供一定的配置功能。很多成熟的應用平臺還會提供核心 RAG 流程的視覺化編排能力，以滿足當下越來越複雜的 RAG 工作流的配置需求。應用平臺會提供不同的元件，配合視覺化的拖曳、連結、配置，甚至嵌入式程式的方式使得系統管理員可以隨時更改 RAG 應用的核心邏輯與流程。

除了應用流程的設計與編排，還需要的應用與 API 管理功能如下。

（1）多應用的建構與配置。根據實際業務需要配置多個應用。

（2）API 發佈、鑑權與日誌管理。比如，API 端點與 Key 管理維護、API 日誌的查詢監控等。

（3）應用測試。管理應用與 API 模擬測試、追蹤、偵錯等。

3．模型管理模組

模型管理模組提供對 RAG 應用中的大模型、嵌入模型與 Rerank 模型的管理功能，包括模型呼叫入口與相關參數的配置。RAG 應用中的模型通常可以分為透過 API 呼叫的線上模型，以及本地的大模型。在一些複雜的應用場景中，可能需要使用多個模型，比如在 RAG 應用的不同階段使用不同特點與來源的模型滿足不同的需要。因此，管理模型的連通性測試、單位使用成本的配置、模型使用底層日誌的追蹤等也是必需的。

4．系統管理模組

系統管理模組提供其他必要的輔助管理功能。比如，使用者帳號管理、安全許可權管理、系統日誌管理、資料儲存層的目錄管理、資料庫連接與參數配置等。

▶ 12.3 點對點的全端 RAG 應用案例

本節將介紹兩個不同的點對點的全端 RAG 應用案例，結合前面已經介紹的 LlamaIndex 框架與 RAG 應用程式開發技術來演示完整的建構過程。我們將詳細講解建構過程中的一些關鍵技術，特別是如何解決前面介紹過的 RAG 應用在企業生產中面臨的以下關鍵挑戰。

（1）滿足知識庫索引的建構與使用分離的需求。

（2）滿足前端應用與後端服務分離的需求。

（3）滿足多使用者或多租戶的使用需求。

（4）滿足企業級應用的非功能性需求。

12.3.1 簡單的全端 RAG 查詢應用

本節將基於 LlamaIndex 官方的基礎案例，建構一個簡單的、分散式的、具有完整前背景模組的 RAG 查詢應用，以演示基於 RAG 的全端 Web 應用的建構過程。在這個應用中，你可以透過 UI 頁面上傳自己的知識文件用於建構 RAG 索引與查詢引擎，可以透過 UI 頁面向背景 RAG 應用發送知識查詢請求，並獲得生成結果與查看原始資料來源，可以查詢已經建構過 RAG 索引的知識文件清單。

1．技術堆疊

本應用採用的基礎技術堆疊如下。

（1）本地 Ollama 大模型 Qwen2。

（2）OpenAI 的嵌入模型 text-embedding-3-small。

（3）Chroma 向量庫。

（4）LlamaIndex 框架。

（5）FastAPI，用於建構 API Server 模組。

（6）React + TypeScript，用於建構前端 UI 頁面。

本應用案例的主要目的是演示基於 RAG 的全端 Web 應用前後端的開發與互動，未考慮多使用者使用環境下的帳號管理、資料隔離、關聯式資料庫儲存與併發控制等。

2．後端模組之 Index Server

在這個例子中，我們直接基於一個向量儲存索引建構前端應用的基本查詢功能（不涉及複雜的高級檢索、Agent 或 RAG 範式）。因此，提供給前端使用者用於上傳文件與使用索引功能的模組就成了後端的核心模組，這裡稱為 Index Server（索引服務）。

1）整體模組設計

這個模組至少需要提供以下功能（括號內為函數名稱），並且能夠被前端應用所呼叫。

（1）載入索引或初始化索引（initialize_index）。在前面的開發測試中，我們往往把建構與使用索引簡化成一個順序流程。但在實際應用中，如果每次使用索引之前都重新建構索引顯然是不現實且非常低效的。因此，我們會透過動態插入來實現索引的增量更新，同時會在每次索引更新後都進行持久化儲存。在下次啟動應用時，只需要直接載入已經建構好的索引即可。

（2）插入索引（insert_into_index）。由於使用者可以自行上傳文件並建構索引，因此在獲得文件後，我們需要提供文件檢驗、讀取、分割並插入已有索引的功能。

（3）查詢索引（query_index）。透過已經建構與載入的索引生成查詢引擎，輸入查詢問題並傳回結果。我們採用最簡單的方式建構查詢引擎，採用預設的檢索器與生成器。

（4）查詢文件列表（get_documents_list）。由於支援前端應用自行上傳文件，因此儲存一個已經上傳並建構索引的原始文件清單是有必要的，這可以減少重複上傳文件。因此，這裡提供一個服務用於查詢已經成功插入索引的文件清單。

2）索引的共用存取設計

由於我們讓前端使用者能夠透過上傳文件建構索引，因此這裡的查詢索引是一個可以寫入的索引，而非一個唯讀的靜態索引。那麼就涉及併發操作索引的問題，根據實際情況有以下兩種可能的形式：

一種是隔離不同使用者的索引。不同的使用者使用不同的索引。比如，在實際應用中，你可以根據使用者登入後獲得的憑證（token）來區分不同的使用者，並為其分配不同的索引儲存名稱與空間。

另一種是多個使用者共用的索引。每個使用者都可以上傳文件，維護共用的索引，這也是我們使用的索引形式。在這種形式下，你需要確保按循序存取共用的索引。在後面可以看到，這可以透過加鎖（lock）的方式來實現。

3）獨立的 Index Server 模組設計

我們當然可以直接透過 HTTP API 的形式對使用者端暴露呼叫介面（也需要處理按循序存取索引的問題）提供管理索引的功能，但現在透過一個獨立的 Index Server 模組來提供管理索引的功能，並在這個 Index Server 模組中控制按循序存取索引，而上述的管理索引功能將透過遠端呼叫的形式被使用。這樣做的好處如下。

（1）將 API Server 模組與 Index Server 模組的功能解耦，有利於分別管理、偵錯與調優。

（2）可以實現更靈活的分散式部署，獨立的 Index Server 模組可以與 API Server 模組部署在不同的物理裝置上，具有更靈活的系統彈性。

獨立可遠端呼叫的 Index Server 模組可以借助 Python 的 multiprocessing.managers 模組來實現。

4）模組實現

下面來實現這個 Index Server 模組。先完成基本的準備工作，準備好兩個模型：

```
import os
import pickle
import chromadb
from multiprocessing import Lock
from multiprocessing.managers import BaseManager
from llama_index.core import Settings,SimpleDirectoryReader, VectorStoreIndex,
StorageContext, load_index_from_storage
from llama_index.embeddings.ollama import OllamaEmbedding
from llama_index.embeddings.openai import OpenAIEmbedding
from llama_index.vector_stores.chroma import ChromaVectorStore
from llama_index.llms.ollama import Ollama
from llama_index.llms.openai import OpenAI

# 準備模型
llm_ollama = Ollama(model='qwen2')
embedded_model_openai =
OpenAIEmbedding(model_name="text-embedding-3-small",
embed_batch_size=50)
Settings.llm=llm_ollama
Settings.embed_model=embedded_model_openai
```

下面是一些需要使用的全域變數。index 是共用的索引，stored_docs 用於儲存上傳的文件資訊，index_name 和 pkl_name 分別是 index 與 stored_docs 持久化儲存的目錄與文件設置。此外，建構一個 Lock 物件用於對共用全域資料互斥存取：

```
index = None
stored_docs = {}

# 確保執行緒安全
lock = Lock()

# 索引持久化儲存的位置
index_name = "./saved_index"
pkl_name = "stored_documents.pkl"

# 索引服務通訊埠
SERVER_PORT = 5602
```

接下來，實現載入與初始化索引的方法，這個方法並不需要對前端應用開放呼叫：

```
# 初始化索引
def initialize_index():
    global index, stored_docs

    # 建構向量儲存
    chroma = chromadb.HttpClient(host="localhost", port=8000)
    collection =
chroma.get_or_create_collection(name="chat_docs_collection")
    vector_store = ChromaVectorStore(chroma_collection=collection)

    # 注意使用 with lock 進行互斥的索引存取
    with lock:

        # 如果已經存在持久化儲存的資料，那麼載入
        if os.path.exists(index_name):
            storage_context =  StorageContext.from_defaults(
                            persist_dir=index_name,
                            vector_store=vector_store)
            index = load_index_from_storage(storage_context=
storage_context)
        else:
            storage_context =  StorageContext.from_defaults(
                              vector_store=vector_store)

            # 首次建構空的索引，後面再插入
            index = VectorStoreIndex([],storage_context=
storage_context)
            index.storage_context.persist(persist_dir=index_name)

        # 將已經上傳的文件資訊從儲存的文件中讀取到記憶體
        if os.path.exists(pkl_name):
            with open(pkl_name, "rb") as f:
                stored_docs = pickle.load(f)
```

這裡的程式很好理解，在介紹查詢引擎與建立 Agent 時很常見，即在本地持久化儲存索引，後面直接從本機存放區的文件中載入。首次建構的是空索引，後面再插入。

接下來，透過索引建構查詢引擎，並提供查詢的功能：

```
# 定義查詢索引的方法
def query_index(query_text):
    """Query the global index."""
    global index
    response = index.as_query_engine().query(query_text)
    return response
```

現在需要開發索引插入的功能。這用於在使用者上傳了新的知識文件後，讀取與分割文件，生成向量後將其插入已有的索引中。所以，傳入的是一條文件路徑，同時這裡支援自訂文件 ID 或系統自動生成文件 ID。

```
# 在已有的索引中插入新的文件物件
def insert_into_index(doc_file_path, doc_id=None):
    """ 在已有的索引中插入新的文件物件 ."""
    global index, stored_docs
    document =
SimpleDirectoryReader(input_files=[doc_file_path]).load_data()[0]
    if doc_id is not None:
        document.doc_id = doc_id

    # 使用 with lock 實現共用物件的互斥（順序）存取
    with lock:
        index.insert(document)
        index.storage_context.persist(persist_dir=index_name)

        # 這裡簡化使用，唯讀取前 200 個字元
        stored_docs[document.doc_id] = document.text[0:200]  # only
take the first 200 chars

        with open(pkl_name, "wb") as f:
            pickle.dump(stored_docs, f)

    return
```

需要注意的是 with lock 的使用：當需要對全域的索引與 stored_docs 物件進行存取時，透過 lock 實現互斥，這樣可以讓多使用者實現循序存取，不會產生衝突與異常。這是因為 Index Server 模群組在被多使用者遠端呼叫時，會產生多個併發的工作執行緒。為了讓這些工作執行緒在存取共用的索引時能夠保持安全，需要使用 lock 這樣的加鎖機制。

此外，還需要注意以下兩點。

（1）為了簡化，上傳的文件唯讀取了載入後的第一個 Document 物件，這對於 TXT 這樣的文件通常沒有問題，但對於 PDF 這樣的文件是不夠的（可能解析為多個 Document 物件）。對於這種情況，可以透過迴圈處理來解決，但要注意 doc_id 的唯一性問題。

（2）這個方法接受的主要參數 doc_file_path 代表的是上傳的知識文件。由於建構的 Index Server 模組在理論上可以與 API Server 模組分離部署，但如果部署在不同的物理機器上，就要對上傳的知識文件進行不同的處理：確保分離的 Index Server 模組能夠存取 doc_file_path 指向的文件，比如可以將其放在共用的網路記憶體上，並透過自訂的閱讀器來載入與讀取這個文件。

最後，實現一個查詢已經建構索引的文件清單的方法：

```
def get_documents_list():
    """Get the list of currently stored documents."""
    global stored_doc
    documents_list = []
    for doc_id, doc_text in stored_docs.items():
        documents_list.append({"id": doc_id, "text": doc_text})

    return documents_list
```

在所有的準備工作都已經完成後，執行這個 Index Server 模組的主程式：

```
if __name__ == "__main__":

    # 初始化索引
    print("initializing index...")
    initialize_index()
```

```
# 建構 manager
print(f'Create server on port {SERVER_PROT}...')
manager = BaseManager(('', SERVER_PROT), b'password')

# 註冊函數
print("registering functions...")
manager.register('query_index', query_index)
manager.register('insert_into_index', insert_into_index)
manager.register('get_documents_list', get_documents_list)
server = manager.get_server()

# 啟動 server
print("server started...")
server.serve_forever()
```

這段程式主要利用 Python 的 multiprocessing 功能函數庫來實現遠端呼叫 IndexServer 模組中的方法。

（1）建構 BaseManager 類型的管理器物件，設置監聽通訊埠與連接密碼。

（2）使用 register 方法註冊函數，這些函數可以透過名稱被遠端呼叫。

（3）生成一個 server 物件，使用其 serve_forever 方法一直監聽並回應請求。

使用 serve_forever 方法在監聽到一個呼叫請求時，會產生一個新的處理執行緒來處理這個請求，處理完成後自動結束執行的執行緒。

5）模組啟動

現在已經完整地建構了一個提供索引相關服務的分散式 server，可以直接啟動這個 server，如圖 12-3 所示。

```
○ (rag) (base) pingcy@pingcy-macbook backend % python index_server.py

  initializing index...
  Create server on port 5602...
  registering functions...
  server started...

  ▮
```

▲ 圖 12-3

你可以用以下程式先做簡單的單元測試：

```
from multiprocessing.managers import BaseManager

def test_query_index():
    manager = BaseManager(('', 5602), b'password')
    manager.register('query_index')
    manager.connect()
    response = manager.query_index('你好！')._getvalue()
    print(response)

if __name__ == "__main__":
    test_query_index()
```

在一般情況下，因為 Index Server 模組的函數都提供給 API 使用，所以在 API 開發時一起測試即可。

3．後端模組之 API Server

現在，我們使用 FastAPI 來建構後端的 API 層（API Server）。FastAPI 是一個現代的高性能 Web 框架，可以用於快速、簡單地建構基於 Python 的 API Server 模組。FastAPI 提供了高度自動化的文件生成功能，透過 Python Pydantic 函數庫定義與驗證請求資料的格式與類型，支援非同步處理請求與高併發處理，可以幫助開發者更高效率地測試與部署 API Server 模組。

1）API 設計

本樣例中在背景將開發以下幾個簡單的 API，見表 12-1。

▼ 表 12-1

API	類型	端點	參數說明	請求本體
測試	GET	/	無	無
問題查詢	GET	/query	text：輸入問題	無
文件上傳	POST	/uploadFile	filename_as_doc_id：文件名稱是否作為 doc_id	file：需要上傳的文件
文件查詢	GET	/getDocuments	無	無

2）API 實現

首先，準備一些基本的程式。我們在測試環境中啟用 CORS（跨來源資源分享），同時連接已經建構的 Index Server 模組：

```
import os
from multiprocessing.managers import BaseManager
from werkzeug.utils import secure_filename
from fastapi import FastAPI, Request, UploadFile, File
from fastapi.responses import JSONResponse
from fastapi.exceptions import RequestValidationError
from fastapi.middleware.cors import CORSMiddleware
from pydantic import BaseModel
from typing import List
import os
from multiprocessing.managers import BaseManager
import uvicorn

app = FastAPI()

# 啟用 CORS
app.add_middleware(
    CORSMiddleware,
    allow_origins=["*"],
    allow_methods=["*"],
    allow_headers=["*"],
)

# 連接 Index Server 模組
manager = BaseManager(('', 5602), b'password')
manager.register('query_index')
manager.register('insert_into_index')
manager.register('get_documents_list')
manager.connect()

@app.get("/")
def home():
    return "Hello, World!"
```

```
@app.exception_handler(RequestValidationError)
async def validation_exception_handler(request, exc):
    return JSONResponse(content="Invalid request parameters",
status_code=400)
```

注意：在連接 Index Server 模組時，通訊埠與密碼必須與建構的 Index Server 模組的設置一樣，否則會產生異常。使用 register 方法註冊的函數可以被遠端呼叫，呼叫的方法與使用本地函數呼叫一致，比如 manager.query_index(...)。

然後，實現一個簡單的 hello 介面，用於測試 API Server 模組的連通性。

最後，實現一個異常處理的函數，在使用者請求參數錯誤時傳回狀態碼為 400 的回應結果。

下面依次實現這幾個介面。

（1）問題查詢介面。問題查詢介面的實現如下：

```
@app.get("/query/")
def query_index(request: Request, query_text: str):
    global manager
    if query_text is None:
        return JSONResponse(content="No text found, please include
a ?text=blah parameter in the URL", status_code=400)

    response = manager.query_index(query_text)._getvalue()
    response_json = {
        "text": str(response),
        "sources": [{"text": str(x.text),
                     "similarity": round(x.score, 2),
                     "doc_id": str(x.id_)
                     } for x in response.source_nodes]
    }
    return JSONResponse(content=response_json, status_code=200)
```

問題查詢介面採用簡單的 HTTP GET 請求方法來實現，只需要攜帶一個基本的參數：query_text，代表需要查詢的輸入問題。對於 GET 請求，FastAPI 會自動從請求的 URL 中提取對應的參數作為輸入。

獲取到查詢參數後，透過 manager 物件遠端呼叫 query_index 方法（需要用 _getvalue 方法獲取傳回值），並將結果中的內容包裝成 JSON 物件傳回給使用者端。JSONResponse 是 FastAPI 的回應類型，可以把內容用 JSON 格式傳回給使用者端。

（2）文件上傳介面。文件上傳介面的實現如下：

```
@app.post("/uploadFile")
async def upload_file(request: Request, file: UploadFile = File(...),
filename_as_doc_id: bool = False):
    global manager
    try:
        contents = await file.read()
        filepath = os.path.join('documents', file.filename)
        with open(filepath, "wb") as f:
            f.write(contents)

        if filename_as_doc_id:
            manager.insert_into_index(filepath,
doc_id=file.filename)
        else:
            manager.insert_into_index(filepath)
    except Exception as e:
        if os.path.exists(filepath):
            os.remove(filepath)
        return JSONResponse(content="Error: {}".format(str(e)),
status_code=500)

    if os.path.exists(filepath):
        os.remove(filepath)

    return JSONResponse(content="File inserted!", status_code=200)
```

文件上傳介面採用 HTTP POST 請求方法來實現，輸入的主要參數有以下兩個。

① file：這是一個 UploadFile 類型的參數，代表使用者端需要上傳的文件。UploadFile 是 FastAPI 提供的類型，用於處理上傳的文件。它有一些簡單的方法可以快速讀取上傳的文件內容。

② filename_as_doc_id：這是一個 bool 類型的參數，代表是否需要把文件名稱作為 Index Server 模組建構的 Document 物件的 doc_id，如果不需要，則由框架自動生成 doc_id。

在獲得輸入文件物件後，借助 UploadFile 類型的 read 方法讀取文件內容，並將內容寫入本地 documents 目錄下的臨時文件中。

然後，呼叫 insert_into_index 遠端方法讀取文件與插入向量儲存索引，使應用具備基於該文件進行 RAG 查詢的能力。

無論在什麼情況下，完成後都會刪除臨時生成的文件。

（3）文件查詢介面。最後，實現一個文件查詢介面，遠端呼叫 get_documents_list 方法即可，無須任何額外的輸入參數：

```
@app.get("/getDocuments")
def get_documents(request: Request):
    document_list = manager.get_documents_list()._getvalue()
    return JSONResponse(content=document_list, status_code=200)
```

3）API 部署與測試

撰寫以下啟動程式（注意確保通訊埠不被佔用且被網路防火牆放行）：

```
if __name__ == "__main__":
    uvicorn.run(app, host="0.0.0.0", port=5601)
```

然後，啟動 API 服務：

```
> python fast_api.py
```

如果看到如圖 12-4 所示的輸出提示，那麼代表 API 服務已經成功啟動並開始等待請求。

```
INFO:     Started server process [25199]
INFO:     Waiting for application startup.
INFO:     Application startup complete.
INFO:     Uvicorn running on http://0.0.0.0:5601 (Press CTRL+C to quit)
```

▲ 圖 12-4

現在，我們可以測試已經啟動的 API 服務。

FastAPI 的高效之處是你無須撰寫更多的 API 說明或文件，可以直接透過 /docs 路徑查看自動生成的互動式 API 文件，其中包含了每個 URL 端點的詳細說明、請求參數結構、回應參數結構及範例。根據我們的程式設置，現在可以存取這個本地位址來查看互動式 API 文件：

```
http://localhost:5601/docs
```

此時，應該可以看到如圖 12-5 所示的 API 文件。

FastAPI 0.1.0 OAS 3.1
/openapi.json
default
GET /query/ Query Index
POST /uploadFile Upload File
GET /getDocuments Get Documents
GET / Home
Schemas

▲ 圖 12-5

點擊圖 12-5 右側的「⌄」可以查看 API 呼叫的詳細資訊，然後點擊「Try it out」按鈕測試這個介面，FastAPI 會自動辨識需要的輸入參數並要求輸入，如圖 12-6 所示。

GET /query/ Query Index

Parameters

Try it out

Name Description

query_text * required
string
(query)

query_text

Responses

Code Description Links

200 Successful Response No links

▲ 圖 12-6

這非常適合把 API 發佈給前端使用者使用之前進行模擬測試，以驗證輸入和輸出的正確性並及時修改。當然，你也可以借助其他 HTTP 測試工具來驗證 API 的可用性與正確性，比如 postman。

如果你已經對開發的 API 完成了全部驗證與測試，就可以將 API 交付給前端使用者使用。

4．前端模組之 Web UI 應用

你還需要一個前端的 Web UI 應用，這個應用的主要功能是完成前端使用者的互動，並借助後端的 API Server 模組呼叫核心邏輯，滿足使用者的業務需求。Web UI 應用通常可以借助 Vue.js 或 React+Next.js 這樣的成熟前端框架，結合 Ant Design/Element UI/Naive UI 等 UI 視覺元件庫，以及 JavaScript/ TypeScript 語言來完成開發。

由於前端應用的開發框架與技術紛繁龐雜，因此我們不會在此普及 Web UI 應用的開發技術，假設你已經具備了前端應用程式開發基礎。

我們對 LlamaIndex 官方提供的簡單的 Web UI 應用進行修改，並重點介紹與後端 API 互動的部分，該應用基於 React+TypeScript+JSX 建構。

基於 React 的 Web UI 演示應用如圖 12-7 所示。

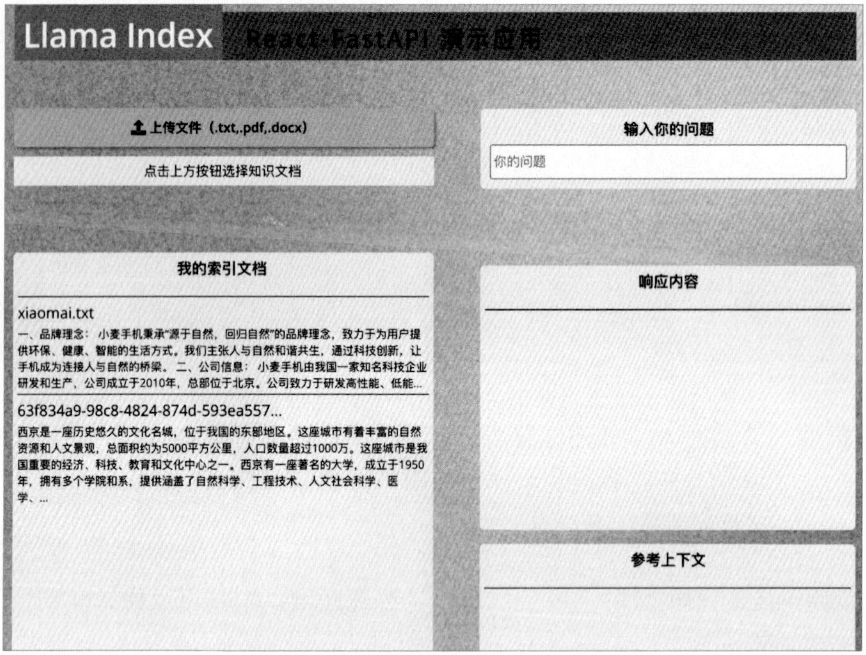

▲ 圖 12-7

React 是一個由 Facebook 開發的開放原始程式碼的前端 JavaScript 函數庫，用於建立使用者頁面，尤其是那些複雜的使用者頁面。React 的主要設計思想是組件化，這使得 React 能夠高效率地更新和著色組件。JSX 是 JavaScript 語言的語法擴充，允許開發者用類似於 HTML 的標記語言撰寫 JavaScript 程式，主要用於在 React 中開發視覺化元件。

1）建構 Web UI 應用

雖然最推薦建構基於 React 的 Web UI 應用的方式是借助類似於 Next.js 這樣的全端 React 框架，但也可以直接使用 create-react-app 命令列的鷹架工具。使用以下命令，即可建構完整的基於 React 的 Web UI 應用，並且 React 提供了一系列預置的管理命令，包括啟動、打包、測試等。由於使用的是 TypeScript 語言，所以需要增加 template typescript 參數：

```
> npx create-react-app my-app --template typescript
```

建構基於 React 的 Web UI 應用的程式通常被組織成如圖 12-8 所示的文件結構。

▲ 圖 12-8

在此基礎上，你可以利用 React 提供的開發函數庫開發自己的 UI 元件，並實現與後端 API 的互動。現在，我們特別注意這個與後端 API 互動的部分。

2）呼叫後端 API

在這樣的前端應用中，通常建議把所有呼叫後端 API 的邏輯集中組織，比如在這個演示應用中，API 的呼叫邏輯被組織到 src/apis 目錄中，如圖 12-9 所示。

▲ 圖 12-9

以 queryIndex.tsx 文件為例，其中實現了呼叫後端 API 問題查詢的函數（TypeScript 程式）：

```
export type ResponseSources = {
  text: string;
  doc_id: string;
  similarity: number;
};

export type QueryResponse = {
  text: string;
  sources: ResponseSources[];
};

const queryIndex = async (query: string): Promise<QueryResponse> =>
{
  const queryURL = new URL('http://localhost:5601/query?');
  queryURL.searchParams.append('query_text', query);

  const response = await fetch(queryURL, { mode: 'cors' });
  if (!response.ok) {
    return { text: 'Error in query', sources: [] };
  }

  const queryResponse = (await response.json()) as QueryResponse;

  return queryResponse;
};

export default queryIndex;
```

在上面的程式中，首先宣告了回應類型。這個類型與 API 傳回的 JSON 格式類型是對應的，包括了回應的文字內容（text 欄位）及用於參考的來源內容 Node 資訊（sources 清單），然後實現 queryIndex 這個最核心的函數。這是一個非同步呼叫函數，輸入 query（查詢問題），輸出一個 QueryResponse 類型的回應結果。注意：由於這是一個非同步函數，因此不直接傳回 QueryResponse 類型，而是傳回一個 Promise 物件。這樣，呼叫者才能用 await 方法等待非同步傳回的結果。在 queryIndex 函數中，首先組裝了 HTTP API 呼叫的 URL，然後發送非同步請求並等待回應，最後把回應結果解析成 JSON 格式的並傳回。

在實現了這個呼叫後端 API 的函數後，就可以在 Web UI 應用中透過呼叫這個函數獲得回應結果，並顯示到 UI 頁面。下面簡單看一下前端的 IndexQuery 元件如何使用上面建構的函數：

```
import queryIndex, { ResponseSources } from '../apis/queryIndex';
const IndexQuery = () => {
......
  const handleQuery = (e: React.KeyboardEvent<HTMLInputElement>) =>
{
    if (e.key == 'Enter') {
      setLoading(true);

      # 呼叫 queryIndex 函數
      queryIndex(e.currentTarget.value).then((response) => {
        setLoading(false);

        # 設置回應結果，同步前端 UI 狀態
        setResponseText(response.text);
        setResponseSources(response.sources);
      });
    }
  };
 ......
  return (
    <div className='query'>
      <div className='query__input'>
        <label htmlFor='query-text'> 輸入你的問題 </label>
        <input
          type='text'
          name='query-text'
          placeholder=' 你的問題 '
          onKeyDown={handleQuery}
        ></input>
      </div>
}
```

在前端 UI 頁面輸入問題後，將呼叫 handleQuery 方法。在這個方法中，透過封裝的 API 呼叫函數與後端互動以獲取回應結果，並將回應結果展示在 UI 頁面。

3）啟動與測試 Web UI 應用

基於 React 的 Web UI 應用在開發環境中可以透過 npm start 命令啟動：

```
> npm start
```

在啟動 Web UI 應用後，造訪 http://localhost:3000/，即可進入演示應用的 UI 頁面。這個應用在啟動時會自動呼叫 getDocuments API 獲取並顯示已經索引的文件清單。你可以透過 UI 頁面輸入問題，點擊確認鍵後應用會呼叫問題查詢介面進行問題查詢並獲得回應結果。當然，如果你第一次測試，那麼至少需要上傳一個知識文件用於 RAG 查詢。

圖 12-10 所示為測試的 UI 頁面（這裡上傳了兩個文件用於建構向量儲存索引）。

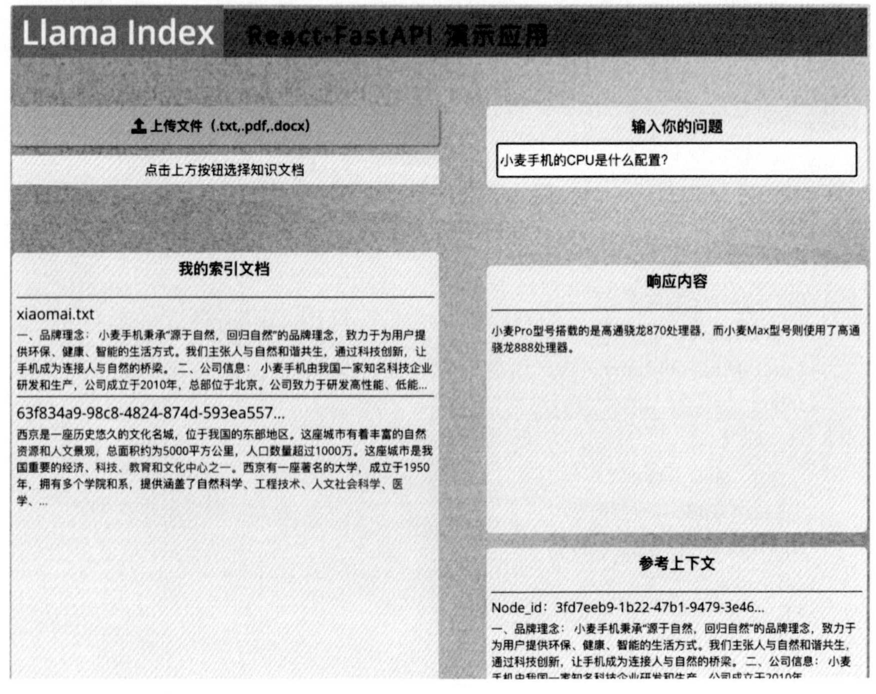

▲ 圖 12-10

5．小結

我們簡單地實現了一個點對點的全端 RAG 應用。你可以看到實現一個點對點的全端應用與實現單一 RAG 模組或應用的區別。這包括以下你以前可能不會考慮的內容。

（1）分離前端 UI 與後端 API、知識庫及索引服務。

（2）分散式設計，如設計獨立的索引伺服器。

（3）持久化儲存與動態插入索引，而非簡單地一次性生成索引。

（4）考慮多使用者併發，如實現索引的順序化操作。

即使如此，這也只是一個用於演示的原型應用。你可以在此基礎上繼續實現更複雜的能力。比如，支援多使用者獨立的知識庫與索引、支援多輪對話引擎、上傳知識文件並將其放置到網路上共用儲存、開發獨立的知識庫背景管理模組等。

12.3.2 基於多文件 Agent 的點對點對話應用

還記得之前建構過的針對多文件的 Agentic RAG 應用嗎？本章將在這個應用的基礎上升級，實現一個基於多文件 Agent 的點對點對話應用。在這個應用中，我們把之前建構的多文件 Agent 的能力透過 API 發佈給前端 UI 應用呼叫，用於支援針對多個文件的從簡單到複雜、從事實性到總結性、從單一文件到跨多個文件的提問，並支援連續對話。

在這個應用中，我們特別注意與演示的內容有以下幾個。

（1）多文件下複雜的知識型應用的 Agent 架構（請參考 11.3.3 節）。

（2）如何基於 Agent 建構支援連續對話的前端 ChatBot 應用。

（3）如何基於 API 實現複雜 RAG 應用的流式輸出。

（4）多使用者 / 多租戶下的查詢引擎與對話引擎的使用。

此外，本節還將介紹如何將複雜的 RAG 應用或 Agent 應用中間階段的輸出進行流式化傳回。

1．基本架構

我們在之前的多文件 Agent 應用架構的基礎上延伸，建構完整的點對點應用，如圖 12-11 所示。

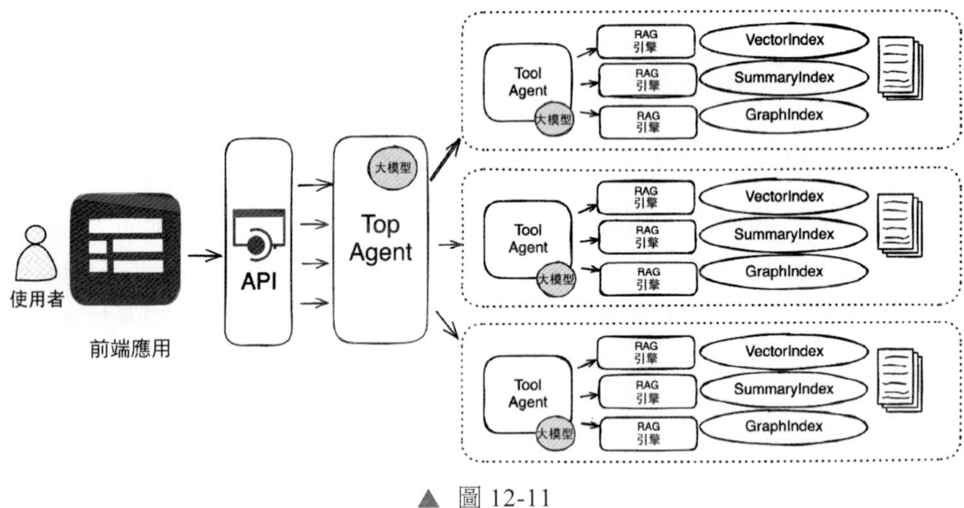

▲ 圖 12-11

需要的模組主要包括以下 3 個。

（1）後端 Agent 模組：這是系統的核心模組，用於給已有的多文件知識建構索引與查詢引擎，並以查詢引擎作為工具建立上層的 Agent。這部分能力將透過模組的方式匯入 API 模組使用，以獲取 Agent 及對話。

（2）後端 API 模組：這是提供給前端 UI 應用直接存取的 API。透過 API，前端 UI 應用可以與後端建立的 Agent 進行對話，從而可以向底層的多個文件發起提問。

（3）前端 UI 應用：這是一個簡單的支援連續對話的前端 ChatBot，能夠與後端 API 模組實現互動。在這個應用中，還會實現流式回應。

其中後端（Agent 模組與 API 模組）的目錄結構如圖 12-12 所示。

```
∨ backend
  ∨ api
    chat.py
  ∨ app
    > storage
    index.py
    util.py
  ∨ data
    北京市.txt
    广州市.txt
    南京市.txt
    上海市.txt
  main.py
```

▲ 圖 12-12

（1）api 目錄存放前端導向的 API 服務程式。

（2）app 目錄存放後端資料查詢引擎與 Agent 程式。

（3）data 目錄存放應用的原始知識文件，也就是用於實現增強生成的文件。

（4）main.py 是後端的主程式入口，用於啟動 API 服務。

我們採用的技術堆疊與 12.3.1 節簡單的全端 RAG 查詢應用的技術堆疊基本一致，而採用的測試資料為來自維基百科的中國若干城市的介紹信息。

2．後端 Agent 模組

首先，需要準備的是後端 Agent 模組，與之前實現的多文件 Agentic RAG 在很多方法上基本保持一致，所以這裡會省略部分程式。

1）建立 Tool Agent

在圖 12-11 所示的架構圖中，Tool Agent 是針對單一文件的 Agent。這個 Agent 基於不同索引對應的查詢引擎建立，仍然使用兩種不同的索引，即用於事實性問題回答的向量儲存索引與用於內容總結的摘要索引。建立針對單一文件的 Agent 的程式以下（省略建構 vector_index 物件的過程，請參考 11.3.3 節）：

```
......
...... 省略模型與向量儲存的準備程式 ......

# 目錄
HOME_DIR='/Users/pingcy/src/multiagents/backend'
DATA_DIR = f'{HOME_DIR}/data'
STOR_DIR = f'{HOME_DIR}/app/storage'

# 本應用的知識文件
city_docs = {
    "Beijing":f'{DATA_DIR}/ 北京市 .txt',
    "Guangzhou":f'{DATA_DIR}/ 廣州市 .txt',
    "Nanjing":f'{DATA_DIR}/ 南京市 .txt',
    "Shanghai":f'{DATA_DIR}/ 上海市 .txt'
}

# 建立針對單一文件的 Tool Agent
def _create_doc_agent(name:str,callback_manager: CallbackManager):

    file = city_docs[name]

    ...... 此處省略建構 vector_index 物件的過程 ......
    #vector_index = ...

    query_engine = vector_index.as_query_engine(similarity_top_k=5)

    # 建構摘要索引與查詢引擎
    summary_index = SummaryIndex(nodes)
    summary_engine = summary_index.as_query_engine(
                            response_mode="tree_summarize")

    # 把兩個查詢引擎工具化
    query_tool =
QueryEngineTool.from_defaults(query_engine=query_engine,
                                              name=f'query_tool',
                                              description=f' 用於回答關於
城市 {name} 的具體問題，包括經濟、旅遊、文化、歷史等方面 ')
    summary_tool =
QueryEngineTool.from_defaults(query_engine=summary_engine,
```

```
                                                 name=f'summary_tool',
                                                 description=f' 任何需要對
城市 {name} 的各個方面進行全面總結的請求請使用本工具。如果您想查詢有關 {name}
的某些詳細資訊，請使用 query_tool')

    city_tools = [query_tool,summary_tool]

    # 使用兩個工具建立單獨的文件 Agent
    doc_agent = ReActAgent.from_tools(city_tools,
                                      verbose=True,
                                      system_prompt=f' 你是一個專門設計用
於回答有關城市 {name} 資訊查詢的幫手。在回答問題時，你必須始終使用至少一個提供的
工具；不要依賴先驗知識。不要編造答案。',

callback_manager=callback_manager)
    return doc_agent
```

這裡建立單一 Tool Agent 的程式與 11.3.3 節中建立多文件 Agent 的程式一致。我們使用了 ReActAgent 類型的 Agent。它具有通用性，不依賴函數呼叫功能。你也可以使用 OpenAIAgent 類型的 Agent，但需要大模型支援函數呼叫功能。

下面定義一個迴圈建立針對所有文件的 Tool Agent 的方法：

```
# 迴圈建立針對所有文件的 Tool Agent，並將其儲存到 doc_agents_dict 字典中
def _create_doc_agents(callback_manager: CallbackManager):

    print('Creating document agents for all citys...\n')
    doc_agents_dict = {}
    for city in city_docs.keys():
        doc_agents_dict[city] =
_create_doc_agent(city,callback_manager)

    return doc_agents_dict
```

CallbackManager 參數通常用於追蹤底層事件（比如大模型呼叫與輸出），此處預留這個參數是為了在後面實現對 Agent 中間階段的追蹤與流式輸出。

2）建立 Top Agent

現在建立基於 Tool Agent 的 Top Agent，融合了 11.3.3 節的程式，建立了帶有工具檢索功能的 Top Agent：

```
def _create_top_agent(doc_agents: Dict,callback_manager:
CallbackManager):
    all_tools = []
    for city in doc_agents.keys():
        city_summary = (
            f" 這部分包含了有關 {city} 的城市資訊 . "
            f" 如果需要回答有關 {city} 的任務問題，請使用這個工具 .\n"
        )

        # 把建立好的每個 Tool Agent 都工具化
        doc_tool = QueryEngineTool(
            query_engine=doc_agents[city],
            metadata=ToolMetadata(
                name=f"tool_{city}",
                description=city_summary,
            ),
        )
        all_tools.append(doc_tool)

    # 實現一個物件索引，用於檢索工具
    tool_mapping = SimpleToolNodeMapping.from_objects(all_tools)
    if not os.path.exists(f"{STOR_DIR}/top"):
        storage_context = StorageContext.from_defaults()
        obj_index = ObjectIndex.from_objects(
            all_tools,
            tool_mapping,
            VectorStoreIndex,
            storage_context=storage_context
        )
        storage_context.persist(persist_dir=f"{STOR_DIR}/top")
    else:
        storage_context = StorageContext.from_defaults(
            persist_dir=f"{STOR_DIR}/top"
        )
```

```
        index = load_index_from_storage(storage_context)
        obj_index = ObjectIndex(index, tool_mapping)

    print('Creating top agent...\n')

    # 建立 Top Agent
    top_agent = ReActAgent.from_tools(

tool_retriever=obj_index.as_retriever(similarity_top_k=3),
                          verbose=True,
                          system_prompt=" 你是一個被設計來回答關於一組給定
城市查詢的幫手。請始終使用提供的工具來回答一個問題。不要依賴先驗知識。不要編造
答案 ",
                          callback_manager=callback_manager)
    return top_agent
```

先把 Tool Agent 工具化，然後建立一個使用這些工具的 Top Agent。

這裡沒有直接把所有的工具都交給 Top Agent，而是交給它一個 tool_retriever 物件。這用於在有大量工具的情況下先透過檢索器對工具進行檢索過濾，從而可以增加 Agent 推理的準確性。

3）實現 get_agent 方法並測試

下面簡單包裝一個 get_agent 方法。這個方法將匯出給 API 模組呼叫：

```
def get_agent():

    # 建立 Agent，此處暫時忽略 callback_manager
    callback_manager = CallbackManager()
    doc_agents = _create_doc_agents(callback_manager)
    top_agent = _create_top_agent(doc_agents,callback_manager)

    return top_agent
```

我們可以用以下程式簡單測試一下獲取 Agent 的方法：

```
if __name__ == '__main__':
```

```
top_agent = get_agent()
print('Starting to stream chat...\n')
streaming_response = top_agent.streaming_chat_repl()
```

使用 streaming_chat_repl 方法進行互動式對話，並實現流式輸出，如圖 12-13 所示。

```
===== Entering Chat REPL =====
Type "exit" to exit.

Human: 上海有多少人口
Thought: The current language of the user is: Chinese. I need to use a tool to help me answer t
Action: tool_Shanghai
Action Input: {'input': 'population'}
Thought: The current language of the user is: English. I need to use a tool to help me answer t
Action: query_tool
Action Input: {'input': 'population of Shanghai'}
Observation: The population of Shanghai is 24,870,895 people.
Thought: I can answer without using any more tools. I'll use the user's language to answer
Answer: The population of Shanghai is 24,870,895 people.
Observation: The population of Shanghai is 24,870,895 people.
Assistant:  上海的人口为24,870,895人。

Human: 对比上海与广州的经济发展情况
Thought: 我需要使用"tool Shanghai"和"tool Guangzhou"来获取关于上海和广州经济发展情况的信息。
```

▲ 圖 12-13

經過驗證，建立的 Agent 能夠按照符合預期的方式進行問題的推理與查詢，因此可以交給 API Server 模組使用。

3．後端 API 模組

1）API 設計

我們仍然使用 FastAPI 作為 HTTP API 服務框架，需要定義的最主要介面是用於對話的 chat 介面。輸入使用者端的對話訊息，並呼叫 Agent 獲得回應結果。介面定義見表 12-2。

▼ 表 12-2

介面	類型	端點	參數說明	請求本體
對話	Post	/api/chat	無	data:_ChatData

首先，對這個介面的輸入參數形式進行定義：

```
# 單一訊息：角色與內容
class _Message(BaseModel):
    role: MessageRole
    content: str

# 介面資料：訊息的順序清單
class _ChatData(BaseModel):
    messages: List[_Message]
```

這裡採用了一種與主流大模型對話 API 相相容的輸入參數形式。如果你有大模型開發經驗，那麼對 _Message 類型應該很熟悉。它代表階段過程中的一筆訊息，其中 role 為產生訊息的角色，user 代表使用者，assistnat 代表 AI，system 代表系統提示，而 content 為訊息的內容。

_ChatData 是一個 _Message 類型的訊息列表，因此它代表的是一次對話記錄。這也是大模型常用的一種對話 API 參數形式，即透過攜帶完整的訊息歷史來支援基於上下文的多輪對話。

採用這種形式的輸入參數與後面在前端 UI 應用中使用的元件相關。

2）API 實現之非流式版本

我們首先實現一個非流式版本的 API。這個版本的 API 不支援流式輸出，因此在呼叫 API 時如果 Agent 的推理與生成過程較複雜，那麼等待的時間可能會較長。程式如下：

```
......
chat_router = r = APIRouter()

@r.post("/nostream")
async def chat_nostream(
    data: _ChatData
):
```

```
    # 獲得 Agent
    agent = get_agent()

    if len(data.messages) == 0:
        raise HTTPException(
            status_code=status.HTTP_400_BAD_REQUEST,
            detail="No messages provided",
        )

    # 最後一個產生訊息的角色必須是 user
    lastMessage = data.messages.pop()
    if lastMessage.role != MessageRole.USER:
        raise HTTPException(
            status_code=status.HTTP_400_BAD_REQUEST,
            detail="Last message must be from user",
        )

    # 建立訊息歷史
    messages = [
        ChatMessage(
            role=m.role,
            content=m.content,
        )
        for m in data.messages
    ]

    # 呼叫 Agent 獲得回應結果並傳回
    chat_result = agent.chat(lastMessage.content, messages)
    return JSONResponse(content={"text":str(chat_result)},
status_code=200)
```

與之前簡單的全端 RAG 查詢應用中的 API 相比，這裡的實現有一些不同。

（1）採用了一種不同的定義 FastAPI 路由的方式。沒有直接在 FastAPI 類型的 App 物件上定義路由，而是在 APIRouter 物件上定義路由。這種方式的好處是可以在大型系統中對大量的路由透過不同的 APIRouter 進行組織與管理，使得程式更模組化、更易於管理與擴充。當然，在這種方式下，你需要透過 include_router 方法將 APIRouter 物件包含進入主程式。因此在這個專案中，我們透過下面的 main.py 主程式來啟動這個 API 服務，這個主程式的程式如下：

```
import logging
import os
import uvicorn
from backend.api.chat import chat_router
from fastapi import FastAPI
from fastapi.middleware.cors import CORSMiddleware
from dotenv import load_dotenv

app = FastAPI()

app.add_middleware(
    CORSMiddleware,
    allow_origins=["*"],
    allow_credentials=True,
    allow_methods=["*"],
    allow_headers=["*"])

# 將 chat_router 路由包含進來，有利於路由的模組化組織管理
app.include_router(chat_router, prefix="/api/chat")

if __name__ == "__main__":
    uvicorn.run(app="main:app",
host="0.0.0.0",port=8090,reload=True)
```

（2）由於每次透過 get_agent 方法獲取的 Agent 都不儲存狀態，所以在呼叫 chat 方法時，需要讓使用者端把對話的訊息歷史作為輸入（與大模型的對話 API 原理類似）。所以，在接收到使用者端的訊息列表後，會建構成 Agent 需要的 ChatMessage 清單，然後輸入給 Agent 的 chat 方法，同時會確保最後一個產生訊息的角色必須是 user（即使用者提問），否則將拋出例外。

透過 FastAPI 的自動化文件頁面測試這個非流式的介面，輸入內容如圖 12-14 所示。

Request body required

```
{
  "messages": [
    {
      "role": "user",
      "content": "南京有多少人口? "
    }
  ]
}
```

▲ 圖 12-14

經過一段等待時間，得到如圖 12-15 所示的輸出結果。

```
{
  "text": "南京的人口大约有800万人。"
}
```

▲ 圖 12-15

然後，我們把這一次對話加入對話的訊息歷史，並增加新的使用者訊息以模擬多輪對話進行輸入，如圖 12-16 所示。

```
{
  "messages": [
    {
      "role": "user",
      "content": "南京有多少人口? "
    },
    {
      "role": "assistant",
      "content": "南京的人口大约有800万人。"
    },
    {
      "role": "user",
      "content": "那广州呢? 比南京相比如何? "
    }
  ]
}
```

▲ 圖 12-16

這時，Agent 會根據上下文判斷本輪對話真實的、完整的意圖，並推理出如何使用工具，最後得出正確的結果，如圖 12-17 所示。

```
{
  "text": "广州的人口在2021年底约为1881万人，人口比南京多很多。南京大约有800万人口，而广州有1881万人口。"
}
```

▲ 圖 12-17

後端 API Server 模組的主控台輸出也證明了 Agent 的推理過程，如圖 12-18 所示。

```
Creating top agent...

Thought: The current language of the user is: Chinese. I need to use a tool to help me answer the question
Action: tool_Guangzhou
Action Input: {'input': 'population'}
Thought: The current language of the user is: English. I need to use a tool to help me answer the question
Action: summary_tool
Action Input: {'input': 'population'}
Observation: The population of Guangzhou at the end of 2021 was 18.81 million, with an urbanization rate o
 10.1153 million, with an urbanization rate of 80.81%. The urban area had a population of 11.126 million,
 46.2% of the total population. The city has a high population density, with the central four districts ha
9,456 people per square kilometer. The population is predominantly Han Chinese, making up around 98.3% of
,290 residents belonging to 55 ethnic minority groups.
Thought: I can answer without using any more tools. I'll use the user's language to answer
```

▲ 圖 12-18

3）API 實現之基礎的流式版本

上面實現的是一個非流式版本的 API。在真實應用中，為了提供更好的使用者端體驗，我們希望在 Agent 這種相對複雜且回應時間較長的應用中，實現使用者端的流式回應。為了更方便地實現，可以借助以下特殊的元件。

（1）使用 FastAPI 的 StreamingResponse 類型實現流式回應。

（2）使用 Server-Sent Events（SSE）技術實現服務端非同步推送訊息（需要使用者端配合）。

Server-Send Events（SSE）是一種基於 HTTP 從服務端向使用者端單向推送即時資料的技術。它允許服務端主動地向使用者端連續推送訊息，而無須使用者端詢問，通常用於需要從服務端向使用者端多次推送訊息的場景，比如流式響應、大文件推送等。

本節先介紹一個基礎的流式版本的 API，把之前程式中呼叫 Agent 的 chat 方法修改為 stream_chat 方法，並對流式回應做相關的處理：

```
# 流式回應 chat 介面
@r.post("")
async def chat(
    data: _ChatData
):
    ......

    # 建立訊息歷史
    messages = [
            ChatMessage(
                role=m.role,
                content=decode_sse_messages(m.content),
            )
            for m in data.messages
    ]

    # 呼叫 stream_chat 方法獲取 Agent 的回應串流
    chat_result = agent.stream_chat(lastMessage.content, messages)

    # 建構一個生成器，用於迭代處理輸出的 token
    def event_generator():
        for token in chat_result.response_gen:
            yield convert_sse(token)

    # 使用者端流式回應
    return StreamingResponse(event_generator(),
                             media_type="text/event-stream")
```

下面對其中的重要部分做詳細說明。

（1）對 LlamaIndex 框架中流式的傳回結果（比如 Agent 的 stream_chat 函數的傳回結果）呼叫 response_gen 函數，將獲得一個結果生成器，用於對不斷到達的串流資料進行迭代。這裡建構了一個生成器函數 event_generator（一種使用 yield 方法逐步產生資料的函數，在每次使用 yield 方法呼叫與傳回後會暫停，並等待下一次呼叫繼續執行），迭代處理流式回應的每個 token，並使用 yield 方法輸出。

（2）這裡使用 SSE 主動推送訊息到使用者端（媒體類型為 text/event-stream）。由於 SSE 要求推送的資料以「data:」開頭，因此我們使用 convert_sse 函數把訊息轉換成 SSE 的資料格式：

```
def convert_sse(obj: str | dict):
return "data: {}\n\n".format(json.dumps(obj,ensure_ascii=False))
```

（3）借助 FastAPI 內建的 StreamingResponse 類型來實現 API 的流式傳回，只需要傳入上述的生成器函數即可，傳回的 StreamingResponse 物件會不斷地從生成器函數中獲得 SSE 格式的 token，並將其主動連續地推送給使用者端。

4）API 實現之升級的流式版本

Agent 通常需要多個推理步驟並結合呼叫工具多次呼叫大模型來完成任務，但普通的流式回應只會在最後的生成階段才能實現流式輸出（這是因為最後的步驟必須等待中間步驟完成，以獲得必要的輸入）。如果我們希望在最後的生成之前能了解 Agent 執行過程的資訊，能透過串流的方式通知使用者端並顯示，那麼應該如何處理呢？這需要借助 LlamaIndex 框架內建的事件追蹤與派發機制（請參考 3.2 節），即透過事件處理器來追蹤我們關注的內部事件及相關資訊。

假設想追蹤 Agent 執行過程中的工具使用情況（比如 Function Call 事件）及其輸入和輸出，並且想在前端 UI 頁面即時展示這些動態資訊，那麼應該如何實現呢？參考官方的建議，一種可行的方案如圖 12-19 所示。

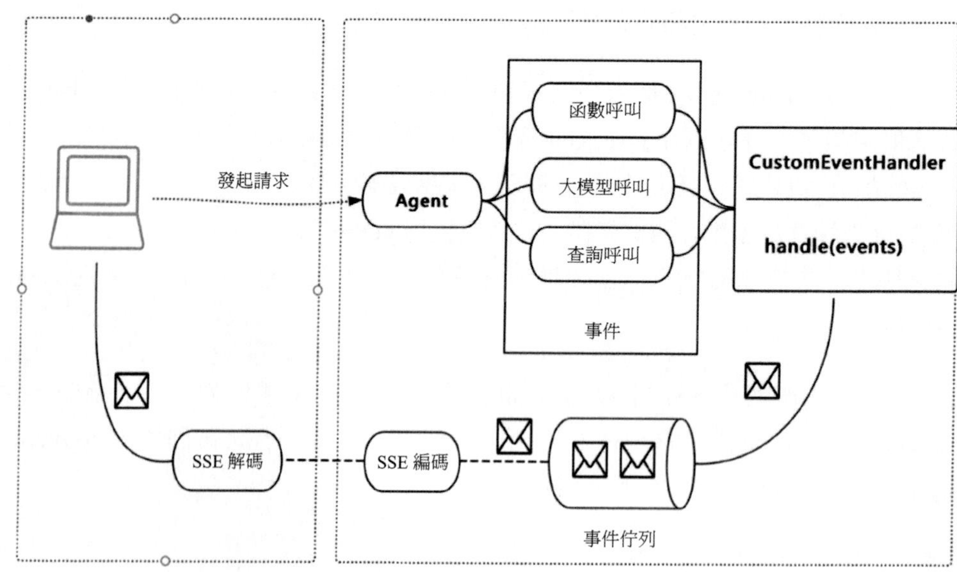

▲ 圖 12-19

這種方案的整體思想：利用 LlamaIndex 框架內建的事件追蹤與派發機制，透過自訂的事件處理器（Event Handler），在發生需要關注的中間過程事件時，將關注的事件資訊推送到非同步的佇列（Queue），然後由專門的處理執行緒從佇列中獲取資料，並將其實時推送到使用者端。這種方案的優勢是可以利用已有的機制，且透過佇列的非同步處理方式盡可能減少對主流程的影響，減少侵入性。

實現這個方案的大致步驟如下。

① 自訂事件處理器，將關注的事件資訊推送到非同步的佇列。

② 在建立 Agent 時，傳入自訂的事件管理器，使其生效。

③ 在呼叫 API 時存取佇列中的事件資訊以即時生成回應結果。

（1）自訂事件處理器。

事件追蹤的基礎處理類型為 BaseCallbackHandler。需要從這個類型衍生一個自訂的流式事件處理器，用於實現將關注的事件資訊推送到非同步的佇列：

```
......
# 自訂一個事件類型，包含類型與事件資訊
class EventObject(BaseModel):
    type: str
    payload: dict

# 自訂串流追蹤的事件處理器
class StreamingCallbackHandler(BaseCallbackHandler):
   def __init__(self, queue: Queue) -> None:
        super().__init__([], [])
        self._queue = queue

    # 自訂 on_event_start 介面
    def on_event_start(
        self,
        event_type: CBEventType,
        payload: Optional[Dict[str, Any]] = None,
        event_id: str = "",
        parent_id: str = "",
        **kwargs: Any,
    ) -> str:

        # 追蹤 Agent 的工具使用
        if event_type == CBEventType.FUNCTION_CALL:
            self._queue.put(
                EventObject(
                    type="function_call",
                    payload={
                        "arguments_str":
str(payload["function_call"]),
                        "tool_str": str(payload["tool"].name),
                    },
                )
            )

    # 自訂 on_event_end 介面
    def on_event_end(
        self,
        event_type: CBEventType,
        payload: Optional[Dict[str, Any]] = None,
```

```
        event_id: str = "",
        **kwargs: Any,
    ) -> None:

        # 追蹤 Agent 的工具呼叫
        if event_type == CBEventType.FUNCTION_CALL:
            self._queue.put(
                EventObject(
                    type="function_call_response",
                    payload={"response":
payload["function_call_response"]},
                )
            )

        # 追蹤 Agent 每個步驟的大模型回應
        elif event_type == CBEventType.AGENT_STEP:
            self._queue.put(payload["response"])

    @property
    def queue(self) -> Queue:
        """Get the queue of events."""
        return self._queue

    def start_trace(self, trace_id: Optional[str] = None) -> None:
        """Run when an overall trace is launched."""
        pass

    def end_trace(
        self,
        trace_id: Optional[str] = None,
        trace_map: Optional[Dict[str, List[str]]] = None,
    ) -> None:
        """Run when an overall trace is exited."""
        pass
```

在這個自訂的事件處理器中，特別注意以下兩個事件類型。

① FUNCTION_CALL：在觸發 Agent 使用工具（ReActAgent 類型的 Agent），或觸發 Function Call（OpenAIAgent 類型的 Agent）時，會派發該事件。

可以透過該事件來即時追蹤 Agent 對工具（這裡就是 RAG 查詢引擎）的使用和輸入資訊與輸出資訊。

② AGENT_STEP：這是 Agent 在完成每一個執行步驟時派發的事件。利用該事件可以追蹤 Agent 每一步的詳細資訊。與 FUNCTION_CALL 事件不同的是，其通常在獲得工具輸出後借助大模型完成。追蹤這個事件，就可以追蹤到最終的 Agent 輸出。

上面的程式在每一次 FUNCTION_CALL 事件的開始與結束時都會把呼叫的輸入參數與傳回結果組裝成一個事件物件（EventObject）放入佇列中，在每一次 AGENT_STEP 事件結束後，都會把回應結果（payload["response"]）放入佇列中。這樣，在呼叫 Agent 時，僅透過佇列就可以即時了解 Agent 內部發生的事件與資訊。

（2）使用自訂的事件管理器。

還記得後端 Agent 模組的 get_agent 方法中暫時忽略的 callback_manager 參數嗎？現在需要使用這個參數加入自訂的事件管理器以實現追蹤，不用修改其他程式：

```
def get_agent():

    # 建構並加入自訂的事件處理器
    queue = Queue()
    handler = StreamingCallbackHandler(queue)
    callback_manager = CallbackManager([handler])

    #使用自訂的事件處理器
    doc_agents = _create_doc_agents(callback_manager)
    top_agent = _create_top_agent(doc_agents,callback_manager)
    return top_agent
```

（3）API 實現。

最後，需要修改前面的流式輸出程式，將其修改成從佇列中獲取資料，並透過 StreamingResponse 元件輸出串流式回應：

```
......
@r.post("")
async def chat(
    data: _ChatData
):
    agent = get_cached_agent(user_id)
    ......省略部分程式......

    # 轉為 ChatMessage 列表格式
    messages = [
        ChatMessage(
            role=m.role,
            content=decode_sse_messages(m.content),
        )
        for m in data.messages
    ]

thread = Thread(target=agent.stream_chat,
args=(lastMessage.content, messages))
    thread.start()

    #生成器，用於建構 StreamingResponse 物件
    def event_generator():

        #從佇列中讀取物件
        queue = agent.callback_manager.handlers[0].queue

        while True:
            next_item = queue.get(True, 60.0)

            #判斷 next_item
            #如果是 EventObject 類型的，則是 FUNCTION_CALL 事件
            if isinstance(next_item, EventObject):
                yield convert_sse(dict(next_item))

            #如果是 StreamingAgentChatResponse 類型的，則是 AGENT_STEP 事件
            elif isinstance(next_item, StreamingAgentChatResponse):
                response = cast(StreamingAgentChatResponse,
next_item)
```

```
                #透過 response_gen 方法迭代處理流式回應
                for token in response.response_gen:
                    yield convert_sse(token)
                break

    return StreamingResponse(event_generator(), media_type=
"text/event-stream")
```

上面的程式比前面的流式版本的程式略複雜，原因在於它不是簡單地順序化執行 stream_chat 方法，然後從傳回結果中生成流式事件，而是需要從 Agent 的執行過程中透過非同步的方式讀取佇列中的事件資訊。這需要將原來的程式進行非同步處理。

① 為了實現非同步處理，將 Agent 的執行放在單獨的新執行緒中，而主執行緒則可以從其共用的佇列中讀取執行緒執行時期產生的事件（FUNCTION_CALL 事件的相關資訊）或回應結果（AGENT_STEP 事件輸出的 StreamingAgentChatResponse 回應物件）。

② 設計一個生成器，從佇列中讀取執行過程中放入的物件，並進行相應處理。

a. 如果物件是 EventObject 類型的，則物件內容是 FUNCTION_CALL 事件發生時放入的相關輸入參數與呼叫結果。這些資訊可以透過 yield 方法輸出並推送到使用者端。

b. 如果物件是 StreamingAgentChatResponse 類型的，則物件內容是在 AGENT_STEP 事件結束時放入的流式回應物件，其可以透過 response_gen 方法迭代以獲得 token，並透過 StreamingResponse 物件持續推送到使用者端。

現在已經建構了一個流式版本的 API，下面建構一個簡單的前端 UI 應用測試這個 API。

4．前端 UI 應用

我們需要建構一個支援連續對話、流式回應的 ChatBot UI 應用。我們仍然可以基於 React 與 TypeScript 實現這個前端應用。不過在實際建構中，我們可以借助很多開放原始碼的 UI 應用範本或 SDK 快速建構，大大減少工作量。由於前端並非本書的重點內容，因此我們借助 Vercel AI SDK 這個支援流式回應，可以快速建構大模型 ChatBot UI 應用的 TypeScript 函數庫來建構這個前端應用。

前面建構 API Server 模組使用的介面輸入類型與 SSE 的流式事件推送也都是基於 Vercel AI SDK 的開發要求而設計的。

1）建構簡單的 ChatBot UI 應用

借助 Vercel AI SDK 可以快速建構一個基於 React 的 ChatBot UI 應用。使用以下命令快速建立一個 Next.js（基於 React 的上層應用框架）的應用程式：

```
> pnpm create next-app@latest my-ai-app
```

安裝必要的相依：

```
> npm install ai @ai-sdk/openai @ai-sdk/react zod
```

然後，可以使用 Vercel AI SDK 建構與完善這個 ChatBot UI 應用。Vercel AI SDK 是與框架無關的工具套件，提供了強大的元件，特別是借助 useChat 鉤子，可以大大簡化前端 UI 頁面開發、流式資料處理、API 呼叫的過程（具體的使用方法請參考 Vercel AI SDK）。

這裡建構的簡單的 ChatBot UI 應用如圖 12-20 所示。

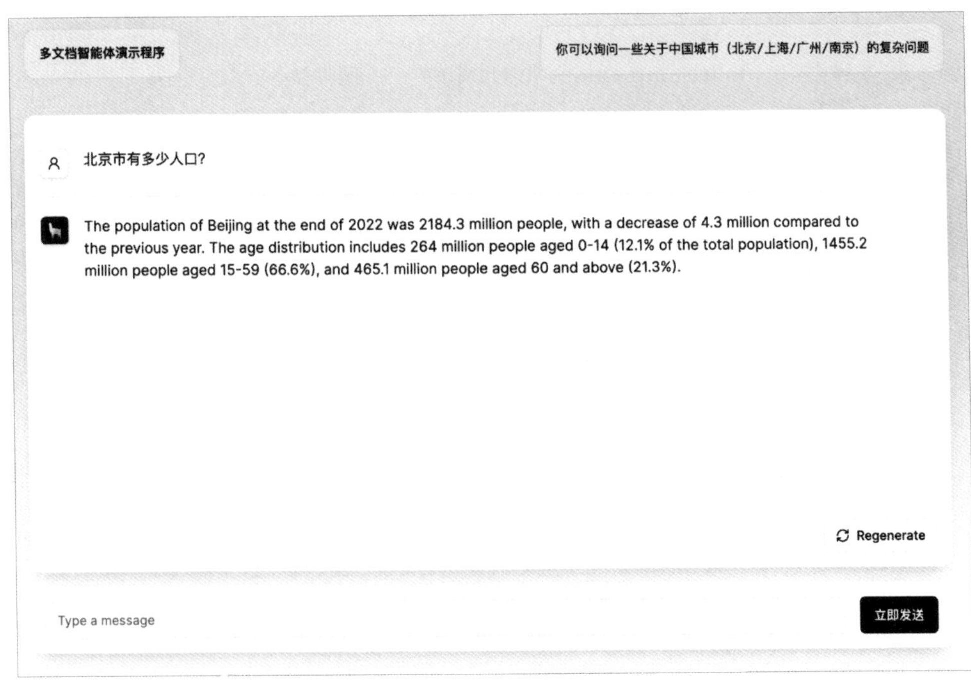
多文档智能体演示程序
你可以询问一些关于中国城市（北京/上海/广州/南京）的复杂问题
北京市有多少人口?
The population of Beijing at the end of 2022 was 2184.3 million people, with a decrease of 4.3 million compared to the previous year. The age distribution includes 264 million people aged 0-14 (12.1% of the total population), 1455.2 million people aged 15-59 (66.6%), and 465.1 million people aged 60 and above (21.3%).
Regenerate
Type a message
立即发送

▲ 圖 12-20

2）測試 ChatBot UI 應用

現在，在這個 UI 應用上輸入問題即可進行點對點的對話測試。前面實現的增強的流式版本 API 有助在前端即時觀察 Agent 執行的中間過程，這非常有利於測試階段的偵錯最佳化，以及改善客戶體驗。比如，可以看到如圖 12-21 所示的中間階段提示。

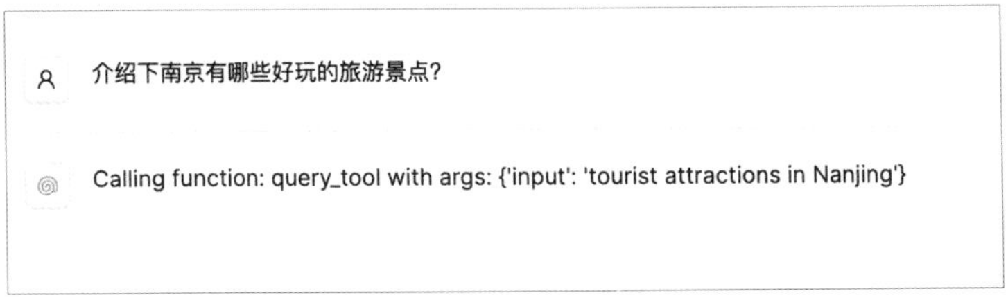

介绍下南京有哪些好玩的旅游景点?

Calling function: query_tool with args: {'input': 'tourist attractions in Nanjing'}

▲ 圖 12-21

這表示當前的 Agent 正在呼叫一個查詢工具（這裡就是查詢引擎）獲取資訊，輸入參數為「tourist attractions in Nanjing」。在呼叫完這個查詢工具後，在前端會看到如圖 12-22 所示的頁面。

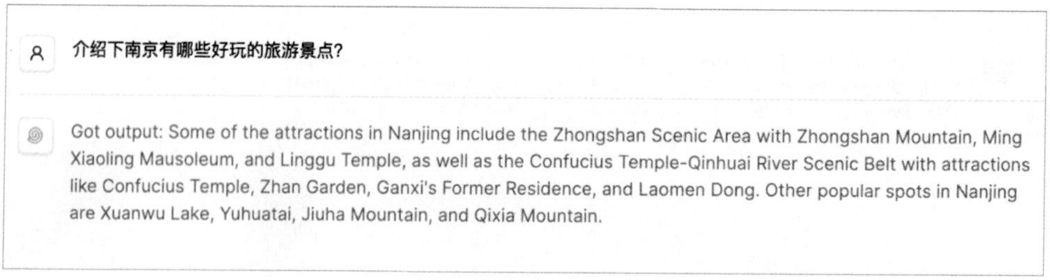

介绍下南京有哪些好玩的旅游景点?

Got output: Some of the attractions in Nanjing include the Zhongshan Scenic Area with Zhongshan Mountain, Ming Xiaoling Mausoleum, and Linggu Temple, as well as the Confucius Temple-Qinhuai River Scenic Belt with attractions like Confucius Temple, Zhan Garden, Ganxi's Former Residence, and Laomen Dong. Other popular spots in Nanjing are Xuanwu Lake, Yuhuatai, Jiuha Mountain, and Qixia Mountain.

▲ 圖 12-22

這表示查詢工具呼叫完成，獲得了輸出資訊作為可以參考的上下文。後面將由 Agent 進行下一步推理並決定下一個步驟。如果下一個步驟是大模型生成答案，那麼你很快就可以看到流式輸出的最終答案，如圖 12-23 所示。

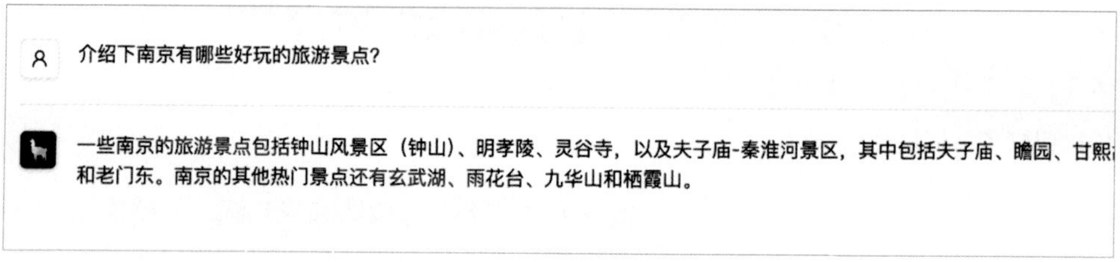

介绍下南京有哪些好玩的旅游景点?

一些南京的旅游景点包括钟山风景区（钟山）、明孝陵、灵谷寺，以及夫子庙-秦淮河景区，其中包括夫子庙、瞻园、甘熙
和老门东。南京的其他热门景点还有玄武湖、雨花台、九华山和栖霞山。

▲ 圖 12-23

5．未來的最佳化

我們在之前的多文件 Agentic RAG 的基礎上擴充實現了一個支援多輪對話、流式輸出的點對點對話應用。它遠不是一個完整的成熟應用。對這個應用還可以考慮的重要最佳化方向是，基於使用者管理與 Agent 的記憶能力在服務端儲存使用者對話的歷史與明細，簡化對對話上下文的處理。

在上面的應用中，我們透過使用者端每次攜帶的歷史對話記錄來實現帶有上下文的對話，所以採用了以下的介面輸入參數類型：

```
class _ChatData(BaseModel):
    messages: List[_Message]
```

這種方式的好處是對服務端的處理要求較低，透過使用者端就可以實現連續的上下文對話，但是存在的問題是，使用者的歷史對話記錄不在服務端進行持久化儲存，需要依賴使用者端持久化儲存（比如瀏覽器的本機存放區），而且隨著對話的進行，需要傳輸的歷史對話記錄會越來越多，會降低介面的處理性能。

在實際應用中，對這種多使用者對話應用更常見的處理方式如下。

（1）增加使用者管理的機制與功能，在服務端儲存使用者對話的歷史與明細。這通常借助關聯式資料庫來完成，比如 Postgres 或 MySQL。

（2）在服務端的 API 中增加與使用者管理對應的安全機制，能夠辨識使用者端的使用者（比如借助安全 token），並能夠從資料庫或快取中獲取對應的歷史對話記錄。可以使用類似於 Redis 這樣的快取資料庫進行快取，也可以使用 Agent 本身的記憶能力進行快取。

（3）使用者端只需要在每次呼叫時攜帶本次輸入的問題，無須考慮歷史對話記錄的儲存與形成，可以大大簡化互動介面的複雜性。

以上面的應用為例，由於使用了 get_agent 函數在每次請求時都獲得處理的 Agent，因此我們可以基於此對不同使用者的 Agent 進行快取，進而利用 Agent 自身的記憶能力，而非在每次請求時都透過 get_agent 函數來獲得新的 Agent。這樣，一方面可以最佳化性能，另一方面可以在服務端理解使用者對話歷史的上下文（這需要少量服務端資源）。

可以嘗試用最簡單的快取方式驗證：

```
@lru_cache(maxsize=50)
def get_cached_agent(user_id: str) -> OpenAIAgent:
    return get_agent()
```

相關的細節與測試留給你自行完成。

MEMO

13

新型 RAG 範式原理與實現

隨著 RAG 在越來越多的場景中應用，從經典的 RAG 範式向模組化 RAG 範式演進成為普遍的共識。本章將介紹一些新型 RAG 範式的最新思想，並用介紹過的知識實現這些範式。

需要說明的是，這些新型 RAG 範式更多的是一種實驗性的探索，自身處於不斷演進之中，而非成熟可用的產品，但了解它們誕生的動機與原理將有助更進一步地理解與最佳化 RAG 應用。

▶ 13.1 自校正 RAG：C-RAG

Corrective-RAG，簡稱為 C-RAG。C-RAG 是中國科學技術大學與 Google 研究院等的技術人員在發表的論文「Corrective Retrieval Augmented Generation」中提出的新型 RAG 範式。

13.1.1 C-RAG 誕生的動機

C-RAG 誕生的動機可以總結成一句話：盡可能提高檢索出的上下文相關性。我們一直強調，在 RAG 應用中，盡可能提高召回知識塊的精確度與相關性一直是各種最佳化策略的重點。不管是索引的選擇、檢索的演算法還是查詢的分析重寫，其主要目的都是盡可能從大量的知識中篩選出有利於回答輸入問題的上下文。

在經典的 RAG 範式中，即使在前期有過良好的考量與設計，也很難在真正執行時期確保檢索出的知識完全相關。因此，C-RAG 中的「C」，提供的就是一種事後校正與調整的最佳化策略。

概括地說，C-RAG 就是在檢索出相關知識後，能夠自我評估這些檢索出的知識的相關性，並根據評估結果進行自我校正的一種 RAG 工作流程。這種校正行為包括刪除不相關的知識、查詢轉換並重新檢索新的知識、借助搜尋引擎補充外部知識等。

13.1.2 C-RAG 的原理

C-RAG的原理並不複雜，如圖 13-1 所示（基於論文中的思想做了適當簡化，方便理解）。

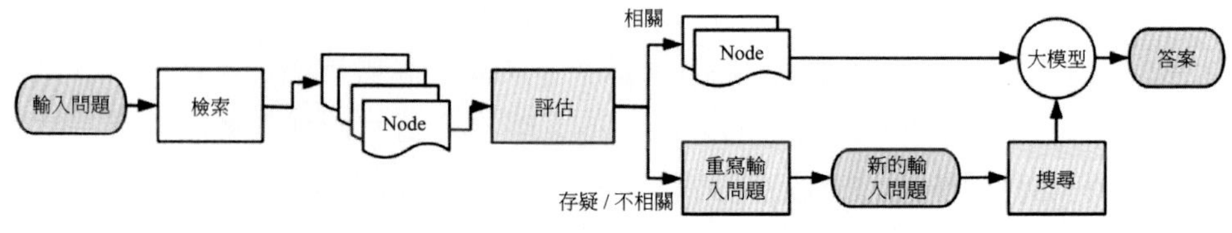

▲ 圖 13-1

與經典的 RAG 範式相比，C-RAG 中增加了評估器模組、查詢轉換模組與搜尋模組。在檢索出相關的文件後，借助一個輕量級的評估器（通常是大模型），評估召回的相關知識的品質，將其分為相關知識、存疑知識、不相關知識，並根據評估結果進行相應的最佳化。

（1）對於相關知識，如果至少有一個 Node 是相關的，那麼把其交給大模型用於生成。

（2）對於存疑知識 / 不相關知識，使用網路搜尋或其他方式尋找相關知識進行補充，並在此之前重寫輸入問題，以期望獲得更好的搜尋結果。

所以，C-RAG 就是透過對檢索出的知識做相關性評估，去除不相關知識，並嘗試借助其他途徑補充相關知識，從而提高輸入的相關知識的品質，讓回答更準確。

13.1.3 C-RAG 的實現

下面來實現一個簡單的 C-RAG 的應用，實際體驗與測試 C-RAG 和 RAG 的不同。

1．準備 Prompt

首先，準備 3 個 Prompt（重寫 LlamaIndex 框架內建的 Prompt，在實際應用時請根據模型與測試效果最佳化），分別用於生成答案、評估相關性，以及重寫輸入問題。

```
......
# 生成答案
DEFAULT_TEXT_QA_PROMPT_TMPL = (
    " 以下是上下文 \n"
    "---------------------\n"
    "{context_str}\n"
    "---------------------\n"
    " 請僅根據上面的上下文，回答以下問題，不要編造其他內容。\n"
    " 如果上下文中不存在相關資訊，請拒絕回答。\n"
    " 問題：{query_str}\n"
```

```
    "答案："
)
text_qa_prompt = PromptTemplate(DEFAULT_TEXT_QA_PROMPT_TMPL)

# 評估相關性
EVALUATE_PROMPT_TEMPLATE=""" 您是一個評分人員，評估檢索出的文件與使用者問題的相關性。
        以下是檢索出的文件：
        ----------------
        {context}
        ----------------

        以下是使用者問題：
        ----------------
        {query_str}
        ----------------
        如果文件中包含與使用者問題相關的關鍵字或語義，且有助解答使用者問題，請將其評為相關。
        請舉出 yes 或 no 來表明文件是否與問題相關。
        注意只需要輸出 yes 或 no，不要有多餘解釋。
        """
evaluate_prompt = PromptTemplate(EVALUATE_PROMPT_TEMPLATE)

# 重寫輸入問題
REWRITE_PROMPT_TEMPLATE= """ 你需要生成對檢索進行最佳化的問題。請根據輸入內容，嘗試推理其中的語義意圖 / 含義。
        這是初始問題：
        ----------------
        {query_str}
        ----------------
        請提出一個改進的問題："""
rewrite_prompt = PromptTemplate(REWRITE_PROMPT_TEMPLATE)
```

2．函數：建構檢索器

快速建構一個向量儲存索引，用於實現語義檢索，並傳回檢索器與查詢引擎：

```
# 建構檢索器
def create_retriever(file):
    docs = SimpleDirectoryReader(input_files=[file]).load_data()
    index = VectorStoreIndex.from_documents(docs)
    return
index.as_retriever(similarity_top_k=3),index.as_query_engine()
```

3．函數：相關性評估器

建構一個用於評估相關性的函數：該函數對語義檢索出的 Node 與輸入問題的相關性借助大模型進行評估，並傳回其中相關的 Node 列表：

```
# 評估檢索結果
def evaluate_nodes(query_str:str,retrieved_nodes: List[Document]):

    # 建構一個用於評估的簡單查詢管道，直接使用大模型也一樣
    evaluate_pipeline = QueryPipeline(chain=[evaluate_prompt,
llm_openai])

    filtered_nodes = []
    need_search = False
    for node in retrieved_nodes:

        # 對 Node 中的內容與輸入問題評估相關性
        relevancy = evaluate_pipeline.run(
            context=node.text, query_str=query_str
        )

        # 如果相關，則傳回；不然需要搜尋
        if(relevancy.message.content.lower()=='yes'):
```

```
            filtered_nodes.append(node)
        else:
            need_search = True

    return filtered_nodes,need_search
```

4．函數：重寫輸入問題

如果需要搜尋來補充額外的知識上下文，那麼首先會重寫一次輸入問題。這裡借助簡單的 Prompt 與大模型重寫輸入問題，如果有更複雜的需求，那麼可以借助查詢轉換器元件：

```
# 重寫輸入問題
def rewrite(query_str: str):
    new_query_str = llm_openai.predict(
        rewrite_prompt, query_str = query_str
    )
    return new_query_str
```

5．函數：搜尋工具

可以使用 LlamaIndex 框架中內建的供 Agent 使用的工具元件快速搜尋。我們使用 Tavily 這個網路搜尋工具（先到官方網站申請 API Key）：

```
# 搜尋
def web_search(query_str:str):
    tavily_tool = TavilyToolSpec(api_key="tvly-***")
    search_results = tavily_tool.search(query_str,max_results=5)
    return "\n".join([result.text for result in search_results])
```

6．函數：生成答案

由於我們需要自行組裝輸入大模型的上下文，以結合語義檢索的結果與網路搜尋的結果，因此無法直接使用查詢引擎，可以使用大模型直接生成答案：

```
# 使用大模型直接生成答案
def query(query_str,context_str):
    response = llm_openai.predict(
        text_qa_prompt, context_str=context_str,
query_str=query_str
    )
    return response
```

7．主程式

在做完上述準備工作後，就可以撰寫一個簡單的主程式進行測試：

```
......
file_name = "../../data/citys/ 南京市 .txt"

# 建構檢索器與查詢引擎
retriever,query_engine = create_retriever(file_name)
query_str = ' 南京市的人口數量是多少與分佈情況如何？參加 2024 年中考的學生數量是
多少？ '

# 先測試直接生成答案
response = query_engine.query(query_str)
print(f'-----------------Response from query
engine-------------------')
pprint_response(response,show_source=True)

# 測試 C-RAG 流程
#C-RAG：檢索
print(f'-----------------Response from CRAG------------------')
retrieved_nodes = retriever.retrieve(query_str)
print(f'{len(retrieved_nodes)} nodes retrieved.\n')

#C-RAG：評估檢索結果，僅保留相關的上下文
filtered_nodes,need_search =
evaluate_nodes(query_str,retrieved_nodes)
print(f'{len(filtered_nodes)} nodes relevant.\n')
filtered_texts = [node.text for node in filtered_nodes]
```

```
filtered_text = "\n".join(filtered_texts)

#C-RAG：如果存在不相關知識，那麼重寫輸入問題並借助網路搜尋
if need_search:
    new_query_str = rewrite(query_str)
    search_text = web_search(new_query_str)

# 組合成新的上下文，並進行生成
context_str = filtered_text + "\n" + search_text
response = query(query_str,context_str)
print(f'Final Response from crag: \n{response}')
```

在上面的測試問題中，我們故意增加了一個無法在輸入知識庫中找到的即時資訊問題（「參加 2024 年中考的學生數量是多少？」），用於測試相關性的判斷與網路搜尋的效果。直接查詢的結果如圖 13-2 所示。很顯然，有部分資訊由於沒有參考知識，因此無法回答。

```
-----------------Response from query engine-------------------
Final Response: 南京市的常住人口数量为949.11万人，城镇人口占87.01%，其中15-
59岁人口占68.27%。2020年11月1日，常住人口931万，城镇人口808.52万。南京市的人口密度超过1240人每平方公里，人口相对
集中。南京市在校学生数量为35.8万人。2024年参加中考的学生数量根据提供的信息无法确定。
```

▲ 圖 13-2

圖 13-3 所示為 C-RAG 下的輸出結果。首先，對檢索出的 3 個 Node 進行了過濾，去除了 2 個不相關的 Node；然後，透過網路進行了即時資訊的搜尋並將其用於生成。最後的輸出結果表明，由於加入了搜尋結果，大模型能夠更完整地回答輸入問題。

```
Searched text:
南京市2024年中考招生政策问答. 1.中考总分是多少? . 考试有哪些形式? . 2024年中考成绩总分为700分。. 各学科
化学80分，道德与法治、历史各60分，体育40分。. 综合素质评价、艺术素质测评 ...
2024年中考报名即将开始. 我市2024年初中学业水平考试（简称"中考"）暨高中阶段学校招生报名工作将于2023年11月
手续。. 一、 报名对象. 1.具有南京市初中学籍的初三年级学生; . 2.具有南京 ...
5月27日，《南京市2024年高中阶段学校考试招生工作意见》正式发布。. 今年我市中招政策保持稳定，中考文化考试
护人要根据自身情况综合分析，慎重填报。. 考生已被正常投档但要求学校 ...
本文将围绕南京2024年高中招生人数的变化进行分析，并结合近三年的数据进行对比，为广大家长和学生提供参考。.
为6.6万人，相较于前一年有所增加。. 而预计到了2025届，中考人数可能会 ...
南京市2024年中招政策及问答来了. 近日，南京市招生委员会审议批准了《南京市2024年高中阶段学校考试招生工作意
招考院发布了详细内容—. 1. 2024年体育考试，恢复至疫情前的考试项目 ...

Final Response from crag:
南京常住人口约为949.11万人，城镇人口占87.01%，人口密度较高。2024年中考预计约有6.6万人参加。
```

▲ 圖 13-3

C-RAG 是一種相對簡單的 RAG 擴充範式，當然也有一定的局限性與提升空間。比如，借助大模型的相關性評估由於存在一定的不確定性與模型依賴性，因此有一定的錯誤過濾的可能性。另外，使用網路搜尋在一些較嚴格的企業級應用場景中可能會引入風險。

▶ 13.2 自省式 RAG：Self-RAG

Self-RAG（自省式 RAG）是華盛頓大學、IBM 人工智慧研究院等機構的技術專家在論文「Self-RAG: Learning to Retrieve, Generate, and Critique through Self-Reflection」中提出的一種增強的 RAG 理論與範式。Self-RAG 在原型專案（開放原始碼）的測試中獲得了顯著的進步，在不同的測試任務集上有明顯優於傳統 RAG 範式的測試成績。

13.2.1 Self-RAG 誕生的動機

儘管 RAG 給大模型帶來了一種借助補充的外部知識來減少在完成知識密集型任務時產生事實性錯誤的方法，但即使拋開上下文長度與回應時間等技術方面的顧慮，也帶來了以下負面問題，這正是 Self-RAG 試圖最佳化的問題。

（1）過度檢索。經典的 RAG 範式不加區分地對輸入問題進行相關知識檢索（top_K），可能會引入無用甚至偏離的內容，並影響輸出結果。

（2）輸出一致性問題。經典的 RAG 範式無法確保輸出結果與檢索知識中的事實保持一致，因為大模型本身不能絕對保證遵循提示，更何況也無法絕對保證知識的相關性。

下面用更通俗的方式描述這兩個問題。如果說 RAG 是允許一個優秀學生（大模型）在考試時查閱參考書，那麼這兩個問題如下。

（1）不管考試的題目如何，學生都去查閱參考書找答案。這顯然不是效率最高的方法。正確的方法應該是快速回答熟悉的問題，對不熟悉的問題才查閱參考書找答案。

（2）雖然學生查閱了很多參考書，但是有時候並不會嚴格地按照它們來回答（甚至可能看錯知識），最終仍然會回答錯誤。

當然，在實際建構 RAG 應用時，一般會透過設計工作流程和精心偵錯 Prompt 在一定程度上解決這兩個問題。比如：

（1）在檢索之前借助大模型來判斷是否需要檢索。

（2）在 Prompt 中要求大模型嚴格按照參考知識回答。

（3）借助大模型評估答案，並透過多次迭代提高答案的品質。

儘管這些方案在很多時候不錯，但會帶來諸如增加複雜度、降低回應性能及引入更多不可控因素等潛在問題。Self-RAG 是怎麼做的呢？

13.2.2 Self-RAG 的原理

Self-RAG 與 RAG 最大的不同之處在於：Self-RAG 透過在模型層微調，讓大模型具備判斷檢索與隨選檢索的能力，進而透過與應用層配合，達到提高生成準確性與生成品質的目的。

1．基本流程

Self-RAG 的基本工作流程如圖 13-4 所示。

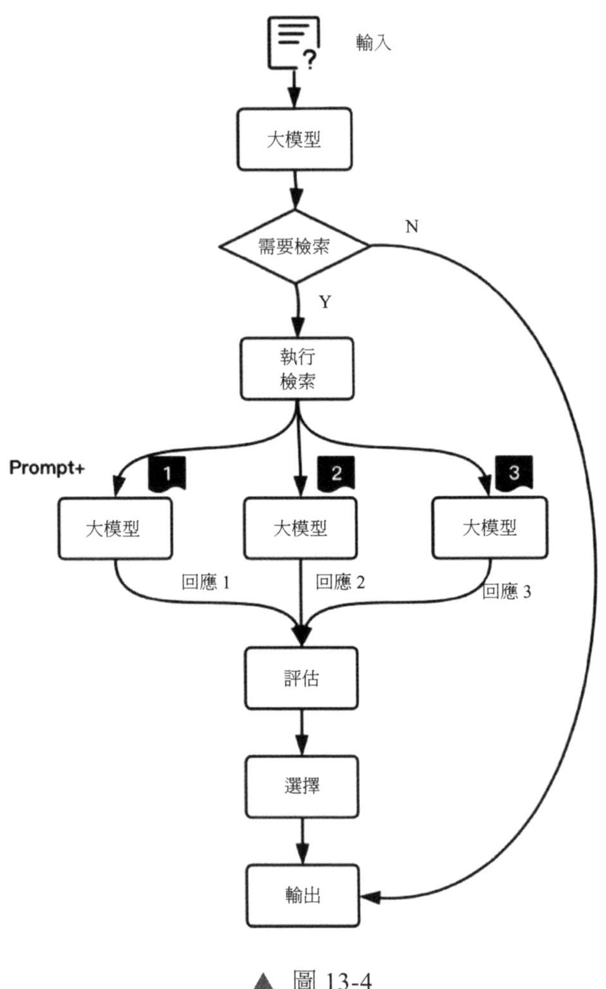

▲ 圖 13-4

其步驟如下。

（1）判斷檢索。在經典的 RAG 範式中直接用輸入問題檢索相關的知識，而在 Self-RAG 中首先由大模型來判斷是隨選檢索相關的知識，還是直接輸出答案。

（2）隨選檢索。

① 如果不需要檢索相關的知識（比如，給我創作一首歌頌母愛的詩歌），那麼由大模型直接輸出答案。

② 如果需要檢索相關的知識（比如，介紹我們公司最受歡迎的產品），那麼借助檢索器執行檢索動作，檢索出最相關的前 K 個知識塊。

（3）增強生成。一個一個使用檢索出的 K 個相關知識塊與輸入問題組裝成 Prompt，用於生成 K 個輸出答案。

（4）評估、選擇與輸出。對步驟（3）中增強生成的 K 個（圖 13-4 中 K=3）輸出答案進行評估，並選擇一個最佳的輸出答案作為最終輸出答案。

2．評估指標

你仔細看上面的流程，就會發現一共有兩個階段需要借助大模型進行評估。

（1）是否需要檢索相關的知識以實現增強生成？

（2）如何對多個輸出答案進行評估？

在這兩個階段中，技術專家給 Self-RAG 共設計了 4 種類型的評估指標，在原文中用了比較嚴謹的科學化定義，見表 13-1。

▼ 表 13-1

評估指標	輸入	輸出	定義
Retrieve	x/x,y	{yes, no, continue}	Decides when to retrieve with
IsREL	x,d	{relevant, irrelevant}	d provides useful information to solve x.
IsSUP	x,d,y	{fully supported, partially supported, no support}	All of the verification-worthy statement in y is supported by d.
IsUSE	x,y	{5, 4, 3, 2, 1}	y is a useful response to x.

我們用簡單易懂的方式來翻譯與解釋這 4 種類型的評估指標。

1）Retrieve：是否需要檢索相關的知識

該類型的指標表示大模型生成後面的答案是否需要檢索相關的知識。該類型的指標的設定值有以下 3 種。

（1）[No Retrieval]：無須檢索，大模型直接生成答案。

（2）[Retrieval]：需要檢索。

（3）[Continue to Use Evidence]：無須檢索，繼續使用之前的檢索內容。

2）IsREL：知識相關性

該類型的指標表示檢索出的知識是否提供了解決問題所需的資訊。該類型的指標的設定值有以下兩種。

（1）[Relevant]：檢索出的知識與需要解決的問題足夠相關。

（2）[Irrelevant]：檢索出的知識與需要解決的問題無關。

3）IsSUP：回應支援度

該類型的指標表示輸出的答案被檢索的知識的支援程度。該類型的指標的設定值有以下 3 種。

（1）[Fully supported]：輸出的答案被檢索的知識完全支援。

（2）[Partially supported]：只有部分輸出的答案被檢索的知識支援。

（3）[No support / Contradictory]：輸出的答案不被檢索的知識支援（即編造）。

> 比如，提供的知識中只有「中國的首都是北京」，而輸出內容中有「北京是中國的首都，北京最受歡迎的景點是長城」，那麼後半部分輸出內容在提供的知識中就沒有得到支援，所以屬於部分支援，即 [Partially supported]。

4）IsUSE：回應有效性

該類型的指標表示輸出的答案對於解決輸入問題是否有用 / 有效。該類型的指標的設定值如下。

[Utility : x]：按有效的程度 x 分成 1 ～ 5，即最高為 [Utility:5]。

這 4 種類型的指標如何生成呢？在什麼時候生成？

3．指標生成

一種容易想到的指標生成方法是借助大模型與 Prompt 進行判斷，比如把輸入問題與檢索的知識交給大模型，要求其判斷兩者的相關性，從而得出 IsREL，並用於後面評估。這種方法的好處是完全在應用層實現，更靈活，但缺點如下。

（1）過多這樣的大模型互動階段會帶來回應性能下降與 token 成本升高。

（2）借助 Prompt 生成相關評估指標只能定性評估，不利於後面量化評估。

Self-RAG 採用了一種不同的方法：透過微調大模型，讓大模型在推理過程中實現自我反省，直接輸出代表這些指標的標記性 token，這裡稱為「自省 token」。

比如，大模型在回應時，可能會發現需要補充額外的知識，就會輸出 [Retrieval] 並暫停，表示需要檢索相關的知識；在獲得足夠的知識與上下文後，大模型會在輸出答案時自我評估與反省，並插入 [Relevant][Fully supported] 等自省 token。下面看兩個例子。

（1）以下大模型的輸出答案中攜帶了知識相關性等幾個指標。

```
Response：[Relevant] 位元組調動的 Coze 是一個大模型的應用程式開發平臺，提供了
整合式開發大模型應用的相關工具、外掛程式與編碼環境 . [Partially supported]
[Utility:5]
```

（2）以下大模型的輸出答案中攜帶了 [Retrieval]，表示需要「求助」外部知識。

```
Response: 當然！[Retrieval]<paragraph>
```

透過微調給大模型引入自省 token，Self-RAG 讓大模型更智慧並適應後面工作流程的需要。當然，這樣的模型需要特殊的訓練。Self-RAG 的開放原始碼專案中對模型的訓練資料與過程進行了詳細的介紹，並且提供了一個在微調後可用的測試模型：selfrag_llama2_7b（需要借助 Hugging Face Hub 平臺使用）。我們將借助這個模型來進行 Self-RAG 的實際應用測試。

4．輸出評估

有了大模型輸出的這些自省 token，就可以看到模型的「自省」過程，但是如何量化比較與評估多個輸出答案，並給它們評分呢（圖 13-5 中的評估演算法）？畢竟我們需要選擇最高分的那個輸出答案作為最後的答案。很顯然，大模型輸出的自省 token 並非量化指標。我們需要借助大模型推理結果中的欄位——logprobs，也就是對數機率（大部分的大模型輸出答案在展示給使用者時會被過濾，通常只展示最重要的輸出文字）。

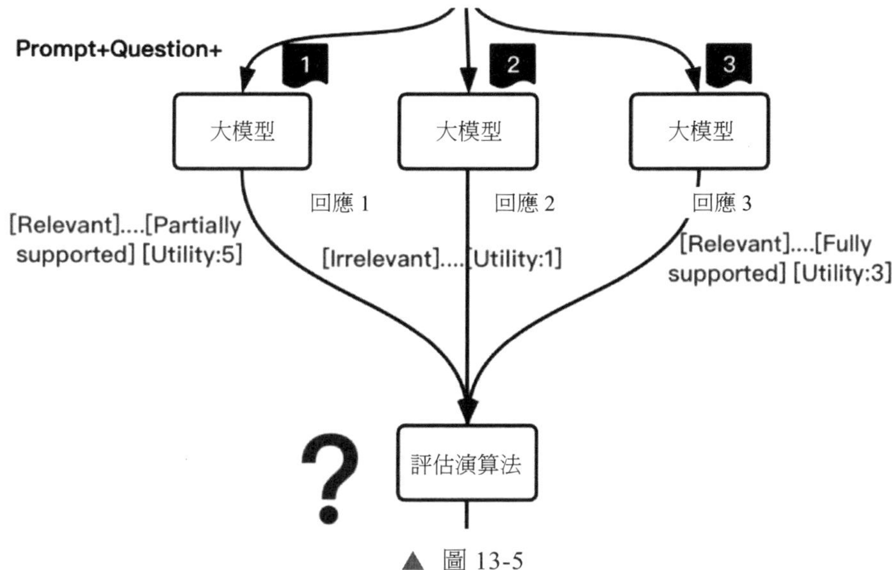

▲ 圖 13-5

1）了解對數機率

大模型的輸出其實就是根據提示預測下一個詞元（token）並不斷迴圈預測，直到全部完成（遇到代表結束的 token）的過程。它是怎麼預測下一個 token 的呢？它並不確定下一個 token 應該是什麼（如果是那樣，每次輸出的就是確定的結果），而是經過一系列複雜的運算與神經網路處理，最終輸出含有多個可能的下一個 token 及其機率的列表，最後從其中選擇一個 token 來輸出。這個過程類似（簡化了最複雜的推理部分）於圖 13-6 所示。

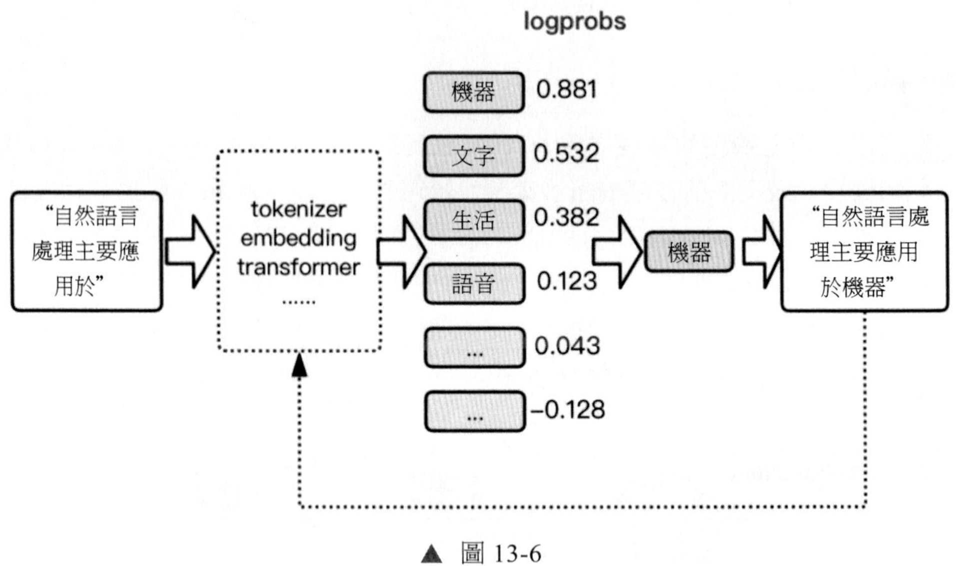

▲ 圖 13-6

logprobs 欄位用於儲存每一步預測的多個可能的 token 的輸出機率（取對數，所以叫對數機率）。

2）評估演算法

對於上面所說的 Self-RAG 應用中大模型輸出的自省 token，也一樣可以找到對應的機率。比如，在一次輸出中出現了 [Fully supported] 這個 token，那麼說明大模型在推理時計算出了 [Fully supported][Partially supported] 等可能的 token 的輸出機率，最後選擇了 [Fully supported]。因此，在評估這次輸出的

IsSUP 的分數時，就可以基於 logprobs 欄位中這些 token 的機率來計算（在上面的例子中，[Fully supported] 這個 token 的輸出機率越高，說明支援度越高）。

Self-RAG 舉出了 3 種評估指標（注意：Retrival 無須量化）的評估演算法，我們簡單描述以下（具體可參考下面的實現程式）。

（1）【IsREL】：知識相關性。

計算 [Relevant]token 的輸出機率佔該指標兩種 token 的輸出機率和的比例。

（2）【IsSUP】：回應支援度。

計算 [Fully supported]token 的輸出機率佔該指標 3 種 token 的輸出機率和的比例，加上 [Partially supported]token 的輸出機率所佔的比例，但後者要乘以權重 0.5。

（3）【IsUSE】：回應有效性。

分別計算該指標的 5 種 token 的輸出機率佔總輸出機率的比例乘以對應的權重（分別為從 -1 到 1 不等），然後求和。

以 IsSUP 為例，參考官方專案中的測試程式，可以模擬對應的演算法實現：

```
......
#IsSUP 的 3 種自省 token
_IS_SUPPORTED_TOKENS = [
    "[Fully supported]",
    "[Partially supported]",
    "[No support / Contradictory]",
]

# 計算 IsSUP 得分
def _is_supported_score(
    pred_tokens: List[int], pred_log_probs_dict: List[Dict[str,
float]]
) -> float:

    # 最終的得分
    is_supported_score = 0
```

```
# 首先找到輸出的自省 token 的位置，然後退出，這個類型的指標的 token 只有一個
token_appear_id = -1
for tok_idx, token in enumerate(pred_tokens):
    if token in _IS_SUPPORTED_TOKENS:
        token_appear_id = tok_idx
        break

# 如果找到了自省 token 的位置，比如為 [Fully supported]
if token_appear_id > -1:

    # 在這個位置上查詢所有該類型的指標的 3 種自省 token 的輸出機率
    # 儲存到 issup_score_dict 這個字典中
    issup_score_dict = {}
    for token in _IS_SUPPORTED_TOKENS:
        prob = pred_log_probs_dict[token_appear_id][token]
        issup_score_dict[token] = np.exp(float(prob))

    # 用上面的計算公式計算最終得分
    is_supported_score = (
        issup_score_dict["[Fully supported]"]
        + 0.5 * issup_score_dict["[Partially supported]"]
    ) / np.sum(list(issup_score_dict.values()))

return is_supported_score
```

整個演算法比較清晰：在大模型輸出中找到需要的自省 token 的位置，然後找到此位置的 token 預測時的對應機率，最後按照公式計算即可。需要說明以下兩點。

（1）由於 logprobs 為對數機率，所以在計算時用指數函數 exp 將其轉為正常機率。

（2）在實際使用時，需要參考使用的推理工具（比如 Llama_cpp）文件，找到輸出參數中的 pred_tokens 與 pred_log_probs_dict 這兩個欄位，將其內容作為這裡的演算法輸入。

13.2.3 Self-RAG 的實現

在了解了 Self-RAG 的原理與相關的評估演算法後，為了更直觀地了解 Self- RAG，本節基於 Self-RAG 開放原始碼專案中發佈的微調大模型（selfrag_llama2_7b）建構一個符合 Self-RAG 的原型應用。

> Self-RAG 開放原始碼專案中主要介紹了如何微調一個能夠輸出「自省 token」的大模型，包括必要的資料準備方法與微調程式，但並沒有提供應用層的框架，開發者需要參考專案中測試與推理部分的程式自行建構上層應用。

1．模型測試

在建構完整的上層應用之前，我們直接測試與感受帶有自省 token 輸出能力的 selfrag_llama2_7b 模型，觀察這個大模型的輸出與其他大模型的輸出的不同之處。下面使用 llama_cpp 作為本機的大模型推理工具（截至本章寫完，Ollama 還不支援該模型）。

（1）安裝 Llama_cpp 和 huggingface 的使用函數庫（需要下載大模型）：

```
> pip install llama_cpp_python
> pip install huggingface-hub
```

（2）下載大模型，我們下載用於 llama_cpp 推理的 gguf 版本：

```
> huggingface-cli \
 download m4r1/selfrag_llama2_7b-GGUF \
 selfrag_llama2_7b.q4_k_m.gguf \
 --local-dir ./model \
 --local-dir-use-symlinks False
```

（3）執行以下程式，觀察兩個不同的輸入問題的輸出結果：

```
......
from llama_cpp import Llama
```

```
_MODEL_KWARGS = {"logits_all": True, "n_ctx": 2048,
"n_gpu_layers":200}
_GENERATE_KWARGS = {"temperature": 0.0,"top_p": 1.0,"max_tokens":
1024,"logprobs": 1000}

# 大模型
llm=Llama(model_path="./model/selfrag_llama2_7b.q4_k_m.gguf",**_
MODEL_KWARGS)

# 格式化 Prompt，注意按照此格式輸入問題和連結知識
def format_prompt(input, paragraph=None):
  prompt = "### Instruction:\n{0}\n\n### Response:\n".format(input)
  if paragraph is not None:
    prompt +=
"[Retrieval]<paragraph>{0}</paragraph>".format(paragraph)
  return prompt

# 測試兩個問題，一個無須檢索知識，另一個需要檢索知識
query_1 = " 寫一首歌頌母愛的小詩 "
query_2 = " 能否介紹一下字節跳動的 AI 平臺 Coze ？ "
queries = [query_1, query_2]

# 分別測試，並列印出結果 (response) 以及更詳細的 token 輸出細節
for query in queries:
  pred = llm(format_prompt(query),**_GENERATE_KWARGS)
  print("\nResponse: {0}".format(pred["choices"][0]["text"]))
  print('\nDetails:\n')
  print(pred["choices"][0])
```

下面來看第一個問題的輸出結果：

```
Response: Mother love, so pure and true,
A bond that's stronger than any tie.[No Retrieval]You give your all,
without a thought,
Your love is the light in our lives.[No Retrieval]In you we find
strength and courage,
......follow its owners everywhere.[Utility:5]
```

第一個問題是一個創作問題，並不涉及具體事實，所以無須檢索知識。可以看到，推理結果中帶有 [No Retrieval] 的自省 token，此時應用知道無須額外檢索，直接將 token 標記去除後輸出內容即可。

再看第二個問題的輸出結果：

```
Response: Certainly![Retrieval]<paragraph>
Coze is a platform that uses AI to help businesses automate customer
service.[Utility:5]
```

第二個問題是一個事實性問題。可以看到，在推理過程中，大模型會發現需要補充額外的知識，就會輸出 [Retrieval] 的自省 token。此時，應用就可以執行檢索動作，將知識上下文交給大模型處理。

（4）已經模擬完成了檢索，帶入相關的知識後再次觀察大模型的輸出結果：

```
......
# 這是模擬的參考知識，提供給大模型
paragraph="""Coze 是字節跳動的大模型應用整合式開發平臺。"""
from llama_cpp import Llama

_MODEL_KWARGS = {"logits_all": True, "n_ctx": 2048,
"n_gpu_layers":200}
_GENERATE_KWARGS = {"temperature": 0.0,"top_p": 1.0,"max_tokens":
1024,"logprobs": 1000}

llm=Llama(model_path="./model/selfrag_llama2_7b.q4_k_m.gguf",**_
MODEL_KWARGS)

# 此處預設輸入參數 paragraph 為上面的知識
def format_prompt(input, paragraph=paragraph):
  prompt = "### Instruction:\n{0}\n\n### Response:\n".format(input)
  if paragraph is not None:
    prompt +=
"[Retrieval]<paragraph>{0}</paragraph>".format(paragraph)
  return prompt

query = " 能否介紹一下字節跳動的 AI 平臺 Coze ? "
```

```
pred = llm(format_prompt(query),**_GENERATE_KWARGS)
print("\nResponse: {0}".format(pred["choices"][0]["text"]))
print('\nDetails:\n')
print(pred["choices"][0])
```

此時，大模型的輸出結果如下：

```
Response: [Relevant]Coze is a platform developed by ByteDance, the
parent company of TikTok, for building and deploying large-scale AI
models.[Fully supported][Continue to Use Evidence]It provides an
all-in-one development platform that includes tools for training,
testing, and deploying AI models.[Utility:5]
```

可以看到，大模型根據帶入的知識生成了輸出結果，並且輸出了若干自省 token，包括 [Relevant][Fully supported][Utility:5]。

> 在實際測試中，由於大模型天然具有不確定性，因此你可能獲得與這裡不完全一樣的輸出結果。此外，還可以觀察列印出來的 Details 資訊中的 logprobs 欄位，這就是前面說的用於進行最後評估使用的對數機率。

至此，對大模型的直接測試可以告一段落，其輸出符合預期。接下來，將基於這個大模型直接建構一個簡單的上層應用。

2．應用測試

基於前面測試的微調大模型（selfrag_llama2_7b）可以簡單地建構一個上層應用，演示一個符合 Self-RAG 的 RAG 應用的工作流程。這裡為了重點展示 Self-RAG 的核心思想，即基於多次生成後的量化評估優選最終答案，簡化了其他部分。在實際使用中，需要根據實際情況有針對性地增強最佳化。

1）建構自訂的查詢引擎

由於在本 RAG 應用中需要對檢索與生成過程進行更個性化的精確控制，所以建構一個自訂的查詢引擎來實現 Self-RAG 的複雜查詢過程：

```
from dataclasses import dataclass
from typing import Any, Dict, List,Tuple
```

```
import numpy as np

from llama_index.core.query_engine import CustomQueryEngine
from llama_index.llms.llama_cpp import LlamaCPP
from llama_index.core.base.base_retriever import BaseRetriever
from llama_index.core.response import Response
from llama_index.core.bridge.pydantic import Field
from llama_index.core.utils import print_text

# 定義所有的自省 token
_TOKENS = {
    "retrieval": ["[No Retrieval]", "[Retrieval]", "[Continue to Use
Evidence]"],
    "relevance": ["[Irrelevant]", "[Relevant]"],
    "support": ["[Fully supported]", "[Partially supported]", "[No
support / Contradictory]"],
    "utility": ["[Utility:1]", "[Utility:2]", "[Utility:3]",
"[Utility:4]", "[Utility:5]"],
    "ctrl": [
        "[No Retrieval]","[Retrieval]","[Continue to Use Evidence]",
        "[Irrelevant]","[Relevant]",
        "[Fully supported]","[Partially supported]","[No support /
Contradictory]",
        "<paragraph>","</paragraph>",

"[Utility:1]","[Utility:2]","[Utility:3]","[Utility:4]","[Utility
:5]",
    ],
}

# 用 CustomQueryEngine 生成新的查詢引擎
class SelfRAGQueryEngine(CustomQueryEngine):
```

首先，初始化。這裡做簡單化處理。查詢引擎至少需要使用兩個元件，一個是檢索器，另一個是生成器。因為使用 llama.cpp 作為大模型推理工具，所以使用 LlamaCPP 類型的 llm 物件作為生成元件直接初始化查詢引擎：

```
......
  def __init__(
```

```
        self,
        llm: LlamaCPP,
        retriever: BaseRetriever,
    ) -> None:

        """ 初始化查詢引擎 """
        super().__init__()
        self.llm = llm
        self.retriever = retriever
```

接下來，需要實現訂製查詢引擎的核心方法 custom_query（CustomQuery-Engine 中定義的抽象介面）：

```
    ......
    def query(self, query_str: str) -> str:
            """
            自訂查詢函數。
            參數：
            query_str (str): 查詢字串。
            傳回：
            Response: 查詢的回應結果。
            """
        # 呼叫大模型獲得回應結果
            response = self.llm.complete(_format_prompt(query_str))
            answer = response.text

            if "[Retrieval]" in answer:

                print_text(" 需要檢索知識，開始檢索 ...\n", color="blue")
                documents = self.retriever.retrieve(query_str)
                print_text(f" 共檢索到 {len(documents)} 個相關知識 \n",
color="blue")

                paragraphs = [
                    _format_prompt(query_str, document.node.text) for
document in documents
                ]

                # 使用檢索內容重新生成結果並評估
```

```
                print_text("===== 開始：重新生成並評估 ====\n", color="blue")
                llm_response_per_paragraph,paragraphs_final_score = \
                    self._regen_then_eval(paragraphs)
                print_text("=== 結束：重新生成並評估 ====\n", color="blue")

                best_paragraph_id = max(
                    paragraphs_final_score,
key=paragraphs_final_score.get
                )
                answer =
llm_response_per_paragraph[best_paragraph_id]
                print_text(f" 已選擇最佳答案： {answer}\n", color="blue")

            else:
                print_text(" 無須檢索知識，直接輸出答案 \n",color="green")

            answer = _postprocess_answer(answer)
            print_text(f" 最終答案： {answer}\n", color="green")
            return str(answer)
```

（1）使用 llm.complete 方法呼叫大模型獲得回應結果（使用 _format_prompt 方法格式化）。

（2）如果回應結果中不包含 [Retrieval]，那麼直接輸出答案，否則進入下一步。

（3）呼叫檢索器對輸入問題進行檢索，得到最相關的前 *K* 個知識段落（知識塊），並與原始問題組裝成 Prompt 後放到 paragraphs 陣列中。

（4）呼叫 _regen_then_eval 方法重新生成結果並評估，這個方法會傳回：

① llm_response_per_paragraph：每個知識段落對應的生成結果。

② paragraphs_final_score：每個知識段落中生成結果的得分。

（5）從 _regen_then_eval 方法的輸出結果中選擇得分最高的那個生成結果進行輸出。

（6）由於生成結果中帶有特殊的自省 token，因此用 _postprocess_answer 函數處理輸出結果即可（去除其中的 token 標記）：

```
def _postprocess_answer(answer: str) -> str:
    for token in _TOKENS["ctrl"]:
        answer = answer.replace(token, "")
    if "</s>" in answer:
        answer = answer.replace("</s>", "")
    if "\n" in answer:
        answer = answer.replace("\n", "")
    if "<|endoftext|>" in answer:
        answer = answer.replace("<|endoftext|>", "")
    return answer
```

_format_prompt 方法在 13.2.2 節已經實現了，下面實現重點 _regen_then_eval 方法：

```
......
    def _regen_then_eval(self, paragraphs: List[str])
->Tuple[Dict[int,str],Dict[int,float]]:
            """
            執行評估模組，呼叫大模型對給定的段落進行評估。
            參數：
            paragraphs (List[str]): 包含要評估的段落的列表。
            傳回：
            Tuple[Dict[int,str],Dict[int,float]]: 包含生成的結果索引和
評估字典。
            """
            paragraphs_final_score = {}
            llm_response_text = {}

            for p_idx, paragraph in enumerate(paragraphs):
                # 生成結果
                response = self.llm.complete(paragraph)
                pred = response.raw
                llm_response_text[p_idx] = response.text

                # 從 raw 欄位中取得 token 輸出機率相關的資訊
                #top_logprobs 欄位儲存每個位置上每個 token 的輸出機率
```

```
                logprobs = pred["choices"][0]["logprobs"]
                pred_log_probs = logprobs["top_logprobs"]

                # 計算 IsREL 得分，相關性為第一個 token，直接傳入 0
                isrel_score = _relevance_score(pred_log_probs[0])

                # 計算 IsSUP 得分
                issup_score = _is_supported_score(logprobs["tokens"],
pred_log_probs)

                # 計算 IsUSE 得分
                isuse_score = _is_useful_score(logprobs["tokens"],
pred_log_probs)

                # 最終得分
                paragraphs_final_score[p_idx] = (
                    isrel_score + issup_score + 0.5 * isuse_score
                )

                print_text(
                    f" 輸入 : {paragraph}\n 回應 :
{llm_response_text[p_idx]}\n 評估 :
{paragraphs_final_score[p_idx]}\n",
                    color="blue",
                 )
                print_text(
                    f" 已完成 {p_idx + 1}/{len(paragraphs)} 段落 \n\n",
color="blue"
                )

            return llm_response_text, paragraphs_final_score
```

簡單說明以下（大部分可以透過程式註釋理解）。

（1）對傳入的多個段落（包含原始問題與檢索的知識），迴圈回應與評估。

（2）借助回應物件（此處注意開啟 logits_all 參數選項）中的 raw 欄位，獲得 token 的輸出機率。

（3）利用 logprobs 欄位中的輸出機率計算 3 個得分，對於評估演算法請參考原理中的說明。

（4）計算總分，並將總分儲存到 paragraphs_final_score 變數中輸出。

由於在 13.2.2 節中介紹過 _is_supported_score 函數的實現，這裡舉出 _relevance_score 與 _is_useful_score 兩個函數的實現（注意參考評估演算法說明）：

```
......
def _relevance_score(pred_log_probs: Dict[str, float]) -> float:
    rel_prob = np.exp(float(pred_log_probs["[Relevant]"]))
    irel_prob = np.exp(float(pred_log_probs["[Irrelevant]"]))
    return rel_prob / (rel_prob + irel_prob)

def _is_useful_score(
    pred_tokens: List[int], pred_log_probs_dict: List[Dict[str,
float]]
) -> float:
    isuse_score = 0
    utility_token_appear_id = -1
    # 先找到位置
    for tok_idx, tok in enumerate(pred_tokens):
        if tok in _TOKENS["utility"]:
            utility_token_appear_id = tok_idx

    # 在這個位置上獲取不同 token 的輸出機率
    if utility_token_appear_id > -1:
        ut_score_dict = {}
        for token in _TOKENS["utility"]:
            prob = pred_log_probs_dict[utility_token_appear_id]
[token]
            ut_score_dict[token] = np.exp(float(prob))

        #IsUSE 的得分需要加權計算
        ut_sum = np.sum(list(ut_score_dict.values()))
        ut_weights = [-1, -0.5, 0, 0.5, 1]
        isuse_score = np.sum(
            [
```

```
                ut_weights[i] * (ut_score_dict[f"[Utility:{i + 1}]"]
/ ut_sum)
                for i in range(len(ut_weights))
            ]
        )
    return isuse_score
```

這樣，我們的自訂查詢引擎就建構完了，簡單回憶整個過程。

（1）使用大模型和檢索器建構查詢引擎。

（2）透過大模型輸出，如果輸出結果中帶有檢索標記，則呼叫檢索器檢索知識。

（3）對檢索出的多個知識分別呼叫大模型重新生成結果並評估。

（4）選擇得分最高的輸出結果。

2）主程式

下面用一個簡單的原型主程式來測試整個流程。這裡簡化了知識文件的載入與分割過程，直接使用 Document 物件建構一些簡單的文件做嵌入的知識：

```
import os
from llama_index.llms.llama_cpp import LlamaCPP
from llama_index.core import Document, VectorStoreIndex
from llama_index.core.retrievers import VectorIndexRetriever
from pathlib import Path

# 匯入已經建構的自訂 Self-RAG 查詢引擎
from selfrag_queryengine import SelfRAGQueryEngine

# 注意開啟 logits_all 參數選項
_MODEL_KWARGS = {"logits_all": True, "n_ctx": 2048, "n_gpu_layers":
-1}
_GENERATE_KWARGS = {
    "temperature": 0.0,
    "top_p": 1.0,
    "max_tokens": 1000,
```

```
    "logprobs": 32016,
}

# 之前下載並儲存 selfrag_llama2_7b 模型的目錄。
download_dir = "../../model"

# 建構簡單的測試文件，此處直接建構 Document 物件，方便觀察檢索結果
documents = [
    Document(
        text="Xiaomi 14 is the latest smartphone released by Xiaomi.
It adopts a new design concept, the body is lighter and thinner,
equipped with the latest processor, and the performance is more
powerful."
    ),
    Document(
        text="Xiaomi 14 phone uses a 6.7-inch ultra-clear large screen,
with a resolution of up to 2400x1080, whether watching videos or playing
games, it can bring the ultimate visual experience."
    ),
    Document(
        text="Xiaomi 14 phone is equipped with the latest Snapdragon
888 processor, equipped with 8GB of running memory and 128GB of storage
space, whether it is running large games or multitasking, it can easily
cope."
    ),
    Document(
        text="Xiaomi 14 phone is equipped with a 5000mAh large-capacity
battery, supports fast charging, even if you are traveling or using
it for a long time, you don't have to worry about power issues."
    ),
    Document(
        text="Xiaomi 14 phone has a rear camera of 64 million pixels
and a front camera of 20 million pixels. Whether it is taking pictures
or recording videos, it can capture every wonderful moment in life."
    ),
    Document(
        text="Xiaomi 14 phone runs the latest MIUI 12 operating system.
This operating system has a beautiful interface, smooth operation,
and provides a wealth of functions and applications."
    ),
```

```
    Document(
        text="Xiaomi 14 phone supports 5G network, fast download speed,
low latency, whether watching high-definition videos or playing online
games, you can enjoy the ultimate network experience."
    ),
    Document(
        text="Xiaomi 14 phone supports facial recognition and
fingerprint unlocking, protects user privacy, and provides a more
convenient unlocking method."
    ),
    Document(
        text="Xiaomi 14 phone supports wireless charging and reverse
charging functions. Wireless charging can free you from the shackles
of data cables, and reverse charging can charge your other devices."
    ),
    Document(
        text="Xiaomi 14 phone is equipped with a 90Hz high refresh rate
screen, whether scrolling pages or playing games, it can bring a smooth
visual experience."
    ),
]

# 嵌入與索引
index = VectorStoreIndex.from_documents(documents)

# 建構一個檢索器
retriever = VectorIndexRetriever(index=index,similarity_top_k=5)

# 建構一個大模型：使用 Llama_cpp 作為推理工具
model_path = Path(download_dir) / "selfrag_llama2_7b.q4_k_m.gguf"
llm = LlamaCPP(model_path=str(model_path),
model_kwargs=_MODEL_KWARGS, generate_kwargs=_GENERATE_KWARGS)

# 建構自訂的查詢引擎
query_engine = SelfRAGQueryEngine(llm, retriever)

# 查詢一：無須檢索的創作問題
print("\nQuery 1: write a poem about beautiful sunset")
response = query_engine.query("write a poem about beautiful sunset")
```

```
# 查詢二：需要檢索的事實性問題
print("\nQuery 2: Tell me some truth about xiaomi 14 phone, especially
about its battery and camera?")
response = query_engine.query("Tell me some truth about xiaomi 14 phone,
especially about its battery and camera?")
```

在最後查詢了兩個問題。我們查詢了一個無須檢索知識的問題和一個需要基於文件知識來回答的事實性問題，觀察兩種情況的處理過程。

3）測試應用

下面執行這個程式並觀察輸出結果，可以看到對兩個問題的處理過程的區別。

由於問題一是一個創作型的問題，因此大模型認為無須檢索知識，直接輸出答案，如圖 13-7 所示。

```
Query 1: write a poem about beautiful sunset
无须检索知识, 直接输出答案
最终答案: The sky is on fire,A canvas painted with hues of orange and red.The sun sets in th
ight takes over.But in my heart, I'll hold this moment dear,As I watch the sunset's beauty a
```

▲ 圖 13-7

問題二是一個需要基於事實回答的問題，因此大模型認為需要檢索知識。在檢索知識後，大模型透過迴圈重新生成並評估（此處只展示了第一個）。比如，生成的第一個知識段落的得分為 1.7676576042966103，如圖 13-8 所示。在所有檢索出的知識都被重新生成並評估後，最終有個答案「脫穎而出」（即得分最高的答案），如圖 13-9 所示。

```
Query 2: Tell me some truth about xiaomi 14 phone, especially about its battery and camera?
需要检索知识, 开始检索...
共检索到 5 个相关知识
======================开始: 重新生成并评估======================
输入: ### Instruction:
Tell me some truth about xiaomi 14 phone, especially about its battery and camera?

### Response:
[Retrieval]<paragraph>Xiaomi 14 phone has a rear camera of 64 million pixels and a front can
响应: [Relevant]The Xiaomi 14 phone has a battery capacity of 5000mAh, which can provide lor
评分: 1.7676576042966103
已完成 1/5 段落

输入: ### Instruction:
Tell me some truth about xiaomi 14 phone, especially about its battery and camera?
```

▲ 圖 13-8

```
======================结束：重新生成并评估======================
已选择最佳答案：[Relevant]The Xiaomi 14 phone has a 5000mAh battery that can last up to two days on a
最终答案：The Xiaomi 14 phone has a 5000mAh battery that can last up to two days on a single charge.
```

▲ 圖 13-9

可以看到，應用測試的輸出結果是基本符合我們的預期的。

13.2.4 Self-RAG 的最佳化

Self-RAG 借助在模型層的微調使大模型自身具備了自我判斷檢索與自我評估的能力，在很大程度上減少了應用層的複雜性，而且不會降低大模型自身的能力，令人耳目一新。在上面的原型應用中，還有一個比較明顯的最佳化點是 Self-RAG 的多次生成動作是基於檢索出的最相關的前 *K* 個知識塊完成的，但是在實際測試中有以下兩個問題。

（1）由於檢索出的知識塊經過了語義相似度排序，因此生成結果的得分排序在很多時候與語義相似度排序一致，這就喪失了評估的意義。

（2）由於在實際應用中知識結構複雜，因此在很多時候需要一次性把多個文件輸入大模型用於生成，以保證答案的完整性並給予大模型更多的參考知識，而非一次只輸入一個文件。

因此，如果想充分利用 Self-RAG 的自我評估能力，最好能夠根據實際需要改變檢索策略，比如多次融合檢索知識，並用多次檢索的結果分別生成結果與評估，而非用一次檢索的多個文件生成結果與評估，這樣既可以給大模型更多的上下文知識，也能利用 Self-RAG 的自省機制在多次生成中獲取品質最高的輸出結果。為了實現多次檢索，你可以靈活選擇不同的策略。比如：

（1）在查詢重寫後再次檢索知識，並且使用不同的重寫演算法。

（2）使用不同的檢索演算法獲得不同的相關知識。

（3）檢索後使用不同的 Rerank 演算法重排序以形成不同的知識重點。

更多的最佳化方法與策略還需要在實際應用中不斷發現與完善。

▶ 13.3 檢索樹 RAG：RAPTOR

本節介紹另一種 RAG 範式——RAPTOR，即樹狀檢索的遞迴抽象處理。它來自史丹佛大學研究人員的公開論文「Raptor: Recursive Abstractive Processing for Tree-Organized Retrieval」。

13.3.1 RAPTOR 誕生的動機

RAG 應用通常知識密集型導向的應用場景，借助索引特別是向量儲存索引召回的知識上下文來解答輸入問題。但是，RAG 應用不只是針對知識的簡單事實性問答。比如，有這樣一個針對《西遊記》的問題：孫悟空是如何從一隻頑皮的猴子成長為鬥戰勝佛的？很顯然，這個問題是可以在《西遊記》中找到答案的，但是需要基於對整本書的閱讀、理解與總結才能回答，而非簡單地召回一些章節就可以解決。

也就是說，經典的基於向量最相關的前 *K* 個知識塊召回的 RAG 應用限制了對上下文整體資訊的獲取與理解，只能關注局部與細節，而無法關注整體與巨觀語義（除非把所有知識全部輸入並依賴理解超長上下文的大模型）。這也正是 RAPTOR 試圖最佳化的問題：建構一個從上至下、從概要到細節、從巨觀層到微觀層的多層次的樹狀知識庫，幫助大模型既能回答事實性的細節問題，也能回答需要理解更高層知識才能回答的問題。

13.3.2 RAPTOR 的原理

如何建構這樣一個樹狀的知識庫呢？ RAPTOR 的原理如圖 13-10 所示。

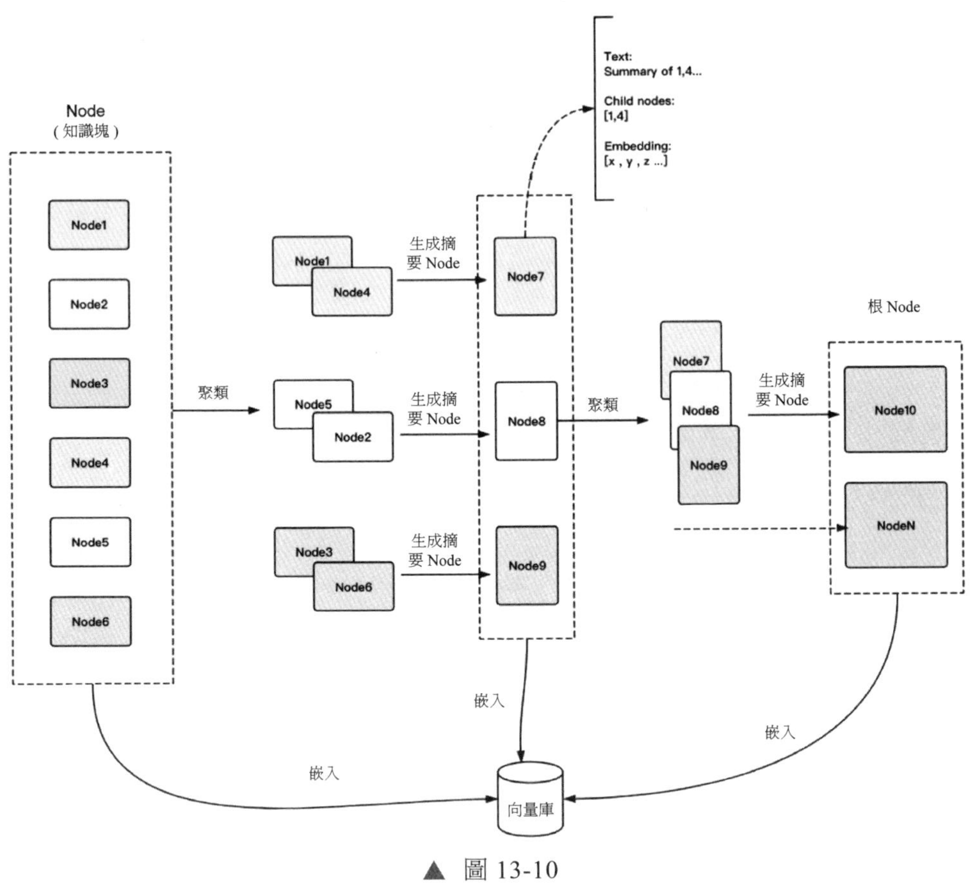

▲ 圖 13-10

其基本思想如下。

（1）從基礎 Node 開始（Leaf Node，對原始文件進行解析後得到的多個知識塊，即 LlamaIndex 框架中的 Node，這裡有 6 個）嵌入生成的向量。

（2）使用聚類演算法對這些基礎 Node 進行聚類（比如，這裡分成了 3 組）。這一步可以簡單地理解成把「相關」的文件分成一組，然後給每個分組 Node 生成摘要（Summary），並基於生成的摘要建構一組具備抽象程度與語義豐富度更高的知識塊（3 個新 Node）。

（3）對這 3 個新 Node 遞迴執行前面的操作（嵌入→聚類→生成摘要 Node），直到沒有新的聚簇產生（即無法對最後的 Node 再次進行分組）。

這樣，就建構了一棵完整的 Node（知識塊）樹。從圖 13-10 中可以看到，Node 樹由從 1 到 10 共 10 個 Node 組成（在實際應用中會有更多 Node），其中 Node1 ～ Node6 是基礎 Node，Node7 ～ Node9 是中間層 Node，Node10 是根 Node（注意：不一定只有一個根 Node），可以把高層的 Node 理解成低層若干 Node 的總結與精簡版。同時，所有 Node 的嵌入向量資訊會被儲存到向量庫中用於檢索。

RAPTOR 的 RAG 應用中一般有兩種檢索模式。

一種是樹遍歷檢索：從根 Node 開始，基於向量相似度與父子關係，逐層向下檢索，最後檢索出全部相關的 Node，將其作為最終的上下文知識，如圖 13-11 所示。

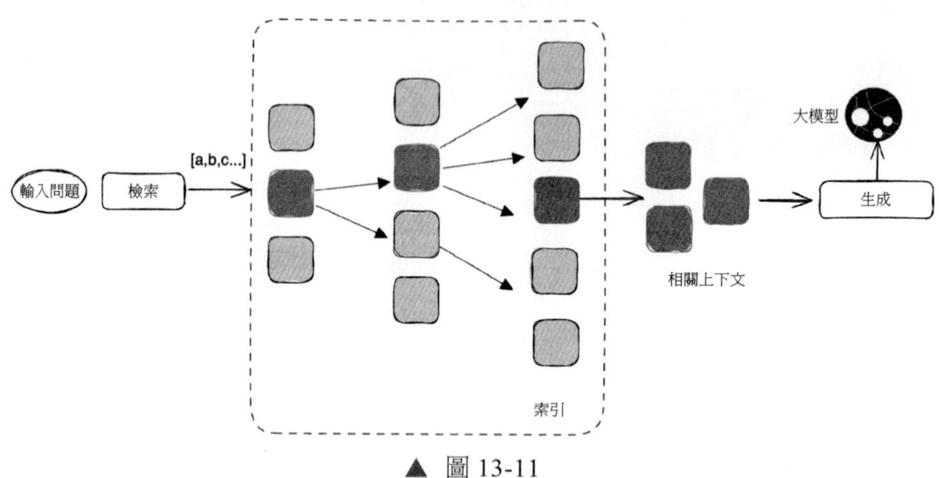

▲ 圖 13-11

另一種是簡單的全量檢索：將樹完全展開成單層，然後直接對所有 Node 進行向量相似度檢索，檢索出全部相關的 Node。這種模式更快且不會發生遺漏，如圖 13-12 所示。

▲ 圖 13-12

從上面的原理介紹中能看到，RAPTOR 的主要意義如下。

（1）在不同層次的多個等級上建構了語義表示並實施嵌入，提高了檢索的召回能力。

（2）能有效地回答不同層次的問題，有的由低階 Node 解決，有的則由高階 Node 解決。

（3）適合解決需要理解多個知識塊才能回答的輸入問題，因此更進一步地支援解決綜合性問題。

13.3.3 RAPTOR 的實現

RAPTOR 的實現涉及的關鍵階段如下。

1．建構索引

RAPTOR 採用的索引類型是普通的向量儲存索引，因此建構索引的重點不在於索引的實現演算法，而在於建構索引所需要的 Node，因為最終需要實現一個樹狀的索引結構，除了最初的基礎 Node，還需要透過嵌入（embedding）→聚類（cluster）→生成摘要（summary）Node 這樣的迴圈迭代來不斷地生成「父」Node，最後形成完整的樹，並在樹的所有 Node 上建構向量儲存索引。

RAPTOR 最核心的邏輯是把最原始的載入後形成的文件（Document）用演算法一步步建構上層的多級父 Node，並且將其加入向量儲存索引中。

其核心程式以下（忽略部分異常處理階段）：

```
......RaptorRetriever 的部分實現......
# 基於文件清單建構多級樹狀的索引結構
async def insert(self, documents: List[BaseNode]) -> None:

        # 嵌入模型 / 轉換器
        embed_model = self.index._embed_model
        transformations = self.index._transformations

        # 對傳入的文件做 Node 分割，這是底層葉子 Node 的基礎
```

```
        cur_nodes = run_transformations(documents, transformations,
in_place=False)

        # 根據設置的樹層次迴圈建構。在每一次迴圈後都將本輪生成的父 Node 作為當前
Node
        # 繼續迴圈處理
        for level in range(self.tree_depth):

            # 給當前 Node 生成向量並暫存到 id_to_embedding 變數中
            embeddings = await embed_model.aget_text_embedding_batch(
                [node.get_content(metadata_mode="embed") for node in
cur_nodes]
            )

            id_to_embedding = {
                node.id_: embedding
                for node, embedding in zip(cur_nodes, embeddings)
            }

            # 聚類，將語義相近的 Node 聚類到一個聚簇中
            nodes_per_cluster = get_clusters(cur_nodes,
id_to_embedding)

            # 給每個聚簇都生成摘要
            summaries_per_cluster = await \

self.summary_module.generate_summaries(nodes_per_cluster)

            # 把生成的摘要建構成新的 Node，即當前 Node 的父 Node
            new_nodes = [
                TextNode(
                    text=summary,
                    metadata={"level": level},
                    excluded_embed_metadata_keys=["level"],
                    excluded_llm_metadata_keys=["level"],
                )
                for summary in summaries_per_cluster
            ]
```

```
        # 處理當前 Node，設置其 parent_id 為生成的父 Node 的 id
        # 根據生成的向量資訊設置 embedding 欄位
        # 然後，把當前 Node 插入索引中，這樣就完成了本層的索引建構
        # 同時生成了這一層的父 Node
        nodes_with_embeddings = []
        for cluster, summary_doc in zip(nodes_per_cluster, new_nodes):
            for node in cluster:
                node.metadata["parent_id"] = summary_doc.id_
                node.excluded_embed_metadata_keys.append("parent_id")
                node.excluded_llm_metadata_keys.append("parent_id")
                node.embedding = id_to_embedding[node.id_]
                nodes_with_embeddings.append(node)
        self.index.insert_nodes(nodes_with_embeddings)

        # 以父 Node 作為新的當前 Node，進入下一次迴圈
        # 注意：此時父 Node 還沒有插入索引中
        cur_nodes = new_nodes

    # 在達到迭代次數後，把最後一次的父 Node 插入索引中
    self.index.insert_nodes(cur_nodes)
```

2．實現聚類

在上面的階段中，需要實現 generate_summaries 方法和 get_clusters 方法，也就是生成摘要 Node 和根據向量進行聚類。向量可以透過嵌入模型生成，而摘要可以借助 LlamaIndex 框架中 tree_summarize 類型的回應生成器快速生成：

```
  ...... 生成每個聚簇的摘要 Node，可增加並行處理 ......
async def generate_summaries(
        self, documents_per_cluster: List[List[BaseNode]]
    ) -> List[str]:

        # 建構一個 tree_summarize 類型的響應生成器
        responses = []
        response_synthesizer = get_response_synthesizer(
            response_mode="tree_summarize", use_async=True, llm=llm
        )

        # 對輸入的多個聚簇迴圈：給每個聚簇中的 Node 都生成摘要
```

```
    jobs = []
    for documents in documents_per_cluster:
        with_scores = [NodeWithScore(node=doc, score=1.0)
                    for doc in documents]
        response = response_synthesizer.asynthesize(
                    self.summary_prompt, with_scores)
        responses.append(response )

    return [str(response) for response in responses]
```

其中較為複雜的是進行聚類，通常借助一些現成的 Python 模組來完成，比如 scikit-learn 這樣的 Python 語言的機器學習工具，如圖 13-13 所示。

▲ 圖 13-13

3．實現檢索

按照前面的介紹，RAPTOR 可以支援兩種檢索模式，一種是樹遍歷檢索，另一種是簡單的全量檢索。推薦的方式是簡單的全量檢索，由於 RAPTOR 在使用的索引上並無特殊之處，即普通向量儲存索引，因此檢索非常簡單：

```
# 實現簡單的全量檢索
async def collapsed_retrieval(self, query_str: str) -> Response:
    # 直接對索引建構檢索器後檢索即可
    return await self.index.as_retriever(
                                similarity_top_k=3
                                ).aretrieve(query_str)
```

本章對 C-RAG、Self-RAG、RAPTOR 這些新型 RAG 範式誕生的動機、原理與實現進行了介紹。這些範式有著各自適合解決的問題與適用場景，並非所有問題的「萬能解藥」。學習這些範式的主要目的是學習其相關設計思想，並能在開發 RAG 應用時根據實際情況靈活使用。由於這些範式本身還在不斷地完善，因此在使用時需要做充分的測試評估，切不可生搬硬套。

LlamaIndex 官方的 LlamaHub 網路平臺上的 LlamaIndex Packs 函數庫中有一些關於這些範式的第三方實現程式套件。它們是很好的學習與研究材料，你可以下載後研究與評估。

▶【高級篇小結】

雖然 RAG 的基本思想非常清晰易懂，但是容易讓人產生誤解：建構一個可用的 RAG 應用非常簡單。在實際應用中，一個簡單的 RAG 原型應用與一個滿足複雜知識應用需求、可持續穩定執行與輸出的生產級 RAG 應用往往相距甚遠。在很多時候，需要深入理解 RAG 應用的內部原理，借助更多最佳化方法、技巧與工具，不斷測試與評估，才可能真正地實現「生產就緒」。

本篇深入介紹了一些 RAG 應用的高級話題與最佳化方法，包括在高級 RAG 下的一些新的模組與演算法、Agentic RAG 的開發、RAG 應用評估、RAG 應用的常見最佳化策略等，並特別介紹了在企業應用環境中點對點 RAG 應用的架構與實現，最後介紹了一些新型 RAG 範式的思想與設計。

希望這部分內容能夠幫助你實現 RAG 應用從簡單到複雜、從能用到好用、從原型到生產的真正跨越！

MEMO

MEMO

MEMO

MEMO

MEMO

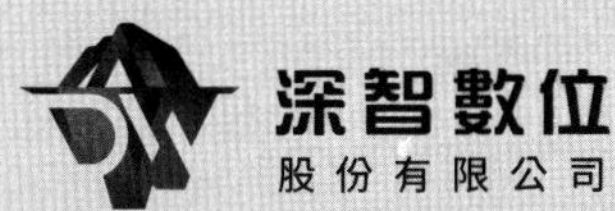
深智數位
股份有限公司

深智數位
股份有限公司